"十四五"时期国家重点出版物出版专项规划项目

材料先进成型与加工技术丛书

申长雨 总主编

金属材料高性能化原理与方法
（下）

陈 光 等 著

科学出版社

北 京

内 容 简 介

本书为"材料先进成型与加工技术丛书"之一。金属材料是人类使用最广泛的材料之一，在国防建设和国民经济发展中发挥着不可替代的作用。随着科学技术的进步，金属材料朝着高性能化、功能化等方向快速发展，以满足新型装备对力学、物理、化学等性能更高更广泛的要求。本书总结了作者团队在高强高导铜及其复合材料、高强韧铝基复合材料、晶界强化金属材料、磁相变合金及其磁驱动效应、新型热电材料等金属结构和功能材料的最新研究成果，详细探讨了提高金属材料力学和理化性能的新原理与新方法。

本书可作为普通高等学校材料类、机械类相关专业学生和教师的参考书，也可用作研究机构和企业中相关工作人员的技术参考。

图书在版编目（CIP）数据

金属材料高性能化原理与方法. 下 / 陈光等著. -- 北京：科学出版社, 2024. 9. --（材料先进成型与加工技术丛书 / 申长雨总主编）.
ISBN 978-7-03-079408-6

Ⅰ. TG14

中国国家版本馆 CIP 数据核字第 2024PF3026 号

丛书策划：翁靖一
责任编辑：翁靖一　李丽娇 / 责任校对：杜子昂
责任印制：徐晓晨 / 封面设计：东方人华

科学出版社 出版
北京东黄城根北街 16 号
邮政编码：100717
http://www.sciencep.com

北京中科印刷有限公司印刷
科学出版社发行　各地新华书店经销

*

2024 年 9 月第 一 版　开本：720 × 1000　1/16
2024 年 9 月第一次印刷　印张：19 1/4
字数：382 000

定价：198.00 元
（如有印装质量问题，我社负责调换）

材料先进成型与加工技术丛书

编 委 会

学术顾问：程耿东　李依依　张立同

总 主 编：申长雨

副总主编（按姓氏汉语拼音排序）：

韩杰才　贾振元　瞿金平　张清杰　张　跃　朱美芳

执行副总主编：刘春太　阮诗伦

丛书编委（按姓氏汉语拼音排序）：

陈　光　陈延峰　程一兵　范景莲　冯彦洪　傅正义

蒋　斌　蒋　鹏　靳常青　李殿中　李良彬　李忠明

吕昭平　麦立强　彭　寿　徐　弢　杨卫民　袁　坚

张　荻　张　海　张怀武　赵国群　赵　玲　朱嘉琦

《金属材料高性能化原理与方法（上）》
各章作者名单

第1章　超高强度钢　　郑功、陈旸、周浩、肖礼容、徐驰、卜春成、陈光

第2章　新型高温合金　　祁志祥、陈旸、相恒高、许昊、石爽、陈奉锐、周冰、陈光

第3章　非晶合金及其复合材料　　成家林、李峰、陈光

第4章　高强韧镁合金　　赵永好、周浩、丁志刚、肖礼容、刘伟、杨月、李政豪

《金属材料高性能化原理与方法（下）》

各章作者名单

第 5 章　高强高导铜及其复合材料：魏伟、赵永好、毛庆忠、陈光

第 6 章　高强韧铝基复合材料：聂金凤、陈玉瑶

第 7 章　晶界强化金属材料：杨森、冯文、李泓俊、黄鸣

第 8 章　磁相变合金及其磁驱动效应：徐锋、刘俊、龚元元、缪雪飞

第 9 章　新型热电材料：唐国栋、李爽、贡亚茹、刘宇齐、陈光

第 10 章　其他金属材料新进展：赵永好、胡佳俊、姜伟

材料先进成型与加工技术丛书

总　　序

　　核心基础零部件（元器件）、先进基础工艺、关键基础材料和产业技术基础等四基工程是我国制造业新质生产力发展的主战场。材料先进成型与加工技术作为我国制造业技术创新的重要载体，正在推动着我国制造业生产方式、产品形态和产业组织的深刻变革，也是国民经济建设、国防现代化建设和人民生活质量提升的基础。

　　进入 21 世纪，材料先进成型加工技术备受各国关注，成为全球制造业竞争的核心，也是我国"制造强国"和实体经济发展的重要基石。特别是随着供给侧结构性改革的深入推进，我国的材料加工业正发生着历史性的变化。**一是产业的规模越来越大**。目前，在世界 500 种主要工业产品中，我国有 40%以上产品的产量居世界第一，其中，高技术加工和制造业占规模以上工业增加值的比重达到 15%以上，在多个行业形成规模庞大、技术较为领先的生产实力。**二是涉及的领域越来越广**。近十年，材料加工在国家基础研究和原始创新、"深海、深空、深地、深蓝"等战略高技术、高端产业、民生科技等领域都占据着举足轻重的地位，推动光伏、新能源汽车、家电、智能手机、消费级无人机等重点产业跻身世界前列，通信设备、工程机械、高铁等一大批高端品牌走向世界。**三是创新的水平越来越高**。特别是嫦娥五号、天问一号、天宫空间站、长征五号、国和一号、华龙一号、C919 大飞机、歼-20、东风-17 等无不锻造着我国的材料加工业，刷新着创新的高度。

　　材料成型加工是一个"宏观成型"和"微观成性"的过程，是在多外场耦合作用下，材料多层次结构响应、演变、形成的物理或化学过程，同时也是人们对其进行有效调控和定构的过程，是一个典型的现代工程和技术科学问题。习近平总书记深刻指出，"现代工程和技术科学是科学原理和产业发展、工程研制之间不可缺少的桥梁，在现代科学技术体系中发挥着关键作用。要大力加强多学科融合的现代工程和技术科学研究，带动基础科学和工程技术发展，形成完整的现代科学技术体系。"这对我们的工作具有重要指导意义。

过去十年，我国的材料成型加工技术得到了快速发展。**一是成形工艺理论和技术不断革新**。围绕着传统和多场辅助成形，如冲压成形、液压成形、粉末成形、注射成型，超高速和极端成型的电磁成形、电液成形、爆炸成形，以及先进的材料切削加工工艺，如先进的磨削、电火花加工、微铣削和激光加工等，开发了各种创新的工艺，使得生产过程更加灵活，能源消耗更少，对环境更为友好。**二是以芯片制造为代表，微加工尺度越来越小**。围绕着芯片制造，晶圆切片、不同工艺的薄膜沉积、光刻和蚀刻、先进封装等各种加工尺度越来越小。同时，随着加工尺度的微纳化，各种微纳加工工艺得到了广泛的应用，如激光微加工、微挤压、微压花、微冲压、微锻压技术等大量涌现。**三是增材制造异军突起**。作为一种颠覆性加工技术，增材制造（3D 打印）随着新材料、新工艺、新装备的发展，广泛应用于航空航天、国防建设、生物医学和消费产品等各个领域。**四是数字技术和人工智能带来深刻变革**。数字技术——包括机器学习（ML）和人工智能（AI）的迅猛发展，为推进材料加工工程的科学发现和创新提供了更多机会，大量的实验数据和复杂的模拟仿真被用来预测材料性能，设计和成型过程控制改变和加速着传统材料加工科学和技术的发展。

当然，在看到上述发展的同时，我们也深刻认识到，材料加工成型领域仍面临一系列挑战。例如，"双碳"目标下，材料成型加工业如何应对气候变化、环境退化、战略金属供应和能源问题，如废旧塑料的回收加工；再如，具有超常使役性能新材料的加工技术问题，如超高分子量聚合物、高熵合金、纳米和量子点材料等；又如，极端环境下材料成型技术问题，如深空月面环境下的原位资源制造、深海环境下的制造等。所有这些，都是我们需要攻克的难题。

我国"十四五"规划明确提出，要"实施产业基础再造工程，加快补齐基础零部件及元器件、基础软件、基础材料、基础工艺和产业技术基础等瓶颈短板"，在这一大背景下，及时总结并编撰出版一套高水平学术著作，全面、系统地反映材料加工领域国际学术和技术前沿原理、最新研究进展及未来发展趋势，将对推动我国基础制造业的发展起到积极的作用。

为此，我接受科学出版社的邀请，组织活跃在科研第一线的三十多位优秀科学家积极撰写"材料先进成型与加工技术丛书"，内容涵盖了我国在材料先进成型与加工领域的最新基础理论成果和应用技术成果，包括传统材料成型加工中的新理论和新技术、先进材料成型和加工的理论和技术、材料循环高值化与绿色制造理论和技术、极端条件下材料的成型与加工理论和技术、材料的智能化成型加工理论和方法、增材制造等各个领域。丛书强调理论和技术相结合、材料与成型加工相结合、信息技术与材料成型加工技术相结合，旨在推动学科发展、促进产学研合作，夯实我国制造业的基础。

本套丛书于 2021 年获批为"十四五"时期国家重点出版物出版专项规划项目，具有学术水平高、涵盖面广、时效性强、技术引领性突出等显著特点，是国内第一套全面系统总结材料先进成型加工技术的学术著作，同时也深入探讨了技术创新过程中要解决的科学问题。相信本套丛书的出版对于推动我国材料领域技术创新过程中科学问题的深入研究，加强科技人员的交流，提高我国在材料领域的创新水平具有重要意义。

　　最后，我衷心感谢程耿东院士、李依依院士、张立同院士、韩杰才院士、贾振元院士、瞿金平院士、张清杰院士、张跃院士、朱美芳院士、陈光院士、傅正义院士、张荻院士、李殿中院士，以及多位长江学者、国家杰青等专家学者的积极参与和无私奉献。也要感谢科学出版社的各级领导和编辑人员，特别是翁靖一编辑，为本套丛书的策划出版所做出的一切努力。正是在大家的辛勤付出和共同努力下，本套丛书才能顺利出版，得以奉献给广大读者。

中国科学院院士
工业装备结构分析优化与 CAE 软件全国重点实验室
橡塑模具计算机辅助工程技术国家工程研究中心

前　言

金属材料是以金属元素为主或由金属元素构成的具有金属特性的材料的统称。自人类发现"百炼成钢"的奥秘开始，金属材料就因其耐热、耐蚀以及良好的导电性等特性，成为使用最广泛的材料之一。在交通运输、建筑结构、武器装备等领域，金属材料都发挥着不可替代的作用，是国防和国民经济建设的重要基础。

随着科学技术的进步，人类对金属材料提出了新要求：一是要最大限度地提高已有金属材料的性能，挖掘其潜力，使其产生最大效益；二是开拓金属材料新功能，以满足新型装备对力学、物理、化学等性能更高更广泛的要求。发展高性能金属材料的途径主要有两种：一是开发性能更加优异的新型金属材料；二是利用新原理、新工艺提升已有金属材料的性能。

传统金属材料高性能化手段主要有细晶强化、固溶强化、第二相强化、加工硬化等，这些手段大多以牺牲材料某一性能为代价从而提高材料的其他性能，很难实现金属材料综合性能的同步全面提升。金属材料中的晶界、孪晶界等，对材料强度、塑性、磁性、电导率等性能具有显著影响。通过设计调控缺陷的种类、尺度、密度及分布等可以实现材料性能的提升。近年来，材料学家从自然界中获取灵感设计出一些新颖的微观结构，如模仿坚硬贝壳设计的梯度结构，以及模仿坚韧竹子设计的片层结构等，已被证实能够有效提升材料性能。但这些金属材料缺陷及新结构中蕴含的高性能化原理与方法尚未得到系统阐释。

作者团队开展了系统的理论研究和技术攻关，发现定向凝固特殊现象，提出固态相变晶体取向调控原理，发明了液-固与固-固相变协同控制的晶体生长方法，揭示了金属材料室温/高温变形机理与强韧化机制。在此基础上，将高性能化新原理与新方法应用于不同种类金属材料的制备与改性，开发了性能优异的超高强度钢、新型高温合金、非晶合金及其复合材料、高强韧镁合金、高强高导铜及其复合材料、高强韧铝基复合材料、晶界强化金属材料、磁相变合金、新型热电材料等，实现了金属材料高性能化，在国际科技竞争前沿刻下了自己的印迹。相关成果获国家技术发明奖二等奖、国防科学技术进步奖一等奖、教育部技术发明奖一等奖、江苏省科学技术奖一等奖等。

"一代材料、一代装备、一代产业"，高性能金属材料是高端装备性能跃升的基础，应用前景广阔、市场潜力巨大。国内很多高校已将金属材料相关课程作为本科生或研究生的必修课或选修课，旨在传授金属材料高性能化原理与方法，以提升未来相关技术领域从业人员的学术水平和能力，推动金属材料性能的不断提升。虽然金属材料高性能化新原理与新方法研究已取得了许多新进展，但与之相关的专著仍较为罕见，限制了相关成果的推广应用与人才培养。为满足高等学校教学以及各研究机构和企业相关技术人员学习、科研和工作的需要，作者团队基于多年研究成果，并参阅国内外同行最新研究进展，较为系统地撰写了本书。为便于读者更全面地查阅与学习，每章都列出了参考文献。

本书的主要特点在于：①学术性强。内容涵盖金属材料从成分设计到制备加工，再到服役性能考核及高性能化原理等方面较新较全的代表性科研成果，较全面地揭示了金属材料高性能化的新原理与新方法，可为相关专业学生自学及后续科研提供参考。②实用性强。内容涵盖常用金属材料的高性能化设计与制备加工技术、后处理方法与工艺以及综合性能评价等，可为研究机构、企业技术人员开发同类材料提供实际参考。③内容丰富。全书涵盖超高强度钢、新型高温合金、非晶合金及其复合材料、高强韧镁合金、高强高导铜及其复合材料、高强韧铝基复合材料、晶界强化金属材料、磁相变合金、新型热电材料等，便于读者了解和掌握不同种类金属材料高性能化的最新研究成果。

全书由南京理工大学陈光主持撰写并统稿，所涉及的研究新成果是作者团队教师和研究生们多年研究工作的总结和凝练，在此表示感谢。本书作者还有：郑功、祁志祥、陈旸、相恒高、许昊、石爽、陈奉锐、周浩、肖礼容、成家林、李峰、赵永好、丁志刚、刘伟、魏伟、聂金凤、杨森、黄鸣、徐锋、刘俊、龚元元、缪雪飞、唐国栋、周冰、徐驰、卜春成、杨月、李政豪、毛庆忠、陈玉瑶、冯文、李泓俊、李爽、贡亚茹、刘宇齐、胡佳俊、姜伟。

由于本书涉及内容广泛，信息量大，加之新成果不断涌现，以及作者水平有限，不足之处在所难免，敬请广大读者批评指正。

陈 光

2024 年 6 月

目　录

总序

前言

（上）

第 1 章　超高强度钢 ··· 1

1.1　纳米相强化超高强度钢 ·· 1
- 1.1.1　纳米相种类 ··· 1
- 1.1.2　纳米相的热稳定性 ··· 7
- 1.1.3　纳米相强化超高强度钢的性能 ······································· 9
- 1.1.4　纳米相强化超高强度钢的应用 ······································· 10

1.2　低合金超高强度钢 ··· 10
- 1.2.1　低合金超高强度钢发展历程 ··· 10
- 1.2.2　低合金超高强度钢的合金成分设计 ································· 12
- 1.2.3　低合金超高强度钢的微观组织设计 ································· 16

1.3　界面偏析纳米异构超高强度钢 ·· 20
- 1.3.1　纳米异构钢铁材料设计原理 ··· 20
- 1.3.2　纳米异构超高强度钢微观结构调控 ································· 24
- 1.3.3　纳米异构超高强度钢力学性能 ······································· 34
- 1.3.4　纳米异构超高强度钢强韧化机制 ···································· 40

参考文献 ·· 49

第 2 章　新型高温合金 ·· 53

2.1　定向凝固镍基单晶高温合金 ··· 53
- 2.1.1　熔体热处理对镍基单晶高温合金组织性能的影响 ················· 57
- 2.1.2　新型无 Re 镍基单晶高温合金 ······································· 62

2.2　铸造 TiAl 合金 ··· 70

        2.2.1　Ti-48Al-2Cr-2Nb 合金 70
        2.2.2　Ti-48Al-2Cr-2Nb-V 合金 101
    2.3　变形 TiAl 合金 109
        2.3.1　TiAlMn 合金热加工行为 109
        2.3.2　TiAlMn 合金连续冷却相转变行为 122
    2.4　PST TiAl 单晶 132
        2.4.1　TiAl 单晶研究历程 133
        2.4.2　PST TiAl 单晶力学性能与变形机制 137
        2.4.3　TiAl 合金高温抗氧化涂层 152
    参考文献 155

第 3 章　非晶合金及其复合材料 157

    3.1　非晶合金原子结构 157
        3.1.1　非晶合金的结构模型 158
        3.1.2　非晶合金形成过程中的结构演化 162
        3.1.3　非晶合金局域有序化原子结构及原子堆垛 174
        3.1.4　冷却速率对非晶合金微观结构的影响 179
        3.1.5　成分对非晶合金微观结构的影响 182
    3.2　非晶合金及其复合材料成分设计 188
        3.2.1　Zr-Ti-Cu-Ni-Be 非晶合金及其复合材料成分设计 190
        3.2.2　氧元素对 Zr-BMG 合金中的相竞争及非晶形成能力的影响 198
    3.3　非晶复合材料微观结构调控及力学行为 207
        3.3.1　内生塑性第二相非晶复合材料 208
        3.3.2　铸态内生高硬度第二相/BMG 复合材料 226
    3.4　非晶复合材料腐蚀行为 233
    参考文献 240

第 4 章　高强韧镁合金 246

    4.1　旋转锻模技术制备大块高强镁锂合金 246
        4.1.1　力学性能 247
        4.1.2　显微组织结构表征 248
        4.1.3　讨论分析 252
        4.1.4　小结 253
    4.2　镁合金缺陷与界面修饰 253
        4.2.1　镁合金的小角度晶界 253

        4.2.2 镁合金的孪晶界 ··· 257
        4.2.3 镁合金的大角度晶界及界面相结构 ··· 275
        4.2.4 缺陷及界面修饰的作用 ·· 292
    4.3 镁合金塑性变形机制与合金化设计 ··· 302
        4.3.1 镁合金塑性变形机制的研究概述 ··· 302
        4.3.2 锥面Ⅱ型$\langle c+a \rangle$位错的形成和分解机制 ························ 304
        4.3.3 镁合金中锥面滑移系开启的多能垒判断标准 ······························· 312
        4.3.4 多滑移系协同作用及综合效应 ·· 317
    参考文献 ·· 322

关键词索引 ·· 325

（下）

第 5 章　高强高导铜及其复合材料 ·· 327
    5.1 铜及铜合金变形规律与本构方程 ·· 327
    5.2 大变形加工高强高导铜及铜合金 ·· 329
        5.2.1 纯铜 ·· 330
        5.2.2 铜合金 ·· 332
    5.3 定向组织高强高导铜及铜合金 ·· 340
        5.3.1 纯铜的微观组织定向设计 ·· 341
        5.3.2 铜基复合材料的定向微观组织设计 ·· 349
    5.4 高导电（导热）铜基石墨烯复合材料 ··· 355
        5.4.1 电沉积铜 ··· 355
        5.4.2 Gr/Cu 复合箔 ·· 358
        5.4.3 Gr/Cu 复合线 ·· 360
    参考文献 ·· 361

第 6 章　高强韧铝基复合材料 ·· 365
    6.1 高强韧高刚度铝基复合材料 ·· 365
        6.1.1 增强相的选择原则及种类 ·· 365
        6.1.2 纳米颗粒增强铝基复合材料及其强化方式 ································ 367
        6.1.3 非均匀组织增强型复合材料 ··· 370
        6.1.4 高强韧高刚度 Al$_3$BC/6061 铝基复合材料 ····························· 372
    6.2 高强韧耐热铝基复合材料 ··· 383
        6.2.1 AlN$_p$/Al 复合材料微观组织 ·· 385

6.2.2　AlN$_p$/Al 复合材料的室温力学性能 ··· 388

　　6.2.3　AlN$_p$/Al 复合材料的高温力学性能 ··· 389

　　6.2.4　AlN$_p$/Al 复合材料的高温强韧化机理 ··· 392

　参考文献 ··· 398

第 7 章　晶界强化金属材料 ·· 402

　7.1　晶界与晶界工程 ··· 402

　　7.1.1　晶界的晶体学描述 ·· 402

　　7.1.2　重位点阵晶界 ··· 402

　　7.1.3　晶界工程 ·· 405

　7.2　奥氏体不锈钢的晶界工程 ··· 405

　　7.2.1　304 不锈钢晶界特征分布的初始晶粒尺寸效应 ······································ 406

　　7.2.2　304 不锈钢晶界特征分布与变形方式的相关性 ······································ 423

　　7.2.3　晶界结构调控的奥氏体不锈钢性能 ··· 439

　7.3　纯铜的晶界工程 ··· 492

　　7.3.1　纯铜的晶界结构调控 ·· 492

　　7.3.2　晶界结构调控的纯铜性能 ··· 499

　参考文献 ··· 504

第 8 章　磁相变合金及其磁驱动效应 ·· 506

　8.1　磁相变合金的几类典型磁驱动效应简介 ··· 506

　8.2　Ni$_{51-x}$Mn$_{33.4}$In$_{15.6}$V$_x$ Heusler 合金中的低场可逆磁热效应 ··································· 511

　8.3　Mn$_{1-x}$Fe$_{2x}$Ni$_{1-x}$Ge$_{1-y}$Si$_y$ 合金的相变热滞调控和可逆磁热效应 ······················· 519

　8.4　MnCoSi 合金的室温可逆巨磁致伸缩效应 ·· 530

　8.5　磁性相变材料的负/零热膨胀 ··· 541

　8.6　(Mn,Fe)$_2$(P,Si)基合金的一级磁弹相变与巨磁热效应 ································· 546

　参考文献 ··· 553

第 9 章　新型热电材料 ·· 560

　9.1　硒化锡 ··· 560

　9.2　碲化锡合金 ··· 570

　参考文献 ··· 573

第 10 章　其他金属材料新进展 ·· 575

　10.1　Ti-23Nb-0.7Ta-2Zr-O 合金的冲击性能及其变形机制 ································ 575

　　10.1.1　压缩性能 ·· 577

10.1.2　微观结构演化 ·· 579
10.2　高强韧高熵合金主要物理性能及变形机制 ·· 588
　　10.2.1　$Ni_2Co_1Fe_1V_{0.5}Mo_{0.2}$中熵合金高温拉伸性能和变形机制 ················ 589
　　10.2.2　$Cr_{26}Mn_{20}Fe_{20}Co_{20}Ni_{14}$高熵合金冲击性能和变形机制 ············ 596
　　10.2.3　$AlCoCrFeNi_{2.1}$共晶高熵合金力学性能和变形机制 ·· 603
参考文献 ·· 607
关键词索引 ·· 613

第5章

高强高导铜及其复合材料

铜合金因具有优秀的物理、化学性能和良好的耐磨耐蚀、机械性能等优点被广泛应用于现代工程技术领域，普遍应用于机械制造、建筑、电气、信息通信、能源和国防工业等领域。近年来随着电力电子工业的迅速发展，铜及其合金具有良好的机械性能、导电性和导热性，优良的加工性能、钎焊性和耐蚀性，能够较好地满足引线框架、集成电路、印刷电路和电真空器件等电子工业。

为了适应电力电子工业迅速发展的需求，国内外学者对高强度高导电铜合金进行了大量的研发工作，取得了长足发展，不少材料已经商品化并在电阻焊电极、缝焊滚轮、集成电路引线框架、电车及电气机车架空导线等方面得到了广泛应用。随电气行业、信息产业和新能源产业的迅速发展，迫切需求强度更高、导电性能更好的铜合金材料。但是，铜合金材料的强度和电导率一直存在相悖关系。因此，协同改善铜合金的强度和导电性能具有重要的理论意义和应用价值。

5.1 铜及铜合金变形规律与本构方程

针对铜及铜合金导电性能和强度呈反比的难题，本书作者研究团队开展了卓有成效的研究工作，通过系统研究铜及其合金变形规律，构建了变形本构方程，提出了微观组织变形定向化提高强度、导电性能的新方法。

2006年，本书作者研究团队报道了纯铜等通道转角挤压（ECAP）变形规律，阐释了模具外角、摩擦状态和变形死区对非均匀变形行为的影响规律[1]。发现纯铜在有摩擦的情况下，剪切变形更加均匀，应变均匀区域明显大于无摩擦情况［图5.1（a）］，与经典金属塑性成型理论"摩擦会引起坯料变形的不均匀"[2]不一致。发现其原因在于摩擦带来的ECAP背压作用，有利于坯料充填到外角间隙区域，减小变形死区宽度，试样横截面上的等效真应变分布更加均匀。ECAP

模具外角越小，背压作用越显著，剪切变形区越大、剪切变形越均匀［图5.1（b）］。同时考虑摩擦和模具角度，建立了ECAP变形力的上限解：

$$\frac{p}{2k} \leqslant 2\cot\left(\frac{\Phi}{2}+\frac{\Psi}{2}\right)+\sin\frac{\Psi}{2}+\frac{\Psi}{2} \tag{5.1}$$

式中，p为单位面积的载荷上限；k为剪切屈服极限；Φ为模具内角；Ψ为模具外角。式（5.1）可以有效预测载荷上限和指导模具设计［图5.1（c）］。

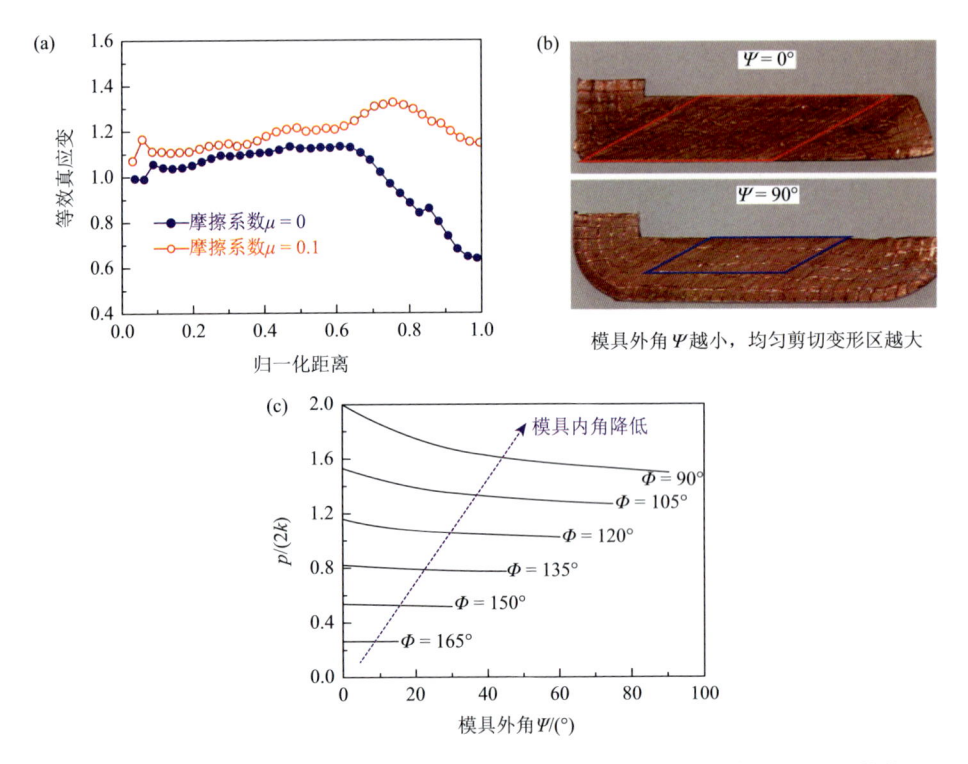

图5.1 ECAP模具摩擦系数和模具角度对真应变分布（a）、网格变形（b）和载荷上限（c）的影响

发现纯铜ECAP变形过程中的应变软化现象（图5.2），定义了应力软化系数 $X_s=(\sigma_f-\sigma)/(\sigma_f-\sigma_s)$，修正了应变软化动力学方程[3]：

$$X_s = 1-\exp\left[-r(\varepsilon/\varepsilon_p)^q\right] \tag{5.2}$$

式中，σ_s为饱和应力；σ_f为流动应力；ε_p为应变峰值；q为应变软化动力学因子；r为常数。基于Kocks-Mecking-Estrin（KME）模型和Avrami方程，建立了同时考虑应变强化和应变软化的大变形本构关系：

$$\sigma = \sigma_f-(\sigma_f-\sigma_s)X_s = \sigma_s+(\sigma_f-\sigma_s)\exp\left[-r(\varepsilon/\varepsilon_p)^q\right] \tag{5.3}$$

该本构关系适用于面心立方金属，成功预测了 Cu、Al 及 Al 合金的应变峰值 ε_p（图 5.2），可指导 ECAP 工艺设计。当等效真应变为 ε_p 时，材料强度最高。

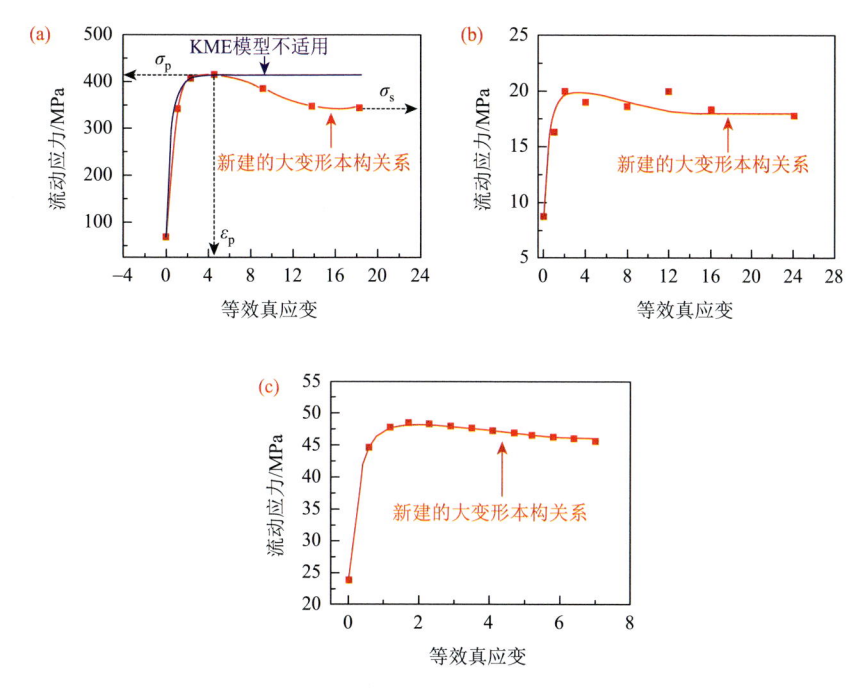

图 5.2　ECAP 等效真应变与流动应力之间的关系

(a) Cu；(b) Al；(c) Al 合金

考虑应变强化和加工软化现象，基于位错密度演化的 Estrin-Mecking（EM）模型和 Avrami 方程，建立了一种新的变形本构关系，阐明了动态回复和再结晶是加工软化的主要机制，并由扫描电子显微镜-电子通道衬度（SEM-ECC）图、再结晶温度和 ECAP 变形应变量之间的关系获得了充分的实验验证。

5.2　大变形加工高强高导铜及铜合金

应用 ECAP 剪切变形规律和新建的大变形本构关系，指导高强高导铜合金的塑性加工，在 ECAP 基础上进行轧制和时效处理，使具有晶界竞争迁移优势的晶粒长大，形成含有纳米析出相和高密度位错的超细晶基体和大晶粒组成的"双峰"结构。提出了"ECAP+轧制+时效"制备高强高导铜合金的新方法，攻克了强度和电导率相互对立的难题，Cu-0.5%Cr 合金抗拉强度高达 554 MPa，电导率高达 84% IACS（国际退火铜标准），用作点焊电极，寿命超过 2000 次，比典型的 C194 分别提高 23%、40%、150%，如图 5.3 所示[4]。

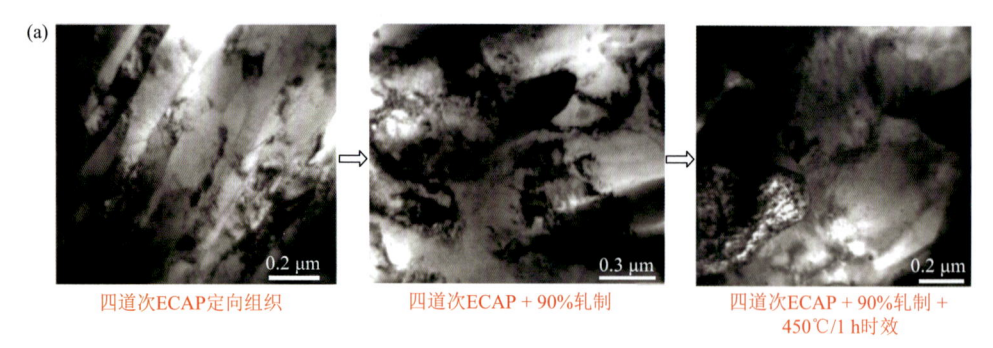

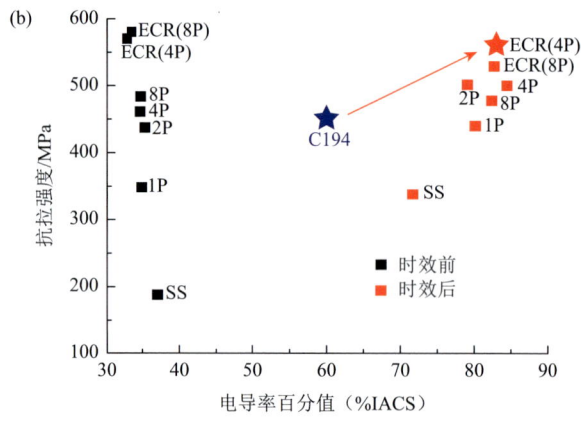

(a) 四道次ECAP定向组织 → 四道次ECAP + 90%轧制 → 四道次ECAP + 90%轧制 + 450℃/1 h时效

(b)

图 5.3　高强高导 Cu-0.5%Cr 组织（a）与性能（b）

SS、P 和 ECR 分别表示固溶态、ECAP 道次、ECAP + CR 处理

5.2.1　纯铜

在室温下对纯铜进行 ECAP，使纯铜形成剪切带，位错密度增加，晶粒明显细化，晶粒呈双峰结构——超细晶（约 200 nm）和纳米晶（约 80 nm），从而大幅度提高纯铜的力学性能，抗拉强度达 420 MPa，断裂伸长率达 25%[5]。虽然 ECAP 提高了纯铜的力学性能，但由于位错密度增加，降低了铜的导电性，导电性下降主要是因为空位浓度增大。

深冷处理（DCT）是在极低的温度下对材料进行处理的方法。将 ECAP 变形后的纯铜进一步进行深冷处理（图 5.4），使纯铜体积收缩，大量残余应力保留，位错密度增加，纯铜晶粒进一步细化，从而使纯铜抗拉强度增大。同时，深冷处理使纯铜金属原子间距减小，点阵畸变减少，同时晶粒收缩，空位浓度下降，提高电导率；

但是与此同时，深冷处理后晶粒细化，晶界增加，位错密度增加，使得电子散射更加严重，降低了电导率。在深冷处理（24 h）前，由于空位浓度降低对电导率的影响大于晶粒细化的影响，因此电导率呈现上升的趋势。随着时间的增加，晶粒细化更显著，故电导率有所下降。因而，随深冷处理时间延长，纯铜电导率先增大后减小（图 5.5）。经 4 道次 ECAP 和 24 h 深冷处理，获得了高强高导纯铜，抗拉强度和断裂伸长率分别为 423 MPa 和 22%，电导率达 97.9% IACS[6]。

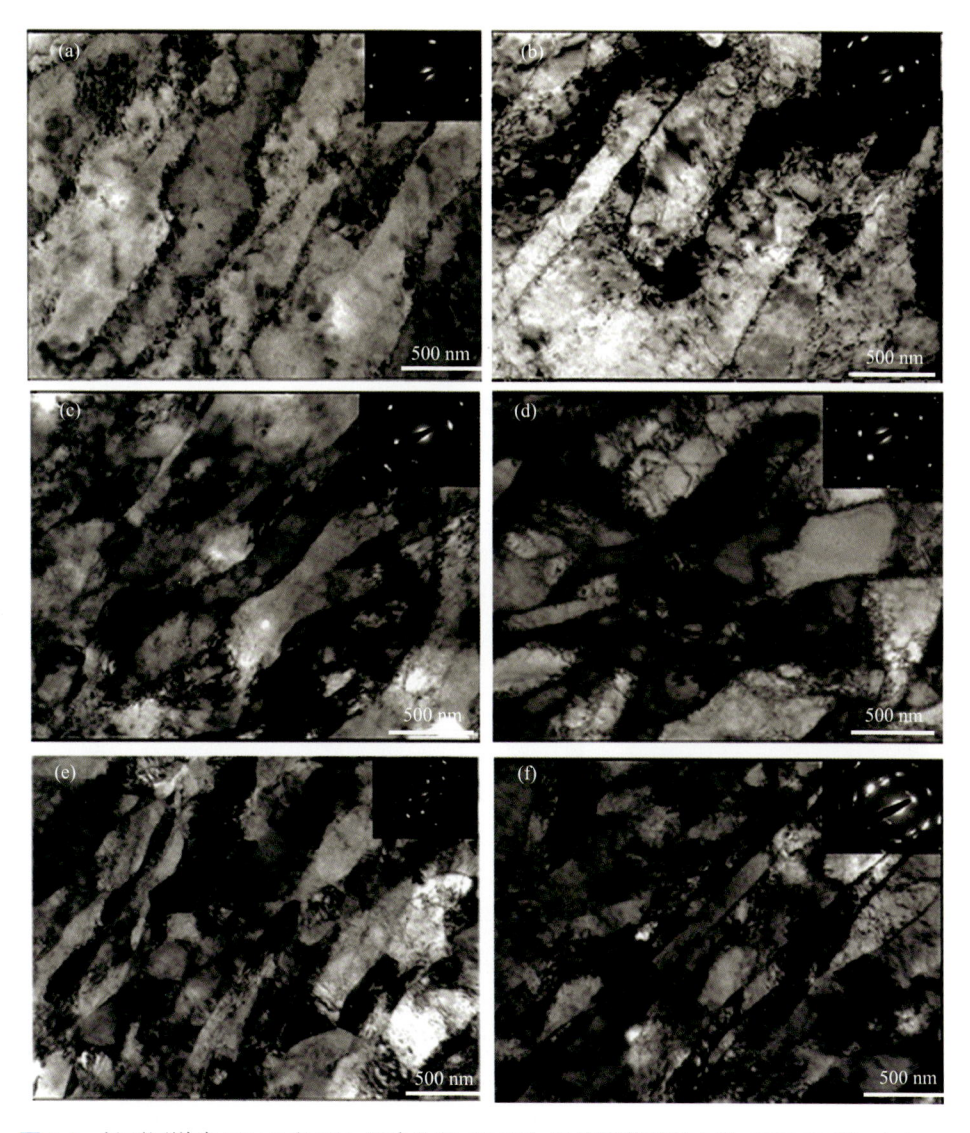

图 5.4　经不同道次 ECAP 和 24 h 深冷处理（DCT）后纯铜的透射电镜（TEM）图：(a) 1P；(b) 1P + DCT 24 h；(c) 2P；(d) 2 P + DCT 24 h；(e) 4P；(f) 4P + DCT 24 h[6]

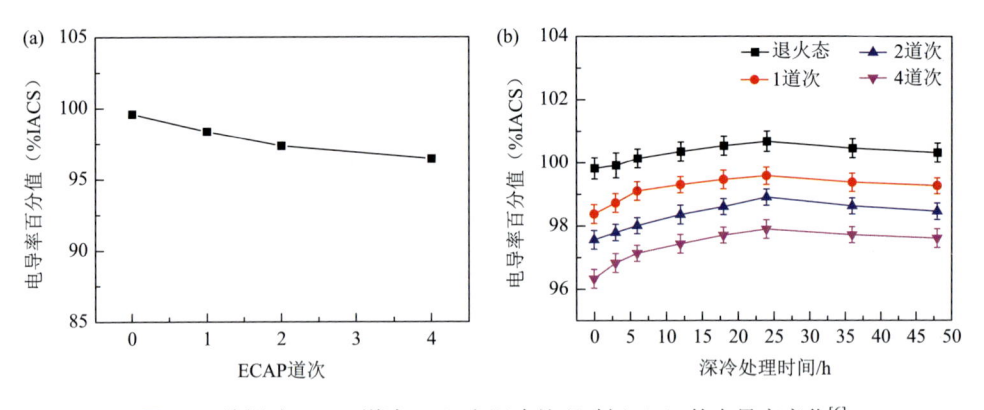

图 5.5 纯铜随 ECAP 道次（a）和深冷处理时间（b）的电导率变化[6]

在此基础上，将经过 ECAP 和深冷处理的纯铜作为电火花加工（EDM）电极材料[7]。电极在电火花加工性能中的作用至关重要，因为它影响加工部件的几何精度、加工效率和表面光洁度。探索了 ECAP、ECAP+DCT 对电火花加工的影响性能，包括电极磨损率（EWR）、工件角锐度（WCS）、表面粗糙度（R_a），研究了电火花加工工件的粗糙度和表面特性。两次 ECAP 后，EWR 最小。相比于仅 ECAP 加工，ECAP+DCT 加工使纯铜硬度更高、导电性更优，电极的 EWR、WCS 更小，电火花加工工件的 R_a 略低。电火花加工工件的 R_a 与电极晶粒尺寸之间有类似的 Hall-Petch 关系，经 ECAP+DCT 加工电极所具有的超细晶结构提高了电火花加工件的表面光洁度，如图 5.6 所示。

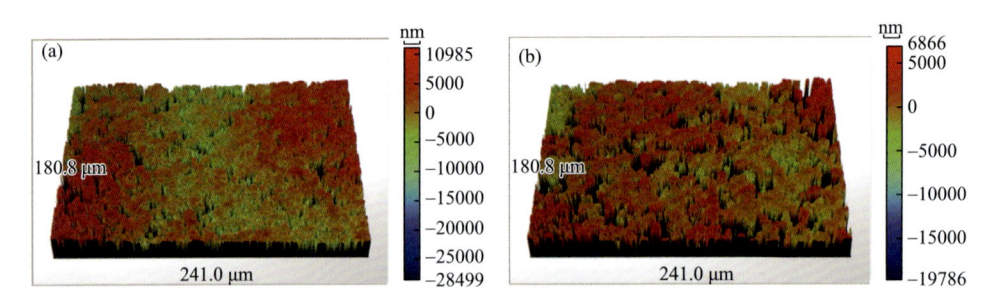

图 5.6 铜电极的 EDM 工件表面的原子力显微镜（AFM）图：(a) 0 P；(b) 4P+DCT 处理[7]

5.2.2 铜合金

由于 Cr 在铜中有非常小的固溶度（最大为 0.6%，室温下为 0.03%，共晶点为 1.5%），Cr 对铜基体导电性影响很小，因而 Cu-Cr 合金是最具高强高导潜质的铜合金之一，一直都是高强高导铜合金研究领域的重点与热点。

1. Cu-5.7%Cr 合金（纤维强化型）

本书作者研究团队利用 ECAP 技术对铸态 Cu-5.7%Cr 合金进行了变形，在挤压变形过程中，树枝状的铬相发生了旋转和延伸，从而形成细长的原位纤维，随着变形量的增大，纤维方向趋于与 x 轴平行，如图 5.7 所示。根据纤维的形成过程，考虑摩擦的影响，提出了用修正的 Mcnelly 剪切变形模型来计算形变原位纤维的倾斜角：

$$\theta = (1+f)\tan^{-1}\left[\frac{1}{2\gamma}\left(\sqrt{(2+\gamma^2)^2-4}-\gamma^2\right)\right] \tag{5.4}$$

式中，f 为坯料与模具内表面之间的摩擦系数；γ 为试样的剪切应变。计算值与实验结果吻合较好[8]。

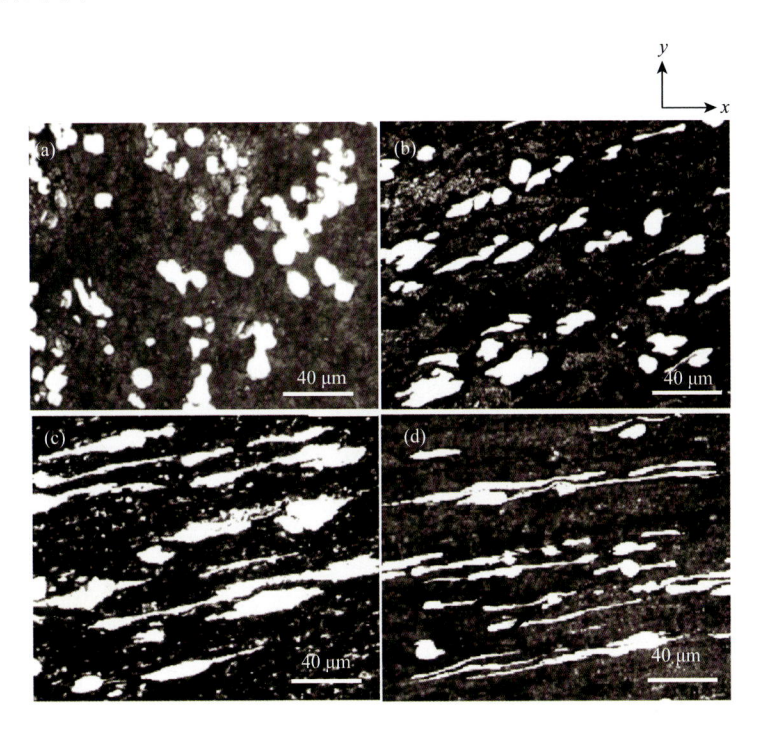

图 5.7 Cu-5.7%Cr 合金铸态和不同道次 ECAP 变形后的显微组织：（a）铸态；（b）2 道次；（c）4 道次；（d）8 道次[8]

采用 ECAP 加工的 Cu-5.7%Cr 合金，随 ECAP 变形道次的增加，合金的强度和硬度增加，8 道次时 ECAP 合金的抗拉强度约 500 MPa，硬度（HV）约 155；电导率下降，但 4 道次后趋于稳定，8 道次后电导率仍可以达到 80%IACS[9]。虽然随着变形量的增加，Cu-5.7%Cr 合金位错密度增加，晶粒被细化，形变界面增加（Cr 纤维变薄和纤维间距的减少导致界面增多），这些都引起了电导率的下降。

但是，由于铜和铬在固态时有极小的固溶度（室温下小于0.03%），第二组元引起的杂质散射电阻对总电阻的影响非常小，且当电流方向与纤维排列方向一致时，可以有效地提高材料的电导率。

大变形铜铬原位复合材料之所以具有高强度，与多种强化方式的综合作用有关，主要有以下几种强化方式。

（1）加工硬化：材料在室温发生变形时，内能得到了提高。同时，晶粒的滑移、拉长、破碎和纤维化，合金的晶格畸变以及位错和割阶的缠结，都使金属内部产生了残余应力，提高了材料的强度。变形中还伴随着空位等点缺陷的形成，其浓度比平衡浓度高出好几个数量级，并且影响位错的攀移和重排，对强度的影响较大。另外，Cu-Cr复合材料中弥散分布的共晶组织中Cr颗粒的阻碍作用使加工硬化作用得到增强，位错的增殖更加迅速，强度和硬度的升高更加显著。加工硬化促使强度的增加可以根据以下公式计算[10]：

$$\sigma = \alpha \mu b \sqrt{\rho} \tag{5.5}$$

式中，μ为切变模量；ρ为位错密度；b为伯格斯矢量的长度；α为晶体本身的参数，体心立方金属为0.2，面心立方金属为0.4。

（2）界面强化：由于铜铬合金属于面心立方/体心立方（FCC/BCC）结构，晶体结构的不同使变形协调性较差。位错在穿过两相的界面时需要变换滑移系统，在界面形成高密度几何协调位错。随着ECAP变形道次的增加，纤维发生破碎，相界增加，故强度持续上升。形变Cu基原位复合材料的强度比混合规则计算的值高的原因在于形变过程中产生的组织细化大大提高了界面密度，并阻碍位错运动[11]。同时，当形变量增大时，随着纤维间距的减小，界面大幅增加，长大的位错环将被界面阻碍，位错源如Frank-Read源就不再发挥作用，位错密度就不会再升高[12]。

（3）纤维强化：在铜铬合金ECAP变形后，初始态的树枝状Cr枝晶发生破碎、拉长，逐渐形成了细小的纤维组织，形成了纤维原位复合材料。在其拉伸变形过程中，基体将外加应力传递给纤维，基体铜有着良好的塑性和韧性，Cr纤维强度好，并且Cr相的硬度非常高，对基体的强化作用非常明显。形变纤维复合材料强度可以用Hall-Petch公式来描述[13]：

$$\sigma_f = \sigma_{00} + K_f \lambda^{-\frac{1}{2}} \tag{5.6}$$

式中，σ_f为形变纤维复合材料的强度；σ_{00}为晶格的阻力；λ为形变纤维的间距；K_f为常数。所以，铜铬原位复合材料的强度与纤维的间距有关，随着变形量的增加，Cr纤维间距λ减小，材料的强度持续上升[14]。

形变铜基复合材料的高强度是以上多种强化方式的综合作用。对于铜铬原位复合材料，由于铬在铜基体中的固溶度很小，故热处理强化项可以暂时忽略，位错强化项和加工硬化项可以合并。铜铬原位复合材料的强度可以用如下公式表达：

$$\sigma_c = \Delta\sigma_{界面} + \Delta\sigma_{位错} + \Delta\sigma_{纤维} \tag{5.7}$$

由于前两项界面强化 $\Delta\sigma_{界面}$ 和位错强化 $\Delta\sigma_{位错}$ 都是与变形过程中铜基体晶粒尺寸的减小密切相关，可以将两项合并，用 Hall-Petch 公式表示。同时将 $\Delta\sigma_{纤维}$ 用式（5.6）来表示，式（5.7）就转换为

$$\sigma_c = \left(\sigma_0 + kd^{-\frac{1}{2}}\right)V_m + \sigma_{Cr}V_f + \mu K_f \lambda^{-\frac{1}{2}} \tag{5.8}$$

式中，σ_c 为形变铜铬原位复合材料的强度；σ_0 为纯铜的抗拉强度；σ_{Cr} 为纯铬的抗拉强度；V_m 与 V_f 分别为铜和铬的体积分数；d 为晶粒尺寸；λ 为平均的纤维间距；k 和 K_f 为常数；μ 为修正系数[15]。形变铜铬原位复合材料的强度来源于三方面，第一部分是括号内的部分，主要是晶粒细化导致界面及位错的增多，引起强化，使基体的强度升高。第二部分是第二相铬的复合强化，借用了混合法则的形式。第三部分是纤维强化部分，包括纤维强化及引起的界面强化。由于纤维在排列过程中的非直线性，加入了修正系数 $\mu = 0.8$[15]。

对于 ECAP 变形 Cu-5.7%Cr 原位复合材料，将相关的数据 $\sigma_0 = 215$ MPa，$\sigma_{Cr} = 255$ MPa[16]，$k = 0.16$ MPa·m$^{1/2}$[10]，$V_m = 93.01\%$，$V_f = 6.99\%$，$K_f = 1.16$[12]，以及所测量的纤维间距 λ 和晶粒尺寸 d 代入式（5.8），可以得到各个变形道次的试样抗拉强度的预测值。通过和实验值相对比后，模型预测结果与实验值基本吻合，见图 5.8。

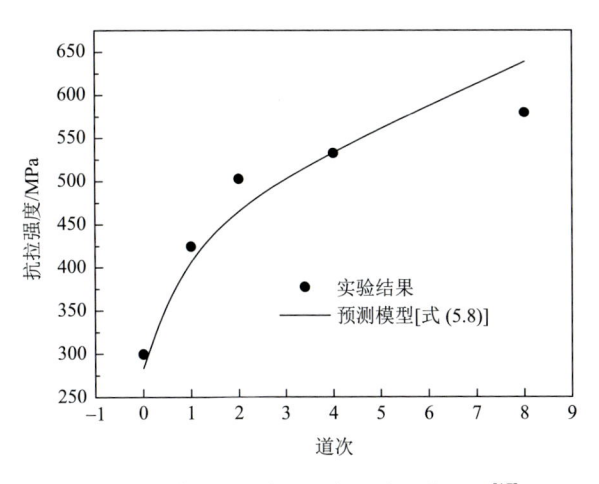

图 5.8　模型预测结果与实际结果的对比[17]

2. Cu-0.5%Cr 合金（时效型）

此外，本书作者研究团队采用 ECAP 和深冷处理（DCT）相结合的方法，同

时提高了 Cu-0.5%Cr 合金的力学性能和导电性（图 5.9）。ECAP 变形使晶粒沿变形剪切方向拉长细化，位错密度显著增加，且在随后的 DCT 后，晶粒进一步细化，位错密度进一步增加。随着 ECAP 道次的增加，Cu-0.5%Cr 合金的显微硬度和抗拉强度显著提高，但断裂伸长率和电导率略有下降。DCT 后，Cu-0.5%Cr 合金的显微硬度、电导率、抗拉强度和断裂伸长率均有所提高。ECAP（4 道次）和 DCT（12 h）后，抗拉强度、断裂伸长率和电导率分别达到 483 MPa、17.6%和 29%IACS。拉伸性能的提高可以归因于位错密度的增加和晶粒的细化。由于空位浓度的降低，DCT 改善了材料的导电性[18]。

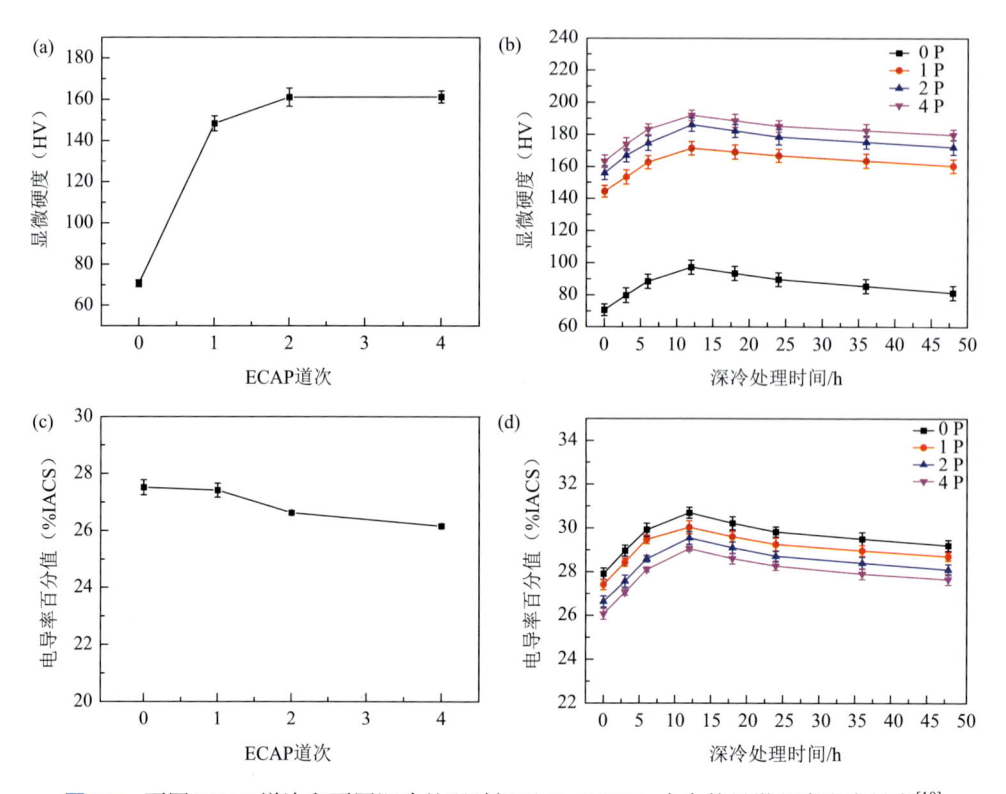

图 5.9 不同 ECAP 道次和不同深冷处理时间下 Cu-0.5%Cr 合金的显微硬度和电导率[18]

针对 ECAP 制备的 Cu-0.5%Cr 合金虽力学性能优异，但导电性显著下降的问题，团队采用塑性变形和时效处理相结合的方法，成功制备得到高强高导 Cu-0.5%Cr 合金（图 5.10）。采用 4 道次 EACP 和 90%冷轧制备了超细晶 Cu-0.5%Cr 合金，抗拉强度达 460 MPa，电导率不超过 35%IACS。但是变形合金 450℃时效处理 1 h 后，较好地平衡了高强度和高导电之间的矛盾，Cu-0.5%Cr 合金具有更好的综合性能，抗拉强度 554 MPa，断裂伸长率 22%，电导率 84%IACS[4]。

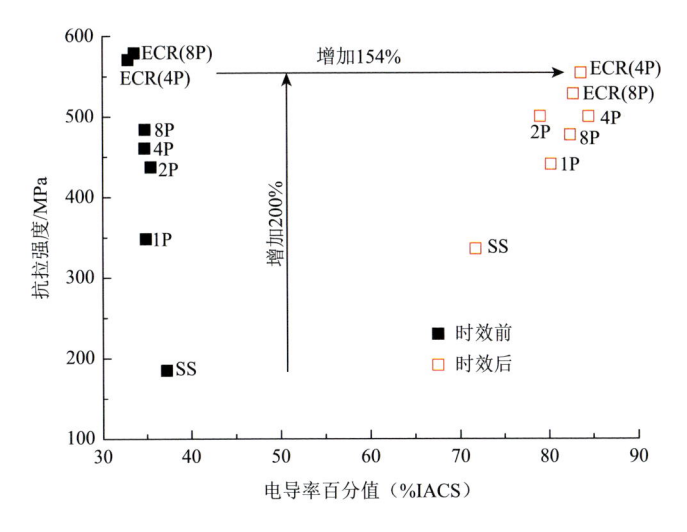

图 5.10　ECAP 和时效处理后 Cu-0.5%Cr 合金的抗拉强度与电导率[4]

SS、P 和 ECR 分别表示固溶态、ECAP 道次、ECAP + CR 处理

ECAP 和时效处理的 Cu-0.5%Cr 合金的高强度主要源于沉淀强化和细晶强化。随着等效应变的增加，当等效应变达到 3 时，沉淀强化的比例从 83% 突降至 55%，然后趋于保持不变，细晶强化的比例大约 45%，如图 5.11 所示。合金的高电导率源于时效处理使第二相 Cr 原子析出，固溶的原子减少使对电子的散射作用减小，合金电导率提高。

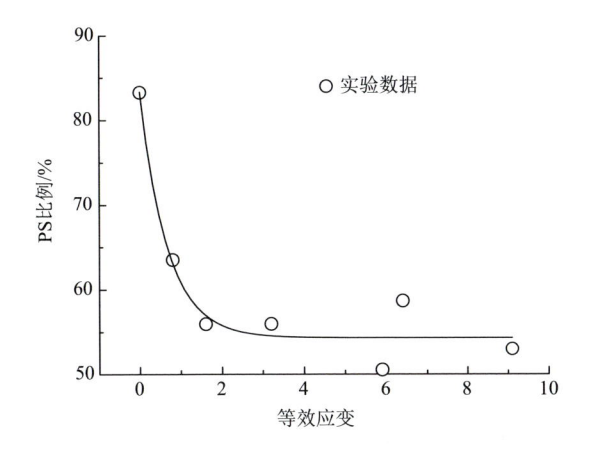

图 5.11　经过 ECAP、ECAP + CR 和后续时效处理的 Cu-0.5%Cr 合金随等效应变变化的沉淀强化（PS）比例[4]

此外，团队还研究了 Cu-0.5%Cr-0.2%Zr 合金经 ECAP、冷轧变形和时效处

理的微观组织和性能。经 ECAP、冷轧变形后，该合金的室温抗拉强度达 630 MPa，经后续时效处理（450℃、1 h），Cr 和 Cu$_5$Zr 颗粒沉淀析出，抗拉强度增大到 660 MPa，为初始态合金的 2.5 倍，同时合金的电导率达 70%IACS。合金的热稳定研究表明，经 ECAP、冷轧、时效处理后合金的微观组织和显微硬度在 450℃至少可以保持 5 h，显微硬度变化不超过 10%。这种高强高导铜合金可以满足工业需求[19]。

采用 X 射线衍射（XRD）分析了 Cu-0.5%Cr-0.2%Zr 合金经 ECAP、冷轧和时效处理的微观组织演变（图 5.12、图 5.13），包括晶格参数、相干散射域（CSD）的大小、弹性微畸变和位错密度[20]。随 ECAP 道次增加，CSD 尺寸增加，弹性微畸变和位错密度增加。同时，1 道次 ECAP 后，晶格尺寸减小，然后随 ECAP 道次增加而增大。冷轧使 CSD 尺寸减小、弹性微畸变增大，晶格常数在 1 道次、2 道次、4 道次 ECAP 增大，而在 8 道次 ECAP 时减小。时效处理使 CSD 尺寸增大，弹性微畸变、位错密度和晶格常数减小，晶格常数在 1 道次、2 道次、4 道次 ECAP 增大，而在 8 道次 ECAP 时减小。合金微观组织的变化是由缺陷生成和 Cr 颗粒沉淀析出之间的竞争引发的。

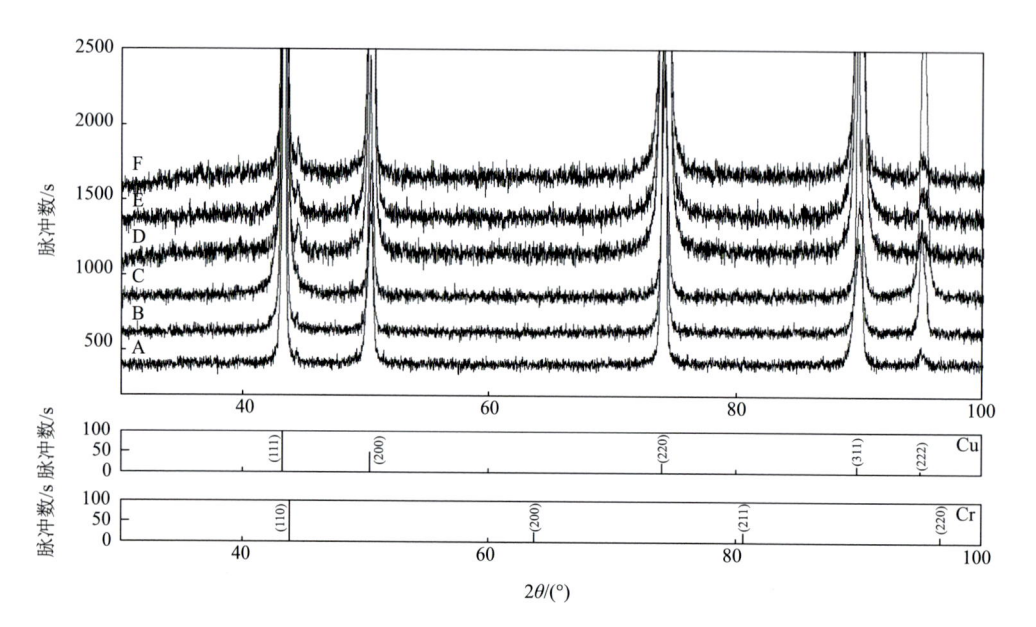

图 5.12　不同状态合金的 XRD 图谱：A. 固溶态、B. 1P、C. 8P、D. CR、E. 1P + CR、F. 8P + CR[20]

此外，通过高压扭转（HPT）和时效处理获得了更高强度的 Cu-0.5%Cr-0.2%Zr 合金，其晶粒尺寸仅为 140 nm（图 5.14），抗拉强度约为 900 MPa，电导率达 70%IACS[21]。

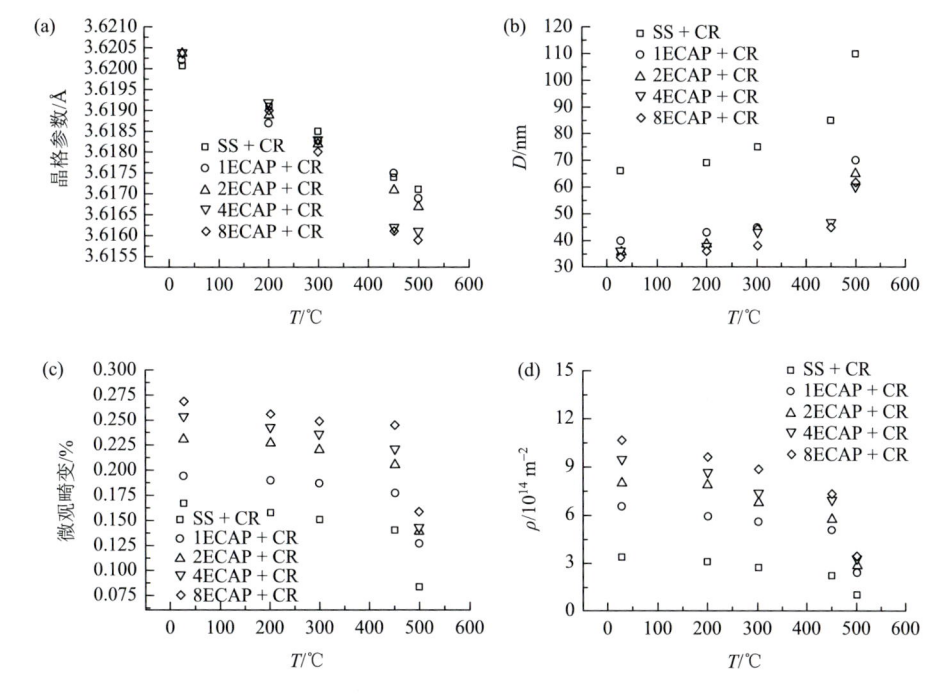

图 5.13 合金时效 1 h 的时效温度与晶格参数（a）、相干散射畴 D（b）微观畸变（c）和位错密度 ρ（d）的关系[20]

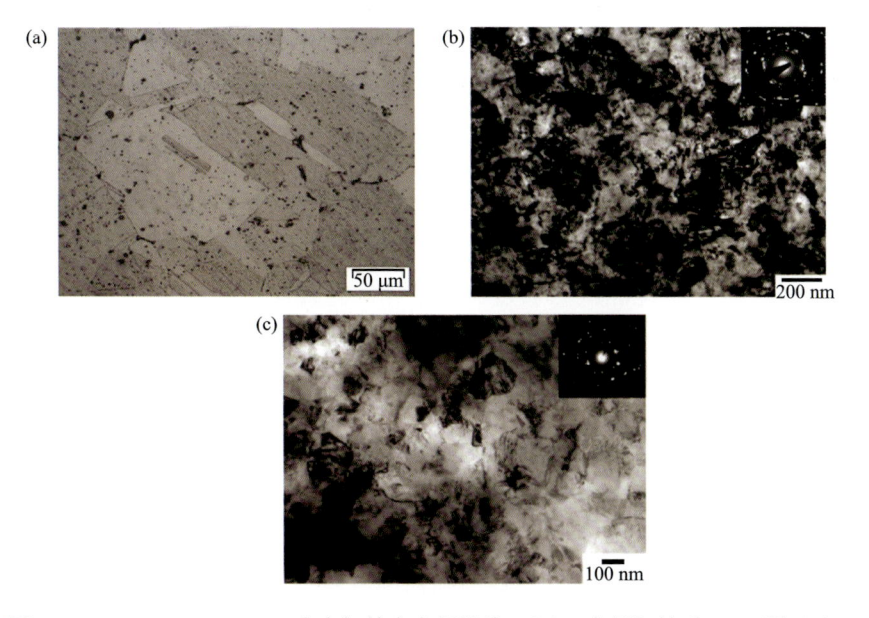

图 5.14 Cu-0.5%Cr-0.2%Zr 合金初始态金相照片：（a）、高压扭转后 TEM 图（b）、高压扭转和时效处理后 TEM 图（c）[21]

3. Cu-1.0wt%Cr-0.1wt%Zr 合金

通过建模方法估算了 Cu-1.0wt%Cr-0.1wt%Zr 合金的空位、晶界、孪晶界等对合金强度和导电性的影响[22]。由于退火处理使 Cr 原子析出，Cu-1.0wt%Cr-0.1wt%Zr 合金的电导率达 86.6%IACS，第二相颗粒和位错对合金电阻率影响不大，但位错硬化导致合金的屈服应力变大。经退火和随后的准静态压缩（quasi-static compression，QSC）之后，由于变形空位和晶界增多，电子散射增强，合金电导率在一定程度上降低为 80.2%IACS。晶界使合金电阻率增加了 $1.50×10^{-9}$ $\Omega·m$，变形空位使电阻率增大 $1.16×10^{-10}$ $\Omega·m$。同时，由于位错硬化的增加，屈服应力略有增大。经退火和随后的在液氮温度下动态加载荷（dynamic loading at liquid nitrogen temperature，DL-LNT），孪晶界、变形空位和晶界增多，合金电导率略微下降，为 76.3%IACS。晶界、孪晶界、变形空位分别使合金电阻率增大 $2.10×10^{-9}$ $\Omega·m$、$0.3×10^{-10}$ $\Omega·m$、$5.33×10^{-10}$ $\Omega·m$。孪晶界对晶体电阻率影响很小，但对屈服应力影响显著，与 QSC 处理后合金相比，屈服应力增大约 1.4 倍。

5.3 定向组织高强高导铜及铜合金

铜最大的特点是具有高导电性和高导热性，但是粗晶纯铜强度偏低（屈服强度 $\sigma_{0.2}≈50$ MPa，抗拉强度 $\sigma_{UTS}≈190$ MPa）。提高铜的强度往往以损失导电性为代价，这便是强度-导电性矛盾。具体而言，通过合金化、细晶强化、加工硬化等多种强化手段可以提高铜的强度，但这些强化方式会导致电导率的降低。其原因在于这些强化手段在铜中引入了各种缺陷，如固溶原子、晶界、位错等，而这些缺陷会显著增大金属粒子对电子的散射，从而降低导电性能。因此，实现铜的高强度和高导电性是一项长期以来有待解决的重大科学难题。目前主要有两种策略用以优化或解决这一矛盾：①在保持较高电导率的前提下，结合多种强化方式提高力学性能；②通过组织结构的跨尺度定向构筑，同时大幅度提高铜的强度和导电性，实现不（或少）依赖合金化来调控铜及其合金的电子结构、晶格及相结构、组织形态与尺寸以及界面表面结构等，从而减少或替代贵重、稀有或有毒元素的使用。

材料的诸多性能难以兼得是自然界的普遍规律，广泛存在于结构材料和功能材料中，如电池材料的能量和功率密度[23]，热电材料的电导率和塞贝克系数/导热系数[24]，介电材料的极化率和击穿强度[25]，磁性材料的磁化和矫顽力[26]，催化材料的反应物迁移率和催化活性位[27]，结构材料的强度和延展性/导电性/热稳定性[28-30]等。在过去的半个世纪里，人类利用新兴的纳米技术对这一难题发起了挑战。例如，双峰和异质复合材料通过将性能互斥的微观结构复合在一起来实现性能的优化。生物体材料通常用微观组织的定向分布来实现相互矛盾性能的兼得，例如，为了抵制横向断裂并沿轴向输送养分，竹子等植物进化出了沿茎的轴向排列的纤维结构；动物牙齿的表面也进化出了纳米结构以适应磨损环境；贝壳则形成了多层膜结构，以抵抗垂直方向的断裂。可见，大自然巧妙地优化了生物体材料的微结构以适应各自特定的生活环境（图 5.15）。与生物体材料相比，目前的人造材料还相对简单。例如，从原子结构来讲，大多数人工材料都是单相的；从性能来讲，大多数是各向同性的。由于特定的人造部件往往是宏观的、在使役过程中有方向性的，因此材料性能往往并没有得到充分利用。为此，Mao 和 Zhao 等提出材料的微观结构应该根据构件具体的工作条件而进行微观结构的宏观定向设计（macro directional design of microstructure，MDDM）的理念，从而实现效用最大化。

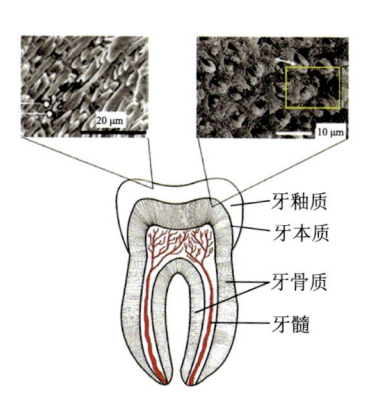

图 5.15　竹子纤维、牙齿表面及贝壳多层结构[31, 32]

5.3.1　纯铜的微观组织定向设计

1. 旋锻铜的微观结构

Mao 等利用旋锻（rotary swaging，RS）技术制备了沿轴向分布且具有强织构的超长、超细晶纯铜导线。经测试，粗晶（CG）铜纯度为 99.98%，晶粒尺寸约为 54 μm，无织构（图 5.16）。在旋锻过程中，均匀分布在铜棒四周的模具绕铜棒高速旋转，并沿径向做高频往复运动，锤击样品表面，达到减径效果。旋锻变形（$\varepsilon=2.5$）后，晶粒沿轴向逐渐拉长为超长柱状晶 [图 5.17（b）]。该结构具有类分形特性：根据大角度晶界（>15°）统计，晶粒直径和长度分别为 2.06 μm 和 339 μm [图 5.17（c）]；大角度晶界单元中包含小角度晶界网络，结构单元的直径和长度分别为 220 nm 和 25.1 μm[图 5.17（d）]。此外，旋锻在铜导线中引入了强烈的⟨100⟩和⟨111⟩丝织构，方向平行于轴向。高分辨透射电镜（HRTEM）显示存在大量锯齿形小角度晶界，取向差很小，由大量几何形位错构成 [图 5.17（e）][33]。

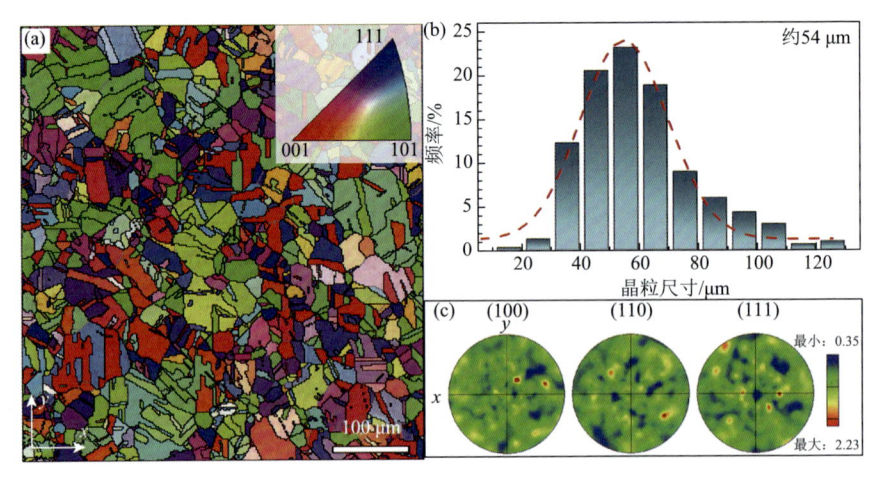

图 5.16 粗晶铜的显微结构：(a) 粗晶铜的晶体取向图；(b) 晶粒尺寸分布图；(c) (100)、(110) 和(111)极图[33]

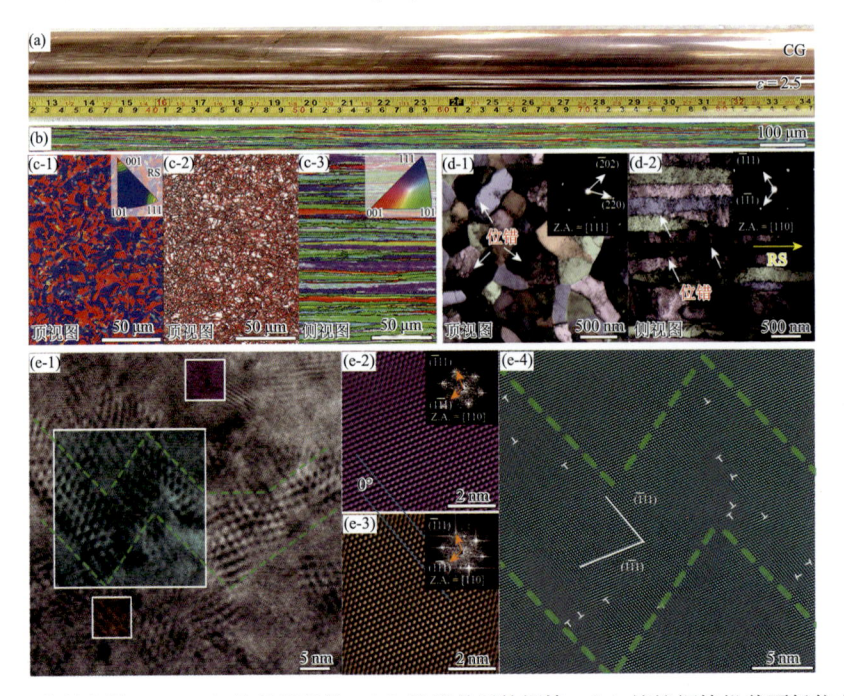

图 5.17 旋锻铜棒（$\varepsilon = 2.5$）的显微结构：(a) 旋锻前后的铜棒；(b) 旋锻铜棒纵截面低倍电子背散射衍射（EBSD）晶体取向图；(c) 横截面（c-1, c-2）和纵截面（c-3）的高倍 EBSD 晶体取向图，(c-2)中的黑线和红线分别代表大角度晶界（＞15°）和2°～15°的小角度晶界；(d) 横截面（d-1）和纵截面（d-2）的 TEM 图；(e) 小角度晶界的 HRTEM 图，(e-1) 小角度晶界的 HRTEM 图，(e-2) 图（e-1）中右上角方框区域的 HRTEM 图，插图为快速傅里叶变换图像，(e-3) 图（e-1）中左下角方框区域的 HRTEM 图，插图为傅里叶变换图像，(e-4) 几何位错形成的锯齿形小角度晶界[33]

Z. A. 表示晶带轴

2. 旋锻铜的力学性能

在室温和液氮温度下，旋锻铜的准静态拉伸曲线如图 5.18（a）所示。粗晶铜的屈服强度和断裂伸长率分别为 60 MPa 和 57%。随着应变量的增加，纯铜的屈服强度增加，断裂伸长率下降 [图 5.18（b）]。当 $\varepsilon = 2.5$ 时，屈服强度和断裂伸长率分别为 450 MPa 和 10%，试样在屈服后立即发生颈缩，应变硬化能力几乎为零。这是因为试样的位错密度达到室温下的饱和状态，难以继续发生应变硬化[28]。当样品经退火或在液氮温度下测试时，位错累积能力的增强提高了旋锻铜的应变硬化效应，并实现了塑性的提升[28, 34-36]。

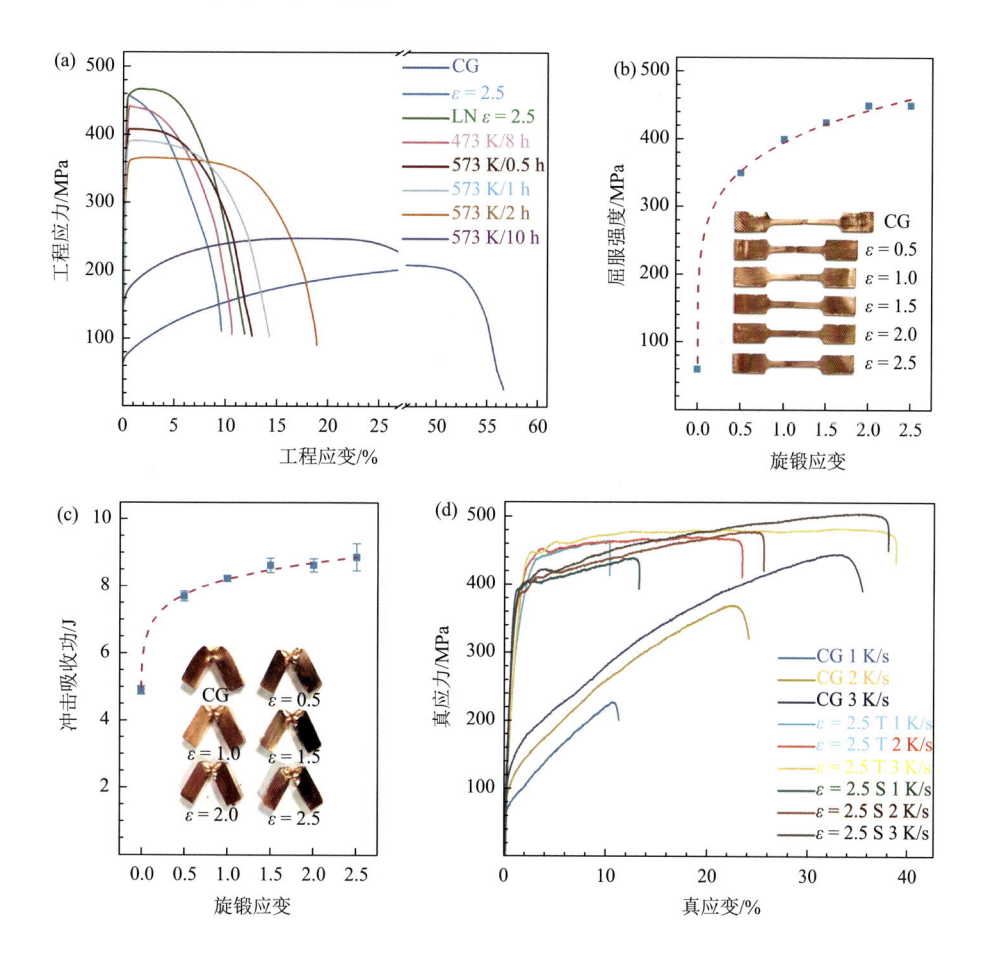

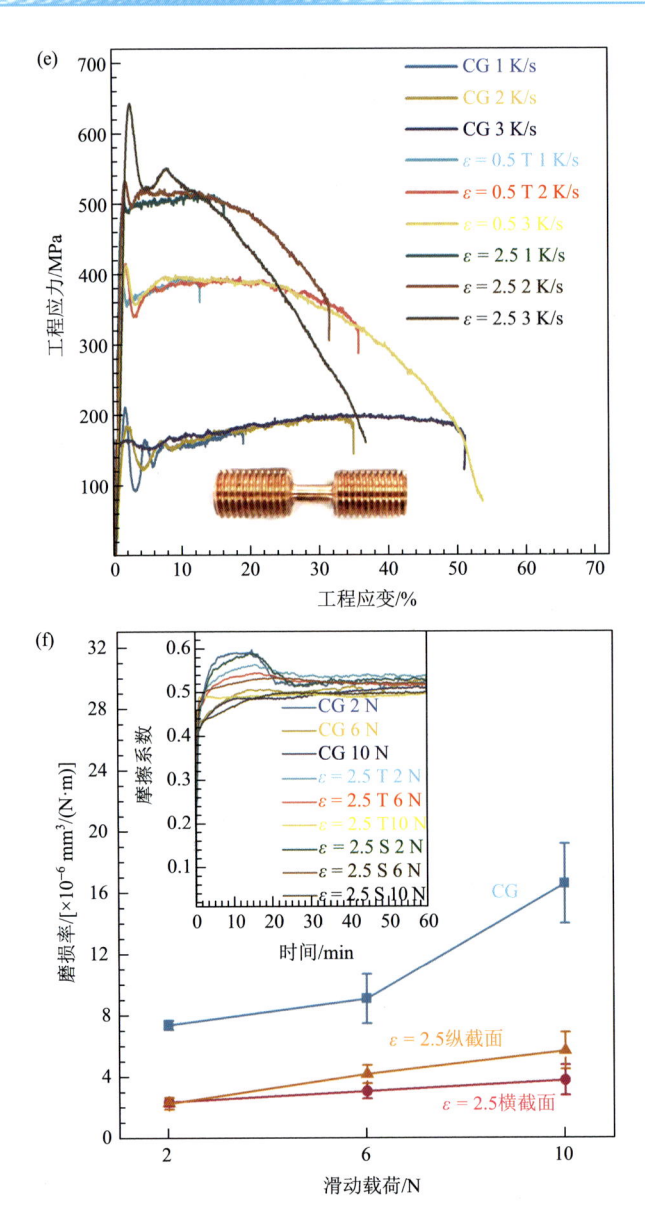

图 5.18 旋锻铜的力学性能：(a) 在室温和液氮 (LN) 温度下测试的旋锻铜和粗晶铜 (CG) 的准静态拉伸曲线；(b) 屈服强度与旋锻应变量的关系；(c) 冲击吸收功与旋锻应变量的关系；(d) 动态压缩曲线，应变速率为 1000~3000 s^{-1}，分别从横截面 (T) 和纵截面 (S) 加载；(e) 动态拉伸曲线，应变速率为 1000~3000 s^{-1}，沿横截面加载；(f) 室温下，横截面 (T) 和纵截面 (S) 磨损率和摩擦系数与滑动载荷的关系[36]

V 型缺口冲击实验可以反映材料在冲击载荷下的损伤容限。如图 5.18（c）所示，粗晶铜的冲击吸收功约为 5 J，冲击吸收功随应变的增加而增加。当 ε = 2.5 并从纵截面冲击时，吸收功达到 9 J。纵截面裂纹尖端的 SEM 和 EBSD 结果（图 5.19）显示，旋锻铜具有高冲击吸收功有两个原因：①主裂纹沿"Z"形向前传播，并在裂纹尖端出现再结晶现象［图 5.19（f）］；②冲击过程中，长晶粒由于变形不协调，产生"层离"现象［图 5.19（i）］。这些再结晶晶粒和新产生的界面吸收了更多的冲击能量。Kimura 等报道了一种具有类似超细拉长晶粒的低合金钢，其冲击吸收功（226 J）比其粗晶态（14 J）高 15 倍[37]。Liang 等发现，等轴超细晶铜和粗晶铜具有相近的冲击吸收功[38]。考虑到旋锻晶粒超高的长短轴比，预计旋锻铜沿轴向的冲击吸收功比沿径向小得多。

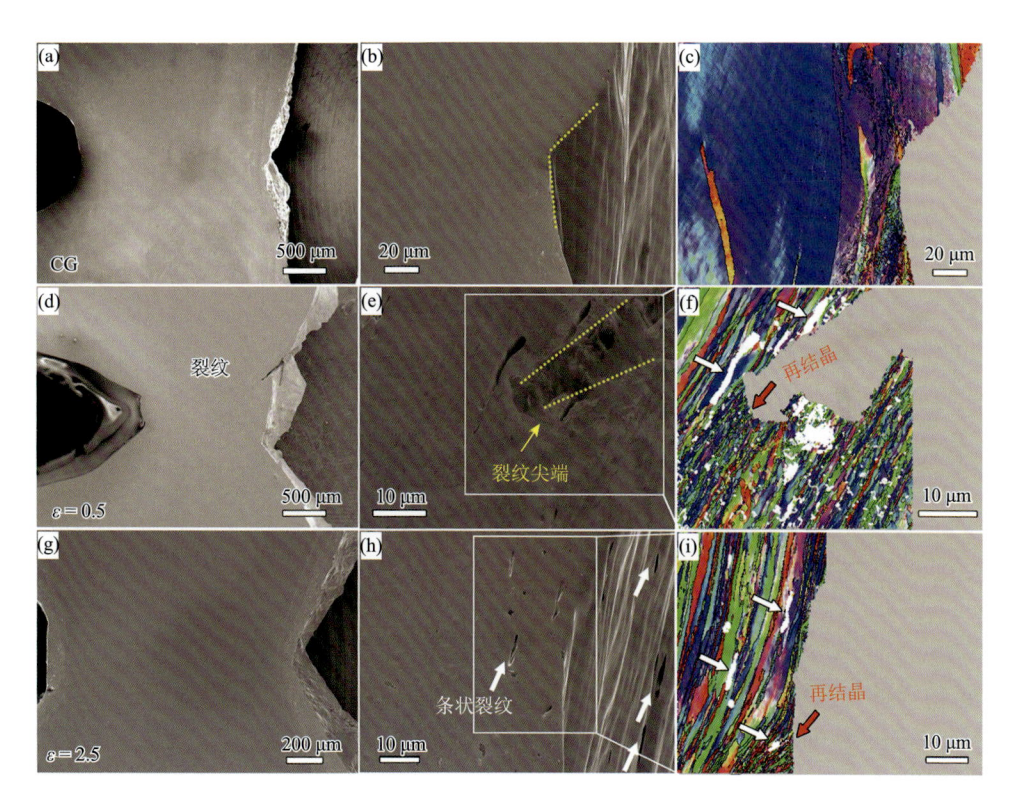

图 5.19 室温夏比冲击实验后，旋锻铜纵截面裂纹尖端附近的 SEM 和 EBSD 图：（a～c）粗晶铜（CG）；（d～f）ε = 0.5；（g～i）ε = 2.5[36]

应变速率较高（1000～3000 s^{-1}）时，粗晶铜和旋锻铜的动态压缩应力-应变曲线如图 5.18（d）所示。改变载荷加载方向，旋锻铜表现出各向异性的冲击行为。当载荷加载方向平行于轴向时，具有较高的强度。此外，动态冲击导致了进一步位错增殖[39]，所有曲线都存在一定的应变硬化现象。所有冲击后的铜样品，均没有观察到绝热剪切带（ASBs）。ASBs 通常起源于冲击过程中的突发失稳，这可能导致灾难性的工程事故。在冲击过程中，所有样品的温升均小于 50 K，远小于 0.5 T_m（铜的熔点），表明 ASBs 的热软化没有发生[40]。经计算，粗晶铜和旋锻铜（$\varepsilon = 2.5$）的 ASBs 敏感性分别为 35.8 和 2962.6，远远小于面心立方（FCC）金属的临界值（10000）[41]。通常，ASBs 在体心立方（BCC）体和密排六方（HCC）体中较容易发生，尤其是它们的超细晶结构[42,43]。FCC 金属因较好的变形能力，无论在粗晶还是超细晶结构中都很少发生 ASBs[39]。

图 5.18（e）为粗晶铜和旋锻铜高应变速率（1000～3000 s^{-1}）下的动态拉伸应力-应变曲线。在应变速率为 2000 s^{-1} 的情况下，旋锻铜（$\varepsilon = 2.5$）的屈服强度高于 500 MPa，同时具有 10%的断裂伸长率，这是由于高速拉伸过程中位错累积能力增加。在高速拉伸过程中，旋锻铜的屈服强度和硬化能力显著提高，因此旋锻技术适合用于需要承受轴向张力与剪切波动的高铁接触线的制备。

高速列车运行中，其受电弓需要在接触线上高速摩擦。因此，接触线的耐磨性是非常重要的特性。图 5.18（f）中的插图中显示了在不同载荷下，粗晶铜和旋锻铜的摩擦系数（FC）随滑动时间的变化。在稳态阶段，粗晶铜与旋锻铜的摩擦系数趋向于稳定值，约为 0.5。随着载荷的增加，粗晶铜和旋锻铜的磨损率都在增加。但是，旋锻铜的磨损率比粗晶铜低得多，而且有各向异性的磨损行为，纵截面的磨损率比横截面稍高。SEM 观察发现，当沿纵截面磨损时，片状晶粒发生剥落现象，而当沿横截面磨损时，等轴的超细晶粒具有更优异的耐磨性。

3. 旋锻铜的热稳定性和导电性能

图 5.20（a）和（b）及图 5.18（a）给出了旋锻铜（$\varepsilon = 2.5$）退火后的硬度变化和应力-应变曲线。在 473 K 退火至 400 min 时，试样的显微硬度一直保持在 1.25 GPa；在 523 K 退火 600 min 时，由于位错回复，硬度略微下降至 1.15 GPa。定量计算表明，退火后位错密度由 9.19×10^{14} m^{-2} 下降至 7.6×10^{13} m^{-2}。在 573 K 退火时，硬度快速下降，并且在 120 min 时出现再结晶现象［图 5.20（c-3）］。从图 5.20（b）可以看出，当退火时间恒定为 30 min 时，硬度在达到 473 K 之前保持不变，而在 623 K 时由于再结晶而下降到 0.95 GPa［图 5.20（c-4）］。热力学计算表明，相较于等轴晶粒，片层结构具有更低的晶界储存能[44]。动力学计算表明，与等轴超细晶铜［72 J/(mol·K)］[45]相比，旋锻铜具有较高的再结晶活化能［$Q = 150$ J/(mol·K)］，能够通过延缓再结晶过程提高热稳定性。

四探针电阻率测试结果［图 5.20（d）］表明，旋锻变形（$\varepsilon = 2.5$）使粗晶铜的导电性（100%IACS）降低到 97%IACS；而结晶前的退火处理使旋锻铜的电导率高于粗晶铜，最高可达 103%IACS，同时仍然保持 380 MPa 以上的屈服强度。进一步计算表明，旋锻铜的电导率下降是由于引入了高密度的位错，这些位错成为自由电子的散射源。退火处理减小了位错密度，进一步提高了旋锻铜的导电性。由于沿电子运动方向上大角度晶界密度低于粗晶，因此，退火旋锻铜的电导率高于粗晶铜。

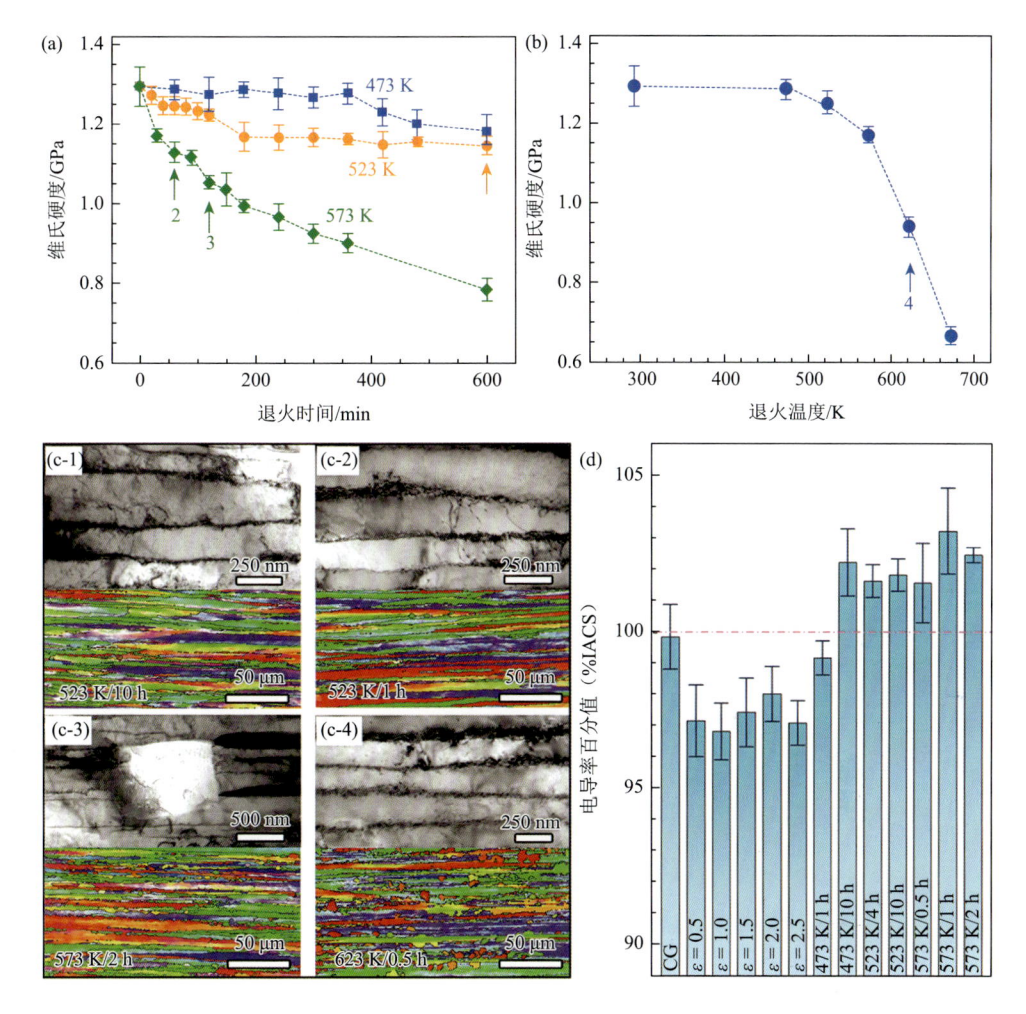

图 5.20 等温、等时退火过程中，旋锻铜（$\varepsilon = 2.5$）的显微硬度、微观组织和电导率的变化：（a）473 K，523 K 和 573 K 等温不等时退火；（b）300～673 K 进行 30 min 等时退火；（c）退火样品纵截面的 EBSD 和 TEM 图；（d）粗晶铜、旋锻铜和退火旋锻铜的电导率[36]

4. 定向微观组织设计的优势及意义

图 5.21（a）和（b）比较了旋锻铜及其他方法制备的高性能纯铜的强度、导电性和热稳定性。可见，纯铜的屈服强度和电导率总是相互矛盾［图 5.21（a）橙色虚线］。电沉积（ED）纳米孪晶铜具有 980 MPa 的高屈服强度和 97%IACS 的电导率[29]，这是因为孪晶界起到强化作用的同时具有低的电子散射效应。产生强度和导电性矛盾的根本原因是强化所引入的晶界和位错不可避免地增加了电子的散射。旋锻铜成功打破了这一矛盾。如图 5.21（b）中的橙色虚线所示，铜的强度和热稳定性也是相互矛盾的。晶粒尺寸随着退火温度的增加而呈线性增加，因为晶

界和用于强化的位错同时提供了晶界迁移的驱动力。但是，旋锻铜由于低的小角度晶界能而表现出优异的热稳定性。

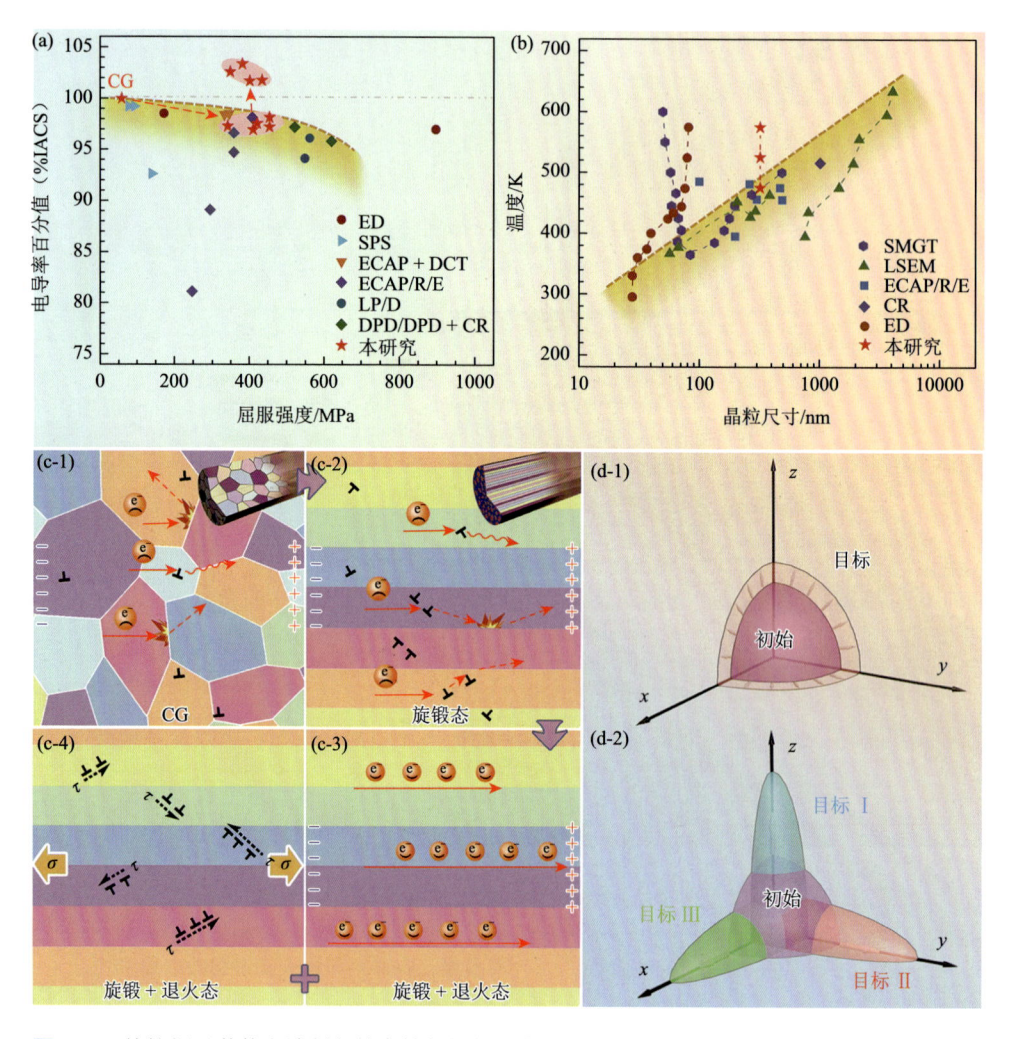

图 5.21 旋锻铜及其他方法制备的高性能铜的强度、导电性和热稳定性：(a)屈服强度与电导率的关系；(b)晶粒尺寸随退火温度的变化；(c)铜在旋锻和退火过程中的微观组织演变及其对力学性能和导电性影响示意图；(d)传统的整体性能优化和本研究根据服役方向的微观结构宏观定向设计概念示意图[33]

ED：电沉积；SPS：火花等离子烧结；ECAP/R/E：等通道转角挤压/轧制/挤出；DCT：深冷处理；LP/D：液氮挤压/拉拔；DPD：动态塑性变形；CR：冷轧；SMGT：表面机械研磨；LSEM：大应变挤压加工

图 5.21（c）说明了铜在旋锻和退火过程中的微观结构演变及其对力学和导电性能的影响。对于粗晶铜，大角度晶界是影响其导电性的主要晶格缺陷[图 5.21（c-1）]。

旋锻在铜中引入了沿轴线分布的超长晶粒和晶粒内部的高密度位错。尽管超长晶粒通过减少大角度晶界的比例而提高了沿轴线的导电性，但电子通道上高密度的位错仍然将电导率降低到约 97%IACS［图 5.21（c-2）］。再结晶前的退火处理清理了电子通道上的大部分位错，并将电导率提高到超过 100%IACS［图 5.21（c-3）］。同时，具有亚微米间隔的小角度晶界可以有效地阻止径向的位错滑移，从而增加了屈服强度［图 5.21（c-4）］。

与传统的双峰或异质复合材料的概念不同［图 5.21（d-1）］，MDDM 旨在根据部件具体的工作方向而对微观结构进行宏观设计，使材料的性能得到充分发挥，如图 5.21（d-2）所示。该理念可以用来解决材料性能的其他悖论。对于电池、热电、催化等功能和结构材料，可以分别按照充电和放电、导热和传导、反应和负载等宏观工作方向，有目的地设计其微观结构。显然，材料性能悖论的自然规律并没有被改变，一个方向的优良性能是以牺牲另一个方向的性能为代价的［图 5.21（d-2）］。因此，我们没有必要花精力去制造各方面都完美的材料，而应物尽其用。微观结构的宏观设计（包括晶粒大小、形态和取向等）可以进一步扩展到成分（不同的元素）、相（不同的结构如 BCC 和 HCP）等的宏观设计。在这一方面，梯度材料和层状结构也可以纳入这个范畴。

5.3.2 铜基复合材料的定向微观组织设计

自 1964 年新干线诞生以来，高速列车在世界范围内得到了快速发展，因为它们有效地加速了城市化进程。2003～2023 年，世界上高速铁路的总里程增加了 5 倍以上。高速列车通过接触网从外部获取电能而作为牵引动力，接触线是影响列车安全性和可靠性的关键装备之一。具体来讲，电流通过受电弓从接触线流向高速列车。因此，受电弓与接触线之间的相互作用决定了高速列车接收电流的稳定性，而接触线的性能是制约电气化高速列车发展的重要因素之一。高速列车的不断提速对接触线的性能提出了更严苛的要求，接触线必须同时具有优良的导电性、强度和耐磨性。首先，为了实现高速铁路提速，需要接触线提供更大的电流和牵引功率，这将带来过热和火花磨损。为了解决这些问题，必须提高接触线的导电性。其次，接触线与受电弓之间的高速滑动会产生上下振动的剪切波，其速度 V_c 可以表示为：$V_c = 3.6(T/\rho)^{1/2}$，其中 ρ 为接触线的密度，T 为线张力。列车运行速度只有小于 70%的 V_c 时，才可以保证受电弓与接触线的稳定工作状态。因此，要提高火车的速度，只能通过强化接触线的方式来实现。此外，提高运行速度也要求接触线具有较高的耐磨性。

由于强度和导电性的矛盾，Cu-Cr 复合材料的广泛应用受到制约。Mao 和 Zhao 等基于位错、晶粒细化、弥散、析出及纤维复合等强化策略，通过微观组织的宏观定向设计（MDDM）技术整合、调控微观结构，旋锻制备的 Cu-3.11（wt%）Cr 复合导线具有良好的综合性能：极限抗拉强度 580 MPa，电导率 81.1%IACS，性能指标明显高于现行《300～350 km/h 电气化铁路接触网装备暂行技术条件》（OCS-3）中的标准（抗拉强度≥500 MPa，电导率≥62%IACS；或者，抗拉强度≥420 MPa，电导率≥74%IACS）。因此，利用该技术制备的接触线可被用于运行速度更快的高速铁路接触网。

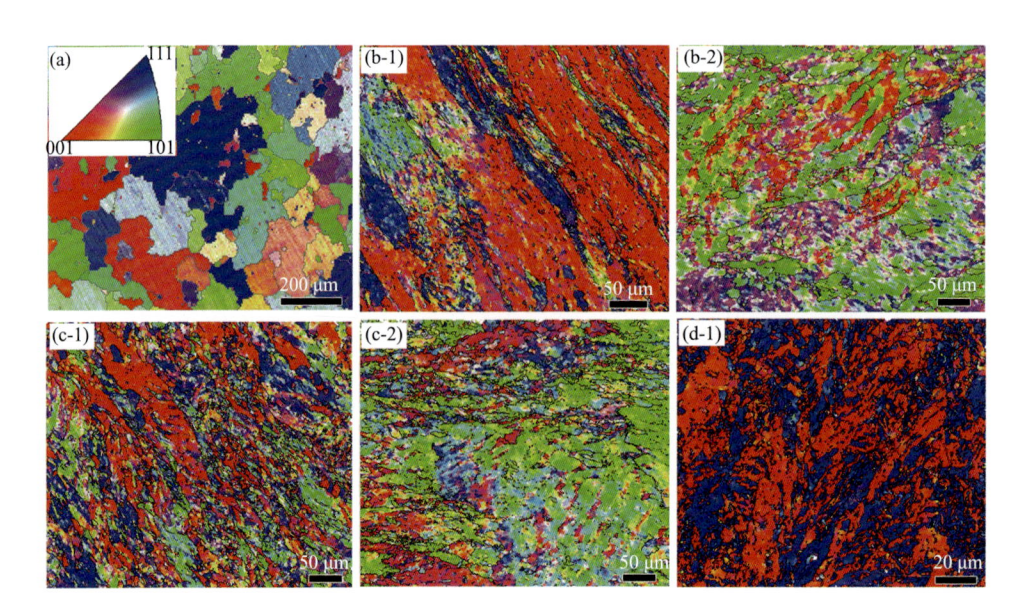

1. Cu-3.11Cr 复合导线的微观结构

Cu-3.11Cr 复合导线以旋锻结合热处理工艺制备，主要工艺路线为：固溶（ST，960℃/60 min）→预旋锻（PRS，ε = 1.2）→峰时效（PA，500℃/60 min）→终旋锻（FRS，ε = 3.5）→终时效（FA，500℃/30 min）。采用双级形变热处理工艺可以优化析出和细晶强化的效果。预旋锻可以在基体中引入一定数量的位错，为后续预时效 Cr 的析出提供更多的形核点，促进 Cr 析出相在基体中的均匀分布。终旋锻时，基体中的析出相能够促进基体晶粒的进一步细化，并引入新的位错。终时效时，高密度的纳米 Cr 析出相依托位错核进一步在 Cu 基体中均匀析出。

图 5.22 中的 EBSD 晶粒取向图显示了不同状态 Cu-3.11wt%Cr 导线的微观形貌。固溶处理后，样品晶粒尺寸分布为双峰结构，包含细晶粒（约 37 μm）和粗晶粒（约 237 μm）。预旋锻后，晶界发生了严重变形，粗晶粒内形成了许多不同取向的局部变形区（位错胞）。此外，原本随机分布的晶粒取向开始规则化，〈100〉和〈111〉方向朝旋锻方向倾转［图 5.22（b-1）和（b-2）］，表明等轴晶粒在外加应力下开始破碎。预时效后，拉长的晶粒结构与预旋锻晶粒形貌相似［图 5.22（c-1）和（c-2）］。

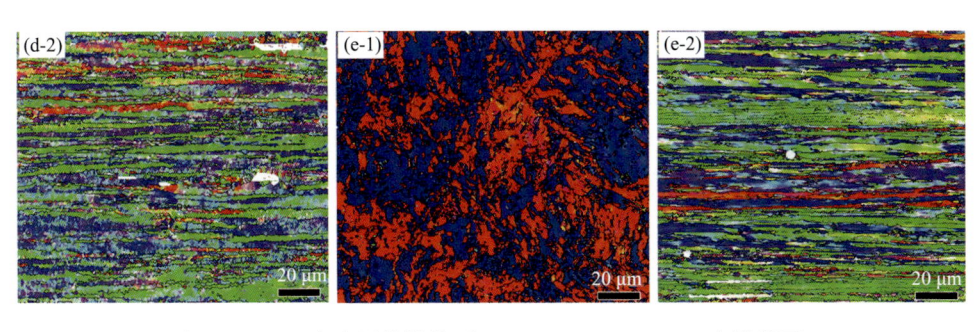

图 5.22　不同状态 Cu-3.11Cr 复合导线横截面（b-1, c-1, d-1, e-1）和纵截面（b-2, c-2, d-2, e-2）的 EBSD 形貌：（a）固溶（ST，960℃/60 min）；（b-1, b-2）预旋锻（PRS，$\varepsilon = 1.2$）；（c-1, c-2）预时效（PA，500℃/60 min）；（d-1, d-2）终旋锻（FRS，$\varepsilon = 3.5$）；（e-1, e-2）终时效（FA，500℃/30 min），图中的黑线为大角度晶界（>15°）[46]

终旋锻处理后，基体晶粒在径向上进一步细化到 3.9 μm，并形成大量的超细晶粒。同时，形成强烈的平行于轴向的⟨100⟩和⟨111⟩丝织构［图 5.22（d-1）和（d-2）］。终时效后，基体的晶粒形貌保持不变，没有明显的再结晶现象［图 5.22（e-1）和（e-2）］。

图 5.23 显示了终旋锻（$\varepsilon = 3.5$）和终时效（500℃/30 min）样品的纵截面微观结构扫描电镜形貌。终旋锻后，大部分的 Cr 粒子沿轴向被拉长为几百微米长的 Cr 纤维，只有少量的 Cr 颗粒保持球形形态［图 5.23（a）和（b）］。终时效后，Cr 相的纤维形态转变为连续的峰形，呈现球化的趋势。此外，由于时效过程中 Cr 原子

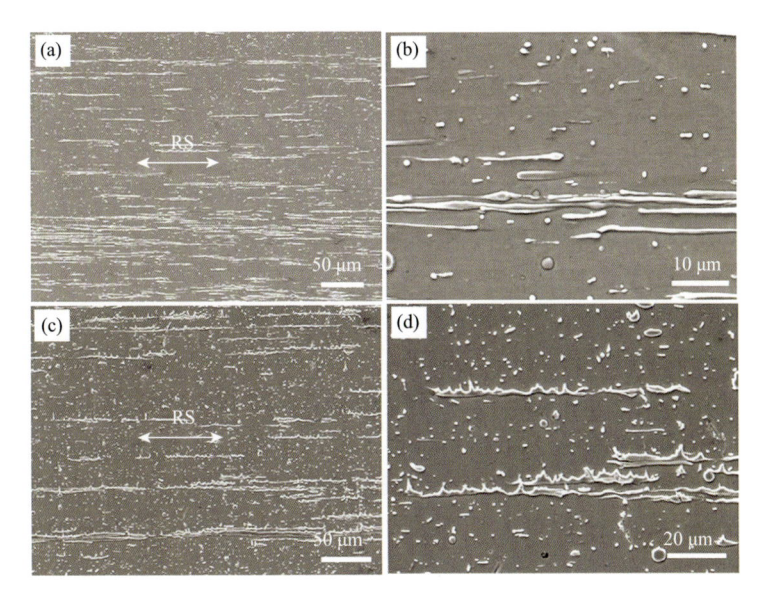

图 5.23　试样纵截面中 Cr 相的 SEM 形貌：（a、b）终旋锻；（c、d）终时效，箭头方向为旋锻方向[46]

的再析出，终时效样品中球形 Cr 颗粒密度明显大于终旋锻样品[图 5.23(c)和(d)]。TEM 图进一步表明终时效试样中 Cr 元素的其他存在形式：①尺寸约为 200 nm 的球形 Cr 相，主要在双级时效中长大、球化［图 5.24（a）］；②高密度的纳米级球形 Cr 析出相，主要在终时效中析出［图 5.24（b）］。

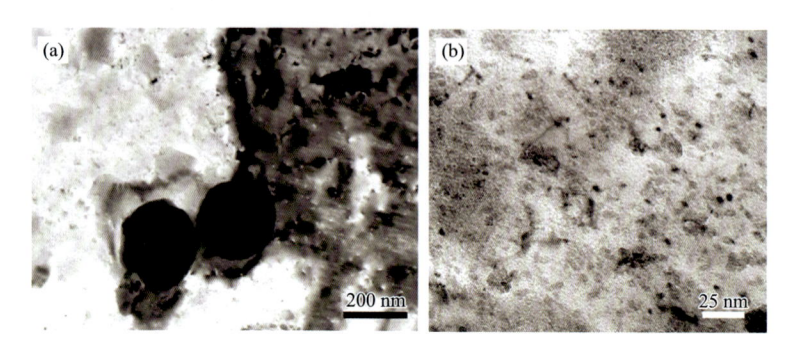

图 5.24　终时效样品中的纳米级 Cr 相 TEM 形貌[46]

基于上述的微观结构特征，图 5.25 描述了 Cu-3.11Cr 复合导线在双级旋锻和时效过程中的微观组织演变。铸造和固溶处理后，Cu-3.11Cr 复合导线的特点是粗大的晶粒和众多未溶解的球形微米级 Cr 颗粒分散在基体中［图 5.25（a）］。预旋锻后，晶粒明显细化，并在细长的晶粒中形成大量的大角度晶界和位错胞［图 5.25（b）］。预时效处理后，大量球形纳米级的 Cr 析出相从基体中析出［图 5.25（c）］。终旋锻后，基体晶粒进一步细化，形成纤维状结构，微米级的 Cr 颗粒也沿着轴向被拉长［图 5.25（d）］。终时效过程中，纳米级 Cr 颗粒在基体中继续析出，部分拉长的微米级 Cr 颗粒变成了球状形态［图 5.25（e）］。

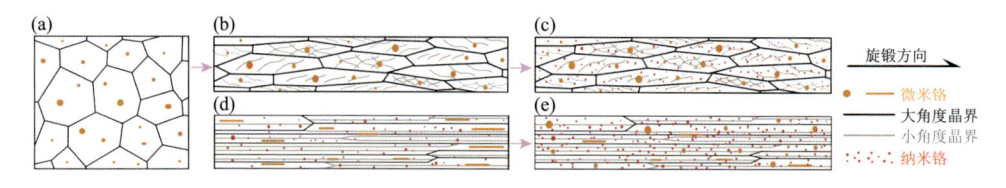

图 5.25　Cu-3.11Cr 复合导线在双级旋锻和时效过程中的微观组织演变示意图[46]

2. Cu-3.11Cr 复合导线的力学和导电性能

图 5.26（a）显示了不同的时效温度下，终旋锻样品的显微硬度随时效时间的变化。随着时效时间的增加，硬度逐渐下降。这是由于严重变形后的材料内部存在大量的缺陷，时效后，发生强烈的回复软化现象，而沉淀强化效果较差，最终硬度明显下降。

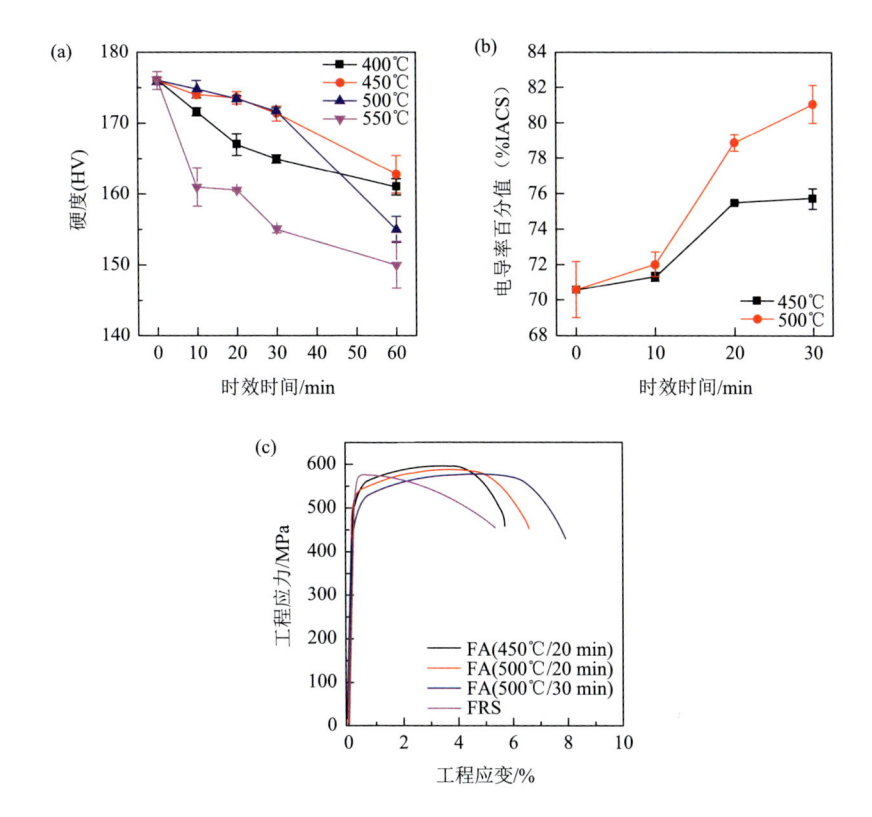

图 5.26　不同时效处理后 Cu-3.11Cr 复合导线的性能：显微硬度（a）和电导率（b）随时效时间的变化；（c）不同时效温度处理终旋锻样品工程拉伸应力-应变曲线[24]

终旋锻样品在 450℃和 500℃下时效时，其电导率随时间的变化如图 5.26（b）所示。Cu-3.11Cr 复合导线终旋锻后的电导率为 70.6%IACS。终时效过程中，电导率随着时效时间的延长而增加，表明终旋锻样品的硬度和电导率可以达到良好的平衡。图 5.26（c）显示了终旋锻样品在不同温度下时效的工程拉伸应力-应变曲线。终时效在一定程度上降低了 Cu-3.11Cr 复合导线的屈服强度，但明显增加了抗拉强度、均匀延伸率和延展性。终旋锻样品经 500℃/30 min 处理后，具有抗拉强度（580 MPa）和导电性（81.1%IACS）的最佳组合。

经计算，终时效 Cu-3.11Cr 复合导线的高强度是位错强化、晶粒细化强化、弥散强化、析出强化和 Cr 纤维复合强化共同作用的结果。其中，由大到小依次是：析出+弥散强化（226.6 MPa）、位错强化（211 MPa）、晶粒细化强化（70.9 MPa）、Cr 纤维复合强化（40 MPa）（图 5.27）。终时效 Cu-3.11Cr 复合导线的高导电性主要是由于：①Cr 原子从基体中析出，降低了基体的晶格畸变程度，减少了固溶原子对自由电子的散射作用；②定向排列的 Cr 纤维和细长的晶粒提高了导线沿轴向的导电性，Klinski-Wetzel 等发现，盘状 Cr 粒子长轴方向电导率优于短轴方向[47]。

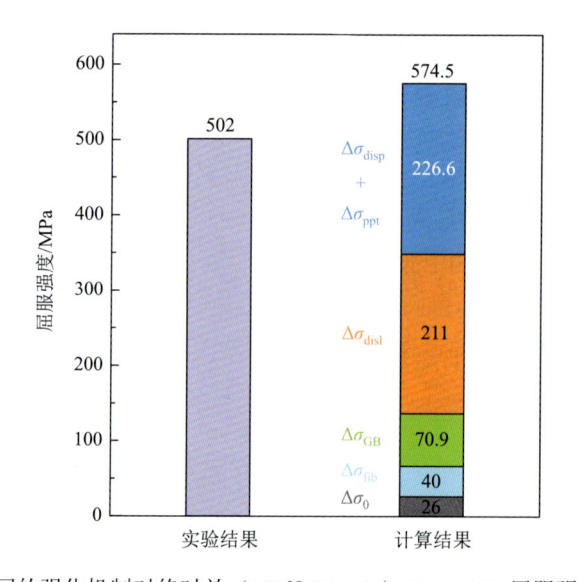

图 5.27　不同的强化机制对终时效（500℃/30 min）Cu-3.11Cr 屈服强度的贡献[46]

Δσ 由上至下分别表示初始未溶解相、析出相、位错、晶界、纤维第二相及纯铝晶格摩擦所提供的强化贡献

图 5.28 总结了不同方法制备的 Cu 合金（包含 Cu 基复合材料）电导率和极限抗拉强度关系。结果表明，Cu 合金的抗拉强度和电导率均总是相互矛盾的（蓝色区域）。与文献数据相比，双级形变热处理制备的 Cu-Cr 合金具有较好的强度和

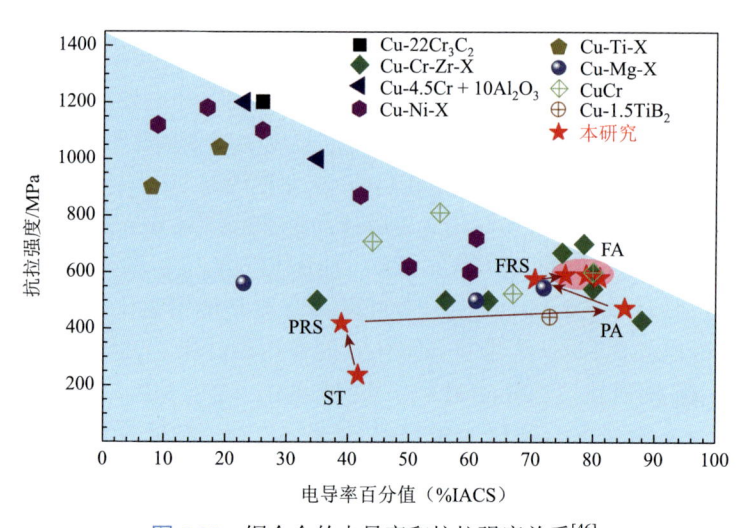

图 5.28　铜合金的电导率和抗拉强度关系[46]

电导率，位于最佳性能边界上。一方面，与 Cu-Cr-Zr-X 合金相比，Cu-3.11Cr 复合材料减少了昂贵金属的使用；另一方面，与高 Cr 含量（10%）Cu 合金相比，Cu-3.11Cr 复合材料在更少合金化程度上实现了更好的强度和电导率匹配。此外，MDDM 策略简单、高效，具有良好的工业应用前景。

5.4 高导电（导热）铜基石墨烯复合材料

5.4.1 电沉积铜

热管理材料被广泛应用在热管理器件和电子器件等领域。传统的热管理材料如石墨，具有优异的导热性能，但成型加工性能和力学性能较差；纯铜虽然具有较好的成型加工性能和力学性能，但是导热能力一般，在高负荷的工作条件下，散热效率较差；高强高导材料方面，纯铜的电导率在退火后可以达到100%IACS，但是抗拉强度低于 200 MPa，而铜中掺入其他金属元素虽然可以提高力学性能，但是导电导热性能会大幅度下降，难以满足实际应用。因此，开发低表面粗糙度、高强度的铜箔是当务之急。

纳米孪晶界是一种特殊稳定的低能量界面，高密度的纳米生长孪晶可以有效改善材料的力学性能与导热导电性能。直流电沉积法作为内源性制备方法，具有工艺高效、尺寸可控和成本低等特点，但是现有的直流电沉积工艺仍然存在一些不足，难以获得高密度的纳米孪晶。团队提出了一种新型的复合电解液，通过特定的直流电沉积方法制备了具有高强度、高导热的纳米孪晶铜箔。

作者团队发展了直流电沉积法制备铜箔（图 5.29），探索了三种单一添加剂[明胶（G）、聚丙烯酰胺（PAM）和硫脲（Tu）]和两种复合添加剂［明胶-聚丙烯酰胺（G-PAM）和硫脲-聚丙烯酰胺（Tu-PAM）]对直流电沉积铜箔的表面粗糙度、抗拉强度和热导率的影响[48]。结果表明，当添加 Tu-PAM 复合添加剂时，其中的—NH_2 与电解液中的 Cu^{2+} 形成络合物，增大了沉积电流密度，加速了沉积速率并减小了沉积颗粒的大小。相比添加单一添加剂，添加 Tu-PAM 复合添加剂时所制备的铜箔的表面更平坦（图 5.30）。铜箔的表面粗糙度、抗拉强度和热导率分别为 $(1.506\pm0.147)\mu m$、$(258\pm20)MPa$ 和 $(356\pm18)W/(m\cdot K)$（图 5.31）。电解液中离子间的相互作用和沉积颗粒尺寸对铜箔表面粗糙度和抗拉强度有重要影响[48]。

此外，如图 5.32 和图 5.33 所示，通过添加 15 mg/L 明胶（G）和 20 mg/L 十二烷基硫酸钠（SDS）复合添加剂，探索了直流电沉积的制备工艺（包括电解液 pH、温度、电流密度），制备了高强高导纳米孪晶铜箔，其抗拉强度、硬度、断裂伸长率、室温电导率分别为 490 MPa、1.79 GPa、7.1%、97.4%IACS[49]。

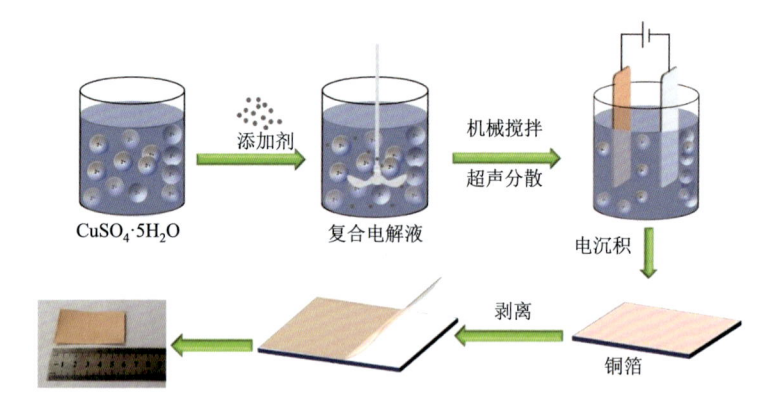

图 5.29　电沉积铜箔的示意图[48]

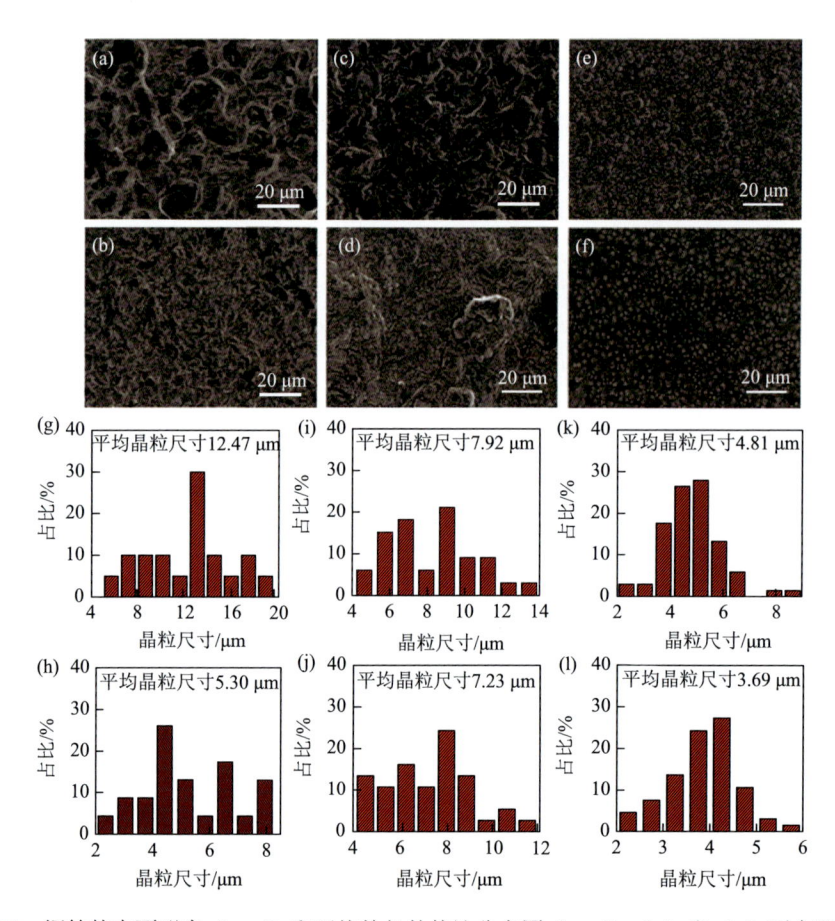

图 5.30　铜箔的表面形态（a～f）和平均粒径的统计分布图（g～l）：（a）和（g）不含添加剂；（b）和（h）添加 G；（c）和（i）添加 PAM；（d）和（j）添加 Tu；（e）和（k）添加 G-PAM；（f）和（l）添加 Tu-PAM[48]

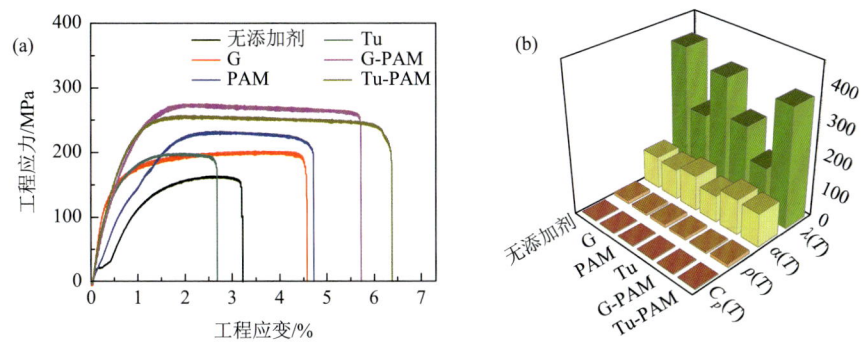

图 5.31　铜箔的拉伸应力-应变曲线（a）和热导率等（b）[48]

λ：热导率；α：热扩散系数；ρ：密度；C_p：热容

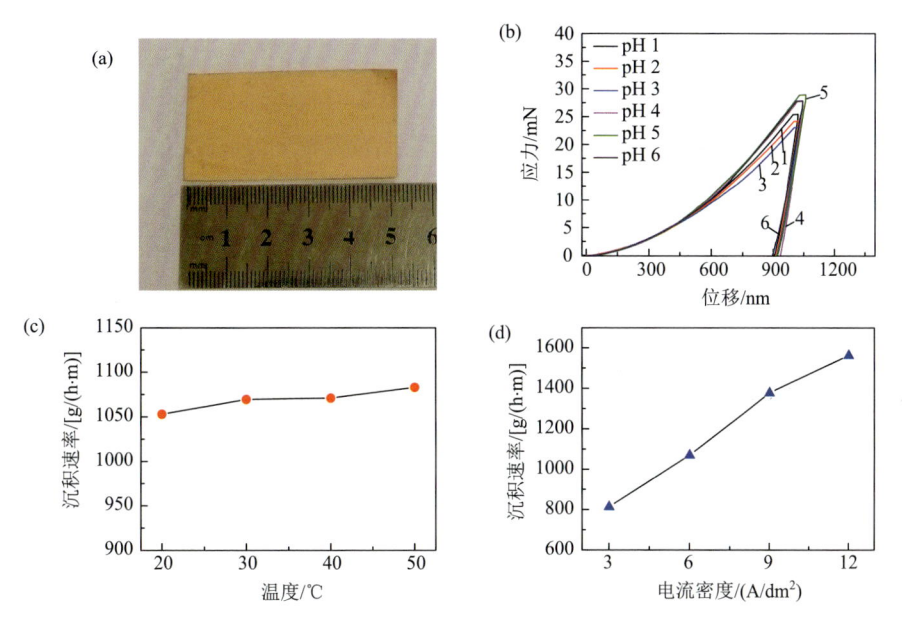

图 5.32　（a）铜箔样品；直流电沉积参数对铜沉积速率的影响：（b）pH；（c）温度；（d）电流密度[49]

图 5.33　无添加剂和复合添加剂条件下电沉积铜的 TEM 图：（a）无添加剂；（b）20 mg/L 十二烷基硫酸钠 + 15 mg/L 明胶[49]

5.4.2 Gr/Cu 复合箔

石墨烯（Gr）作为一种新型的碳纳米材料，具有优越的机械性能（高达 1 TPa 的理论杨氏模量和 130 GPa 的理论抗拉强度）、极高的比强度与热导率。单层石墨烯热导率为 2000～5000 W/(m·K)。石墨烯的室温电子迁移率超过任何已知导体，电导率约为 100 S/m，几乎是纯铜的 2 倍。此外，石墨烯具有超高的比表面积，作为增强相更容易被调控与分散，但是复合材料中石墨烯含量过高或过低会导致团聚或有限的积极影响，因此石墨烯是理想的铜基复合材料的增强体。

团队采用直流电沉积法在钛板上共沉积了少层石墨烯纳米片（FLGNPs）和 Cu^{2+}，获得了柔性 Cu-FLGNPs 复合箔（图 5.34、图 5.35）[50]。如图 5.34 所示，随石墨烯含量增大，Cu-FLGNPs 复合材料的热导率和抗拉强度先升高后下降，铜箔的热导率从纯铜的(311±9)W/(m·K)增加到含 0.8 g/L 石墨烯时的(444±13)W/(m·K)，是纯铜箔的 1.4 倍，比工业纯铜［380 W/(m·K)］提高了 17%，可以极大改善热管理器件的散热效率。Cu-0.8FLGNPs 的抗拉强度为 397 MPa，比铜箔提高了 34%。

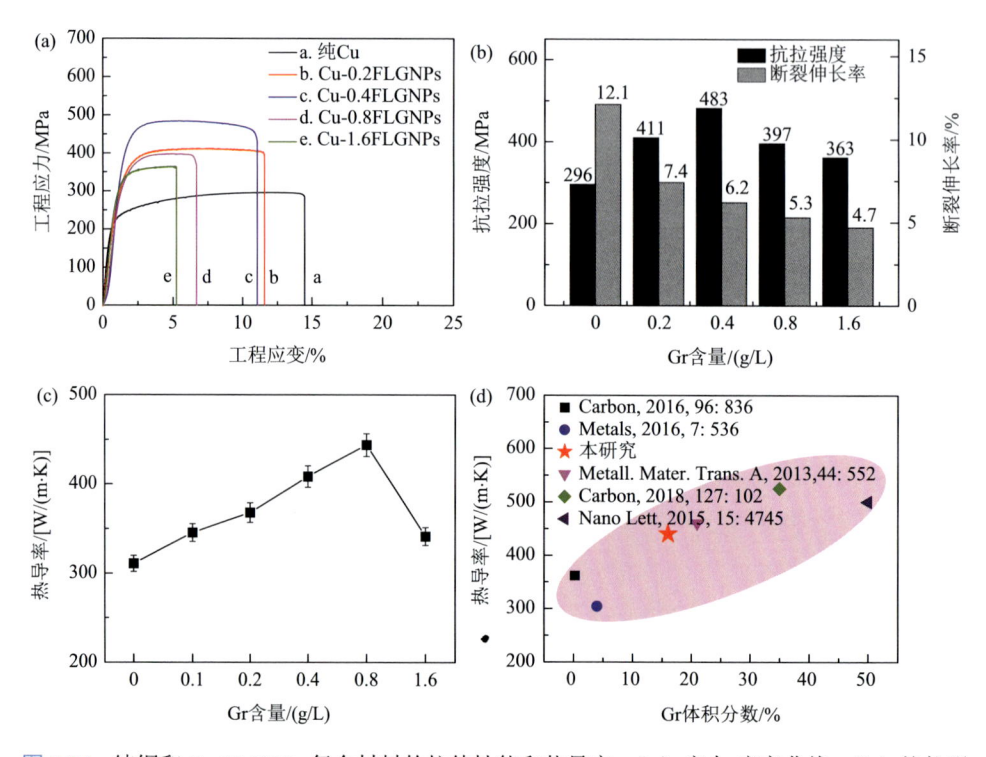

图 5.34 纯铜和 Cu-FLGNPs 复合材料的拉伸性能和热导率：(a) 应力-应变曲线；(b) 抗拉强度和断裂伸长率；(c) 和 (d) 热导率[50]

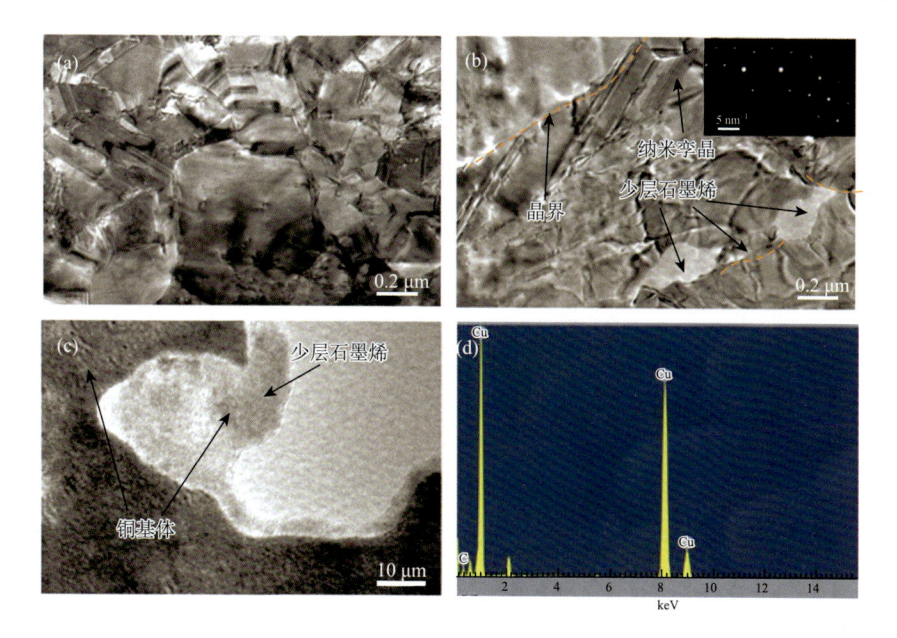

图 5.35 纯铜和 Cu-0.8FLGNPs 复合箔的图：(a) 铜箔的 TEM 图；(b) Cu-0.8FLGNPs 复合箔的 TEM 图；(c) 铜基体与 FLGNPs 界面的 TEM 图；(d) EDS 图[50]

Cu-FLGNPs 复合箔热传导机制主要归因于石墨烯缺陷、电子散射、声子散射和界面热阻，其导热性主要受以下四方面影响。

（1）石墨烯体积分数。石墨烯具有很高的热导率[2000~5000 W/(m·K)]，且石墨烯层显著影响材料的热导率。根据复合材料法则[51]，热量是由铜中的电子和石墨烯中的声子传递的，Cu-FLGNPs 复合材料的热导率可以描述为：$\lambda = \lambda_p + \lambda_e$，其中 λ_p 和 λ_e 分别是声子和电子的贡献，热导率比纯铜高。

（2）石墨烯的缺陷，如边缘特征、层数、晶格缺陷和褶皱，均会影响其导热性能。从 Cu-FLGNPs 的 Raman 光谱结果可以发现，当石墨烯含量为 0.8 g/L 时，石墨烯的缺陷密度（ND）从 2.70×10^{10} cm^{-2} 增加到 6.30×10^{10} cm^{-2}，而当石墨烯晶格缺陷密度小于 1.20×10^{11} cm^{-2} 时，石墨烯的热导率会随着缺陷密度增加而降低[52]。

（3）纳米孪晶。铜通过电子传热、粒径增大、位错减少能有效地减少热载体。大量纳米孪晶可有效减少晶界能量和电子散射能，对 Cu-FLGNPs 复合材料的导热性也起着重要作用。

（4）石墨烯和铜基体之间的界面热阻。一般用热膨胀系数来表征材料的热稳定性。在室温时，铜和石墨烯的热膨胀系数分别为 17.5×10^{-6} K^{-1} 和 -3.5×10^{-6} K^{-1}[53]，两者的热膨胀系数相差较大，会严重影响复合材料的热稳定性，特别是对于层状结构的 Cu-FLGNPs 复合材料[54]。此外，密度降低、空洞增加也会影响 Cu-FLGNPs 复合材料的热导率。

5.4.3　Gr/Cu 复合线

在成功制备出高强高导铜箔的基础上，以石墨烯和无水硫酸铜为原料，制备出了具有高导电性和低表面粗糙度的石墨烯包覆铜线。研究发现当石墨烯含量为 1.2 g/L 时，铜线表面 Gr/Cu 镀层的表面粗糙度最低，为 4.241 μm，电导率高达 105.5%IACS，与不含石墨烯的材料相比，表面粗糙度降低了 0.7%，电导率提高了 5.4%；并且其抗拉强度达(240±4)MPa，断裂伸长率为(20.6±1.3)%[55]。此外，镀层与铜线的附着力结果表明，当石墨烯含量不超过 0.6 g/L 时，镀层易剥落、起泡，而当石墨烯含量大于 0.6 g/L 时，铜线与镀层间具有良好的结合力（图 5.36）。建立了石墨烯含量与 Gr/Cu 包覆铜线的表面粗糙度和电导率的模型（图 5.37），分别为

$$Y_1 = 6.32562 - 3.71977a + 2.91358a^2 - 0.87197a^3 + 0.10887a^4 - 0.00481a^5 \quad (5.9)$$

$$Y_2 = 90.08887 - 21.14257a^2 + 4.41045a^3 - 0.5528a^4 + 0.02472a^5 \quad (5.10)$$

式中，a 为石墨烯含量（g/L）；Y_1 为表面粗糙度；Y_2 为电导率。这两个模型的相关性系数分别为 0.9638、0.9238。

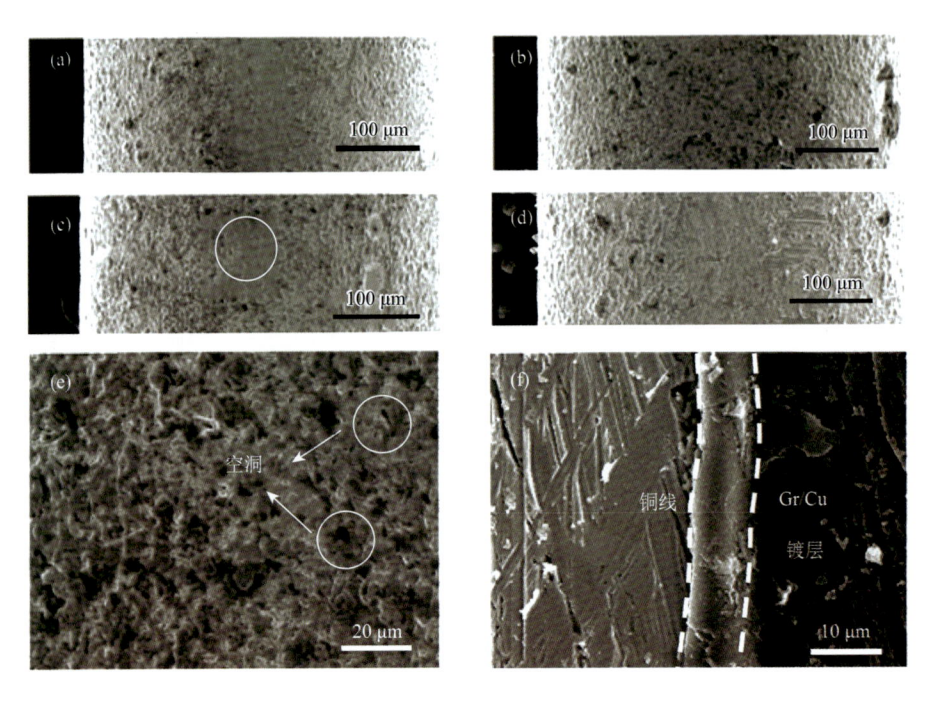

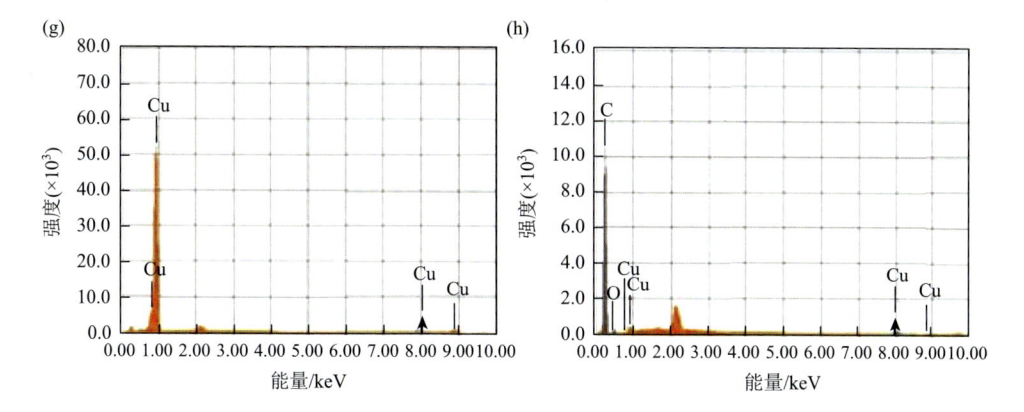

图 5.36　Gr/Cu 包覆铜线的表面、截面形貌和 EDS 图：（a）GCC-0.4；（b）GCC-0.8；（c）GCC-1.2；（d）GCC-1.6；（e）为（c）中白色圆圈的放大图；（f）GCC-1.2 的横截面；（g、h）为（f）中铜线和 Gr/Cu 镀层的 EDS 图[55]

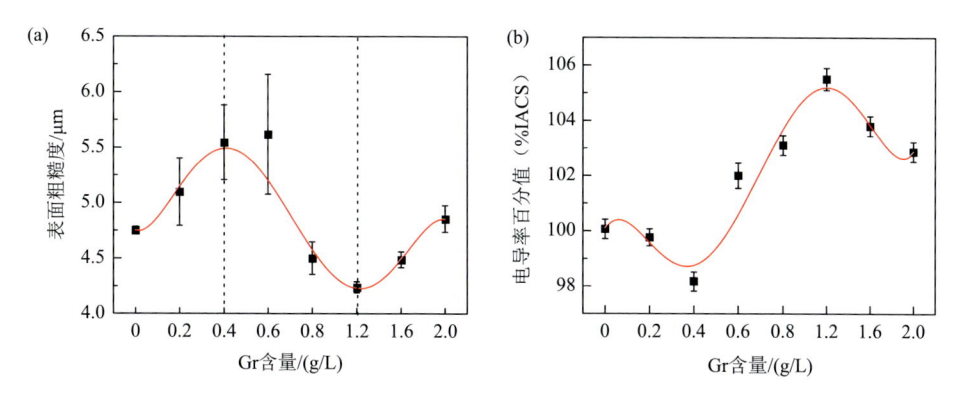

图 5.37　包覆 Gr/Cu 涂层的铜线的表面粗糙度（a）和电导率（b）[55]

参 考 文 献

[1] Wei W, Nagasekhar A V, Chen G, et al. Origin of inhomogenous behavior during equal channel angular pressing[J]. Scripta Materialia, 2006, 54（11）：1865-1869.

[2] 王祖堂, 关廷栋, 肖景容, 等. 金属塑性成形理论[M]. 北京：机械工业出版社, 1989.

[3] Wei W, Wei K X, Fan G J. A new constitutive equation for strain hardening and softening of *fcc* metals during severe plastic deformation[J]. Acta Materialia, 2008, 56（17）：4771-4779.

[4] Wei K X, Wei W, Wang F, et al. Microstructure, mechanical properties and electrical conductivity of industrial Cu-0.5%Cr alloy processed by severe plastic deformation[J]. Materials Science and Engineering：A, 2011, 528（3）：1478-1484.

[5] Wei W, Chen G, Wang J, et al. Microstructure and tensile properties of ultrafine grained copper processed by equal-channel angular pressing[J]. Rare Metals, 2006, 25（6）：697-703.

[6] Wei K X, Chu Z Q, Wei W, et al. Effect of deep cryogenic treatment on microstructure and properties of pure copper processed by equal channel angular pressing[J]. Advanced Engineering Materials, 2019, 21 (7): 1801372.

[7] Wei K X, Chu Z Q, Yang L C, et al. Performance evaluation of electrical discharge machining using ultrafine-grained Cu electrodes processed by equal channel angular pressing and deep cryogenic treatment[J]. Journal of Materials Engineering and Performance, 2021, 30 (1): 281-289.

[8] 魏伟, 魏坤霞, 亚力克山卓夫, 等. 铸态 Cu-5.7%Cr 合金在等径角挤压中铬纤维的原位形成[J]. 机械工程材料, 2009, 33: 5-7, 36.

[9] 王飞, 魏伟, 魏坤霞, 等. ECAP 铜基原位复合材料的组织与性能研究[J]. 稀有金属, 2009, 33: 338-342.

[10] 葛继平. 形变 Cu-Fe 原位复合材料[D]. 大连: 大连交通大学, 2005.

[11] Hong S I. Yield strength of a heavily drawn Cu-20%Nb filamentary microcoposite[J]. Scripta Materialia, 1998, 39: 1685-1691.

[12] 李明山. 形变 Cu-10%Cr-3%Ag 原位复合材料研究[D]. 大连: 大连交通大学, 2005.

[13] 左小伟, 王恩刚, 张林, 等. 原位形变铜基复合材料研究现状[J]. 材料导报, 2008, 22 (9): 34-37.

[14] Wei W, Wei K, Alexandrov I V, et al. A strengthening model of Cu-Cr in-situ fibrous composites produced by equal channel angular pressing[J]. Materials Science Forum, 2013, 745-746: 321-326.

[15] 沈观林. 复合材料力学[M]. 北京: 清华大学出版社, 1996.

[16] 美国金属学会. 金属手册: 第二卷 性能与选择 有色金属及纯金属[M]. 北京: 机械工业出版社, 1994.

[17] 王飞. 大变形铜铬原位复合材料的组织与性能研究[D]. 常州: 常州大学, 2009.

[18] Chu Z Q, Wei K X, Yang L C, et al. Simultaneously enhancing mechanical properties and electrical conductivity of Cu-0.5%Cr alloy processed by ECAP and DCT[J]. Acta Metallurgica Slovaca, 2020, 26: 161-165.

[19] Sarkeeva E, Abramova M M, Wei W. Thermal stability of microstructure and properties of Cu-0.5Cr-0.2Zr alloy subjected to ECAP and cold rolling[J]. Defect and Diffusion Forum, 2018, 385: 278-283.

[20] Alexandrov I V, Sitdikov V D, Abramova M M, et al. Microstructure evolution in a Cu-0.5Cr-0.2Zr alloy subjected to equal channel angular pressing, rolling or aging[J]. Journal of Materials Engineering and Performance, 2016, 25 (10): 4303-4309.

[21] Sarkeeva E, Abramova M, Wei W. Formation of a state with high strength and electrical conductivity in the Cu-0.5%Cr-0.2%Zr alloy[J]. MATEC Web of Conferences, 2017, 129: 02030.

[22] Chembarisova R, Alexandrov I, Wei W. Analytical modeling of strength and electrical conductivity of nanostructured Cu-Cr alloys[J]. Defect and Diffusion Forum, 2018, 385: 256-261.

[23] Liu H, Zhu Z, Yan Q, et al. A disordered rock salt anode for fast-charging lithium-ion batteries[J]. Nature, 2020, 585: 63-67.

[24] Snyder G J, Toberer E S. Complex thermoelectric materials[J]. Nature Materials, 2008, 7: 105-114.

[25] Ploehn H J. Materials science: Composite for energy storage takes the heat[J]. Nature, 2015, 523: 536-537.

[26] Coey J M D. Perspective and prospects for rare earth permanent magnets[J]. Engineering, 2020, 6: 119-131.

[27] Shen K, Zhang L, Chen X, et al. Ordered macro-microporous metal-organic framework single crystals[J]. Science, 2018, 359: 206-210.

[28] Wang Y, Chen M, Zhou F, et al. High tensile ductility in a nanostructured metal[J]. Nature, 2002, 419: 912-915.

[29] Lu L, Shen Y, Chen X, et al. Ultrahigh strength and high electrical conductivity in copper[J]. Science, 2004, 304: 422-426.

[30] Zhou X, Li X Y, Lu K. Enhanced thermal stability of nanograined metals below a critical grain size[J]. Science, 2018, 360: 526-530.

[31] Schoeppler V, Granasy L, Reich E, et al. Biomineralization as a paradigm of directional solidification: A physical model for molluscan shell ultrastructural morphogenesis[J]. Advanced Materials, 2018, 30: e1803855.

[32] Meyers M A, Chen P Y, Lin A Y M, et al. Biological materials: Structure and mechanical properties[J]. Progress in Materials Science, 2008, 53: 1-206.

[33] Mao Q, Zhang Y, Liu J, et al. Breaking material property trade-offs via macrodesign of microstructure[J]. Nano Letter, 2021, 21: 3191-3197.

[34] Huang X, Hansen N, Tsuji N. Hardening by annealing and softening by deformation in nanostructured metals[J]. Science, 2006, 312: 249-251.

[35] Wang Y M, Ma E, Valiev R Z, et al. Tough nanostructured metals at cryogenic temperatures[J]. Advanced Materials, 2004, 16: 328-331.

[36] Mao Q, Zhang Y, Guo Y, et al. Enhanced electrical conductivity and mechanical properties in thermally stable fine-grained copper wire[J]. Communications Materials, 2021, 2: 46.

[37] Kimura Y, Inoue T, Yin F, et al. Inverse temperature dependence of toughness in an ultrafine grain-structure steel[J]. Science, 2008, 320: 1057-1060.

[38] Liang N, Zhao Y, Wang J, et al. Effect of grain structure on Charpy impact behavior of copper[J]. Scientific Reports, 2017, 7: 44783.

[39] Cheng S, Zhao Y, Guo Y, et al. High plasticity and substantial deformation in nanocrystalline NiFe alloys under dynamic loading[J]. Advanced Materials, 2009, 21: 5001-5004.

[40] Liu S, Guo Y Z, Pan Z L, et al. Microstructural softening induced adiabatic shear banding in Ti-23Nb-0.7Ta-2Zr-O gum metal[J]. Journal of Materials Science & Technology, 2020, 54: 31-39.

[41] Li J, Suo T, Huang C, et al. Adiabatic shear localization in nanostructured face centered cubic metals under uniaxial compression[J]. Materials & Design, 2016, 105: 262-267.

[42] Wei Q, Kecskes L, Jiao T, et al. Adiabatic shear banding in ultrafine-grained Fe processed by severe plastic deformation[J]. Acta Materials, 2004, 52: 1859-1869.

[43] Rittel D, Wang Z G. Thermo-mechanical aspects of adiabatic shear failure of AM50 and Ti6Al4V alloys[J]. Mechanics of Materials, 2008, 40: 629-635.

[44] Liang N, Zhao Y, Li Y, et al. Influence of microstructure on thermal stability of ultrafine-grained Cu processed by equal channel angular pressing[J]. Journal of Materials Science, 2018, 53: 13173-13185.

[45] Jenei P, Gubicza J, Yoon E Y, et al. High temperature thermal stability of pure copper and copper-carbon nanotube composites consolidated by high pressure torsion[J]. Composites Part A, 2013, 51: 71-79.

[46] Mao Q, Wang L, Nie J, et al. Enhancing strength and electrical conductivity of Cu-Cr composite wire by two-stage rotary swaging and aging treatments[J]. Composites Part B, 2022, 231: 109567.

[47] Klinski-Wetzel K V, Kowanda C, Heilmaier M, et al. The influence of microstructural features on the electrical conductivity of solid phase sintered CuCr composites[J]. Journal of Alloys & Compounds, 2015, 631: 237-247.

[48] Wang S P, Wei K X, Wei W, et al. Enhancing surface roughness and tensile strength of electrodeposited copper foils by composite additives[J]. Physica Status Solidi A: Applications and Materials Science, 2022, 219 (5): 2100735.

[49] Jia F L, Wei K X, Wei W, et al. Effect of sodium dodecyl sulfate on mechanical properties and electrical conductivity of nanotwinned copper[J]. Journal of Materials Engineering and Performance, 2020, 29(2): 897-904.

[50] Jia F L, Wei K X, Wei W, et al. Enhanced thermal conductivity and tensile strength of copper matrix composite with few-layer graphene nanoplates[J]. Journal of Materials Engineering and Performance, 2021, 30 (10): 7682-7689.

[51] 朱和国，王天驰，贾阳，等. 复合材料原理[M]. 北京：电子工业出版社，2018.

[52] Malekpour H，Ramnani P，Srinivasan S，et al. Thermal conductivity of graphene with defects induced by electron beam irradiation[J]. Nanoscale，2016，8（30）：14608-14616.

[53] 李辉，阿拉木斯，蔡勇，等. 石墨烯热膨胀系数的尺寸效应研究[J]. 塑料工业，2017，45：104-107.

[54] Chen F，Ying J，Wang Y，et al. Effects of graphene content on the microstructure and properties of copper matrix composites[J]. Carbon，2016，96：836-842.

[55] Wei K X，Wang S P，Wei W，et al. High electrical conductivity of Cu wires cladded by Gr/Cu coating[J]. Surface Innovations，2022，11（1-3）：110-120.

第6章

高强韧铝基复合材料

随着科学技术的迅猛发展，单一材料如传统材料、陶瓷、高分子材料等的性能在很多方面已经无法满足日益增长的需求，因此复合材料凭借良好的综合性能在应用中受到越来越多的关注[1]。复合材料的设计理念主要基于将两种或两种以上不同性质的材料通过物理或化学的方法结合起来，以使不同材料之间收到取长补短的效果，从而获得优于单一材料综合性能的新材料。针对复合材料，其中连续相通常称为基体，不连续相称为增强体或增强相。复合材料常见的基体材料主要有金属、高分子聚合物、陶瓷等[2-4]，其中金属基复合材料凭借良好的耐磨性、耐冲击性、耐热性、低热膨胀系数、高比强度、高比模量等优点在电子封装、汽车、航空航天领域具有广阔的应用前景。目前金属基复合材料的基体主要有铝、镁、钛、铁、铜及其合金，增强颗粒包含 Al_2O_3、SiO_2、TiO_2、TiC、SiC、TiB_2、ZrB_2、AlN、Si_3N_4、TiN 等。随着节能减排及绿色环保的要求越来越高，交通运输、航空航天等制造业轻量化发展趋势迅猛，与传统铁基黑色金属材料相比，铝基复合材料密度低、比强度高、导电导热性能优异，因而近年来获得了人们广泛的关注。

6.1 高强韧高刚度铝基复合材料

6.1.1 增强相的选择原则及种类

随着人们对陶瓷增强铝基复合材料的不断探索，越来越多不同类型的复合材料被开发和应用。铝基复合材料的基体有着较大的选择空间，无论是纯铝还是铝合金均可以作为复合材料的基体，通常铝合金作为基体主要有 Al-Si、Al-Mg 和

Al-Cu 等体系。在铝基复合材料的设计过程中，基体的选择是其中重要的一步，除此之外，增强相的选择对最终复合材料的性能也起着至关重要的作用。增强相的选择一般要满足以下基本特性[5]。

（1）增强相应具备良好的化学稳定性。增强相须与基体材料间有良好的化学相容性，以确保不会发生破坏两相界面结合的界面反应，且在高温条件下，增强相的结构与性能不会发生明显的变化。

（2）增强相和基体材料间应具有良好的润湿性，或经过表面处理后，使增强相与基体间保持良好的润湿状态，以确保制备过程中增强相与基体产生良好的复合效果。

（3）增强相的性能应满足金属基体性能的要求。为了保证复合材料的性能满足设计需要，应选取低密度、高硬度、高弹性模量、高热稳定性及低膨胀系数的增强相。

根据增强相的不同可以将复合材料简单分为两类，非连续增强复合材料和连续增强复合材料。非连续增强相主要包括短纤维、晶须及颗粒，连续增强相通常是长纤维。

一般而言，颗粒增强相通常为非金属颗粒，如陶瓷和石墨，它们都有高强度、高模量、优异的耐热及耐磨性能等优点，一般是非常细小的颗粒（<50 μm，通常小于 10 μm）。颗粒增强铝基复合材料的制备方法主要有粉末冶金法、液态金属搅拌法、互喷法和压力浸渗法，增强相颗粒及相应复合材料的生产成本非常低，因此，颗粒增强型复合材料发展迅速，尤其是在汽车工业领域。

晶须是在人工条件下生长的细小单晶，尺寸小，结构缺陷少，具有较高的强度和弹性模量。通常晶须的直径为 0.2～1 μm，其长度则可达到几十微米。在金属基复合材料中经常使用的是陶瓷晶须，如 SiC 和 Al_2O_3。由于晶须非常细小，因而需要先预制增强晶须，然后采用挤压铸造法制备复合材料。值得注意的是，晶须增强复合材料在经过二次加工如挤压和轧制变形后，其性能将由原本的各向同性变为各向异性。晶须增强复合材料生产成本高昂，尤其是增强相晶须制备成本，因而极大地限制了其应用。

短纤维的长度一般为几十毫米，其性能低于长纤维。短纤维在使用之前通常进行预成型，然后采用挤压铸造法和压力浸渗法制备相关金属基复合材料。短纤维的种类主要有硅酸铝纤维（防火棉）、Al_2O_3 纤维、碳纤维（直接合成或由长碳纤维切割而成）和氮化硼纤维。

所有的连续增强相（长纤维）的长度都超过几百米，通常长纤维都具有非常高的强度和弹性模量。连续纤维可分为单纤维和多纤维，碳纤维、Al_2O_3 纤维、Si_3N_4 纤维是由 500～12000 根直径 5.6～14 μm 单纤维组成的多纤维，与之相反的是，B 纤维和 SiC 纤维则被用作单纤维。

6.1.2 纳米颗粒增强铝基复合材料及其强化方式

晶须及纤维增强型金属基复合材料虽然拥有优异的性能，但是制备成本高昂，应用受到了极大限制，因而目前获得广泛关注的仍然是颗粒增强型金属基复合材料。近年来，大量的研究者通过将增强相颗粒尺寸减小到纳米级，使颗粒与位错之间产生更为直接的交互作用，同时加上传统颗粒增强金属基复合材料中的强化效果，显著提高了材料的力学性能。对于颗粒增强型金属基复合材料的强化机理，主要可以分为直接和间接强化机理。直接强化是指通过载荷传递使增强颗粒承担主要载荷所引起的强化效果；间接强化是指由增强颗粒引入导致的复合材料微观组织改变而诱发的强化效果。传统认识中关于对颗粒增强金属基复合材料强化的机制主要包括细晶强化、Orowan 强化、热错配强化和载荷传递强化。但上述传统的四种强化机制中一般都假设金属基体中的粒子是均匀弥散分布的，所以只适用于对均匀分布的颗粒增强金属基复合材料进行定性和定量分析。近年来随着对非均匀构型的金属基复合材料不断深入研究，发现除了上述四种强化机制之外，还包含异质变形诱导（HDI）强化机制，并且 HDI 强化对非均匀分布的颗粒增强铝基复合材料的强韧化具有重要作用。关于颗粒增强金属基复合材料的几种强化机制详细介绍如下。

1. 细晶强化

增强颗粒的引入可以切割基体晶粒减小其尺寸，同时也能钉扎基体晶界限制其长大。由于晶界对位错有阻碍作用，基体晶粒尺寸会直接影响复合材料整体的强度，一般基体晶粒越细小，对复合材料整体强度的贡献也越高。通过细化晶粒来增加晶界数量，增加位错阻碍效果，提高材料强度。晶粒尺寸与金属材料强度之间的关系由 Hall-Petch 关系[5]决定：

$$\sigma_y = \sigma_0 + \frac{k}{\sqrt{d}} \tag{6.1}$$

式中，σ_y 为屈服强度；σ_0 为常数；d 为平均晶粒尺寸；k 为与材料有关的强化系数。

2. Orowan 强化

由第二相颗粒和位错之间的相互作用引起的强化为 Orowan 强化。在外加载荷作用下，位错经过第二相时会受到阻碍，当第二相为不易变形的硬质颗粒时，位错将会绕过第二相后继续运动，同时在硬质颗粒周围形成位错环，与第二相发生作用的位错线越多，留下的位错环越多，从而起到强化作用。由 Orowan 强化机制引起的强化效果由如下公式表示[6]：

$$\Delta \sigma_{OR} = \frac{2G_m b}{d \sqrt[3]{\frac{\pi}{6V_p}}} \tag{6.2}$$

式中，$\Delta\sigma_{OR}$ 为材料的屈服强度增加量；G_m 为铝基体剪切模量；b 为位错伯格斯矢量的长度；d 为第二相颗粒的平均直径；V_p 为第二相的体积分数。

3. 热错配强化

金属基体与增强相的热膨胀系数不同，导致在变形过程中两者的变形程度不同，因此在材料变形及冷却过程中，基体与增强体界面会产生应变梯度，进而产生的位错称为热错配位错[7, 8]。通过热错配位错可以提高材料强度。马里兰大学 Arsenault 和 Shi[9] 提出以下公式预测热错配位错强化效果：

$$\rho = \frac{12V_p \Delta T \Delta \sigma_{CTE}}{bd(1-V_p)} \tag{6.3}$$

$$\Delta\sigma_{CTE} = \alpha G_m b \sqrt{\rho} \tag{6.4}$$

式中，ρ 为位错密度；ΔT 为温度变化量；$\Delta\sigma_{CTE}$ 为增强相与基体间的热膨胀系数差；α 为位错强化效率。

4. 载荷传递强化

在外力作用下基体与增强体之间会产生载荷传递，载荷由软相向硬相传递，从而提高材料的强度。Nardone 和 Prewo[10] 提出剪切滞后理论模型预测载荷传递对材料的强化效果（适用于增强相长宽比值较小的情况）：

$$\sigma_y = \sigma_0 + \left(\frac{1}{2}V_p\frac{L}{B} + V_p + V_m\right) \tag{6.5}$$

式中，σ_y 为复合材料的屈服强度；σ_0 为基体的屈服强度；V_p 和 V_m 分别为增强体和基体的体积分数；L 和 B 分别为增强体的平均长和宽。

5. 异质变形诱导强化

异质变形诱导（HDI）强化理论是由 Zhu 和 Wu[11, 12] 共同提出的，其理论模型如图 6.1 所示。在异构材料中存在硬相和软相，在软相和硬相的交界处会存在一个界面，该界面对异构材料的变形行为和力学性能具有重要影响。在弹塑性变形阶段，软相首先屈服，由于硬相还处于弹性变形，因此在界面的软相一侧塞积几何必需位错以形成应变梯度，从而保持应变的连续性；当两相都进入塑性变形后，由于软相承受了比硬相更大的塑性变形，因此在界面附近必须存在应变梯度以适应应变分区，而应变梯度就需要几何必需位错来调节，从而产生 HDI 诱导的硬化效果，有助于保持其塑性。几何必需位错塞积形成应变梯度的同时会带来另一个效应：在软相内产生长程的背应力，而在硬相内产生前应力，且两者方向相反大小不等，其综合应力称为 HDI 应力。对于均匀结构材料，由于几何必需位错密度相对较小，由其引起的背应力或者前应力几乎可以忽略不计。但对于异构金属材料，由于软硬相力学性质差异大，且呈跨尺度分布，因此可以推测通过在界面处塞积几何必需位错形成应变梯度是其获得高屈服应力、高流变应力和大塑性的主要途径。应变梯度越大，作用在位错源处的有效应力梯度也越大；同时塞积的几何必需位错越多，产生的 HDI 应力也越大，异构金属材料的整体屈服强度也就越高，这是 HDI 应力强化的内在原因。与其他强化机制不同，HDI 强化的物理起源是由于异质界面上能够塞积几何必需位错，从而使得材料增加了额外的加工硬化能力，从而实现材料强度和塑性的同步提升。在金属材料中利用和发挥 HDI 强化已成为非均匀结构材料实现强韧化的一种新的重要手段。

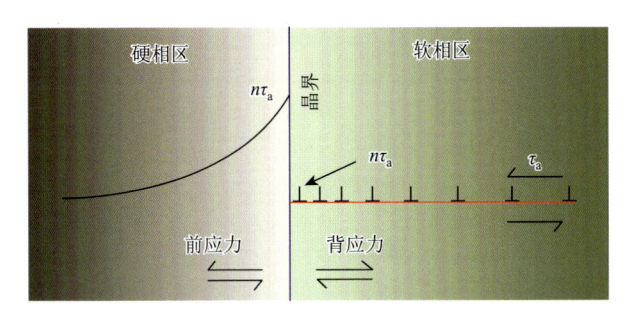

图 6.1　HDI 强化和加工硬化的理论模型图[13]

n 为几何必需位错的数量；τ_a 为施加在滑移系统上的剪切应力

HDI 应力可以通过拉伸加卸载实验测得[14]。如图 6.2 所示，为一段加卸载回滞线，其中定义卸载屈服 σ_u、再加载屈服 σ_r、背应力 σ_b（现改为 HDI 应力[13]，σ_H）、摩擦应力 σ_f、有效卸载杨氏模量 E_u 和有效再加载杨氏模量 E_r。根据加卸载回滞线计算 HDI 应力时需要有两点假设：①假设在整个卸载-再加载过程中，波动的摩擦应力 σ_f（克服溶质原子、第二相和林位错等位错动态钉扎所需要的其他应力）是一个常数；②假设在卸载屈服点 C 之前，HDI 应力不随卸载而变化，使 HDI 应力近似于恒定。HDI 应力是促使位错滑移方向发生逆转而产生卸载屈服的应力，在卸载屈服点 C 之后，外加应力开始变得较小，此时 HDI 应力开始达到外加应力与摩擦应力之和，使位错开始反向滑移，即

$$\sigma_H = \sigma_u + \sigma_f \tag{6.6}$$

而在再加载过程中，施加的应力需要克服 HDI 应力和摩擦应力，以推动位错在再加载屈服点 F 后向前移动，即

$$\sigma_r = \sigma_H + \sigma_f \tag{6.7}$$

因为在卸载-再加载过程中，位错移动可以认为是可逆的，所以假设再加载时的 HDI 应力与卸载时的 HDI 应力是相同的。因此，由式（6.6）和式（6.7）解方程得

$$\sigma_H = \frac{\sigma_r + \sigma_u}{2} \tag{6.8}$$

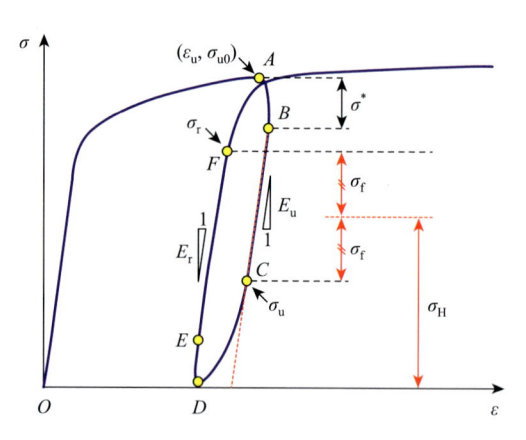

图 6.2 拉伸加卸载回滞曲线示意原理图[12]

在上述几种材料的强韧化机制中，HDI 强化作为一种新的强韧化机制逐渐引起大家的广泛关注。其根本思想在于发挥复合材料中软相和硬相各自的优势，在材料承载变形过程中各自分工协同发挥作用，让其中的铝基体软相承担主要的应变，而增强颗粒承担主要的应力，在材料内部形成应变和应力不均匀分布的状态，从而获得优异的强度和塑性综合性能。基于上述分析可知，HDI 强化需要通过异质界面处储存额外的几何必需位错来发挥作用。因此，如何在微观组织上进行设计，构筑大量的异质界面，从而充分发挥 HDI 强化和硬化作用，是进一步提升铝基复合材料强度和塑性综合性能的研究重点和难点。HDI 强化有望成为未来最具发展潜力的一种新的强韧化机制。

6.1.3 非均匀组织增强型复合材料

20 世纪 60 年代，Hashin 和 Shtrikman[15]提出了弹性模量的理论模型，即 H-S 方程。根据该方程，对于增强相体积分数一定的各向同性复合材料，其性能如弹性模量存在上限和下限，而增强相均匀分布的复合材料性能将不可避免地靠近 H-S 理论的下边界，这与当前均匀分布的增强相复合材料在性能突破上遇到瓶颈相符，尤其是在增强相体积分数处于中低水平时。因而越来越多的研究者将目光投向了非均匀组织增强型复合材料，人们尝试在不同尺度中控制增强相的分布，一系列包含非均匀结构的复合材料由此被制备出来，其中主要有增强相团聚结构、双联结构、层状结构、网状结构等。

微观组织非均匀复合材料通常包含两个区域：增强相富集区（对应于硬相），增强相贫乏区（对应于软相）。根据连接性的不同，可以简单地将团聚增强相富集区分为四类，如图 6.3 所示。

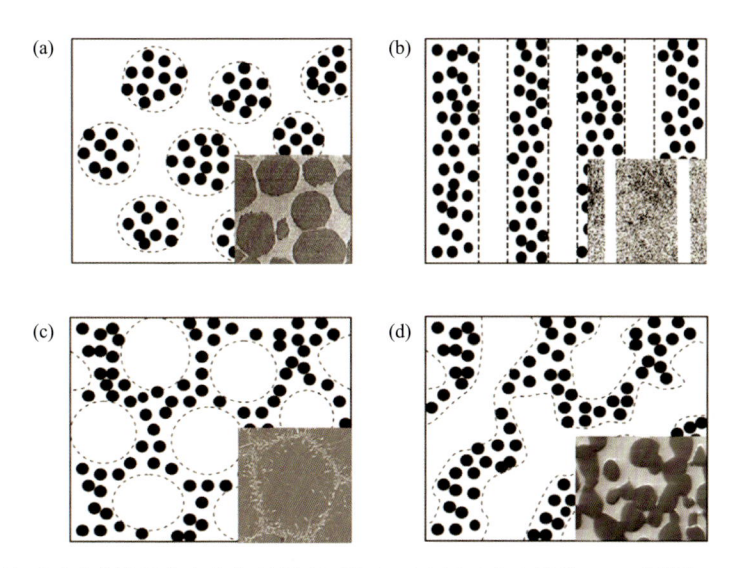

图 6.3 四种不同形式增强体富集相的微观不均匀示意图及代表性的 SEM 图[16]：（a）孤立型增强体富集相；（b）棒状和层状增强体富集相；（c）伴随着孤立增强体贫乏相的 3D 网状增强体富集相；（d）双连通增强体富集相和增强体贫乏相

一般而言，图 6.3 中（a）、（c）和（d）形式的增强相在微观尺度是不均匀的，但是在宏观上是均匀的，与之相反的是棒状或层状组织在微观尺度是均匀的，宏观上是不均匀的。在增强体贫乏区，增强体的局部体积分数（V_L）范围从 0 至某个特定值（V_{L1}），富集区的增强体局部体积分数（V_{L2}）将会高于 V_{L1}，甚至高于 100%。当 $V_{L1} = 0\%$、$V_{L2} = 100\%$ 时，微观组织则为传统的双相复合组织。上述四种结构可以通过基于 3D 相接触原则的 Newnham 分类法[17]进行描述。Peng 等[18]制备了 Al_2O_3 短纤维团聚体增强 6061 铝合金，如图 6.4 所示，其中 Al_2O_3 短纤维团聚体的直径从 0.4 mm 到 1 mm，在宏观上均匀分布于基体中。在团聚体球中，纤维增强相的局部体积分数从 30%（外层）减少至 15%（内层），因而其具有坚硬的外层和过渡的界面，不易被破坏，上述特性有助于复合材料耐损伤能力的提升。Pandey 等[19]设计并制备了一种层状颗粒增强铝基复合材料，如图 6.5 所示，其中包含 15vol% SiC_p/7095Al 复合材料层（1.4 mm）和 3003Al-Mn 合金层（200 μm），层间结合平直无缺陷，提高了铝基复合材料的韧性并保持了强度和刚度。Kaveendran 等[20]通过调控网状组织原位制备了 10vol%($Al_3Zr + Al_2O_3$)/2024Al 复合材料，如图 6.6 所示，生成的增强相分布于 2024Al 颗粒的周围形成 3D 网状结构。网状结构强化的复合材料抗拉强度较未强化的 2024Al 基体提高了 18.6%，较均匀结构复合材料也提高了 12.5%。Travitzky 等[21]采用反应渗透法将熔融 Al 加入预制多孔 Al_2O_3-TiO_2 中，成功制备了一种包含 3D 连续 Al_2O_3 增强网及 3D 连续 TiAl 基体网的复合材料，如图 6.7 所示，双联结构有助于抑制裂纹的扩展，提高复合材料的断裂韧性。

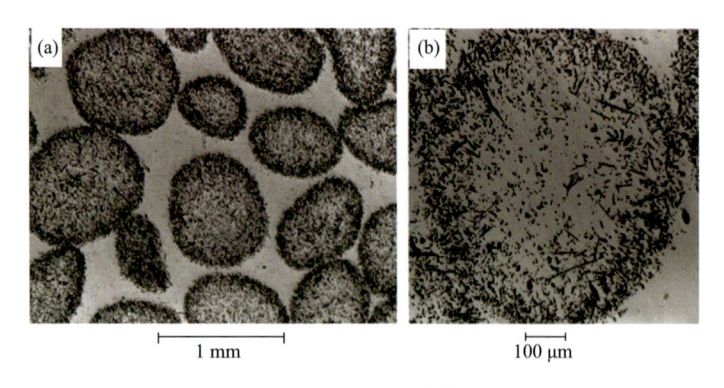

图 6.4　Al$_2$O$_3$ 短纤维团聚体微观组织[18]：（a）低倍；（b）高倍

图 6.5　由 15vol%SiC$_p$/7095Al 和 3003Al-Mn 制备的层状材料微观组织[19]：
（a）低倍；（b）高倍

DRA 表示非连续增强铝基复合材料

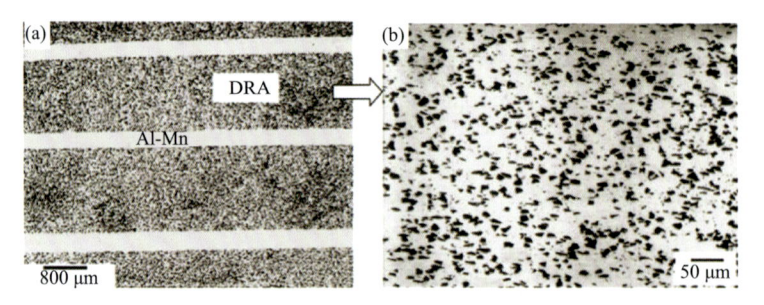

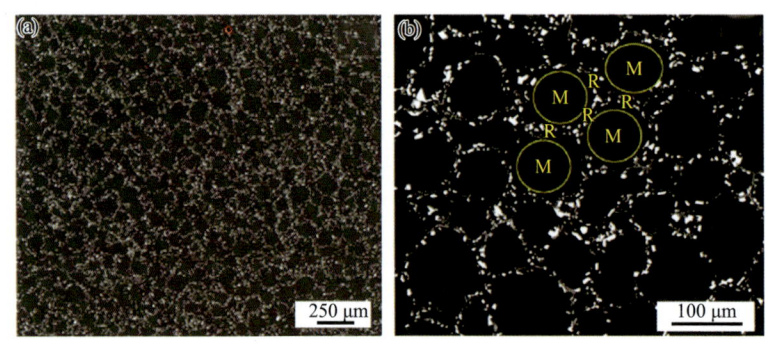

图 6.6　网状结构(Al$_3$Zr + Al$_2$O$_3$)增强 2024Al 复合材料微观组织[20]：（a）低倍；（b）高倍

6.1.4　高强韧高刚度 Al$_3$BC/6061 铝基复合材料

具有高强度、高延展性和高刚度的轻质铝合金在汽车工业、航空航天和生物医学等领域的应用越来越具有吸引力，不仅可以提高能源效率，还能有效减

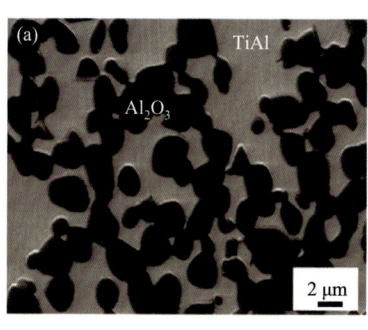

图 6.7　(a) Al$_2$O$_3$-TiAl 复合材料微观组织；(b) 从基体中浸出的 Al$_2$O$_3$ 网状结构[21]

少碳排放[22, 23]。然而，在铝及其合金中很难获得这种特性，因为这些性能通常是相互排斥的，特别是对于杨氏模量（刚度）较低（70 GPa）的铝来说更加难以实现。通常，由高模量的陶瓷颗粒（如碳化物、硼化物和氮化物等）增强的铝基复合材料可以同时提高它们的强度和刚度，但这不可避免地导致延展性的降低[24-26]。这种现象主要是由于增强颗粒（硬相）和铝基体（软相）之间塑性变形的不相容性，以及会产生几何必需位错和应变梯度的界面。例如，具有高质量分数（约 25wt%）的 Al$_3$BC 颗粒增强 6061Al 基复合材料表现出约 485 MPa 的极限抗拉强度，但是颗粒和铝基体界面处的严重应力集中，导致其延展性显著降低（小于 2%）[27]。另外，铝基复合材料刚度的提高总是受到颗粒的随机取向及体积分数等因素的限制[28-31]。

近年来，异构材料因优异的力学性能和由纳米到微米的微观结构而受到广泛关注[11, 13, 32, 33]，这主要归因于几何必需位错累积导致的异质变形诱导（HDI）强化效应[34-36]。例如，在硬的超细晶钛片层基体中嵌入软的微米级晶粒的钛片层后，材料的应变硬化速率和延展性显著提高[11]。另外，在 Al/(TiC + TiB$_2$) 复合材料中引入双峰晶粒结构获得异质结构复合材料，与具有均匀结构的传统颗粒增强铝基复合材料相比，异构材料被证实具有优异的强度和延展性组合[37]。然而，很大程度上颗粒的随机分布，使其刚度进一步提高仍然面临挑战。

本小节以 Al$_3$BC 颗粒增强铝基复合材料（Al$_3$BC/6061）为例，通过颗粒的定向处理，即将 Al$_3$BC 片状颗粒取向化分布，结合基体的异构组织调控，获得了一种具有超高刚度（与钛合金相当）[38]、高强度和良好延展性的异构 Al$_3$BC/6061 复合材料，并对相应的强韧化机制进行了分析讨论。

1. Al$_3$BC/6061 复合材料的微观组织

采用液-固反应结合热挤压工艺制备了 Al$_3$BC/6061 复合材料，将热挤压得到的复合材料（称为 EXT 样品），以 80%（HR80 样品）、90%（HR90 样品）和 95%（HR95 样品）的压下量进行热轧，以将 Al$_3$BC 颗粒定向分布。

图 6.8 为热轧过程中不同状态下 Al₃BC/6061 复合材料的微观形貌。图 6.8（a）显示了 EXT 样品的微观结构，其中 Al₃BC 颗粒呈现出六角板片状形态[图 6.8（e）]。经统计，颗粒平均长度约为 245 nm，宽度约为 75 nm，纵横比约为 3.3，颗粒平均尺寸为 164 nm [图 6.8（f）]。在 EXT 样品中，由于 Al₃BC 颗粒团聚严重，存在明显的富颗粒区和颗粒贫乏区。经过热轧塑性变形处理，由图 6.8（b）～（d）可以看到，对于 HR80、HR90 和 HR95 样品，Al₃BC 颗粒团簇逐渐分散并且趋于均匀分布。此外，六角板片状颗粒在变形过程中容易沿着最小阻力的方向排列，并表现出明显的择优取向，即{0001}Al₃BC // RD。

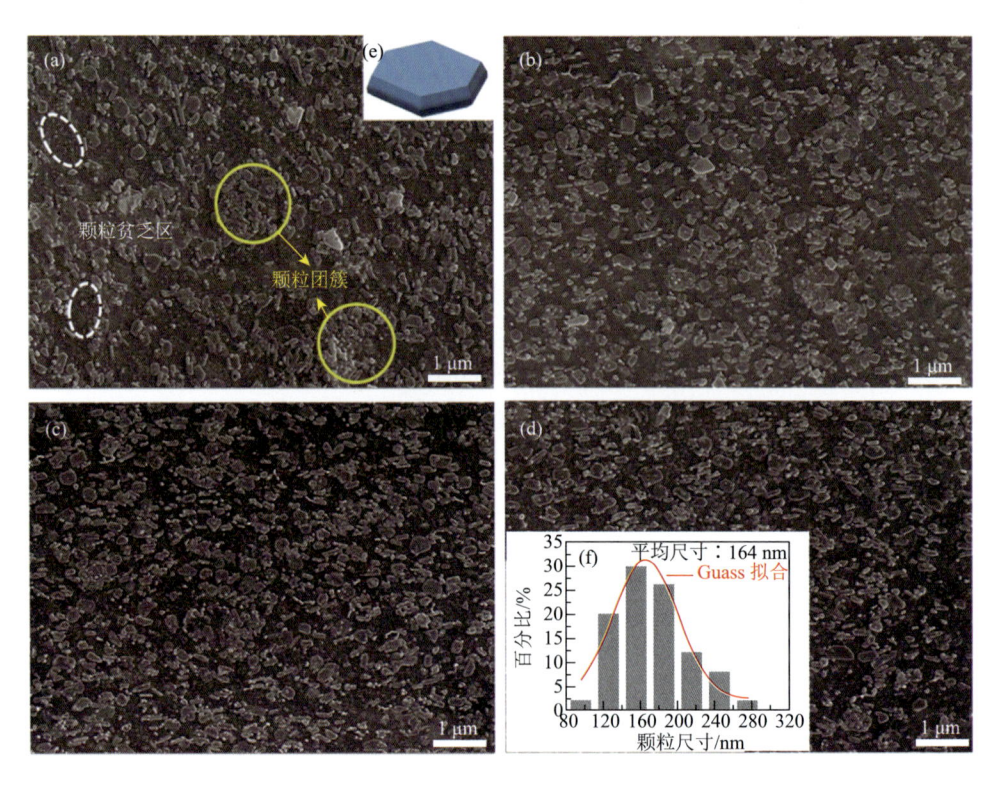

图 6.8 热轧变形不同压下量 Al₃BC/6061 复合材料的微观组织：(a) EXT；(b) HR80；(c) HR90；(d) HR95；(e) Al₃BC 颗粒形貌图；(f) Al₃BC 颗粒平均尺寸统计

为了更好地理解 Al₃BC 与 α-Al 的晶体学取向关系，通过高分辨透射电镜测试，进一步研究了其界面结构。如图 6.9（a）～（d）为 Al₃BC 颗粒的 EDS 图，证明了 Al₃BC 颗粒的存在。图 6.9（e）为 HRTEM 图，可以看到 Al₃BC 颗粒呈板片状。图 6.9（f）为 Al₃BC/α-Al 界面的高分辨图，插入图分别为[10$\bar{1}$0]和[$\bar{1}$22]带轴 Al₃BC 和 α-Al 的傅里叶逆变换图。由图 6.9（g）可以看到 Al₃BC/α-Al 为半共格界面，两者取向关系为(0001)Al$_3$BC∥($0\bar{1}\bar{1}$)α-Al。与化学结合界面相比，半共格界面具有更高的结合强度。此外，Al$_3$BC 和 α-Al 的择优取向也会促进强度的提高。

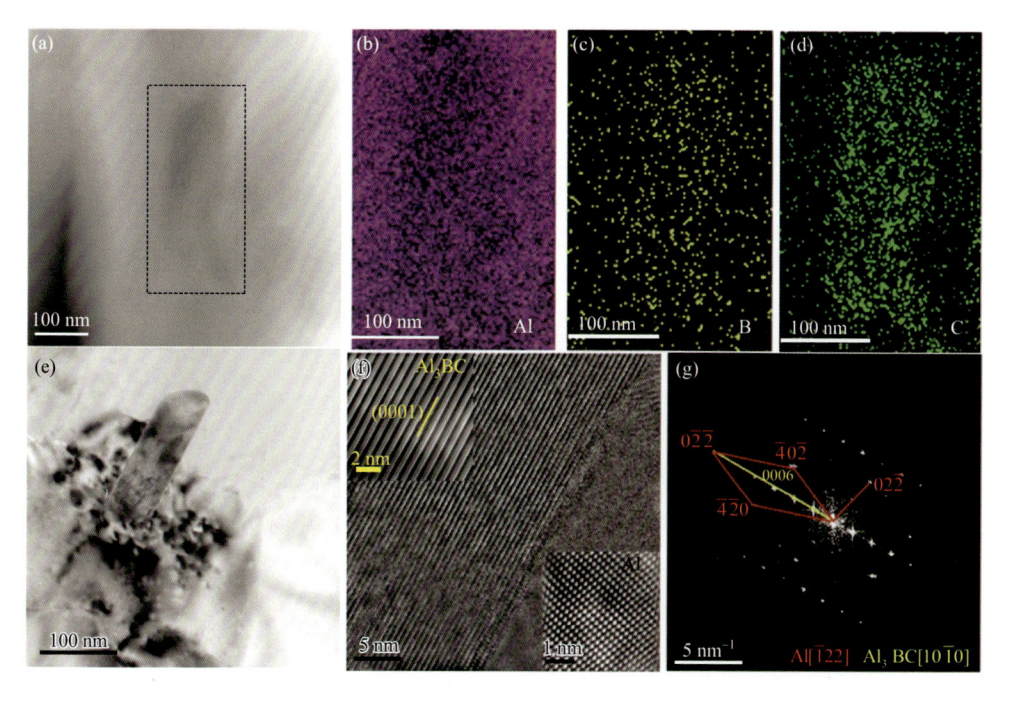

图 6.9　Al$_3$BC/6061 复合材料中 Al$_3$BC 增强相的微观结构与界面结构分析：(a~d) 单个 Al$_3$BC 的 EDS 图；(e) Al$_3$BC 颗粒的 HRTEM 图；(f) Al$_3$BC/α-Al 界面的 HAADF 图，插入图分别为 Al$_3$BC 和 α-Al 的傅里叶逆变换图；(g) 快速傅里叶变换图

图 6.10 显示了基于 EBSD 和透射电镜分析的复合材料中铝基体的晶粒结构。如图 6.10（a）～（d）所示，黑色实线表示取向差大于 15°的大角度晶界。可以看出，在 EXT 样品中形成了粗晶和细晶交替排列的层状异质结构，其中拉长的粗晶区（ECG）的长度大于 100 μm，等轴细晶粒的平均尺寸约为 2.03 μm。实际上，大多数等轴晶在 Al$_3$BC 颗粒周围形成，并且是由于在热变形过程中发生动态再结晶而形成的再结晶晶粒。如图 6.10（e）所示，在 Al$_3$BC 颗粒附近存在大量位错和小角度晶界，红色箭头处为 Al$_3$BC 颗粒，插入图为 Al$_3$BC 颗粒的电子衍射图。因此，复合材料的异质晶粒结构是由拉长的粗晶区和再结晶细晶区组成。在热机械处理之后，异质结构随着动态再结晶过程而演变，如图 6.10（b）和（c）所示，ECG 的平均长度逐渐减小到 10 μm 以下，并且在 HR80 和 HR90 样品中形成更多细小的再结晶晶粒，如图 6.10（f）所示。随着变形量的增加，如图 6.10（d）所

示，在 HR95 样品中形成了更均匀的超细晶结构。在热轧变形过程中，复合材料对应的晶粒尺寸如图 6.10（g）～（j）所示，经统计，平均晶粒尺寸由 2.03 μm 细化到 0.84 μm，并最终细化到 0.33 μm。此外，还统计了不同样品中 ECG 体积分数的变化，如图 6.10（k）所示，ECG 体积分数从 EXT 的 40%降低到 HR90 样品的 18%，表明取向处理后软相减少。同时，如图 6.10（l）所示，上述样品中 ECG 的平均晶粒尺寸也显著降低。

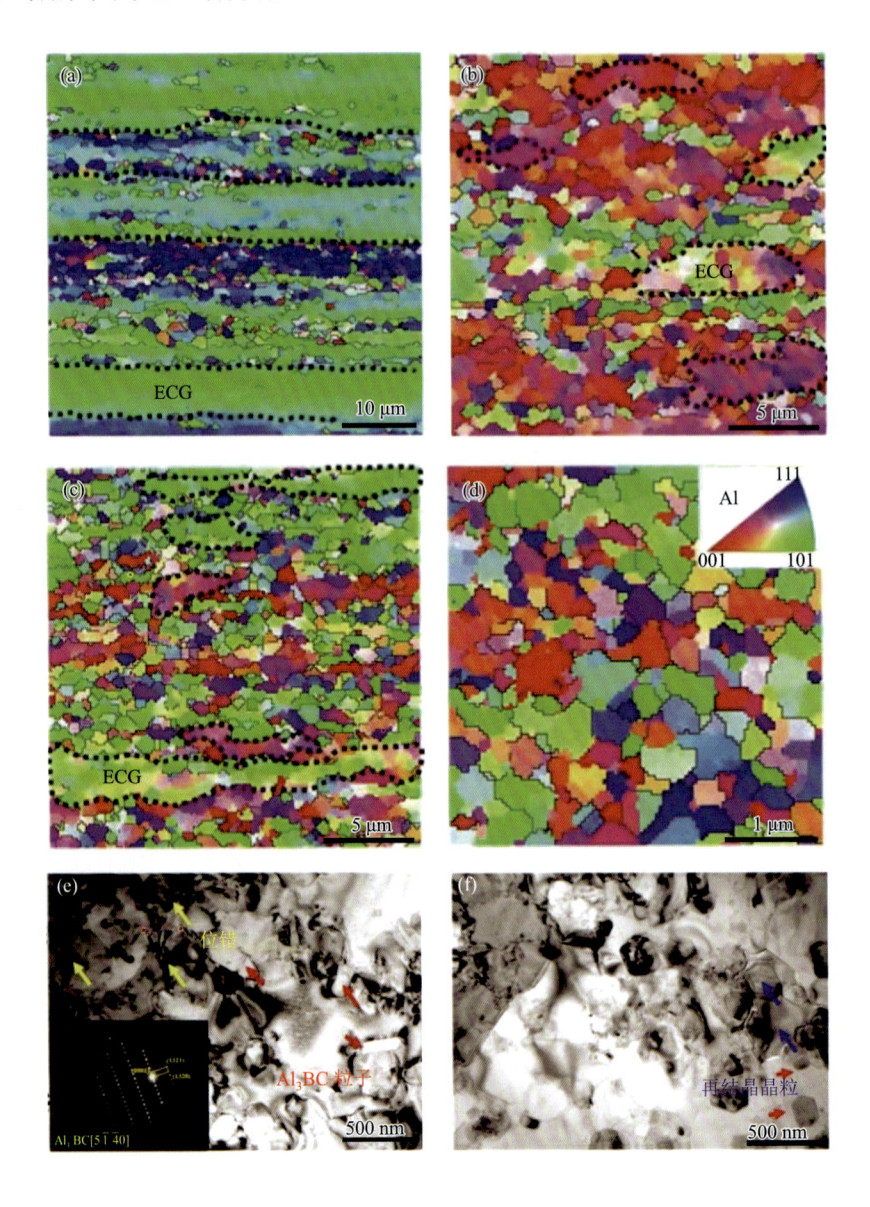

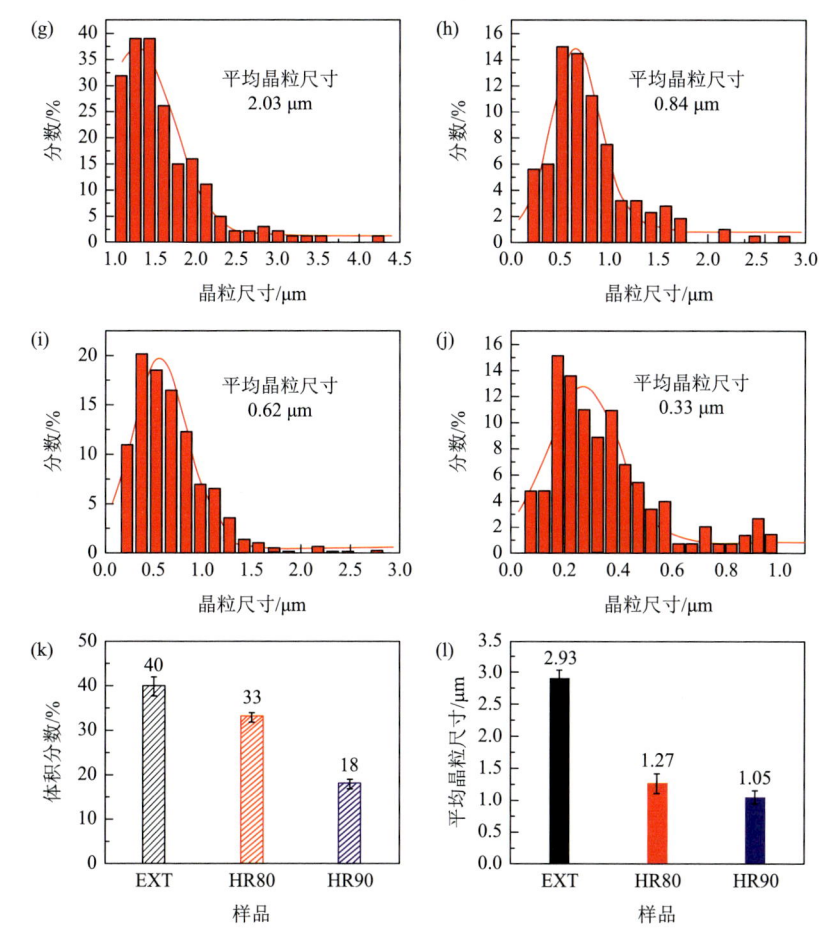

图 6.10 Al₃BC/6061 复合材料中 α-Al 晶粒的 EBSD 和透射电镜图：(a~d) EXT、HR80、HR90 和 HR95 的晶体取向图；(g~j) 四种样品相应的晶粒尺寸分布图；(e, f) EXT 和 HR90 样品的 TEM 图；(k, l) EXT、HR80 和 HR90 样品中 ECG 的体积分数及平均晶粒尺寸

2. Al₃BC/6061 复合材料的力学行为

图 6.11 为 Al₃BC/6061 复合材料在热变形过程中的力学性能曲线。图 6.11（a）为对应的工程应力-应变曲线，具体的室温强度及模量见表 6.1。由图 6.11（a）工程应力-应变曲线可以看出，挤压态（EXT）试样在室温下的屈服强度（YS）和抗拉强度（UTS）分别约为 328 MPa 和 447 MPa，相应的均匀延伸率（UE）只有约 4.5%。当压下量逐渐增加到 90% 时，HR80 和 HR90 的 YS 和 UTS 逐渐随应变的增大而增大。试样的均匀延伸率（用曲线中的方框表示）也有所增加，表明复合材料的拉伸塑性得到了提高。其中，HR90 试样表现出优异的强度和塑性匹配。同时，值得注意的是，拉伸试样测得的复合材料的杨氏模量（E）由 EXT 试样的约 72.9 GPa 提高到 HR90 试样的约 105.0 GPa，刚度得到了显著提高。随着压下量进一步增加到

95%时，HR95 的 YS 和 UTS 显著提高，分别约为 517 MPa 和 577 MPa，与 EXT 试样相比，分别提高了约 57.6%和约 29.1%。同时 HR95 的 E 值提高到约 108.6 GPa，相比 EXT 试样提高了 35.7 GPa。但是其塑性明显降低，仅约为 1.7%。

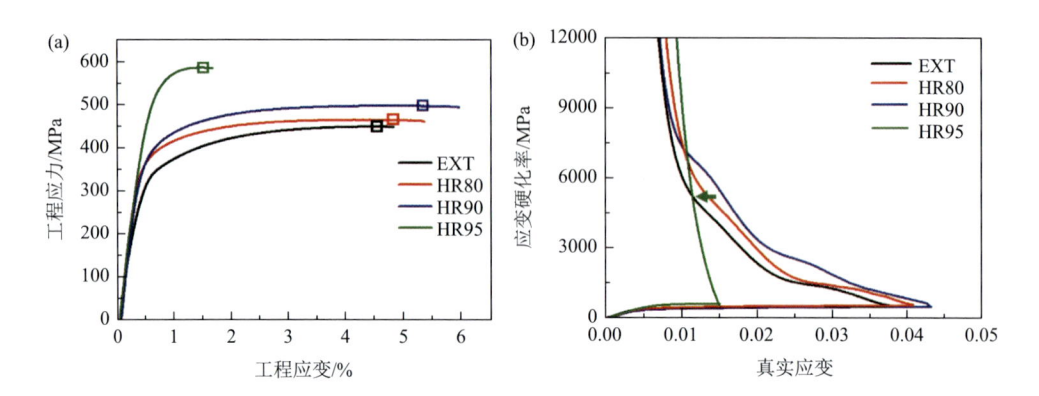

图 6.11 热轧过程中 Al$_3$BC/6061 复合材料的拉伸性能：(a) 工程应力-应变曲线；(b) 应变硬化率曲线

表 6.1　Al$_3$BC/6061 复合材料的室温力学性能和模量值

样品	YS/MPa	UTS/MPa	UE/%	EI/%	E/GPa
EXT	328±4	447±4	4.5±0.5	4.8±0.5	72.9±2.4
HR80	356±4	463±3	4.9±0.3	5.4±0.3	80.9±2.6
HR90	358±3	495±4	5.3±0.3	6.2±0.3	105.0±2.8
HR95	517±5	577±6	1.5±0.1	1.7±0.1	108.6±1.6

根据 Hart 准则[39]，即式（6.9），材料的低加工硬化率会导致颈缩失稳的发生，

$$\frac{d\sigma}{d\varepsilon} \leqslant (1-m)\sigma \tag{6.9}$$

式中，σ 为真应力；ε 为真应变；m 为应变速率敏感因子。对于超细晶结构和纳米结构金属，室温下 m 值较小（$m<0.05$），可以忽略[40,41]。图 6.11（b）显示了 Al$_3$BC/6061 复合材料的应变硬化率曲线（$\Theta = d\sigma/d\varepsilon$），可以发现随着应变的增加，试样的 Θ 值均迅速降低。相比 EXT 试样，HR80 和 HR90 的 Θ 值降低得更缓慢且数值较高，表明其应变硬化能力更好。然而，当真应变约大于 1.15%时，HR95 试样的 Θ 值下降速度远大于 EXT 试样。因此，应变硬化率的降低导致 HR95 试样的延展性受到限制。

3. Al$_3$BC/6061 复合材料的断裂行为

图 6.12 为热变形过程中不同状态试样的拉伸断口形貌图，图中均由许多粗大和细小的韧窝组成，说明此断裂形式为韧性断裂。由图 6.12（a）可以看出，挤压态材料中存在微裂纹（图中黄色箭头处）。由图 6.12（b）可以明显看出，在一些较大的韧窝中聚集有许多第二相颗粒，而小韧窝中均匀分布着颗粒（图中红色箭头处），说明增强相的分布和尺寸影响材料的力学性能，在增强相周围容易产生应力集中，从而产生裂纹。由图 6.12（c）可知断口由更小、更深且更加均匀的韧窝组成，说明铝基体在拉伸破坏前经历了较大的塑性变形，主要是由增强相的均匀分布和动态再结晶所致。当变形增加到 95%时，有许多较浅的韧窝和空洞（蓝色箭头所指处），裂纹优先从空洞处产生。

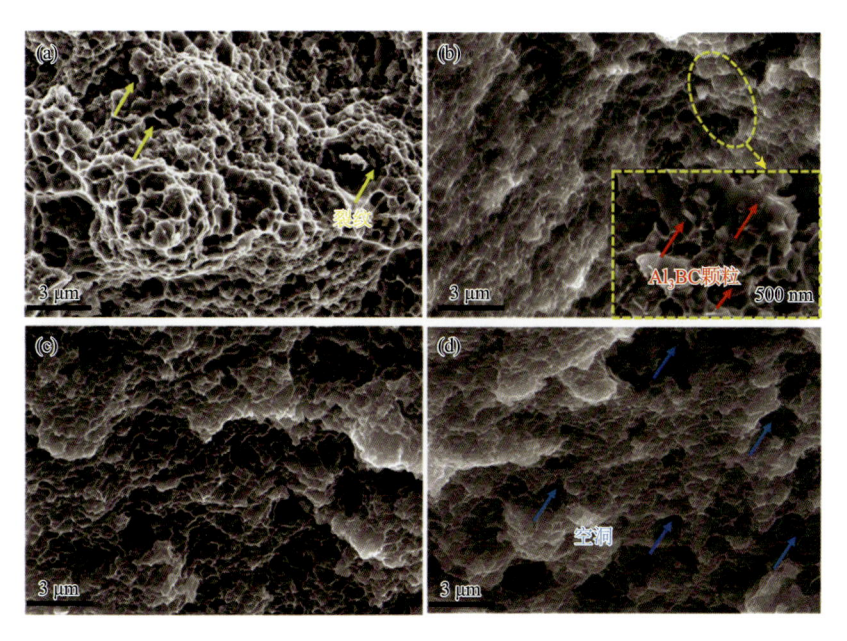

图 6.12 热轧过程中 Al$_3$BC/6061 复合材料的断口形貌：（a）EXT；（b）HR80；（c）HR90；（d）HR95

4. Al$_3$BC/6061 复合材料的强韧化机理

1）HDI 应力强化效应

近年来，有许多报道指出，异质结构金属的 HDI 硬化会产生强化和额外加工硬化[11]。而 HDI 应力可以通过加载-卸载-再加载拉伸曲线来计算。

异质材料在拉伸变形过程中软区首先发生塑性变形，而硬区保持弹性。然后软区继续变形，硬区进入弹塑性变形区，为了协调变形，在软硬界面处产生几何必需位错，从而在软区产生长程应力场，称为背应力。同时，在硬区产生一个相反的力，称为前应力[11]。异质变形导致背应力和前应力同时发展，共同产生强化和额外加工硬化，在文献[13]中更准确地描述为异质变形诱导（HDI）的强化和应变强化。

由图 6.11（a）所示复合材料热塑性变形量在 95%之前其强度和塑性均随着压下量的增大而增大，图 6.11（b）中显示材料的应变硬化率在此过程中呈现增大的趋势。应变硬化的增加主要归结于复合材料中异质界面[14, 42]的作用。通过加卸载实验研究了应变硬化和 HDI 应力强化对强度的贡献，以明确在热轧过程中 HDI 应力强化的变化情况。图 6.13（a）为 Al₃BC/6061 复合材料在热轧过程中的 HDI 应力强化测试图。不同应变下的 HDI 应力强化（σ_{HDI}）可以由式（6.10）计算[14]：

$$\sigma_{HDI} = \frac{\sigma_r + \sigma_u}{2} \quad (6.10)$$

式中，σ_r 为加载过程的屈服应力；σ_u 为卸载过程的屈服应力［如图 6.13（b）中箭头所指处］。如图 6.13（c）所示，不同压下量的复合材料的 HDI 应力强化均随着应变的增加而增加，促进了高应变硬化。为了讨论 HDI 应力强化对强度的贡献，选取 1.5%应变下的曲线，估算结果如图 6.13（d）所示，可以看到材料的 HDI 应力强化对强度的贡献均在 50%以上，对复合材料强度的提高有显著作用。并且随

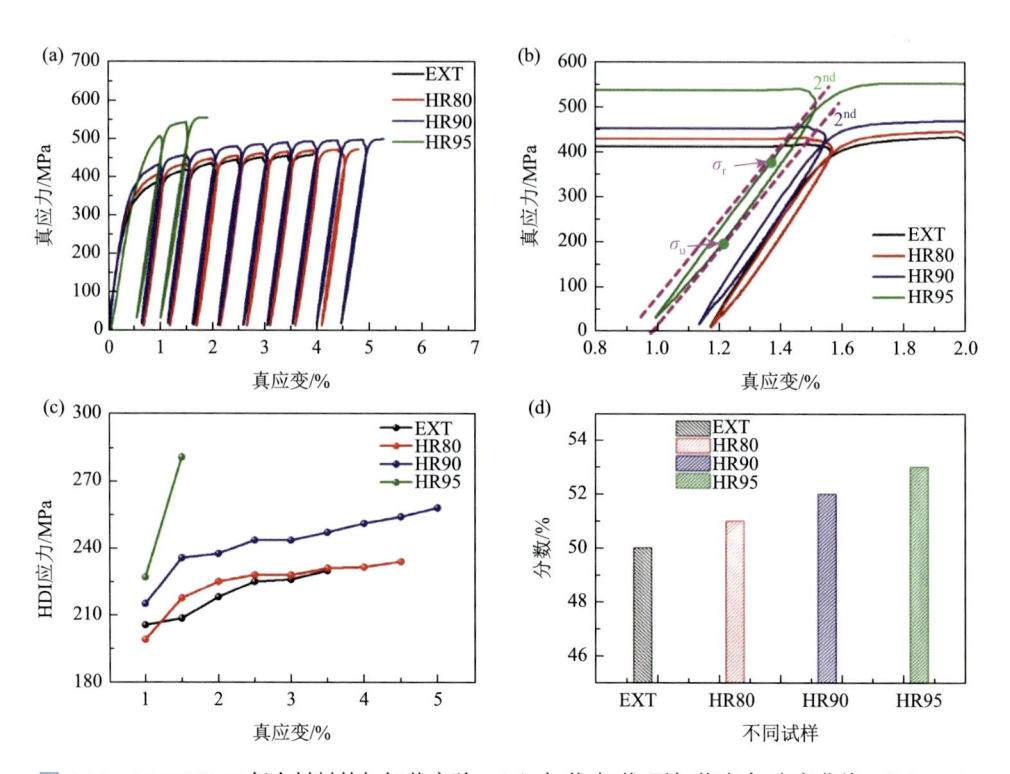

图 6.13 Al₃BC/6061 复合材料的加卸载实验：（a）加载-卸载-再加载应力-应变曲线；（b）1.5%真应变下的滞后环；（c）HDI 应力强化变化趋势；（d）1.5%真应变下 HDI 应力强化对强度的贡献

压下量的增加，其贡献值增加，EXT 材料的 HDI 应力强化贡献为 50%，热轧 95% 时达到 53%。HDI 硬化贡献随轧制变形量的增加而增加，主要由于非均匀界面的增加，包括 Al$_3$BC 界面和基体晶粒界面的增加。其中 Al$_3$BC 颗粒的弥散取向分布也增加了沿 RD 方向（加载方向）的非均匀界面，导致几何必需位错的增加[43]，提高了 HDI 应力强化，进而提高了强度。

2）晶粒尺寸对复合材料力学性能的影响

由图 6.10（g）~（j）可以发现晶粒尺寸在热变形过程中有明显的细化趋势，由 Hall-Petch 关系可知晶粒越细，晶界越多，对位错的阻碍作用越强，从而能够提高材料的强度。热轧过程中晶粒的细化主要归结于两个原因：一方面，轧制的压下量影响晶粒的细化；另一方面，热轧过程会改善第二相粒子的分布，从而促进动态再结晶的产生，进而细化晶粒。由图 6.10（f）可以看出，在热变形过程中发生动态再结晶，进一步细化基体。

当压下量达到 95% 时，复合材料的 YS 和 UTS 分别达到 517 MPa 和 577 MPa，相比挤压态分别提高了 189 MPa 和 130 MPa，有很大幅度的提高。其原因主要是试样 HR95 中颗粒的弥散程度及细化程度最高。但同时其塑性牺牲很多，由图 6.11（b）也可以看到试样 HR95 的应变硬化率最低。应变硬化能力主要与位错的累积有关，在热轧过程中，变形不断产生位错，同时晶粒发生再结晶引起位错的回复，两者存在竞争关系，最终导致塑性的变化。由于应变硬化能力的不足和应变硬化速率的降低，在室温条件下，超细晶金属的塑性不稳定性往往以颈缩和剪切带等非均匀和局域变形的形式出现，从而导致其延展性降低[45]。由图 6.10（e）可以看到 EXT 样品中存在大量的位错，且位错在第二相粒子周围塞积。在 HR90 试样变形过程中形成了干净的动态再结晶晶粒，恢复了高位错存储能力，提高了应变硬化。同时，随着颗粒的弥散分布，使得应力集中降低，有效抑制裂纹的产生，因此其塑性较好。但由于 HR95 试样分布着均匀的超细晶和纳米晶，其位错存储能力有限，从而降低了位错的累积，不足以传递铝晶粒间的载荷，导致应变硬化能力降低，从而使塑性降低明显。另外，在 HR80 和 HR90 试样中由几何必需位错产生的 HDI 应力强化的增加是应变硬化率提高的主要原因，理论上两者应该能够存储更多位错，而由图 6.10（k）和（l）试样中粗晶的体积分数和粗晶平均尺寸的统计图可以发现，相比 EXT 试样，两者在 HR90 中均减小。实际上，异质结构材料的 HDI 强化主要受到界面应变梯度影响区的影响。在异质结构中存在一个临界应变梯度宽度，在此宽度下，应变梯度内的应变强度随拉伸应变的增加而增大，从而导致更高的应变梯度和背应力加工硬化，当相邻的界面影响区开始重叠时才受层间距的影响，当界面间距过大时，背应力不足以提高材料的加工硬化能力。因此，尽管软区粗晶的体积分数和晶粒尺寸在减小，但界面密度在增加，进而几何必需位错增加，足以提高材料的应变硬化能力。

3）Al$_3$BC 颗粒的择优取向对复合材料刚度的影响

此外，值得注意的是，复合材料的杨氏模量在热变形过程中也发生了显著变化。由表 6.1 可以看到复合材料的杨氏模量（E）由 EXT 试样的约 72.9 GPa 提高到 HR90 试样的约 105.0 GPa，Al$_3$BC 颗粒的加入与热变形工艺的结合显著提高了材料的刚度，其中高模量的 Al$_3$BC 颗粒（E = 326 GPa）发挥了重要作用。为了进一步说明 Al$_3$BC 颗粒对高刚度的贡献，研究了 Al$_3$BC 颗粒相对于 RD 的取向演化及其与 E 的关系。

如图 6.14 所示为统计的 Al$_3$BC 颗粒取向与复合材料刚度的关系图。图 6.14（a）为变形过程中 Al$_3$BC 颗粒平均取向角的变化，取向角 θ 是指 Al$_3$BC 颗粒的{0001}面相对于 RD 方向的角度。可以看到其平均取向角由 62°逐渐减小至 9°，表明大多数 Al$_3$BC 颗粒的{0001}面平行于 RD。此外，通过改变拉伸方向（α 表示拉伸试

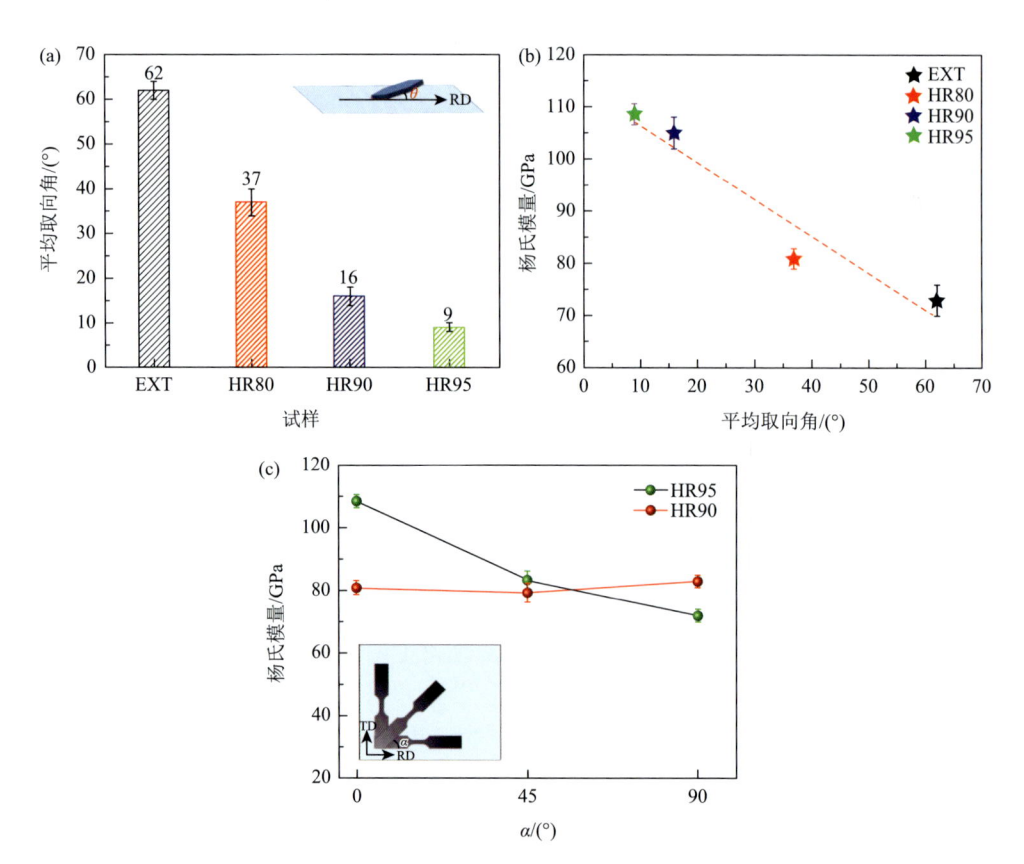

图 6.14　Al$_3$BC 颗粒取向与复合材料杨氏模量的关系：（a）不同状态下复合材料中 Al$_3$BC 颗粒平均取向角 θ 的变化；（b）平均取向角 θ 和杨氏模量的关系；（c）不同状态下复合材料的杨氏模量与拉伸试样相对于 RD 角度的关系

样与 RD 的角度）来测量复合材料的刚度值［图 6.14（c）］，结果显示，随着 α 由 0°到 45°再到 90°的增加，HR95 试样的杨氏模量由 108.6 GPa 依次下降到 83.3 GPa 和 72.1 GPa。而 HR90 的杨氏模量变化不大，表明其各向异性不明显。

通过原位反应在金属基体中生成纳米增强相，然后通过变形将增强相定向到加载方向，可以显著提高复合材料的杨氏模量。许多研究也通过原位反应生成的高模量增强相，进一步控制颗粒的大小、分布和界面结构来获得高模量的复合材料[45-47]。复合材料满足以下几个必要的条件可以有效提高材料的刚度。首先，具有高体积分数的高模量第二相；其次，铝基体与高模量相具有良好的界面结合且第二相在基体中均匀分布。研究表明，通过考虑增强相的长宽比，可以采用 Halpin-Tsai 模型[48]预测复合材料的杨氏模量：

$$E = E_M \left(\frac{1 + 2\xi\eta V_P}{1 - \eta V_P} \right) \tag{6.11}$$

$$\eta = \left(\frac{E_P}{E_M} - 1 \right) \bigg/ \left(\frac{E_P}{E_M} + 2\xi \right) \tag{6.12}$$

式中，E_P 和 E_M 分别为颗粒和基体的杨氏模量；V_P 为颗粒的体积分数；ξ 为增强相颗粒的长宽比。本小节中 Al$_3$BC 的 E_x = 326 GPa，E_z = 294 GPa，V_P = 24.1%，ξ = 3.3。由式（6.11）和式（6.12）计算得到 HR95 材料的 E 为 110～115 GPa，与 HR95 试样的实验值非常吻合。

采用液固反应法结合热塑性变形工艺成功制备出层状异构 Al$_3$BC/6061 复合材料，通过将增强颗粒取向化分布以及基体晶粒的异构组织调控，获得了兼具高强度、高刚度及高延展性的复合材料。

6.2 高强韧耐热铝基复合材料

耐热铝合金通常是指在高温下具有较好力学性能及优异抗氧化能力，同时在一定温度及载荷的长时间作用下有一定抗蠕变性能的铝合金材料。目前常用的耐热铝合金主要有 Al-Cu 系、Al-Si 系和 Al-Fe-TM 系等[49-51]。Al-Cu 系凭借良好的热处理效果及较好的热稳定性得到较早应用，通常 Al-Cu 系合金需要添加 Mg、Mn、Zr、Sc、Er、La、Ag 等元素来进一步提高高温性能。其高温强化机理主要是依靠热稳定性良好的亚稳 θ′相强化，同时通过添加元素形成纳米级析出相及减缓 θ′相粗化速率。但是 Al-Cu 系耐热铝合金较差的铸造性能和耐蚀性能使其应用受到限制。Al-Si 系耐热铝合金主要为 Al-Si-Cu-Ni-Mg 系合金，其高温强化机理是在合金凝固过程中析出块状 ε-Al$_3$Ni、条带状 δ-Al$_3$CuNi、骨

骸状 γ-Al_7Cu_4Ni、α-$Al(Fe, Cr)Si$ 和半封闭网状 Q-$Al_5Cu_2Mg_8Si_6$ 等高温强化相。Al-Fe-TM-Si 系耐热铝合金通过添加在铝基体中具有极小平衡极限固溶度和极小固溶扩散系数的过渡金属元素（TM），在铝基体中析出热稳定性良好的亚微米至纳米级金属间化合物颗粒，使其获得良好的高温强度和耐热性能，但其存在加工成本过高的缺点，极大地限制了其应用。为了克服传统耐热铝合金高温性能的不足，考虑到陶瓷颗粒无论是强度还是耐热性能均远优于传统耐热铝合金中的耐热相，能有效地阻碍高温下的晶界滑移，因而颗粒增强铝基复合材料正受到越来越多的关注[52-54]。

在制备铝基复合材料过程中，可以通过调节增强相的种类、尺寸、体积分数及增强相与基体间的界面结合强度来调控复合材料的性能，除此之外，增强相的空间分布及构型也极大地影响材料的力学性能。在过往的几十年中，材料研究者们总是致力于在基体中获得均匀分布的增强相，均匀结构的复合材料在部分性能上较单纯基体材料有显著提高，但是近年来越来越多的研究表明均匀组织对材料的强化存在着一定的局限性。复合材料的性能可以通过调控增强相的构型与分布来进一步提高，因而一系列可控的非均匀结构包括团聚结构、棒状、层状、环状以及双连通结构被成功开发。哈尔滨工业大学耿林教授等[2]采用粉末冶金的方法原位生成了网状结构 TiBw/Ti 复合材料，发现网状结构复合材料的强度和塑性均优于同体积分数的均匀分布复合材料。Jiang 等[6]采用低温球磨加热挤压的方式制备了球状纳米 B_4C 贫富区并存的复合材料，发现非均匀结构复合材料的强度和韧性均优于均匀分布的复合材料，其中韧性较均匀复合材料提高了 30%。

基于增强相构型及分布调控的复合材料性能已经得到越来越广泛的认可，其中 AlN_p 粒子增强复合材料具有巨大发展潜力。AlN_p 块体的晶体结构为六方纤锌矿，密度为 3.26 g/cm^3，弹性模量达到 310 GPa，热膨胀系数为 $4.84×10^{-6}℃^{-1}$，热导率为 320 W/(m·K)，具有低膨胀性、高热稳定性及高硬度等一系列优点。山东大学刘相法教授课题组采用原位自生反应制备的纳米 AlN_p 网状增强铝基复合材料[4]不仅在室温下表现出优异的抗拉强度（518 MPa），而且在 350℃的高温下抗拉强度达到 190 MPa，充分显示出纳米 AlN_p 构型对铝基体的强化潜力。

通过向基体中添加具有高熔点、高硬度及良好热稳定性的陶瓷颗粒能有效地钉扎晶界，显著提高材料的室温及高温强度，但不可避免地会导致材料塑性的降低，出现强度-塑性的倒置现象[54]。例如，网状结构 AlN_p/Al 复合材料在 350℃下的抗拉强度达到近 200 MPa，但伴随而来的是快速软化及塑性的丧失（<3%）。因而通过调控微观组织来改善材料高温塑性，达到良好的强度-塑性匹配是一个重大的挑战。本小节以 AlN_p 颗粒增强铝基复合材料（AlN_p/Al）为例，阐述组织构型调控对于复合材料高温力学行为的影响，并对相应的高温强韧化机制进行分析讨论。

6.2.1 AlN$_p$/Al 复合材料微观组织

图 6.15 为不同处理状态 AlN$_p$/Al 复合材料的 SEM 图。从图 6.15（a）可以看到，在热挤压过程中原始试样沿径向形成非均匀微观组织，其中颗粒富集带宽度为 1.5～7.5 μm，Al 晶粒带宽度为 2～3.5 μm。进一步在图 6.15（b）更高放大倍数下可以看到大量的 AlN$_p$ 颗粒连接在一起，从而构筑成网状结构。从图 6.15（c）和（d）可以看出，当经过应变量 0.2 的旋锻变形后，原本层状分布的 AlN$_p$ 已经发生改变，颗粒贫乏区显著减少，同时原本连接的颗粒趋于分散，网状结构在一定程度上被破坏。当应变量进一步增大至 0.6 时，如图 6.15（e）和（f）所示，AlN$_p$ 颗粒在铝基体中变得更为弥散。

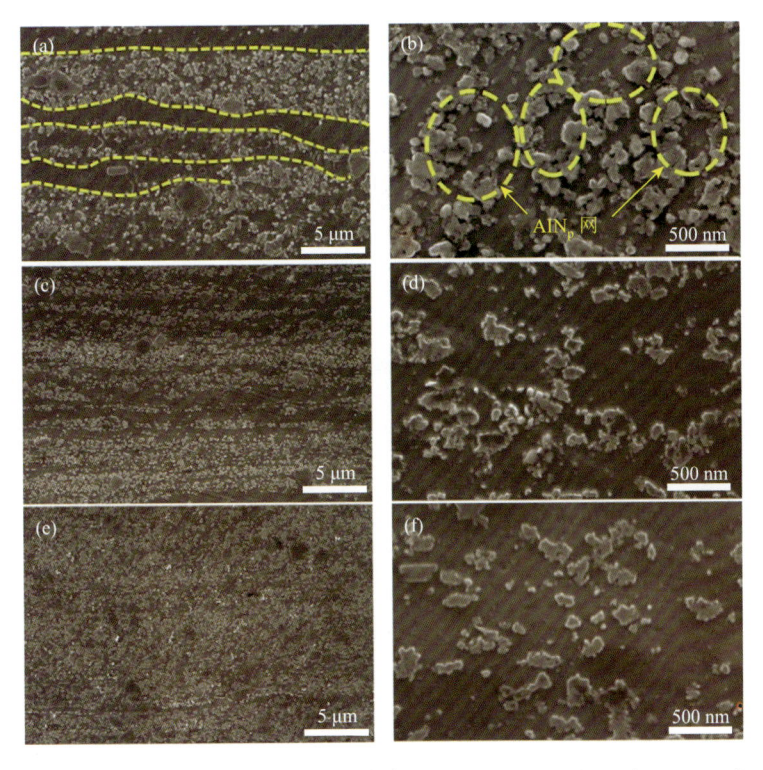

图 6.15 不同 AlN$_p$/Al 复合材料纵截面 AlN$_p$ 分布：(a, b) EXT；(c, d) RS0.2；(e, f) RS0.6

除了增强相的分布，基体晶粒的尺寸和组织对复合材料的性能也将产生重要影响。对上述不同状态的复合材料通过 EBSD 测试分析其基体的晶粒组织。图 6.16 为旋锻前后 AlN$_p$/Al 复合材料中 α-Al 基体的反极图（IPF）和晶粒尺寸统计。如图 6.16（a）所示，试样 EXT 中大部分 α-Al 晶粒呈拉长状组织，其宽度范围从亚微米到超过 4 μm；不同宽度条带状组织形成的原因主要是 AlN_p 分布的不均匀性，在图 6.15（a）的 SEM 图中也可观察到。此外，图中未被识别的黑色区域主要为 AlN_p 颗粒富集的区域。图 6.16（b）为试样 EXT 的晶粒尺寸统计，其平均晶粒尺寸为 1.36 μm。图 6.16（c）为试样 RS0.2 的晶粒组织，可以看到拉长晶粒的宽度范围明显减小，表明原有较宽的拉长晶粒在旋锻过程中得到一定程度的细化；对应的晶粒尺寸统计图 6.16（d）显示平均尺寸为 0.77 μm。随着应变量增至 0.6，平均晶粒尺寸进一步减小至 0.72 μm [图 6.16（e）和（f）]。从上述结果可知，在旋锻过程中伴随着 AlN_p 颗粒分散的同时拉长态粗晶也得到了细化。

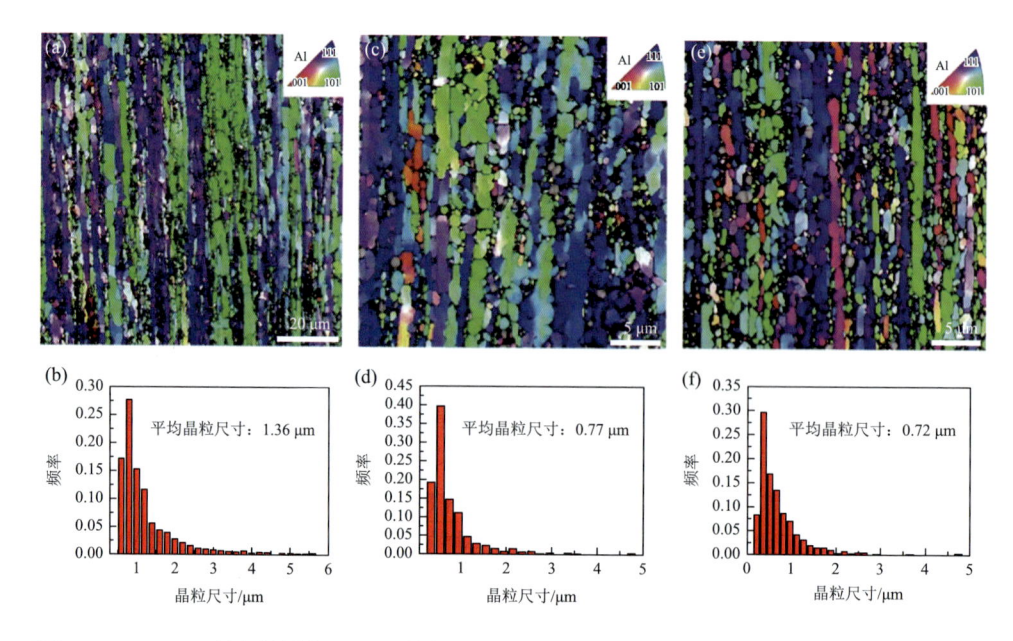

图 6.16　AlN_p/Al 复合材料中 α-Al 晶粒的 EBSD 分析：（a，c，e）试样 EXT、RS0.2、RS0.6 纵截面反极图；（b，d，f）试样 EXT、RS0.2、RS0.6 对应的晶粒尺寸分布图

　　为了进一步观察 AlN_p/Al 复合材料的微观组织，使用透射电镜（TEM）对不同的 AlN_p/Al 复合材料进行表征。图 6.17（a）为试样 EXT 的微观组织形貌，可以看到有明显的拉长态粗晶和包含 AlN_p 颗粒团簇的富集带，在更高的放大倍数下 [图 6.17（b）] 可以看到无论是孤立的 AlN_p 颗粒还是网状结构的 AlN_p 均钉扎于晶界及晶内，有效的钉扎作用使得试样 EXT 中颗粒富集区晶粒细化至亚微米。随着旋锻处理的进行，原本团簇的 AlN_p 颗粒分散开，更为均匀的微观组织可被观察到 [图 6.17（c）和（d）]。

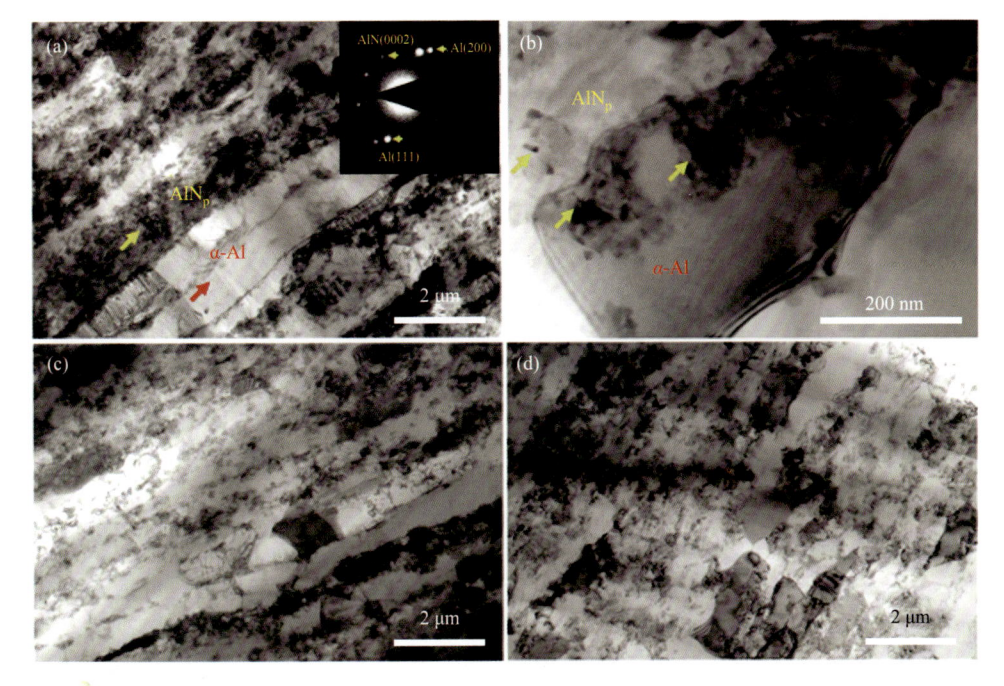

图 6.17　不同 AlN$_p$/Al 复合材料在透射电镜下的基体形貌及颗粒分布：(a, b) EXT；(c) RS0.2；(d) RS0.6

图 6.18 为试样 RS0.2 的高分辨透射电镜图，纳米尺度的 AlN$_p$ 颗粒团簇分布于基体中 [图 6.18 (a)]，表明一部分 AlN$_p$ 连续网络在旋锻变形中发生了破坏，从图 6.18 (b) 可以看到 AlN$_p$ 颗粒连接成链贯穿于基体。图 6.18 (c) 展示了 Al 基体与 AlN$_p$ 颗粒的界面结合，可以看到两者间存在相应的取向关系 $(10\bar{1}1)$AlN$_p$//(111)Al，表明 Al 基体与 AlN$_p$ 颗粒界面结合良好。图 6.18 (d) 同样表明 AlN$_p$ 颗粒间结合良好，界面处没有化合物生成。颗粒间以及颗粒与基体间的良好结合使得 AlN$_p$/Al 复合材料在高温下有着较高的强度。

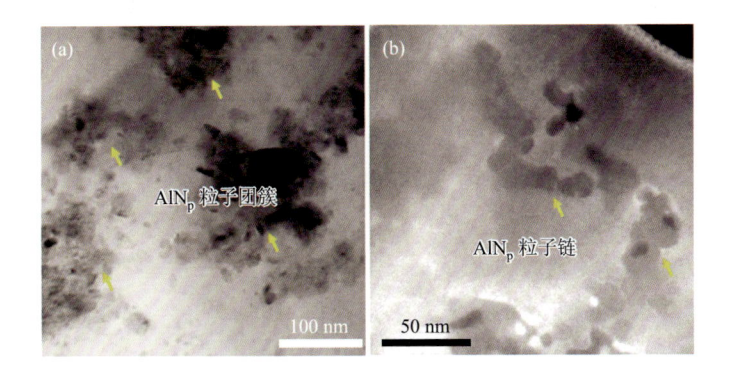

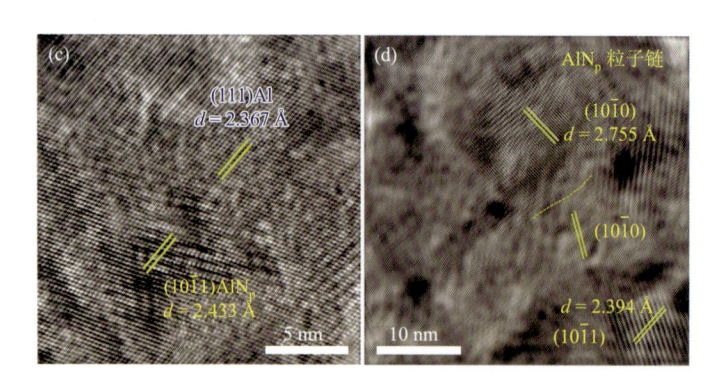

图 6.18　试样 RS0.2 高分辨透射电镜分析：(a) AlN$_p$ 纳米团簇；(b) 纳米尺度 AlN$_p$ 链状结构高角环形暗场-扫描透射电镜图；(c) AlN$_p$ 与 Al 基体间原子结合；(d) AlN$_p$ 间原子结合

6.2.2　AlN$_p$/Al 复合材料的室温力学性能

图 6.19 为试样旋锻前后的室温工程应力-应变曲线，具体的强度与延伸率可见表 6.2。试样 EXT 的屈服强度约为 350 MPa，抗拉强度约为 410 MPa，对应的均匀延伸率（UE）和断裂伸长率（EI）分别为 9.7%和 12.7%。当进行旋锻变形后，试样 RS0.2 和 RS0.6 的屈服强度没有发生明显变化，依然保持在 350 MPa 左右，抗拉强度分别降至 392 MPa 和 370 MPa，均匀延伸率分别降至 7.8%和 6.7%，总延伸率维持在 12%左右没有明显变化。

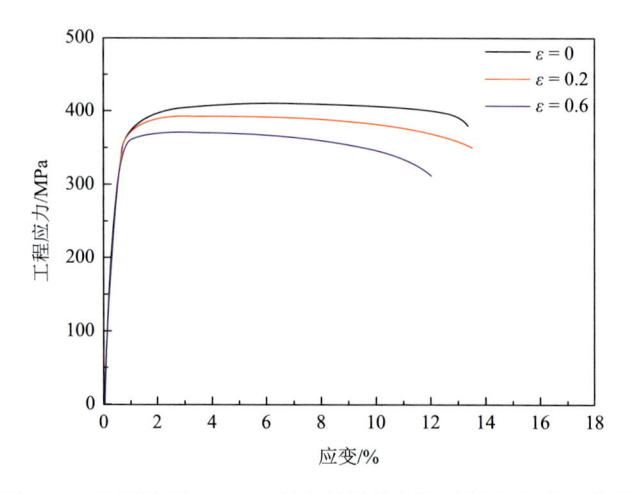

图 6.19　旋锻前后 AlN$_p$/Al 复合材料的室温工程应力-应变曲线

表 6.2　旋锻前后 AlN$_p$/Al 复合材料的室温力学性能

试样	YS/MPa	UTS/MPa	UE/%	EI/%
EXT	350	410	9.7	12.7
RS0.2	350	392	7.8	12.9
RS0.6	350	370	6.7	11.5

图 6.20 分别是旋锻前后 AlN$_p$/Al 复合材料的真应力-真应变曲线及对应试样的应变硬化曲线，可以看到 AlN$_p$/Al 复合材料的均匀延伸率随着应变量的增加而下降。从图 6.20（b）可以看到，随着应变量的增加，材料的加工硬化率随之下降；相比于初始态试样，经过旋锻的复合材料的应变硬化率有所下降，并且随着应变量的增加，复合材料的应变硬化率变得更低。因此，旋锻后的试样抗拉强度出现下降的趋势。

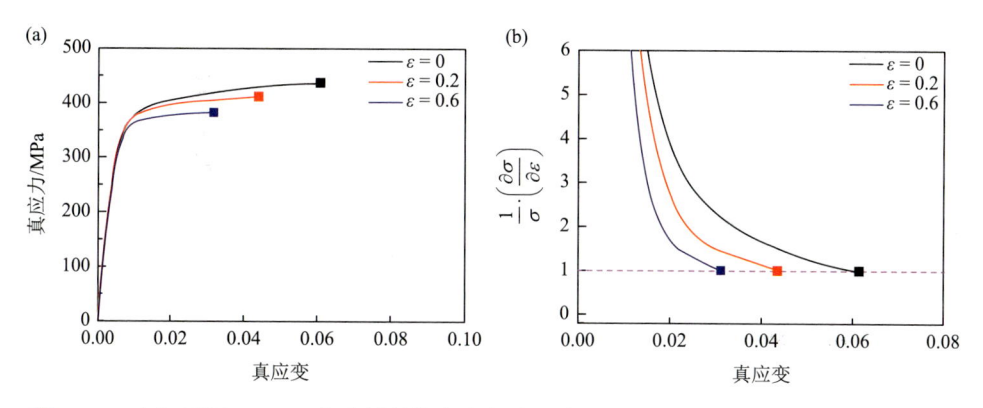

图 6.20　（a）不同 AlN$_p$/Al 复合材料的真应力-真应变曲线；（b）对应试样的应变硬化曲线

6.2.3　AlN$_p$/Al 复合材料的高温力学性能

图 6.21 为旋锻前后 AlN$_p$/Al 复合材料在 350℃下的高温力学性能，其中图 6.21（a）为对应的工程应力-应变曲线，具体的高温强度及延伸率可见表 6.3。从工程应力-应变曲线中可以看出挤压态（EXT）试样在 350℃下屈服强度为 120 MPa，抗拉强度为 126 MPa，对应的均匀延伸率仅为 0.99%。试样 EXT 在屈服至抗拉强度阶段迅速失稳，抗拉强度之后应力直线下降，表现出明显的应变软化，最终的断裂伸长率低于 3.4%。经过旋锻处理后，试样 RS0.2 的工程应力-应变曲线表现出较长的平衡阶段，其中抗拉强度为 113 MPa，均匀延伸率为 2.1%。相比试样 EXT，试样 RS0.2 的抗拉强度下降了 10%左右，但是其均匀延伸率提升了将近 112%，断裂伸长率接近 6.5%，表明经过旋锻处理后 AlN$_p$/Al 复合材料的高温塑性得到改善。试样 RS0.6 的抗拉强度为 101 MPa，同比下降了 20%，其均匀延伸率为 2.75%，

提高了将近 178%，表现出与试样 RS0.2 一致的趋势。图 6.21（b）为不同试样在 350℃高温下的真应力-应变曲线，可以看到 AlN$_p$/Al 复合材料经过旋锻处理后的均匀延伸率明显提高，与图 6.21（a）一致。

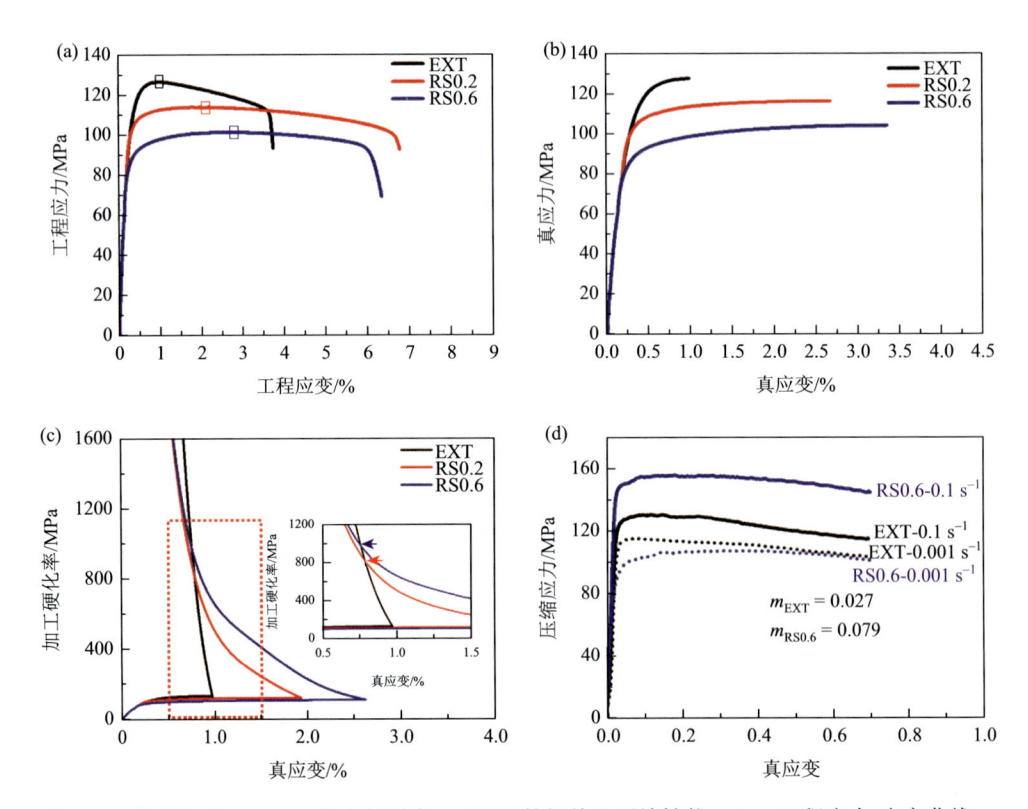

图 6.21　旋锻前后 AlN$_p$/Al 复合材料在 350℃下的拉伸和压缩性能：（a）工程应力-应变曲线；（b）真应力-应变曲线；（c）应变硬化率曲线；（d）不同应变速率下的压缩应力-应变曲线

表 6.3　旋锻前后 AlN$_p$/Al 复合材料在 350℃下的高温力学性能

试样	YS/MPa	UTS/MPa	UE/%	EI/%
EXT	120	126	0.99	3.38
RS0.2	107	113	2.1	6.43
RS0.6	91	101	2.75	5.78

基于 Hart 准则[52,53]，材料的低加工硬化率会导致局域变形即颈缩失稳的发生，

$$\frac{d\sigma}{d\varepsilon} \leqslant (1-m)\sigma \tag{6.13}$$

式中，σ 为真应力；ε 为真应变；m 为应变速率敏感因子。在室温下对于超细晶以

及纳米晶结构金属，应变速率敏感因子 m 通常是非常低的（$m<0.05$）[40, 44, 55]，但是随着温度的提高，更高的 m 值有助于维持均匀变形。图 6.21（c）为不同试样的应变硬化率曲线（$\Theta = d\sigma/d\varepsilon$），可以看到随着应变的增加，应变硬化率 Θ 迅速降低。但值得注意的是，经过旋锻处理后的试样 RS0.2 和 RS0.6 下降得更为缓慢。进一步观察图 6.21（c）中箭头所示，可见当应变大于临界值（约 0.75%）时，试样 RS0.2 和 RS0.6 的 Θ 值超过挤压试样 EXT，同时试样 RS0.6 的应变硬化率比试样 RS0.2 的更高，表明随着旋锻处理变形量的增加，维持应变硬化率的能力也得到相应的提高。

此外，为了评估高温下应变速率敏感因子 m 和应变速率硬化对于均匀延伸率提升的贡献，旋锻处理前后的试样在 350℃下进行了应变速率 $10^{-3}\,\text{s}^{-1}$ 和 $10^{-1}\,\text{s}^{-1}$ 的压缩测试。图 6.21（d）为旋锻处理前后试样对应的压缩流变应力曲线，可以发现在准静态应变速率（$10^{-3}\,\text{s}^{-1}$）下经过旋锻处理的试样压缩流变应力有着轻微下降，与拉伸情形下的趋势保持一致。但是，可以看到当应变速率达到 $10^{-1}\,\text{s}^{-1}$，试样 RS0.6 的流变应力显著提升，表明 m 值发生了明显的变化。m 值可由以下公式[44]得到：

$$m = \frac{d\lg\sigma}{d\lg\dot{\varepsilon}} \tag{6.14}$$

式中，σ 为稳态流变应力；$\dot{\varepsilon}$ 为应变速率。m 值随着晶粒尺寸和第二相分布等微观组织的变化而变化。对于面心立方金属，m 值随着晶粒尺寸的减小而增加[56]，主要原因是强化了位错与晶界的交互[57]。此外，晶界滑移在高温变形中扮演了重要角色，也会带来 m 值的升高。基于图 6.21（d），试样 EXT 和 RS0.6 的 m 值被计算，可以看到经过旋锻处理后 m 值从 0.027 增至 0.079，两者均比室温下铝基复合材料 m 值（m 为 0.001～0.02）高。这表明当温度达到 350℃时晶界滑移行为得到强化，同时随着旋锻处理带来的铝晶粒细化进一步加强了晶界滑移。

与应变速率依赖性相对应，还有一个明显的温度依赖性，这是由热激活变形机制控制的塑性流动引起的。强度对应变速率和温度的依赖关系始终表现为激活体积的减小，这也有利于材料的塑性。活化体积 v 可由下式求得：

$$v = \sqrt{3}kT\frac{d\ln\dot{\varepsilon}}{d\sigma} \tag{6.15}$$

式中，k 为玻尔兹曼常数；T 为热力学温度；σ 为流变应力；$\dot{\varepsilon}$ 为应变速率[56]。激活体积通常以归一化形式 v/b^3 给出（铝的伯格斯矢量大小为 $b = 0.286$ nm）。经过旋锻处理后试样的激活体积从 $191.5b^3$ 减少至 $57.3b^3$，表明处理后的 AlN$_p$/Al 复合材料有着更小的激活体积以及对应变速率有更强的依赖性。相关文献也指出[58, 59]，超细晶金属相对粗晶有着更高的晶界扩散能力。因而，较高的应变硬化率和应变速率敏感性都有助于 AlN$_p$/Al 复合材料塑性的提升。

6.2.4　AlN$_p$/Al 复合材料的高温强韧化机理

1. 颗粒空间分布对复合材料高温强度的影响

基于上述结果，可以知道通过旋锻处理调控复合材料中的 AlN$_p$ 网状结构后，在牺牲少量强度的情况下显著改善了高温塑性，对于该现象的内在影响机制下面进行了分析和讨论。

Hashin-Shtrikman（H-S）边界理论可用于分析 AlN$_p$ 网状结构对于复合材料强度的影响，完全连续的网状边界可以看作 H-S 的上边界（图 6.22），完全均匀的微观组织则可视为 H-S 的下边界。对于各向同性的复合材料，其 H-S 上下边界的弹性模量 E 如下：

$$E_{\text{HS-Upper}} = \frac{E_r[E_r V_r + E_m(2 - V_r)]}{E_m V_r + E_r(2 - V_r)} \tag{6.16}$$

$$E_{\text{HS-Lower}} = \frac{E_m[E_m(1 - V_r) + E_r(1 + V_r)]}{E_r(1 - V_r) + E_m(1 + V_r)} \tag{6.17}$$

式中，$E_{\text{HS-Upper}}$ 和 $E_{\text{HS-Lower}}$ 分别为上下边界值；E_m 和 E_r 分别为 Al 和 AlN$_p$ 的弹性模量；V_r 为 AlN$_p$ 的体积分数。

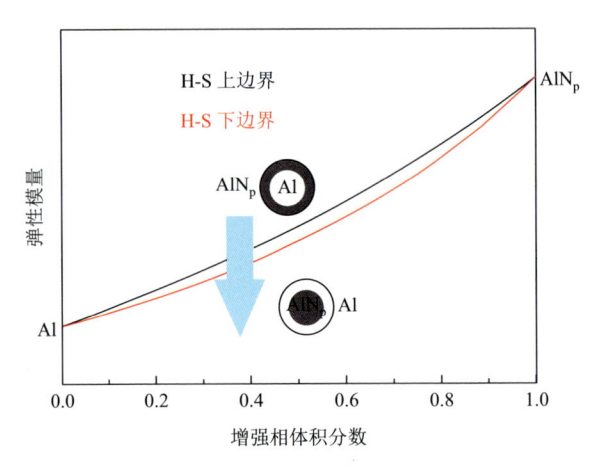

图 6.22　复合材料弹性模量的 H-S 边界理论[44]

从图 6.22 可以看到，在试样 EXT 中 AlN$_p$ 网络在高温下起到了良好的强化作用，可以认为接近于 H-S 理论的上边界，其高强度来源于原位纳米 AlN$_p$ 颗粒与 AlN$_p$ 三维网络结构的协同强化作用。其中 AlN$_p$/Al 复合材料有着良好的界面结合，有利于应力的有效传递，并且网状结构能有效地阻碍位错的滑移，提高位错通过增强颗粒所需的应力。当考虑 H-S 理论下边界时，即完全均匀组织，AlN_p 颗粒应均匀地分布于铝基体中；在此前实验中可以看到随着塑性变形的进行，原本连接的 AlN_p 网络变得不连续，整体组织接近于 H-S 理论下边界，因而其强度也有所下降。

从此前实验结果可以看到在旋锻处理中基体晶粒有所细化，变形和再结晶比例有所上升。众所周知，高温下晶界处原子扩散更容易发生，使得晶界强度下降，因而部分再结晶的发生会导致材料的高温强度下降。但是考虑到在 350℃下 AlN_p 颗粒的热稳定性和强度远远高于铝基体，AlN_p 颗粒及链的强化效果远高于基体，因而经过处理的 AlN_p/Al 复合材料在高温下仍具有较高的强度。

从图 6.21 中可以看到在远高于铝再结晶温度的 350℃下，旋锻前后的试样均有较高的抗拉强度，为了探究其强化机制，图 6.23 展示了拉伸后试样中的位错塞积。从图 6.23（a）中可以看到黄色箭头所指为 AlN_p 网状结构钉扎带来的大量位错塞积，同时从图 6.23（b）中可以看到 AlN_p 贫乏区的位错密度较低。从图 6.23（c）和（d）中可以看到，虽然在旋锻变形中原本完整连接的 AlN_p 网状结构在一定程度上被破坏，但在拉伸后的试样中仍能观察到大量的位错，由图 6.18 可知其主要来源于孤立的 AlN_p 颗粒与 AlN_p 链的钉扎。上述结果表明 AlN_p/Al 复合材料在高温下拥有高强度的主要原因为不同形态的 AlN_p 对于位错的有效钉扎。

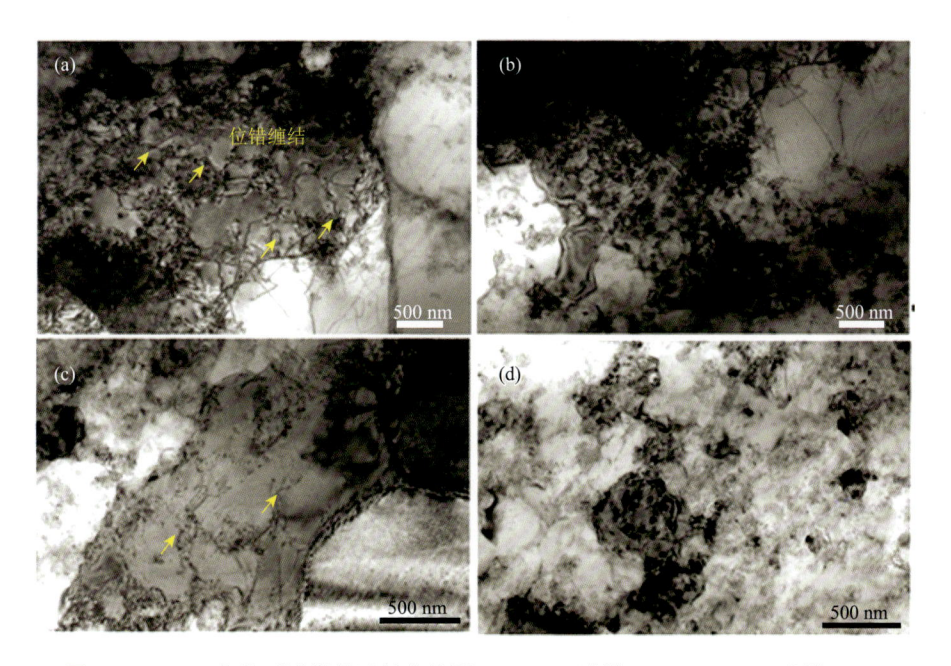

图 6.23　350℃拉伸后试样的透射电镜图：（a，b）试样 EXT；（c，d）试样 RS0.2

2. 微观组织变化对复合材料高温塑性的影响

通常，在结构材料中提高强度的同时会牺牲材料的塑性，即所谓的强塑性倒置困境[60]，在铝合金中，纳米尺度颗粒在克服这一困境中扮演重要角色[61, 62]。从图 6.21 可知，目前通过旋锻处理在牺牲少量强度的同时已经提升了复合材料均匀延伸率，复合材料的高温强度影响机制也已进行了讨论，为了更好地理解高温下塑性提升的原因，图 6.24 为 350℃拉伸后断口附近 α-Al 晶粒的 EBSD 分析。从图 6.24（a）中可以看到，试样 EXT 中大多数拉长晶粒由于 AlN$_p$ 优异的钉扎效果基本保持不变，平均晶粒尺寸从 1.36 μm 轻微增至 1.42 μm；同时观察到图中黑色箭头所示，局部晶粒异常长大至约 8 μm，表明在拉伸过程中出现了不均匀变形。如图 6.24（c）和（e）所示，当网状结构被调控后，基体晶粒长大更为均匀，异常长大的晶粒也没有被观察到；试样 RS0.2 和 RS0.6 的平均晶粒尺寸分别从 0.77 μm 增至 0.80 μm，从 0.72 μm 增至 0.76 μm，表明 AlN$_p$ 颗粒及其相应结构有效提高了 α-Al 晶粒的热稳定性。

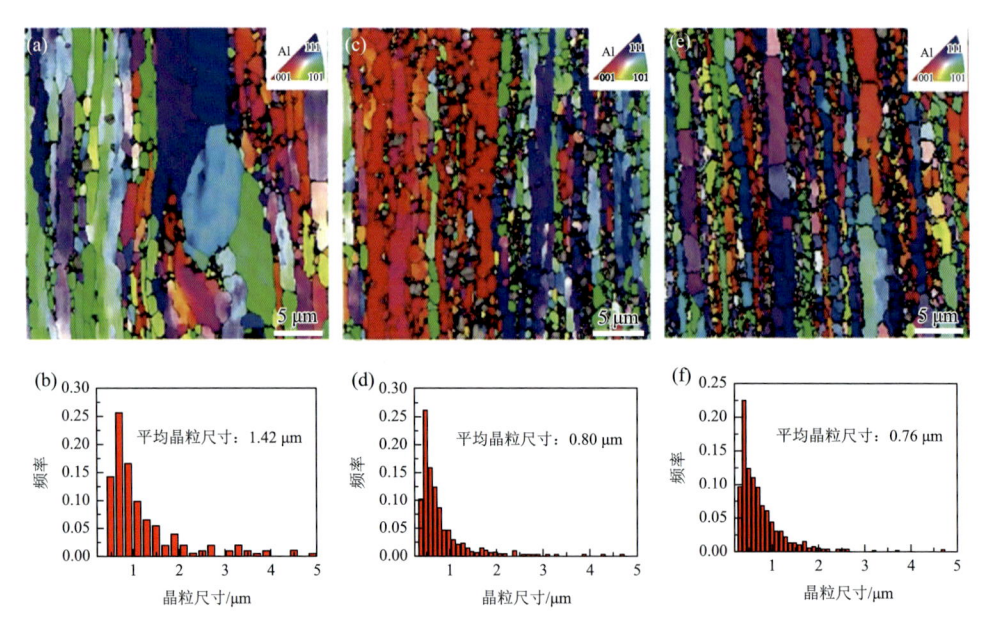

图 6.24　350℃拉伸后断口附近 α-Al 晶粒的 EBSD 分析：（a，c，e）试样 EXT、RS0.2、RS0.6 纵截面反极图；（b，d，f）试样 EXT、RS0.2、RS0.6 对应的晶粒尺寸分布图

此外，图 6.25 为试样 EXT、RS0.2 和 RS0.6 拉伸后的再结晶分布，相比拉伸前复合材料的再结晶分布，可以看到试样 RS0.2 和 RS0.6 的再结晶比例有所上升，表明在高温拉伸过程中试样发生了再结晶；试样 EXT 中再结晶比例有所下降，但亚结构比例从 15.9%升至 46.4%，表明试样 EXT 在高温拉伸过程中主要发生了回

复。大量文献表明拉伸过程中应变局域化加速了最终断裂的发生。为了直接观察拉伸后试样中的应变分布和应变局域化，图6.26为350℃拉伸后α-Al晶粒的Kernel平均取向差（KAM）图。如图6.26（a）所示，基体中的应变分布是不均匀的，应变局域化发生于图中黑色箭头所示粗晶与细晶的界面处，表明位错在局部区域大量塞积。如图6.26（b）和（c）所示，经过旋锻处理的试样中应变分布更为均匀，由位错塞积导致的应变局域也更为分散。因此，通过对AlN$_p$结构的调控使复合材料获得更大的均匀变形。

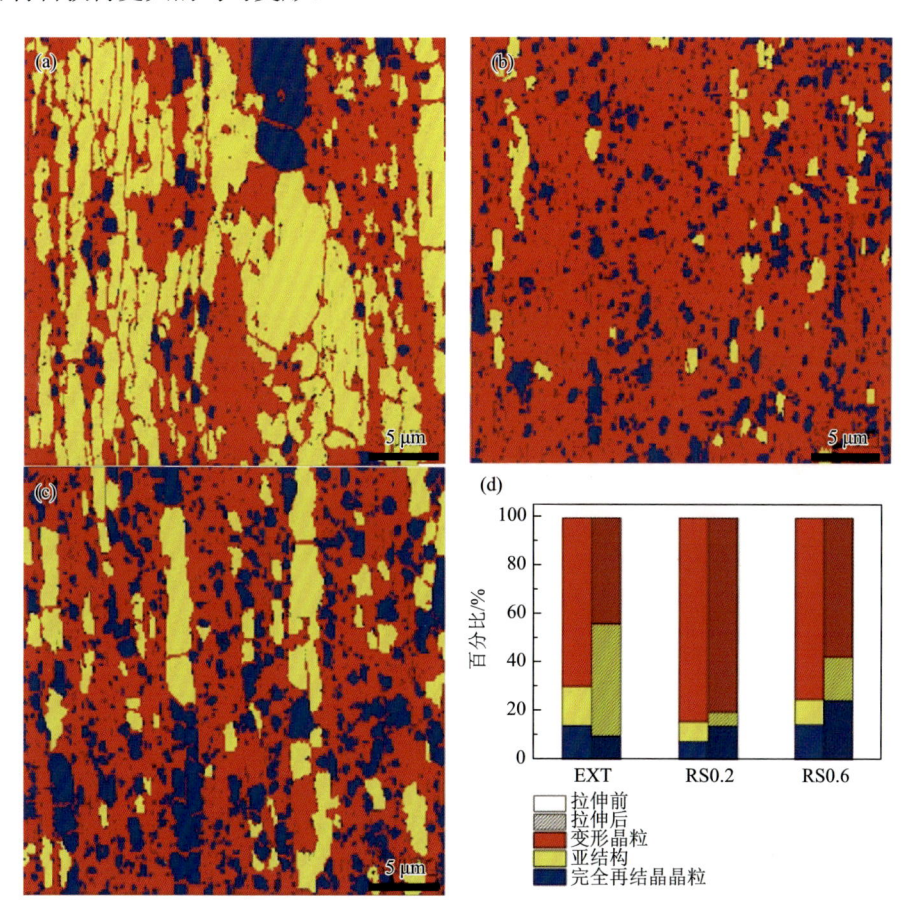

图 6.25 AlN$_p$/Al复合材料350℃拉伸后的再结晶分布图，其中蓝色为再结晶组织，黄色为亚结构，红色为变形组织：（a）试样EXT；（b）试样RS0.2；（c）试样RS0.6；（d）拉伸前后各类组织占比变化统计直方图

3. AlN$_p$/Al 复合材料的断裂行为

一般认为，在铝基复合材料中颗粒的团聚会引起应力集中，进一步导致空洞在界面处形核聚集，从而导致材料延伸率降低。但是，增强颗粒尺寸的减小也能

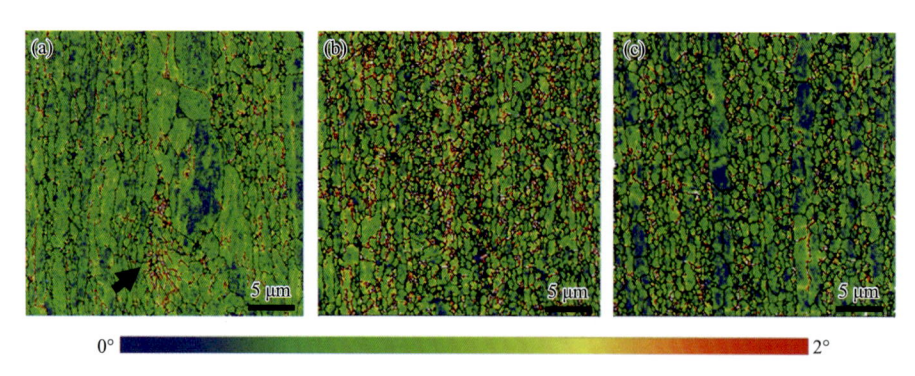

图 6.26 350℃拉伸后 α-Al 晶粒的 KAM 图：（a）试样 EXT；（b）试样 RS0.2；（c）试样 RS0.6

有效提升材料的延伸率。AlN$_p$ 复合材料在拉伸变形过程中空洞在 AlN$_p$ 和 Al 基体界面处萌生。图 6.27 为不同试样 350℃拉伸后断口附近扫描电镜图，可以看到由于应变局域化和应力集中空洞形成于颗粒富集区，其中试样 EXT 中部分较大的空洞尺寸达到了 4 μm，但是试样 RS0.2 和 RS0.6 中的微孔尺寸显著减小至 1 μm 左右。这表明经过旋锻处理后的试样中应变局域化及应力集中有所降低，拉伸过程中裂纹的快速扩展得到一定程度的抑制。

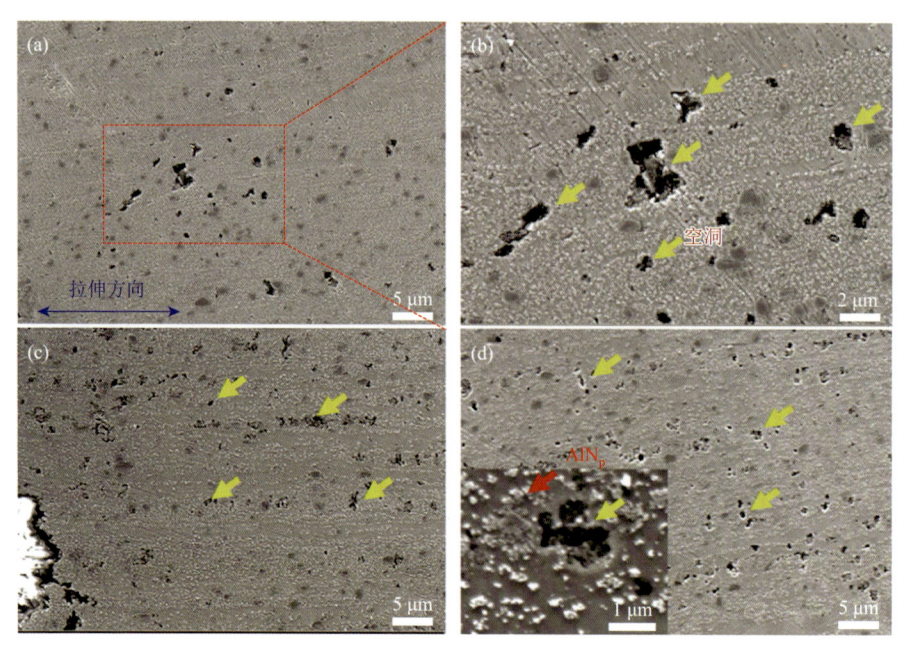

图 6.27 不同试样 350℃拉伸后断口附近扫描电镜图：（a）试样 EXT；（b）图（a）中局部放大图；（c）试样 RS0.2；（d）试样 RS0.6

图 6.28 为不同试样 350℃拉伸后断口附近透射电镜图，空洞尺寸变化的规律与图 6.27 中一致。此外，可以更为清楚地看到部分纳米颗粒位于微孔周围，进一步证明了空洞萌生于界面处，并由于严重的应变局域化沿着颗粒贫乏区快速扩展。但是经过旋锻处理后颗粒富集区一定程度分散开，应变分布变得更为均匀，使得拉伸载荷下空洞形核位置增多，裂纹扩展速率减缓，因而基体中空洞分布越均匀，材料的延伸率越高[61, 62]。最终，通过低应变量旋锻处理调控 AlN$_p$ 网状结构被证明有助于提升复合材料的塑韧性。

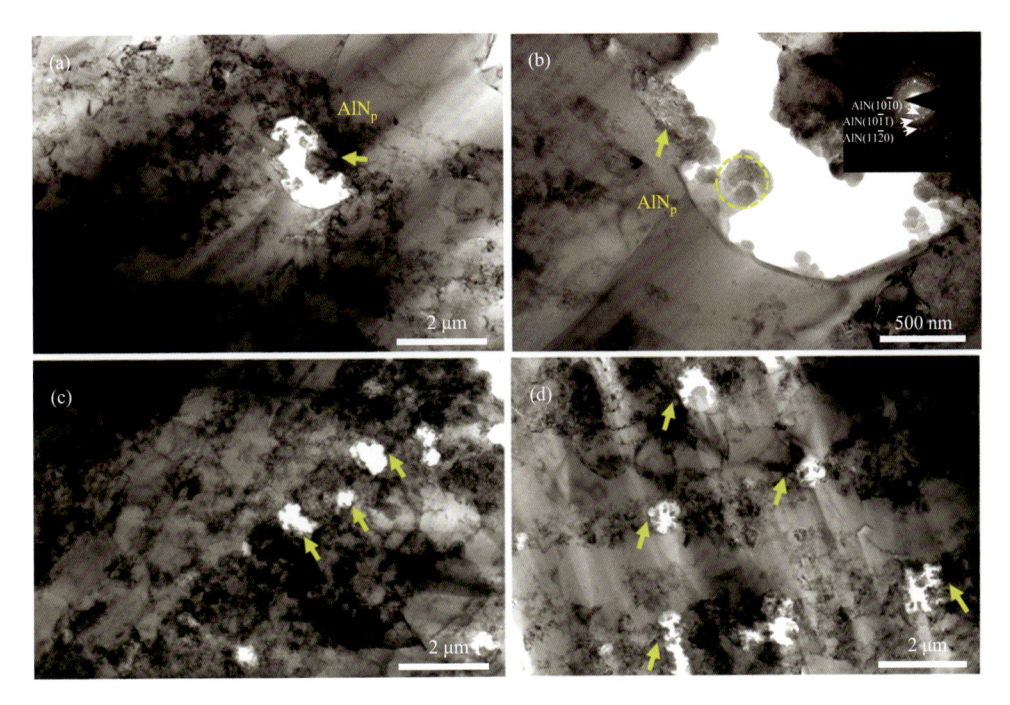

图 6.28 不同试样 350℃拉伸后断口附近透射电镜图：(a) 试样 EXT；(b) 图 (a) 中局部放大图；(c) 试样 RS0.2；(d) 试样 RS0.6

图 6.29 为不同试样 350℃拉伸后的断口形貌，大量不同尺寸的韧窝被观察到，表明材料属于韧性断裂机制。如图 6.29（a）所示，试样 EXT 中的韧窝是不均匀的，主要原因为颗粒分布不均匀，同时可以看到尺寸为 2~3 μm 的裂纹出现在颗粒聚集区，说明在试样 EXT 中存在严重的应力集中，在更高的放大倍数下可以看到撕裂脊较为平缓，大量颗粒暴露在韧窝中。试样 RS0.2 和 RS0.6 中的韧窝尺寸更为均匀，裂纹不能明显地被观察到，同时撕裂脊更为锋利，平均韧窝尺寸有所减小。因而，在旋锻处理后基体晶粒被细化，颗粒分散更为均匀，抑制了动态软化，使材料的塑韧性得到提高。

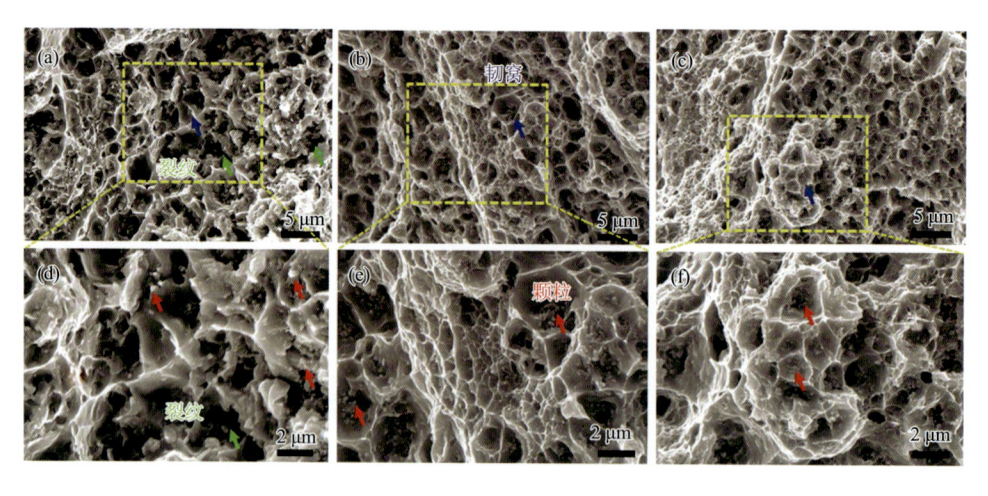

图 6.29 不同试样 350℃拉伸后的断口形貌：（a，d）试样 EXT；（b，e）试样 RS0.2；（c，f）试样 RS0.6

参 考 文 献

[1] Heinz A，Haszler A，Keidel C，et al. Recent development in aluminium alloys for aerospace applications[J]. Materials Science and Engineering：A，2000，280：102-107.

[2] Huang L J，Wang S，Dong Y S，et al. Tailoring a novel network reinforcement architecture exploiting superior tensile properties of in situ TiBw/Ti composites[J]. Materials Science and Engineering：A，2012，545：187-193.

[3] Kang S H，Jung B M，Chang J Y. Polymerization of an organogel formed by a hetero-bifunctional gelator in a monomeric solvent：Preparation of nanofibers embedded in a polymer matrix[J]. Advanced Materials，2007，19（19）：2780-2784.

[4] Ma X，Zhao Y F，Tian W J，et al. A novel Al matrix composite reinforced by nano-AlN$_p$ network[J]. Scientific Reports，2016，6：34919.

[5] Hansen N. Hall-Petch relation and boundary strengthening[J]. Scripta Materialia，2004，51（8）：801-806.

[6] Jiang L，Yang H，Yee J K，et al. Toughening of aluminum matrix nanocomposites via spatial arrays of boron carbide spherical nanoparticles[J]. Acta Materialia，2016，103：128-140.

[7] Wang Z，Tan J，Sun B A，et al. Fabrication and mechanical properties of Al-based metal matrix composites reinforced with Mg$_{65}$Cu$_{20}$Zn$_5$Y$_{10}$ metallic glass particles[J]. Materials Science and Engineering：A，2014，600：53-58.

[8] Zhang X Z，Chen T J，Qin Y H. Effects of solution treatment on tensile properties and strengthening mechanisms of SiC$_p$/6061Al composites fabricated by powder thixoforming[J]. Materials & Design，2016，99：182-192.

[9] Arsenault R J，Shi N. Dislocation generation due to differences between the coefficients of thermal expansion[J]. Materials Science and Engineering，1986，81（1-2）：175-187.

[10] Nardone V C，Prewo K M. On the strength of discontinuous silicon carbide reinforced aluminum composites[J]. Scripta Metallurgica，1986，20（1）：43-48.

[11] Wu X，Yang M，Yuan F，et al. Heterogeneous lamella structure unites ultrafine-grain strength with coarse-grain

ductility[J]. Proceedings of the National Academy of Sciences of the United States of America, 2015, 112 (47): 14501.

[12] Zhu Y T, Ameyama K, Anderson P M, et al. Heterostructured materials: Superior properties from hetero-zone interaction[J]. Materials Research Letters, 2021, 9 (1): 1-31.

[13] Zhu Y, Wu X. Perspective on hetero-deformation induced (HDI) hardening and back stress[J]. Materials Research Letters, 2019, 7 (10): 393-398.

[14] Yang M X, Pan Y, Yuan F P, et al. Back stress strengthening and strain hardening in gradient structure[J]. Materials Research Letters, 2016, 3: 145-151.

[15] Hashin Z, Shtrikman S. A variational approach to the theory of the elastic behaviour of multiphase materials[J]. Journal of the Mechanics and Physics of Solids, 1963, 11 (2): 127-140.

[16] Huang L J, Geng L, Peng H X. Microstructurally inhomogeneous composites: Is a homogeneous reinforcement distribution optimal[J]. Progress in Materials Science, 2015, 71: 93-168.

[17] Newnham R E, Skinner D P, Cross L E. Connectivity and piezoelectric-pyroelectric composite[J]. Materials Research Bulletin, 1978, 13 (5): 525-536.

[18] Peng H X, Fan Z, Evans J R G. Novel MMC microstructure with tailored distribution of the reinforcing phase[J]. Journal of Microscopy, 2001, 201 (2): 333-338.

[19] Pandey A B, Majumdar B S, Miracle D B. Laminated particulate-reinforced aluminum composites with improved toughness[J]. Acta Materialia, 2001, 49 (3): 405-417.

[20] Kaveendran B, Wang G S, Huang L J, et al. *In situ* ($Al_3Zr_p + Al_2O_{3np}$)/2024Al metal matrix composite with controlled reinforcement architecture fabricated by reaction hot pressing[J]. Materials Science and Engineering: A, 2013, 583: 89-95.

[21] Travitzky N, Gotman I, Claussen N. Alumina-Ti aluminide interpenetrating composites: Microstructure and mechanical properties[J]. Materials Letters, 2003, 57 (22-23): 3422-3426.

[22] Liddicoat P V, Liao X Z, Zhao Y, et al. Nanostructural hierarchy increases the strength of aluminium alloys[J]. Nature Communications, 2010, 1 (1): 1-7.

[23] Wang Z, Qu R T, Scudino S, et al. Hybrid nanostructured aluminum alloy with super-high strength[J]. NPG Asia Materials, 2015, 7 (12): e229.

[24] Liu Y, Wang F, Cao Y, et al. Unique defect evolution during the plastic deformation of a metal matrix composite[J]. Scripta Materialia, 2019, 162: 316-320.

[25] Nie J, Lu F, Huang Z, et al. Improving the high-temperature ductility of Al composites by tailoring the nanoparticle network[J]. Materialia, 2020, 9: 100523.

[26] Zhao Q, Zhang H, Zhang X, et al. Enhanced elevated-temperature mechanical properties of Al-Mn-Mg containing TiC nano-particles by pre-strain and concurrent precipitation[J]. Materials Science and Engineering: A, 2018, 718: 305-310.

[27] Zhao Y, Qian Z, Liu X. Identification of novel dual-scale Al_3BC particles in Al based composites[J]. Materials & Design, 2016, 93: 283-290.

[28] Zhu A W, Starke E A, Csontos A. Computer experiment on superposition of strengthening effects of different particles[J]. Acta Materialia, 1999, 47 (6): 1713-1721.

[29] Chen L Y, Xu J Q, Choi H, et al. Processing and properties of magnesium containing a dense uniform dispersion of nanoparticles[J]. Nature, 2015, 528 (7583): 539-543.

[30] Ramakrishnan N. An analytical study on strengthening of particulate reinforced metal matrix composites[J]. Acta

Materialia, 1996, 44 (1): 69-77.

[31] Mortensen A, Llorca J. Metal matrix composites[J]. Annual Review of Materials Research, 2010, 40: 243-270.

[32] Wu X, Zhu Y. Heterogeneous materials: A new class of materials with unprecedented mechanical properties[J]. Materials Research Letters, 2017, 5 (8): 527-532.

[33] Wu G, Liu C, Sun L, et al. Hierarchical nanostructured aluminum alloy with ultrahigh strength and large plasticity[J]. Nature Communications, 2019, 10 (1): 5099.

[34] Llorca J, Needleman A, Suresh S. The bauschinger effect in whisker-reinforced metal-matrix composites[J]. Scripta Metallurgica et Materiala, 1990, 24 (7): 1203-1208.

[35] Sinclair C W, Saada G, Embury J D. Role of internal stresses in co-deformed two-phase materials[J]. Philosophical Magazine, 2006, 86 (25-26): 4081-4098.

[36] Thilly L, Petegem S V, Renault P O, et al. A new criterion for elastoplastic transition in nanomaterials: Application to size and composite effects on Cu-Nb nanocomposite wires[J]. Acta Materialia, 2009, 57 (11): 3157-3169.

[37] Chen Y, Nie J, Wang F, et al. Revealing hetero-deformation induced (HDI) stress strengthening effect in laminated Al-(TiB$_2$+TiC)$_p$/6063 composites prepared by accumulative roll bonding[J]. Journal of Alloys and Compounds, 2020, 815: 152285.

[38] Li Q, Chen E Y, Bice D R, et al. Mechanical properties of cast Ti-6Al-4V lattice block structures[J]. Metallurgical and Materials Transactions A, 2008, 39 (2): 441-449.

[39] Hutchinson J W, Neale K W. Influence of strain-rate sensitivity on necking under uniaxial tension[J]. Acta Metallurgica, 1977, 25 (8): 839-846.

[40] Dao M, Lu L, Shen Y F, et al. Strength, strain-rate sensitivity and ductility of copper with nanoscale twins[J]. Acta Materialia, 2006, 54 (20): 5421-5432.

[41] Gram M D, Carpenter J S, Anderson P M. An indentation-based method to determine constituent strengths within nanolayered composites[J]. Acta Materialia, 2015, 92: 255-264.

[42] Wu X L, Jiang P, Chen L, et al. Extraordinary strain hardening by gradient structure[J]. Proceedings of the National Academy of Sciences of the United States of America, 2014, 111 (20): 7197-7201.

[43] Gao H, Huang Y. Geometrically necessary dislocation and size-dependent plasticity[J]. Scripta Materialia, 2003, 48 (2): 113-118.

[44] Wang Y M, Ma E. Strain hardening, strain rate sensitivity, and ductility of nanostructured metals[J]. Materials Science and Engineering: A, 2004, 375: 46-52.

[45] Szczepaniak A, Springer H, Aparicio-Fernández R, et al. Strengthening Fe-TiB$_2$ based high modulus steels by precipitations[J]. Materials & Design, 2017, 124: 183-193.

[46] Baron C, Springer H, Raabe D. Effects of Mn additions on microstructure and properties of Fe-TiB$_2$ based high modulus steels[J]. Materials & Design, 2016, 111: 185-191.

[47] Sawangrat C, Kato S, Orlov D, et al. Harmonic-structured copper: Performance and proof of fabrication concept based on severe plastic deformation of powders[J]. Journal of Materials Science, 2014, 49 (19): 6579-6585.

[48] Wang M, Dong C, Zhe C, et al. Mechanical properties of *in-situ* TiB$_2$/A356 composites[J]. Materials Science and Engineering: A, 2014, 590: 246-254.

[49] Yao D, Xia Y, Feng Q, et al. Effects of La addition on the elevated temperature properties of the casting Al-Cu alloy[J]. Materials Science and Engineering: A, 2011, 528 (3): 1463-1466.

[50] Haghdadi N, Zarei-Hanzaki A, Abedi H R, et al. The effect of thermomechanical parameters on the eutectic silicon characteristics in a non-modified cast A356 aluminum alloy[J]. Materials Science and Engineering: A, 2012, 549:

93-99.

[51] Arhami M, Sarioglu F, Kalkanli A, et al. Microstructural characterization of squeeze-cast Al-8Fe-1.4V-8Si[J]. Materials Science and Engineering: A, 2008, 485 (1-2): 218-223.

[52] Balog M, Krizik P, Bajana O, et al. Influence of grain boundaries with dispersed nanoscale Al_2O_3 particles on the strength of Al for a wide range of homologous temperatures[J]. Journal of Alloys and Compounds, 2019, 772: 472-481.

[53] Poletti C, Balog M, Simancik F, et al. High-temperature strength of compacted sub-micrometer aluminium powder[J]. Acta Materialia, 2010, 58 (10): 3781-3789.

[54] Kumar N M, Kumaran S S, Kumaraswamidhas L A. High temperature investigation on EDM process of Al 2618 alloy reinforced with Si_3N_4, ALN and ZrB_2 in-situ composites[J]. Journal of Alloys and Compounds, 2016, 663: 755-768.

[55] Lei L, Ming D, Zhu T, et al. Size dependence of rate-controlling deformation mechanisms in nanotwinned copper[J]. Scripta Materialia, 2009, 60 (12): 1062-1066.

[56] Wei Q, Cheng S, Ramesh K T, et al. Effect of nanocrystalline and ultrafine grain sizes on the strain rate sensitivity and activation volume: fcc versus bcc metals[J]. Materials Science and Engineering: A, 2004, 381 (1/2): 71-79.

[57] Chen J, Lu L, Lu K. Hardness and strain rate sensitivity of nanocrystalline Cu[J]. Scripta Materialia, 2006, 54 (11): 1913-1918.

[58] Blaz L, Lobry P, Zygmunt-Kiper M, et al. Strain rate sensitivity of Al-based composites reinforced with MnO_2 additions[J]. Journal of Alloys & Compounds, 2015, 619: 652-658.

[59] Kawasaki M, Langdon T. Review: Achieving superplastic properties in ultrafine-grained materials at high temperatures[J]. Journal of Materials Science, 2016, 51 (1): 19-32.

[60] Wei Y, Li Y, Zhu L, et al. Evading the strength-ductility trade-off dilemma in steel through gradient hierarchical nanotwins[J]. Nature Communications, 2014, 5 (1): 3580.

[61] Kannan K, Hamilton C H. Cavity distribution effects on superplastic ductility of a eutectic Pb-Sn alloy[J]. Scripta Materialia, 1997, 37 (4): 455-462.

[62] Taylor M B, Zbib H M, Khaleel M A. Damage and size effect during superplastic deformation[J]. International Journal of Plasticity, 2002, 18 (3): 415-442.

第7章

晶界强化金属材料

7.1 晶界与晶界工程

晶界是多晶固体材料的重要组织特征，是两个相同结构的相邻晶粒由于取向不同而形成的界面。由于晶界的结构与性能不同于晶体内部，因此晶界对固态多晶体的整体性能，特别是与晶界相关的性能有着重要的影响。

7.1.1 晶界的晶体学描述

通常，晶界可以由5个独立的参数来描述，5个自由度中的3个自由度规定了相邻晶粒A和B的取向差（图7.1）[1]。这种取向差通过旋转来表示，通过旋转可使得两个晶粒完美匹配。它由旋转轴 o（2个自由度）和角度 θ（1个自由度）定义。因此，可以通过符号 $\theta/\langle uvw \rangle$ 这样的轴角对来表示取向差，即绕 $\langle uvw \rangle$ 晶体轴旋转 θ 角来表示两晶粒间的取向差，一般采用旋转角度最小的轴角对来表示[2,3]。根据相邻晶粒之间位向差 θ 角的大小不同可将晶界分为两类：小角度晶界和大角度晶界。小角度晶界为取向差小于15°的晶界，按照取向差的形式不同，小角度晶界又可分为对称倾斜晶界、非对称倾斜晶界和扭转晶界，其中对称倾斜晶界是由一列平行的刃型位错构成，非对称倾斜晶界是由相互垂直的刃型位错交错排列构成，而扭转晶界是由相互交叉的螺型位错构成[4]，如图7.2所示。大角度晶界为取向差大于15°的晶界，其中原子排列不规则，结构复杂，不能用位错模型来描述。

7.1.2 重位点阵晶界

在1949年Kronberg和Wilson[5]提出了重位点阵（coincidence site lattice，CSL）

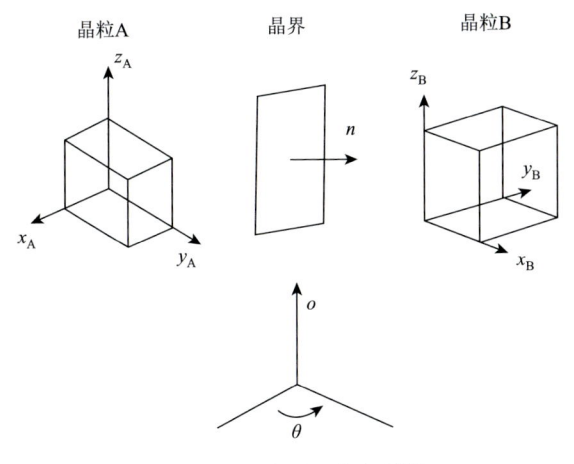

图 7.1 定义晶界的变量[1]

x_A、y_A、z_A 和 x_B、y_B、z_B 分别是与晶粒 A 和 B 的晶体学方向平行的坐标轴，o 是坐标轴，θ 是将两个晶粒转变到相同位置所需的旋转角（取向差），n 是确定晶界平面的方向

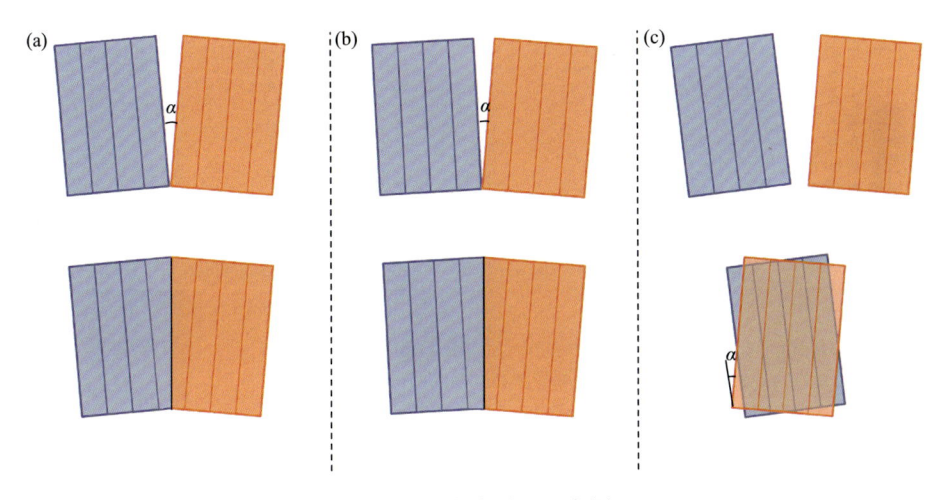

图 7.2 小角度晶界示意图

（a）对称倾斜晶界；（b）非对称倾斜晶界；（c）扭转晶界

模型，即将两个具有相同晶体结构的点阵分别向空间无限延伸并使其中一个晶体相对于另一个晶体绕某一低指数晶轴旋转特定角度，这时两个晶体点阵中的某些阵点会有规律的重合，为两晶体所共有，这些重合位置的阵点构成的新空间点阵即为重位点阵。当两个立方点阵的晶体绕晶轴⟨uvw⟩旋转 θ 角时，重位点阵的数值可由下式算得

$$\theta = 2\text{arctg}\left[\frac{y}{x} \times (u^2 + v^2 + w^2)^{\frac{1}{2}}\right] \tag{7.1}$$

$$\Sigma = x^2 + (u^2 + v^2 + w^2) \times y^2 \tag{7.2}$$

式中，x 和 y 是两个没有因子的整数，求得的 Σ 如为偶数则除以 2 直至其值为奇数为止。Σ 值代表 CSL 单胞体积与晶体点阵单胞体积的比值，$1/\Sigma$ 为 CSL 密度。Σ 值越大，CSL 密度越低，晶界能量越高，晶界迁移率越大。图 7.3 为 Σ5 晶界的 CSL 示意图，在点阵常数为 a 的立方点阵中，蓝色圆为一个晶体的点阵，橙色圆为另一个晶体的点阵。当两晶体绕〈001〉轴旋转 53.1°或者 36.9°时，每 5 个阵点中就会有一个阵点为两个晶体所共有，即两个点阵重合。

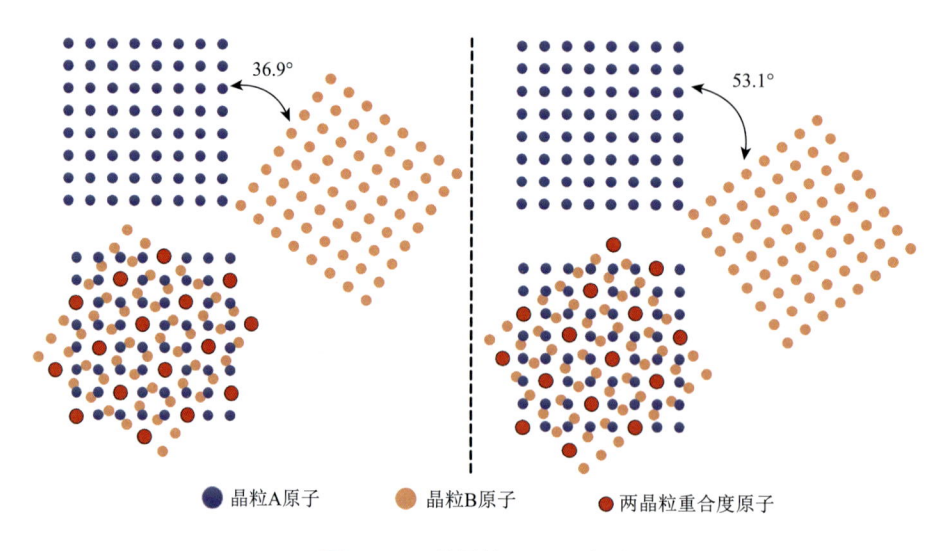

图 7.3 Σ5 晶界的 CSL 示意图

左图为点阵旋转 36.9°，右图为点阵旋转 53.1°

事实上，材料中的 CSL 晶界与标准 CSL 晶界存在一定偏差（$\Delta\theta$）。针对这个偏差，Brandon 提出了最大偏差角的概念[6]，即某一晶界的取向差与其最接近的理想 CSL 晶界取向差相差的角度在规定允许的最大角度 $\Delta\theta_{max}$ 之内，则也将其定义为该种 CSL 晶界。目前主要有两种最大偏差角的标准：

$$\Delta\theta_{max} = 15° \Sigma^{-\frac{1}{2}} \tag{7.3}$$

$$\Delta\theta_{max} = 15° \Sigma^{-\frac{5}{6}} \tag{7.4}$$

式（7.3）为 Brandon 标准[6]，式（7.4）为 Palumbo-Aust 标准[7]。Palumbo-Aust 标准比 Brandon 标准更为严格，但目前 Brandon 标准的应用更为广泛，通常处理 CSL 晶界采用 Brandon 标准。

7.1.3 晶界工程

基于 CSL 模型，可以将晶界分为低 Σ CSL 晶界（$\Sigma \leqslant 29$）（也称为特殊晶界）和随机晶界（random grain boundary）（$\Sigma > 29$）。大量研究表明，低 Σ CSL 晶界显现了对滑移、断裂、腐蚀和应力腐蚀裂纹、敏化和溶质偏析（平衡和非平衡）强烈的抑制作用，有的甚至是完全免疫的。而随机晶界由于具有高的能量和高的移动性，常成为裂纹生长的核心和扩展的通道。基于对不同晶界结构具有不同性能的理解，Watanabe[8]在 1984 年首次提出了"晶界控制与设计"（grain boundary control and design）的概念。随后，此概念被发展为"晶界工程"（grain boundary engineering，GBE）。所谓的晶界工程就是通过一定的形变热处理工艺（thermomechanical processing，TMP）来调控材料的晶界特征分布，实现低 Σ CSL 晶界比例的提高和高能随机晶界网络连通性的打断，从而达到控制和优化材料性能的目的。目前，控制和优化材料内部晶界特征分布（grain boundary character distribution，GBCD）已成为改善和提高材料性能的重要手段。

7.2 奥氏体不锈钢的晶界工程

304 奥氏体不锈钢由于在常温下具有优良的力学性能、良好的冷热加工性能、优异的耐蚀性能，被广泛应用于石油化工、核电站、海洋工程、生物医药、航空航海等领域。然而，304 奥氏体不锈钢在使用过程中常有晶间失效现象的产生，由于这种形式的失效具有突然破坏性和不可预测性，因此危害性极大。关于晶间失效的形成机理有多种，其中被普遍接受的是"贫铬理论"。该理论认为晶界处的贫铬是造成奥氏体不锈钢发生晶间失效的根本原因。

为了抑制 304 奥氏体不锈钢晶间失效的发生，常采取的措施有：降低 304 不锈钢中的含碳量、添加强碳化物形成元素、固溶处理和表面处理等，但这些措施在实际应用中受到了诸多的限制。虽然采用低碳含量的 304L 来取代 304 不锈钢，但仍然不能阻止晶间应力腐蚀裂纹的继续扩展，而碳含量的降低是以牺牲材料的强度为代价的。采用局部脱敏处理的不锈钢在敏化温度使用时，仍然会发生敏化。而强碳化物形成元素的添加势必会使材料的制造成本增加，还可能会对材料的其他性能产生不利影响。碳化物和一些元素在晶界处的沉淀偏聚是造成晶间失效现象的主要原因，而晶界结构（或能量）的不同势必会对这些碳化物和元素在晶界处的沉淀偏聚行为产生影响。因此，在不改变材料成分和组织构成的基础上，通过合理地控制和设计晶界结构来调控析出相的析出行为，是实现 304 不锈钢抗晶间失效性能改善极具潜力的方法。本节对采用形变热处理方式研究初始晶粒尺寸、变形方式对 304 奥氏体不锈钢晶界结构的影响，以及晶界结构调控对 304 奥氏体不锈钢室温力学性能、耐蚀性、高温蠕变性能及抗氢脆性能的影响[9-12]展开详细讨论。

7.2.1　304 不锈钢晶界特征分布的初始晶粒尺寸效应

晶粒尺寸是多晶材料最重要的结构特征之一，对材料行为具有重要影响，特别是晶粒长大行为。有研究表明：低 Σ CSL 晶界特别是 $\Sigma 3^n$（n = 1、2、3）晶界的形成与晶粒的异常长大（abnormal grain growth，AGG）有关。Koo 等[13]指出对于绝大多数金属都存在一个临界应变，在这个临界应变下由于位错的引入晶界发生扭曲，在高温退火过程中扭曲的晶界将会发生快速迁移，造成晶粒的异常长大。研究还指出只要晶粒尺寸足够小，即使未引入任何应变，在高温退火时仍然会发生晶粒的异常长大，此时应变的作用可以忽略。然而到目前为止，初始晶粒尺寸对晶粒长大行为及晶界特征分布的影响仍未完全理清。为此，本小节分别在有无应变引入的条件下研究初始晶粒尺寸对晶界特征分布的影响，以探明晶界特征分布与初始晶粒尺寸之间的依赖关系。

1. 母材组织特征

对 304 奥氏体不锈钢热轧板进行固溶处理，并将固溶处理后的样品称为母材（base material，BM）。图 7.4（a）是 11 mm 厚母材的金相显微组织图，可以发现经固溶处理后母材的晶粒几乎都为等轴晶且晶粒呈双模分布，通过截线法测得母材的平均晶粒尺寸为 39.0 μm。在晶粒内部可以观察到许多平直的退火孪晶界。由于 304 奥氏体不锈钢为低层错能面心立方材料，含有大量退火孪晶是其重要组织特征之一。图 7.4（b）为固溶处理后母材的 XRD 图谱，可以看出固溶处理后的 304 奥氏体不锈钢由单一奥氏体相组成。

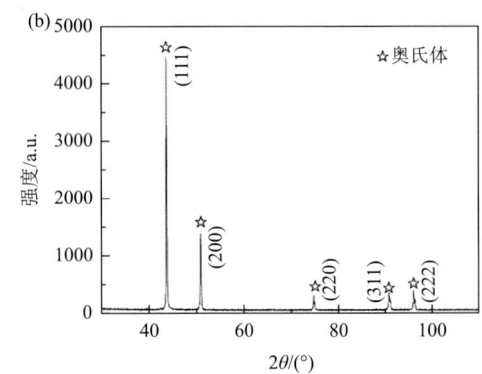

图 7.4　母材的金相显微组织图（a）和 XRD 图谱（b）

图 7.5（a）为母材的 (001) 极图，可以看出母材中晶粒呈随机取向，说明母材中没有明显织构。图 7.5（b）和（c）为母材的晶界重构图，图中灰色、红色、蓝色、绿色和黑色线条分别代表 $\Sigma 1$、$\Sigma 3$、$\Sigma 9$、$\Sigma 27$ 和随机晶界（RBs）。与金相显微组织图观察结果一致，母材中含有大量 $\Sigma 3$ 共格孪晶界，它们多以单一直线或者平行线形态贯穿整个晶粒或者中止在晶粒中。大量研究结果表明，这些共格孪晶界的存在对随机晶界网络的连通性没有影响。EBSD 数据分析结果显示，母材中低 Σ CSL 晶界比例为 56.8%，其中 $\Sigma 3$ 晶界比例为 51.0%，($\Sigma 9+\Sigma 27$) 晶界比例为 2.7%，见表 7.1。$\Sigma 9$ 和 $\Sigma 27$ 晶界通常作为 $\Sigma 3$ 晶界再生的桥接片段，其比例与 $\Sigma 3$ 晶界比例相比非常低。母材中随机晶界网络具有高度的连通性［图 7.5（c）］。

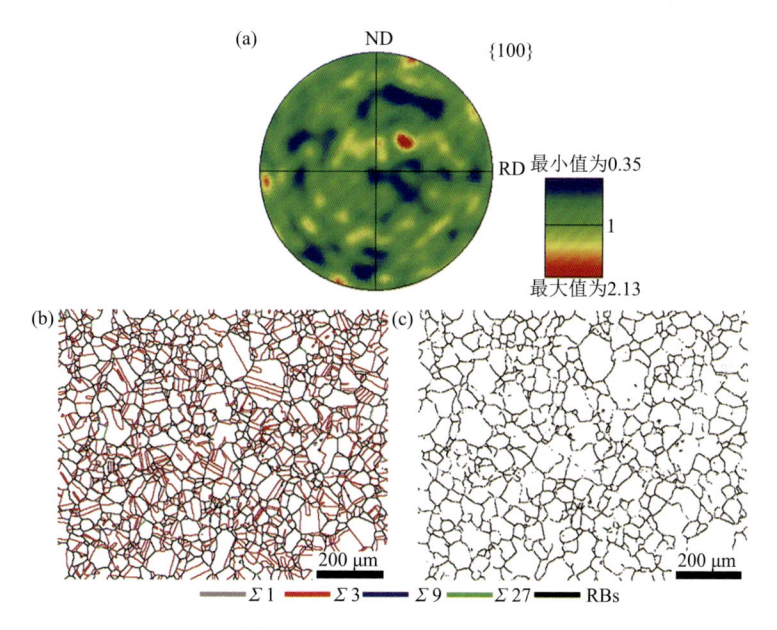

图 7.5　母材的(001)极图（a）和晶界重构图（b，c）

表 7.1　母材的晶界特征分布比例　　　　　　　　　　（单位：%）

晶界	比例	晶界	比例
$\Sigma 1$	2.4	$(\Sigma 9+\Sigma 27)/\Sigma 3$	5.3
$\Sigma 3$	51.0	低 Σ CSL	56.8
$\Sigma 9+\Sigma 27$	2.7	RBs	43.2

2. 不同晶粒尺寸样品制备及其组织特征

为获得不同晶粒尺寸的样品，对母材进行形变再结晶处理（30%轧制变形后在 1300℃下分别退火 60 s、140 s 和 300 s）。对不同初始晶粒尺寸的样品分别进行退火处理（在 1100℃退火 60 min）和形变热处理（5%轧制变形后在 1100℃退火 5 min）。为研究退火前期显微组织演变过程，对部分退火态样品进行观察。具体处理工艺及样品编号如表 7.2 所示。

表 7.2　样品的处理工艺及编号

轧制变形量/%	退火温度/℃	退火时间/s	后续处理	样品编号
30	1300	60	1100℃/60 min	H1
		140		H2
		300		H3
		60	5%	C1
		140		C2
		300		C3
		60	5%/1100℃/5 min	D1
		140		D2
		300		D3
		140	5%/1100℃/2 min	P1

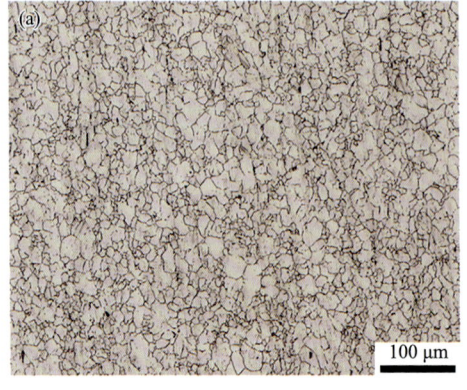

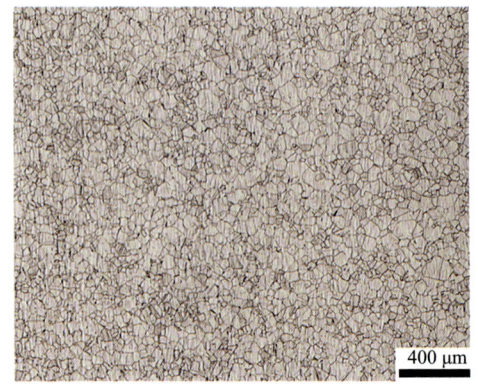

图 7.6 为 30%轧制变形样品在 1300℃下再结晶退火不同时间后的显微组织图。从图中可以看出，经再结晶退火 60 s 后样品已经完成初始再结晶，此时样品的平均晶粒尺寸为 10.6 μm，小于母材的平均晶粒尺寸（39.0 μm）。随着再结晶退火时间的延长，样品的晶粒尺寸增大，再结晶退火 140 s 和 300 s 样品的平均晶粒尺寸分别为 34.9 μm 和 48.7 μm。此外，可以发现经再结晶处理后，样品中晶粒尺寸由母材的不均匀分布变为均匀分布。

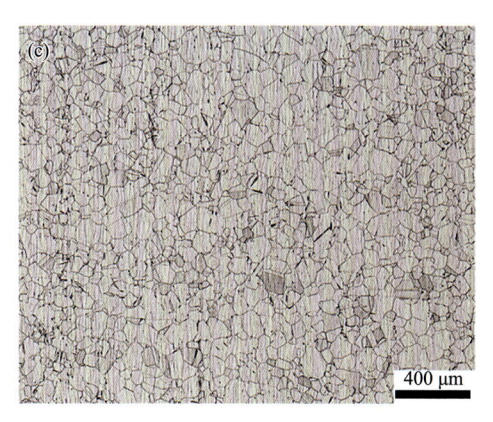

图 7.6　30%轧制变形样品在 1300℃下退火不同时间后的显微组织图：（a）60 s；（b）140 s；（c）300 s

图 7.7 为 30%轧制变形样品在 1300℃下再结晶退火不同时间后的晶界重构图。由图可见，每个再结晶样品中的 $\Sigma 3$ 晶界多以单条直线或平行线对的形态不是中止于单个晶粒内部就是贯穿整个晶粒，随机晶界形成一个连通的网络。造成这种现象的原因有两种。其一，在再结晶退火过程中，随机晶界的高形核率会提高随

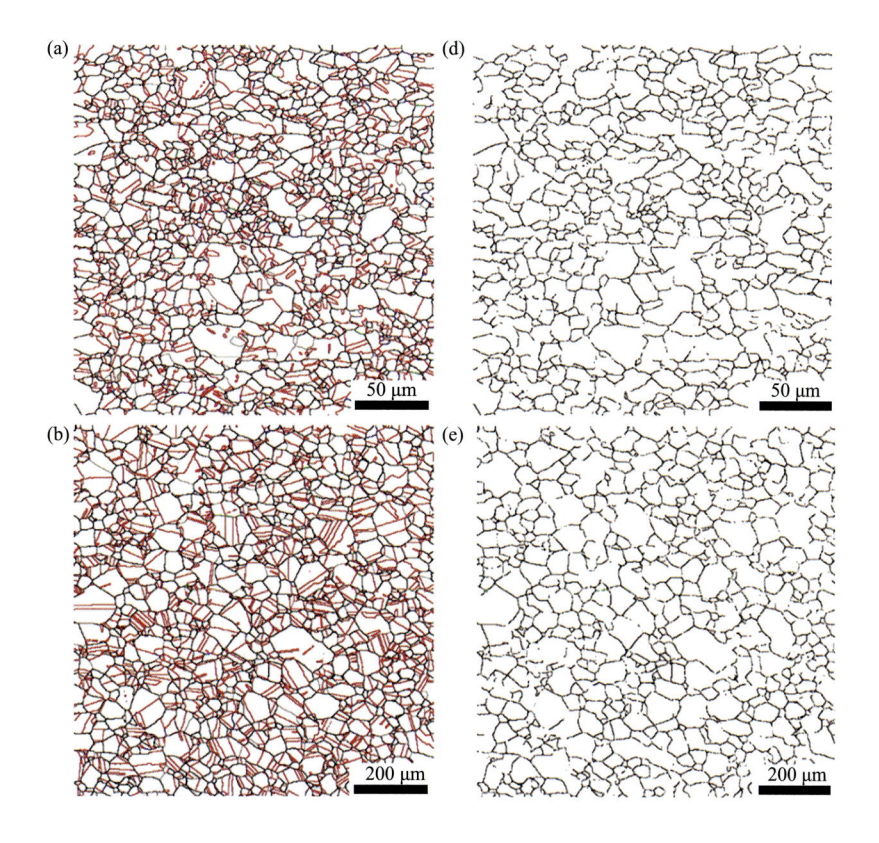

(c) (f)

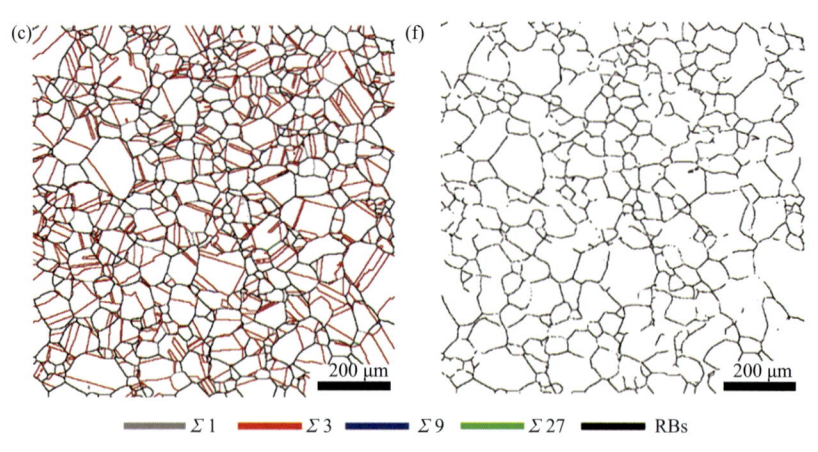

图 7.7 30%轧制变形样品在1300℃下退火不同时间后的晶界重构图：(a, d) 60 s；(b, e) 140 s；(c, f) 300 s

机晶界与$\Sigma 3$晶界的反应概率，而这种反应更易形成另一种随机晶界而不产生$\Sigma 3$晶界；其二，在再结晶退火过程中，变形基体更易形成随机晶界。Mahajan 等[14]研究发现新形成的随机晶界会发生迁移并与点阵位错反应，这种反应会形成笔直的共格孪晶界。如上所述，共格孪晶要么终止于晶粒内部，要么贯穿于整个晶粒，因此随机晶界网络呈现出完整的连通性。

对30%轧制变形样品在1300℃下再结晶退火不同时间后的晶界特征分布进行统计分析，结果如图7.8所示。再结晶退火60 s、140 s和300 s样品中低Σ CSL晶界比例分别为51.4%、52.4%和54.2%。从图中可以发现随着再结晶退火时间的延长，$\Sigma 3$晶界比例增加，$\Sigma 9+\Sigma 27$晶界比例和$(\Sigma 9+\Sigma 27)/\Sigma 3$比值降低，低$\Sigma$ CSL晶界比例基本保持不变。这意味着随着退火时间的延长，$\Sigma 9+\Sigma 27$晶界逐渐被$\Sigma 3$

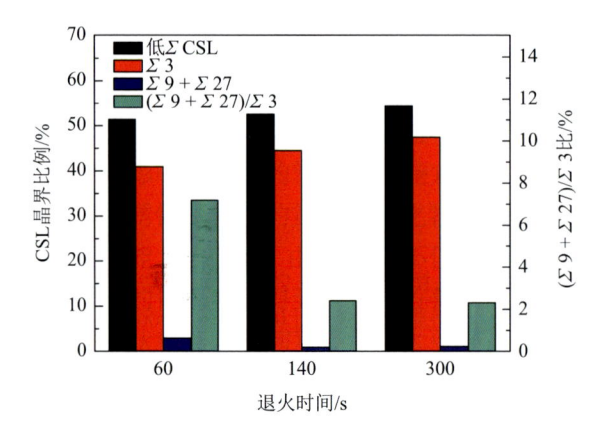

图 7.8 30%轧制变形样品在1300℃下退火不同时间后的晶界特征分布统计

晶界所取代。而 $\Sigma 3$ 晶界比例的增加是由于在退火过程中晶界发生迁移会形成一些具有特定取向差的晶界（低能 $\Sigma 3$ 晶界）以降低体系的界面能。

3. 不施加变形时初始晶粒尺寸对晶界特征分布的影响

将制得的不同初始晶粒尺寸样品在 1100℃下进行 60 min 的退火处理，图 7.9 为样品 H1、H2 和 H3 的显微组织图。经退火处理后每个样品的平均晶粒尺寸均增加，样品 H1、H2 和 H3 的平均晶粒尺寸分别为 67.4 μm、83.0 μm 和 61.2 μm。此外可以发现，样品 H1 和 H2 中晶粒尺寸分布很不均匀，晶粒发生了异常长大，许多小的晶粒包围着异常长大的晶粒，如图 7.9（a）和（b）中的圆圈所示。Choi 和 Yoon[15]在 316L 不锈钢中同样观察到了这种晶粒异常长大的现象，并指出异常长大晶粒的晶界为小平面晶界。而样品 H3 中的晶粒尺寸分布较为均匀，这是晶粒在退火过程中发生了正常长大的结果。

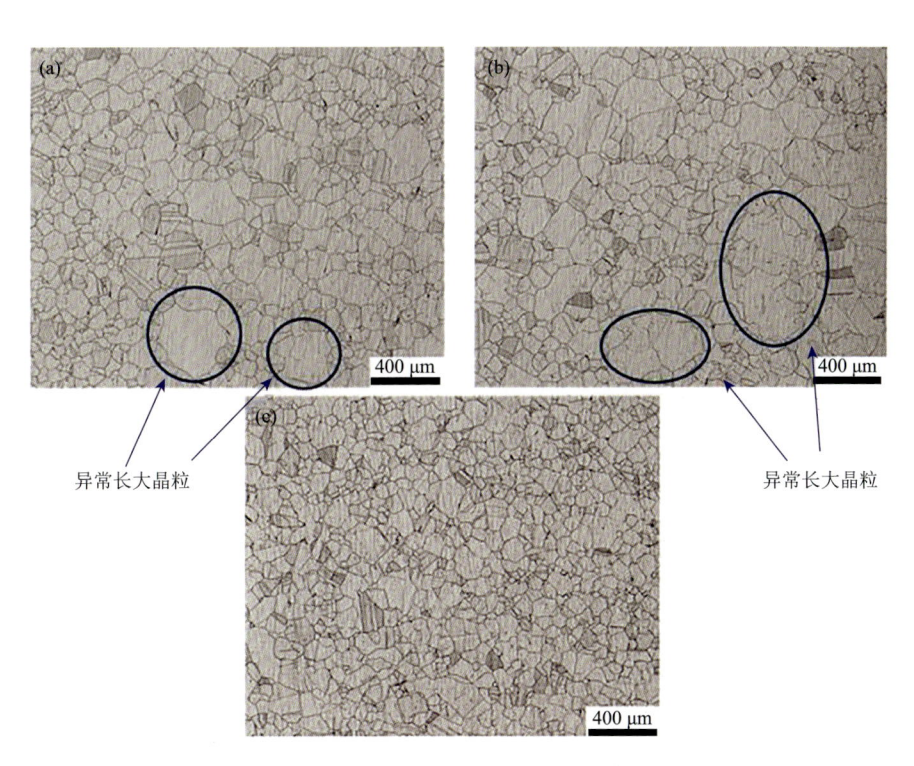

图 7.9　样品 H1（a）、H2（b）和 H3（c）的显微组织图

样品 H1、H2 和 H3 的晶粒尺寸分布如图 7.10 所示。从图中可以确认样品 H1 和 H2 中含有异常长大的晶粒，如图中箭头所示。虽然样品 H3 中也存在一些尺寸稍大的晶粒，但将晶粒尺寸分布归一化到平均晶粒尺寸发现晶粒尺寸分布变化不大，这意味着样品 H3 发生了晶粒的正常长大。

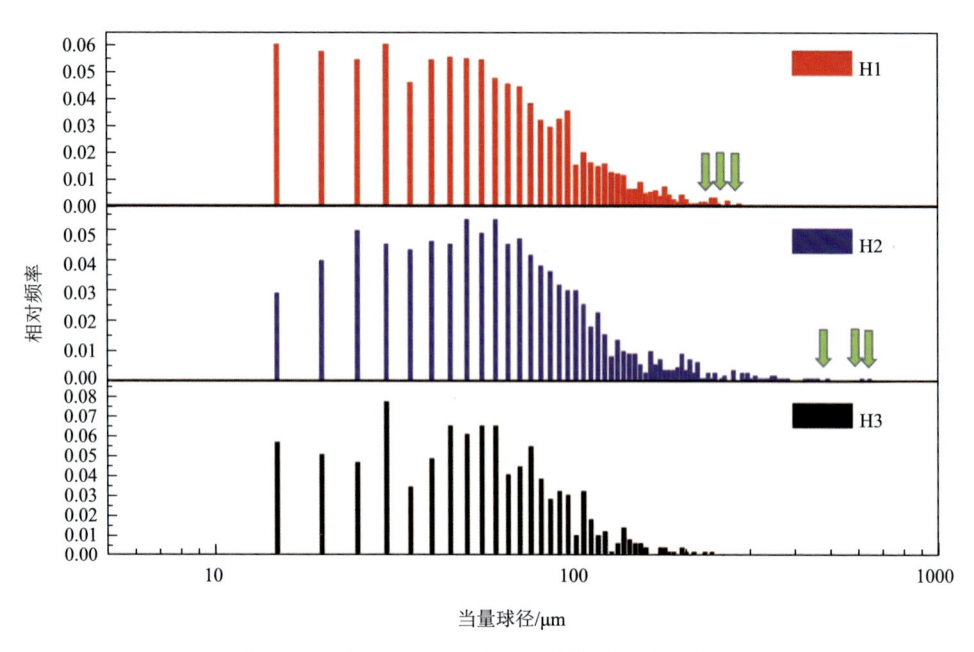

图 7.10 样品 H1、H2 和 H3 的晶粒尺寸分布图

为揭示退火过程中的晶界特征分布演化，图 7.11 给出了样品 H1、H2 和 H3 的晶界重构图。从图中可以发现，样品 H1 和 H2 中发生了晶粒的异常长大（与前面所述一致）。用灰色背景标出一个异常长大的晶粒，如图 7.11（b）所示。可以发现，在异常长大晶粒内部所有的晶界之间均具有 $\Sigma 3^n$（$n=1$、2、3）取向差，随机晶界网络的重构主要由这些 $\Sigma 3^n$ 晶界所主导。如图 7.11（b）中箭头所示，随机晶界网络的连通性被这些 $\Sigma 3^n$ 晶界打断，实现了晶界特征分布优化，材料的晶界相关性能可以得到改善。然而，样品 H1 和 H3 中随机晶界网络的连通性并未被有效打断。

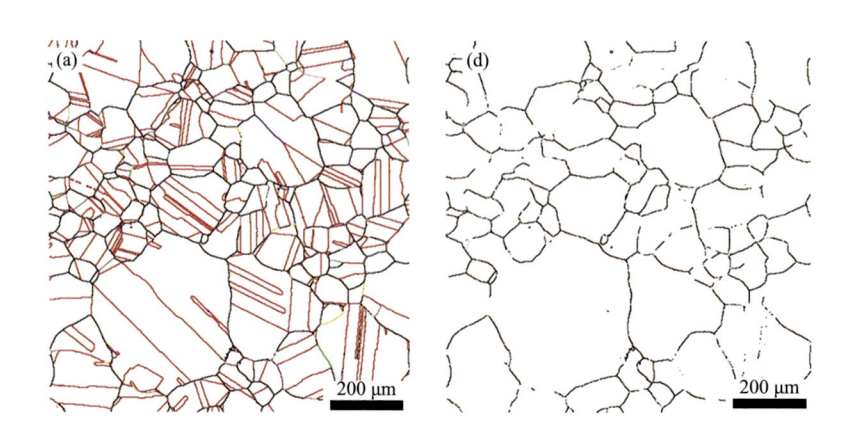

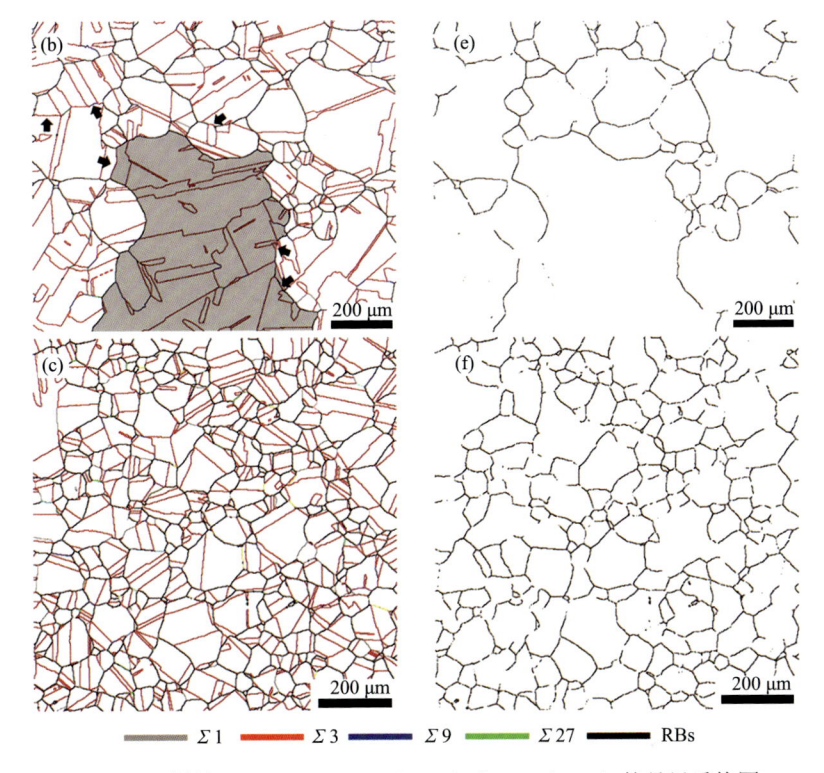

图 7.11　样品 H1（a，d）、H2（b，e）和 H3（c，f）的晶界重构图

图 7.12 为样品 H1、H2 和 H3 的晶界特征分布统计结果。样品 H1、H2 和 H3 的低 Σ CSL 晶界比例分别为 63.9%、75.1% 和 56.6%。经退火处理后，发生晶粒异常长大的样品 H1 和 H2 中低 Σ CSL 晶界比例均有显著增加，分别由 51.4% 增加到 63.9% 和由 52.4% 增加到 75.1%，而发生晶粒正常长大的样品 H3 中低 Σ CSL 晶界

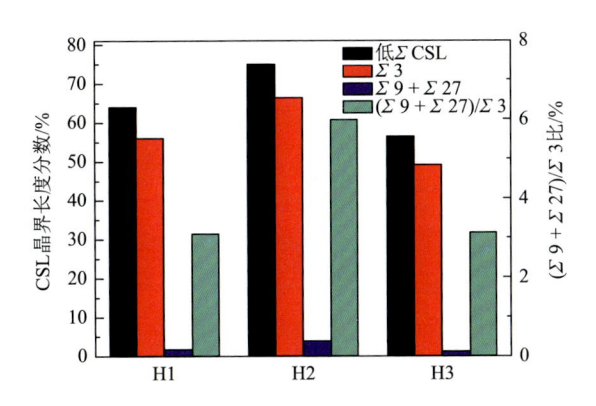

图 7.12　样品 H1、H2 和 H3 的晶界特征分布统计

比例则变化不大（由54.2%变为56.6%）。此外，经退火处理后样品H2中$\Sigma 9+\Sigma 27$晶界比例提高了4倍。尽管$\Sigma 9+\Sigma 27$晶界比例远小于$\Sigma 3$晶界比例，但是$\Sigma 9+\Sigma 27$晶界作为$\Sigma 3$晶界再生的桥接片段，通常被认为是实现晶界结构优化的关键因素，特别是$\Sigma 9$晶界。

一般，晶界析出物的钉扎作用是引起晶粒异常长大的主要原因。对于304奥氏体不锈钢而言，晶界碳化物的析出温度范围为450～850℃。然而，在本节研究中，退火温度均超过此温度范围，因此可以断定晶粒的异常长大不是由晶界析出物的钉扎作用引起的。可能的原因有两种：其一，材料中局部应力分布不均匀[16]；其二，Hillert提出的尺寸优势[17]。图7.13为再结晶样品的局域取向差图。局域取向差是指EBSD面扫描数据中每个晶粒内部任意数据点与相邻数据点之间的取向差。利用局域取向差可以研究晶粒内部的取向变化。局域取向差值受EBSD测试步长影响，在本节研究中所有样品的局域取向差的计算范围为0°～5°。由图可知，每个再结晶样品都具有很低的局域取向差值，这说明几乎所有的晶粒都已经完全再结晶且没有残余应力可以造成形变诱发晶界迁移。换句话说就是晶粒的异常长大不是由局部应力分布均匀造成的。因此可以推断，晶粒的异常长大是由"尺寸优势"引起的。许多研究认为晶粒的异常长大归因于二维尺寸形核的小平面晶界迁移[14,18,19]。根据界面台阶的二维尺寸形核生长理论，生长速率R由驱动力（Δg）和温度（T）决定：

$$R \propto \exp\left[\frac{-\pi V_m \sigma(T)^2}{h\Delta g k T}\right] \qquad (7.5)$$

式中，V_m为摩尔体积；h为台阶高度；k为玻尔兹曼常数；$\sigma(T)$为台阶边缘自由能，是温度的函数。Δg可以近似表达为

$$\Delta g(\bar{r}, r_i) = \beta V_m \gamma \left(\frac{1}{\bar{r}} - \frac{1}{r_i}\right) \qquad (7.6)$$

式中，β为几何因子；γ为晶界能；r_i为生长晶粒的尺寸；$\bar{r}$为平均晶粒尺寸。由式（7.6）可知，驱动力取决于平均晶粒尺寸$\bar{r}$和生长晶粒的尺寸r_i。生长晶粒的尺寸与平均晶粒尺寸的比值必须足够大才能获得晶粒异常长大所需的临界驱动力（Δg^*）。如果没有晶粒足够大使得驱动力大于Δg^*，那么在退火过程中所有晶粒的生长速率将会非常低。这种低速率生长称为由台阶形核限制的停滞生长。Koo等[13]研究发现随着晶粒尺寸的减小，异常长大的停滞时间（孕育时间）将会缩短，异常长大的晶粒数密度将会增加。需要注意的是，再结晶样品的平均晶粒尺寸在初始再结晶刚完成时是非常小的，但是在所有再结晶样品中均发生了晶粒的正常长大。这是由于再结晶温度太高（1300℃），晶界变为非小平面而发生连续迁移。与再结晶退火140 s和300 s样品相比，再结晶退火

60 s 样品的平均晶粒尺寸最小，根据式（7.5）和式（7.6）可知，再结晶退火 60 s 样品中大晶粒的孕育时间将会最短，生长速率将会最大。换句话说，初始晶粒越小，晶粒异常长大越容易发生。可以从具有小的初始晶粒尺寸样品 H1 和 H2 中发生了晶粒异常长大，而具有大的初始晶粒尺寸样品 H3 中发生了晶粒正常长大得以验证。此外，由样品 H1 和 H2 的平均晶粒尺寸大于样品 H3 的平均晶粒尺寸可以确定再结晶退火 60 s 和 140 s 样品的晶粒生长速率大于再结晶退火 300 s 样品的晶粒生长速率。然而对于具有最大初始晶粒尺寸的再结晶退火 300 s 样品在后续退火过程中发生了晶粒的正常长大，这可能是再结晶退火 300 s 样品的平均晶粒尺寸大于 $\beta V_m \gamma / \Delta g^*$ 从而导致晶粒正常长大的发生。

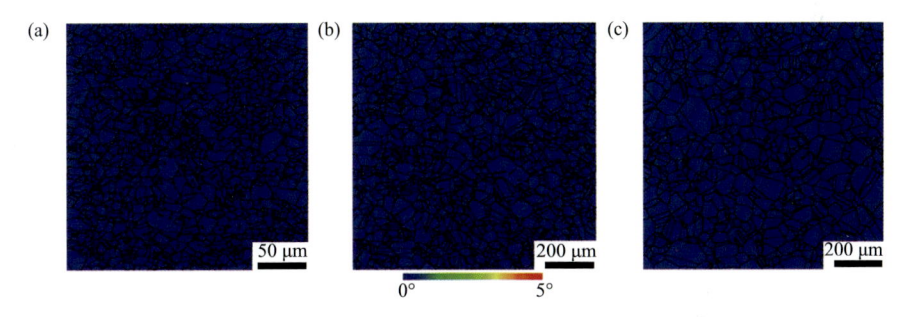

图 7.13　样品 H1（a）、H2（b）和 H3（c）的局域取向差图

由图 7.11 和图 7.12 可知，异常长大行为有利于低 Σ CSL 晶界比例的提高，特别是 $\Sigma 3$ 晶界的提高。Gleiter 认为孪晶的形成是由晶粒在生长过程中发生层错事故所造成的[20]。对于异常长大行为，其生长速率高于正常长大行为。由于具有高的生长速率，因此在异常长大的晶粒中形成层错事故的概率增加，从而导致低 Σ CSL 晶界比例的提高，特别是 $\Sigma 3$ 晶界比例的提高。由于 $\Sigma 3$ 晶界是低 Σ CSL 晶界的主体，因此可以将低 Σ CSL 晶界比例的提高归因于 $\Sigma 3$ 晶界比例的提高。目前有两种机制常被用来解释 $\Sigma 3$ 晶界比例的提高，即 $\Sigma 3$ 再生机制和新孪晶形成机制。高的 $(\Sigma 9 + \Sigma 27)/\Sigma 3$ 比值代表 $\Sigma 3$ 再生机制起主导作用，$\Sigma 3$ 晶界比例的提高是通过 $\Sigma 3^n$ 晶界间的相互反应实现的，此时 $\Sigma 3$ 晶界表现为弥散形态且会打断随机晶界网络的连通性。低的 $(\Sigma 9 + \Sigma 27)/\Sigma 3$ 比值意味着新孪晶形成机制起主要作用，这种机制下增值的 $\Sigma 3$ 晶界以单条直线或平行线对的形态存在，而这种形态的 $\Sigma 3$ 晶界大多数位于晶粒内部，对打断随机晶界网络的连通性没有影响。需要注意的是，这两种机制对 $\Sigma 3$ 晶界比例的增加会同时起作用，但通常只有一种机制起主导作用，经退火处理后样品 H1 中 $\Sigma 3$ 晶界比例由 41.0%增加到 56.1%，$(\Sigma 9 + \Sigma 27)/\Sigma 3$ 比值由 7.2%降低至 3.1%。这意味着样品 H1 中的孪晶形成机制主要为新孪晶形成机制。相比而言，经退火处理后样品 H2 中 $\Sigma 3$ 晶界比例由 44.4%增加到 66.3%，$(\Sigma 9 + \Sigma 27)/\Sigma 3$

比值由 2.4% 增加至 6.0%。这意味着 $\Sigma3$ 再生机制是样品 H2 中主要的孪晶形成机制，这些 $\Sigma3''$ 晶界间的交互作用可以将 $\Sigma3''$ 晶界引入随机晶界网络中从而打断随机晶界网络[21]。由图 7.11（b）可知，异常长大的晶粒内部所有晶界均有 $\Sigma3''$ 取向差关系。当一个 $\Sigma9$ 晶界与另外一个 $\Sigma3$ 晶界相遇时，要么形成一个新的 $\Sigma3$ 晶界（根据 $\Sigma3 + \Sigma9 \to \Sigma3$ 关系），要么形成 $\Sigma27$ 晶界（根据 $\Sigma3 + \Sigma9 \to \Sigma27$ 关系），从而导致团簇内部均为 $\Sigma3''$ 晶界。从图 7.10 和图 7.11 可以发现，样品 H2 中异常长大晶粒的最大尺寸大于样品 H1 中异常长大晶粒的最大尺寸。这是由于再结晶退火 60 s 样品的平均晶粒尺寸小于再结晶退火 140 s 样品，因此再结晶退火 60 s 样品中异常长大晶粒数密度要高于再结晶退火 140 s 样品。当这些晶粒在异常长大过程相遇时会相互限制从而导致了异常长大晶粒尺寸的减小。由上述分析可知，尽管样品 H1 和 H2 中均发生了晶粒的异常长大，但是两者中孪晶的形成机制并不一样。这是由于在晶粒长大过程中异常生长的晶粒之间的相互制约限制了 $\Sigma3''$ 晶界之间的相互反应。样品 H1 中 $\Sigma3''$ 晶界之间反应概率低，从而导致了样品 H1 中随机晶界网络呈连通状态。另外，样品 H3 中低 ΣCSL 晶界比例在退火处理前后基本保持不变，这是由在晶粒正常长大过程中随机晶界吞并 $\Sigma3$ 晶界与新 $\Sigma3$ 晶界的形核长大相互抵消所致[21]。

许多研究指出具有低能量的低 ΣCSL 晶界可以显著提高材料的抗晶间失效能力。然而，材料的抗晶间失效能力不仅依赖于组织中低 ΣCSL 晶界的比例，还依赖于随机晶界网络的连通性。换句话说，高的抗晶间失效能力可以通过打断随机晶界网络连通性获得。渗透理论常被用于讨论晶间退化现象。随机晶界的连通性可以通过渗透理论来定量化。随机晶界网络的渗透概率可以近似地由随机晶界团簇最大长度与随机晶界总长度的比值来表示。图 7.14 为低 ΣCSL 晶界比例与随机

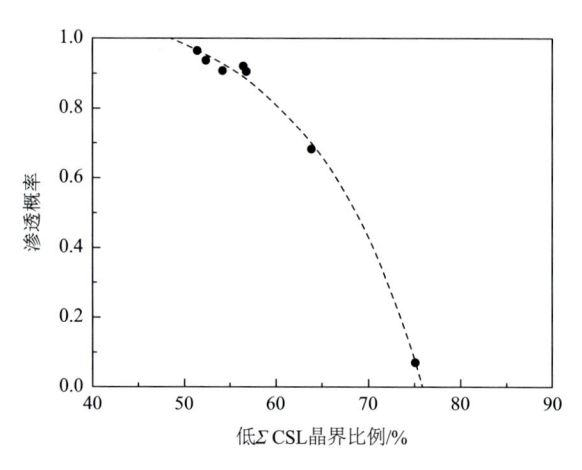

图 7.14 母材和晶界工程处理样品中低 ΣCSL 晶界比例与随机晶界网络的渗透概率间的关系

晶界网络的渗透概率之间的关系。由图可知，随着低 Σ CSL 晶界比例的增加，随机晶界网络的渗透呈单调下降的趋势。有研究指出对于奥氏体不锈钢而言，为打断沿随机晶界的渗透路径和提高抗晶间失效能力，材料中的低 Σ CSL 晶界比例需高于渗透临界值（70%）[22]。本节研究同样发现，当低 Σ CSL 晶界比例高于 70% 时，渗透概率的值非常低。因此，为精确控制沿随机晶界的晶间失效，材料中的低 Σ CSL 晶界比例需高于 70%。在本节研究中，样品 H2 中低 Σ CSL 晶界比例高达 75.1%，高于渗透临界值（70%），可以导致随机晶界网络的渗透概率非常低进而显著提高沿随机晶界失效的抗力。

4. 施加变形时初始晶粒尺寸对晶界特征分布的影响

由上一节结果可知，初始晶粒尺寸不同的样品经相同退火工艺处理后样品中的晶界特征分布存在显著差别。本节对不同初始晶粒尺寸样品进行相同工艺的形变热处理，以探究在施加变形的条件下初始晶粒尺寸对晶界特征分布的影响。图 7.15 为样品 C1、C2 和 C3 的局域取向差图。由图可知，样品中的局域取向差分布不均匀且随着晶粒尺寸的增加局域取向差逐渐降低。图 7.16（a）为局域取向差随初始晶粒尺寸的变化规律。可以发现，随着初始晶粒尺寸的增加，局域取向差分布变窄且局域取向差分布的峰值向低角度偏移，这意味着小的初始晶粒尺寸样品中晶粒内取向差更大。

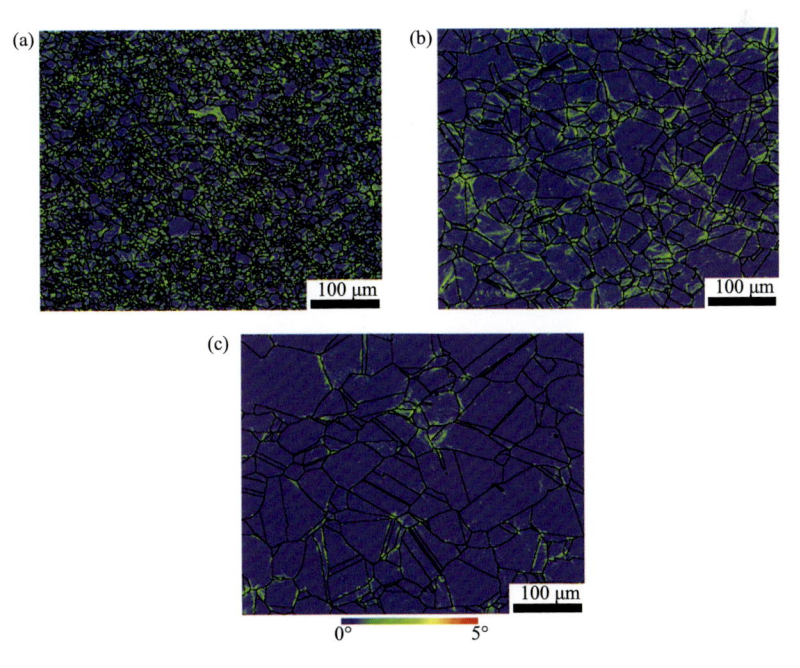

图 7.15　样品 C1（a）、C2（b）和 C3（c）的局域取向差图

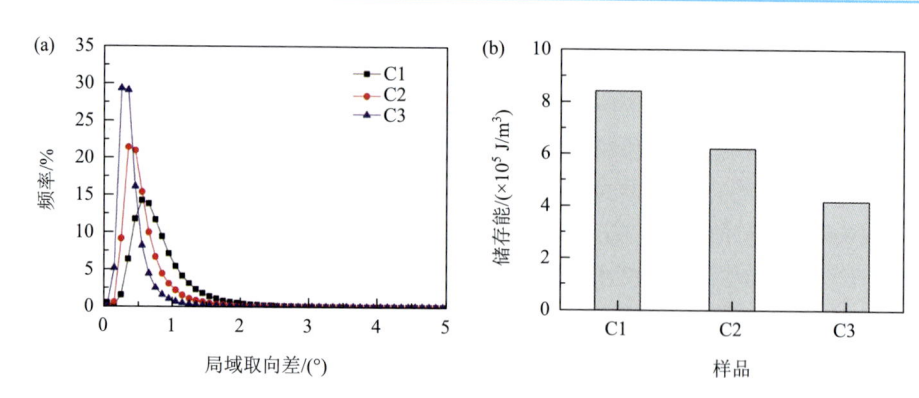

图 7.16　样品 C1、C2 和 C3 的局域取向差分布曲线（a）和变形储存能（b）

Takayama 和 Szpunar[23]指出通过局域取向差可以计算出储存能大小，具体公式如下：

$$E = \frac{\alpha \theta G b}{2d} \tag{7.7}$$

式中，E 为储存能；α 为一个取决于晶界类型的常数，当晶界为倾侧晶界、扭转晶界和混合晶界时，α 分别为 2、4 和 3；θ 为平均局域取向差；G 为剪切模量；b 为伯格斯矢量长度；d 为步长。在本节研究中，将 α 选为 3，G 为 79 GPa，b 为 0.255 nm，d 为 1 μm。图 7.16（b）为样品 C1、C2 和 C3 中的储存能随初始晶粒尺寸的变化规律。由图可知，变形样品中的储存能随着初始晶粒尺寸的增加而降低。这是由于初始晶粒尺寸越小，冷变形时加工硬化率越高，从而导致变形储存能越高。

图 7.17 为样品 D1、D2 和 D3 的显微组织图。从图中可以看出，由于引入的变形量仅为 5%，经形变热处理后的样品未发生再结晶，仅发生了晶粒的长大。样品 D1、D2 和 D3 的平均晶粒尺寸分别为 45.1 μm、84.5 μm 和 100.8 μm。进一步观察发现，样品 D1 中的晶粒尺寸分布较为均匀，而样品 D2 和 D3 中晶粒尺寸分布很不均匀，发生了晶粒的异常长大，如图 7.17（b）和（c）中的圆圈所示。图 7.18 为样品 D1、D2 和 D3 的晶粒尺寸分布图。从图中可以确认样品 D2 和 D3 在后续形变热处理过程中发生了晶粒的异常长大，如图中箭头所示。晶粒发生异常长大主要是由变形过程中应力分布不均匀造成的，这是因为晶粒取向的不同导致了晶粒变形难易程度的不同，取向有利的晶粒会比取向不利的晶粒产生更大的应变。在后续退火过程中样品 D1 发生了晶粒的正常长大，这是由于样品 D1 具有较小的初始晶粒尺寸，在变形过程中可以发生协调变形的晶粒数目较多，从而导致样品中应力分布较均匀。此外，由图 7.16（b）可知，小的初始晶粒尺寸样品具有较高的储存能，而高的储存能会导致可以发生形变诱发晶界迁移长大的晶粒数目增加，当这些晶粒相遇时会相互抑制，从而使得样品 D1 表现为晶粒的正常长大。

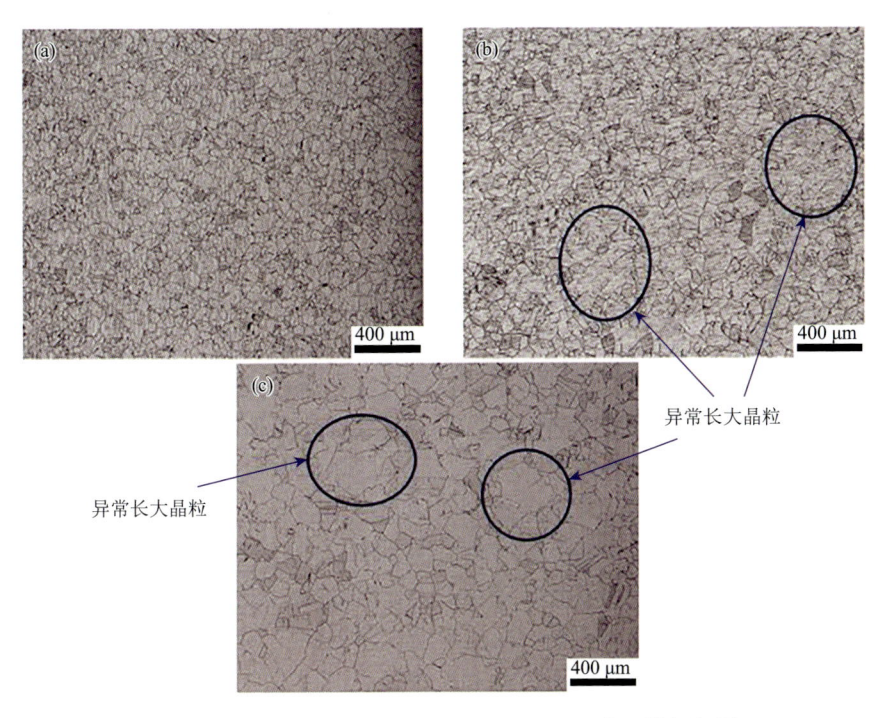

图 7.17　样品 D1（a）、D2（b）和 D3（c）的显微组织图

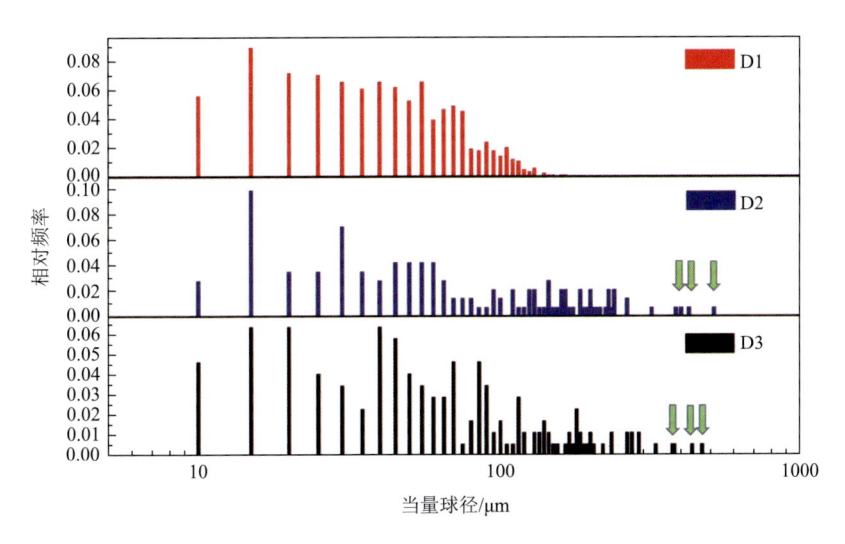

图 7.18　样品 D1、D2 和 D3 的晶粒尺寸分布图

图 7.19 为样品 D1、D2 和 D3 的晶界重构图。由图可以看出，样品 D2 和 D3 中形成了异常长大晶粒，晶粒内部为 $\Sigma 3^n$（$n=1$、2、3）晶界团簇。这是由于 $\Sigma 9$ 晶界是由两个 $\Sigma 3$ 晶界根据关系 $\Sigma 3 + \Sigma 3 \rightarrow \Sigma 9$ 反应形成的。当 $\Sigma 9$ 晶界与另一个

$\Sigma 3$ 相遇时，要么形成一个新的 $\Sigma 3$ 晶界（根据 $\Sigma 3 + \Sigma 9 \to \Sigma 3$ 关系），要么形成 $\Sigma 27$ 晶界（根据 $\Sigma 3 + \Sigma 9 \to \Sigma 27$ 关系），从而导致晶粒内部均为 $\Sigma 3''$ 晶界。正是 $\Sigma 3''$ 晶界之间的相互反应导致了样品 D2 和 D3 中随机晶界网络的连通性被打断，且样品 D2 中随机晶界网络的连通性被打断得更为彻底，如图 7.19（e）和（f）所示。样品 D1 中同样含有 $\Sigma 3''$ 晶界团簇，但其尺寸要远小于样品 D2 和 D3，且随机晶界网络呈连通状。

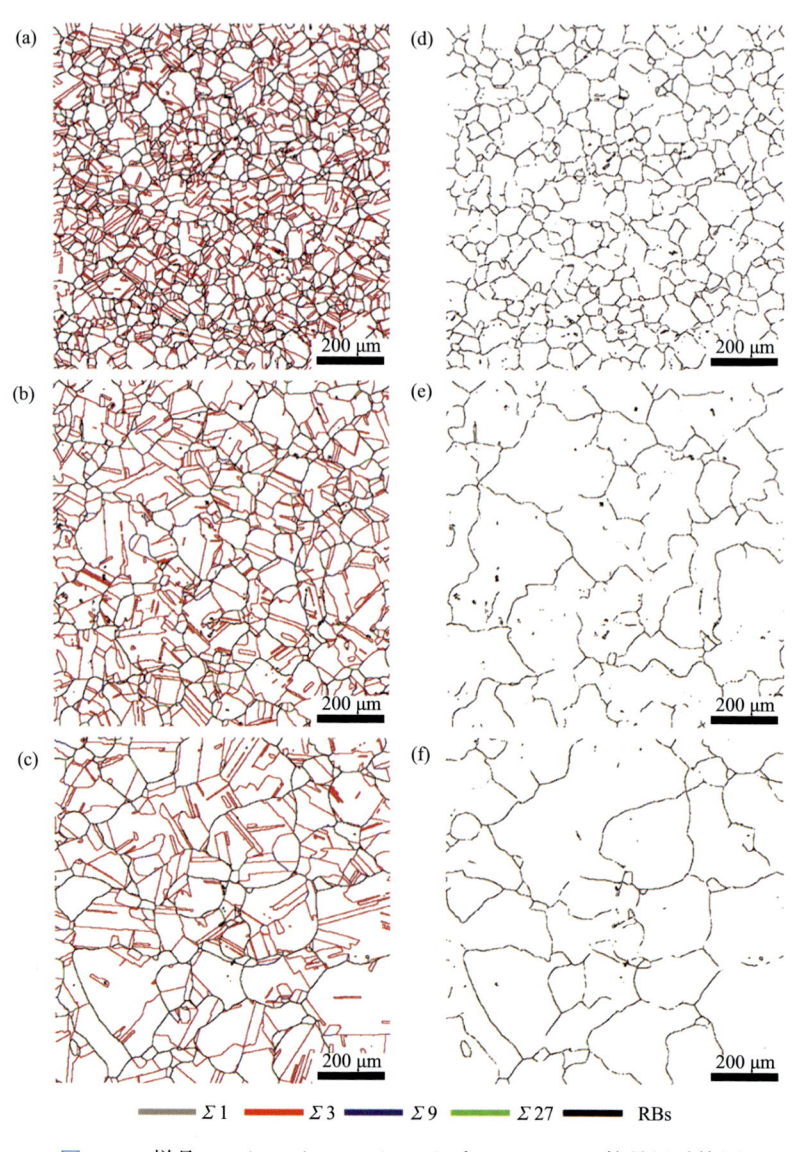

图 7.19 样品 D1（a，d）、D2（b，e）和 D3（c，f）的晶界重构图

样品 D1、D2 和 D3 的低 Σ CSL 晶界、$\Sigma 3$ 晶界和 $\Sigma 9 + \Sigma 27$ 晶界比例及 $(\Sigma 9 + \Sigma 27)/\Sigma 3$ 比值如图 7.20 所示。由图 7.19 和图 7.20 可知，经形变热处理后不同初始晶粒尺寸样品中的低 Σ CSL 晶界、$\Sigma 3$ 晶界和 $\Sigma 9 + \Sigma 27$ 晶界比例均有提高，样品 D1、D2 和 D3 的低 Σ CSL 晶界比例分别为 65.3%、79.0%和 75.9%。由于低 Σ CSL 晶界中绝大多数晶界为 $\Sigma 3$ 晶界，因此可以认为低 Σ CSL 晶界比例的增加是由 $\Sigma 3$ 晶界比例的提高造成的。此外，经形变热处理后，样品 D1 中$(\Sigma 9 + \Sigma 27)/\Sigma 3$ 的比值基本保持不变（由 7.2%变为 7.7%），而样品 D2 和 D3 中$(\Sigma 9 + \Sigma 27)/\Sigma 3$ 的比值分别由 2.4%增加为 12.8%和由 2.3%增加为 8.7%。因此可以推断样品 D1 中孪晶增殖机制主要为新孪晶形成机制，而样品 D2 和 D3 中孪晶增殖机制以 $\Sigma 3$ 再生机制为主。由图 7.19（b）和（c）可知，样品 D2 和 D3 中具有许多大的 $\Sigma 3^n$ 晶界团簇，从而验证了这种推断。由于样品 D1 中发生了晶粒的正常长大，孪晶的增殖是通过新孪晶形成机制实现的，孪晶之间的反应概率很低，这些新形成的孪晶要么位于晶粒内部，要么贯穿整个晶粒，因而样品 D1 中随机晶界网络的连通性无法被有效打断，如图 7.19（d）所示。此外可以发现，随着初始晶粒尺寸的增大，经形变热处理后样品中低 Σ CSL 晶界比例呈先增加后降低的趋势。经分析，这是由样品中的变形储存能不同所导致的结果。由于样品中的变形储存能随晶粒尺寸的减小而增加，晶粒尺寸较小的样品中可以在形变应力梯度作用下优先迁移的晶界数目较多，这将会导致低 Σ CSL 晶界团簇尺寸的减小，从而使得随机晶界比例增加，也就意味着低 Σ CSL 晶界比例的降低。而初始晶粒尺寸较大的样品中储存能较小，能发生优先迁移的晶界数目较少，最终导致低 Σ CSL 晶界比例有所降低。因此，过小或者过大的初始晶粒尺寸均不利于晶界特征分布的优化。

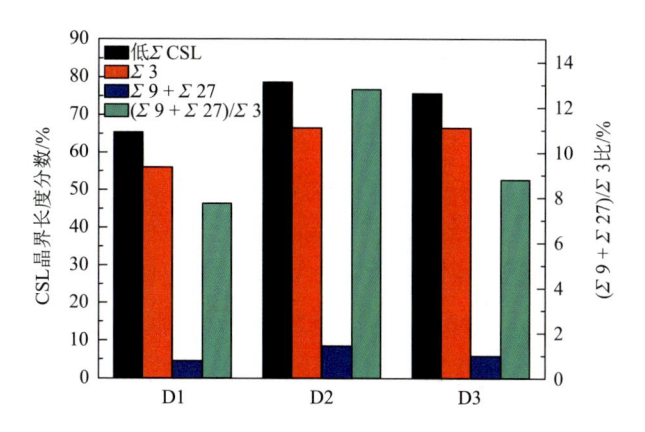

图 7.20 样品 D1、D2 和 D3 的晶界特征分布统计

由图 7.20 可知，初始晶粒尺寸对晶界特征分布的优化具有显著影响。虽然不

同初始晶粒尺寸的样品经形变热处理后低 Σ CSL 晶界比例均有显著提高,但是具有中等初始晶粒尺寸的样品 D2 获得了最高比例的低 Σ CSL 晶界比例。为了研究退火前期的组织演变,需要对部分退火态样品进行分析。样品 P1 中部分退火态组织晶体学特征的表征可以通过 EBSD 软件中的多种方法实现。图 7.21(a)为样品 P1 以局域取向差为背景的晶界重构图。局域取向差是描述变形量的一个参数,变形量越大,局域取向差越大。由图可见,对于完全退火态的晶粒,其内部局域取向差接近 0°,浅灰色的完全退火态晶粒被深灰色的变形态晶粒包围。图 7.21(b)是样品 P1 的完全退火态晶粒组分图。通过设定晶粒平均取向差的临界值为 0.85°来区别完全退火态晶粒与变形态晶粒[24]。完全退火态晶粒为蓝色,亚变形态晶粒为黄色,变形态晶粒为红色。经统计,完全退火态晶粒、亚变形态晶粒和变形态晶粒的比例分别为 31.0%、57.3%和 11.7%。此外,同样可以观察到完全退火态晶粒被亚变形态或者变形态晶粒所包围。由此可以确定样品 P1 为部分退火态样品。

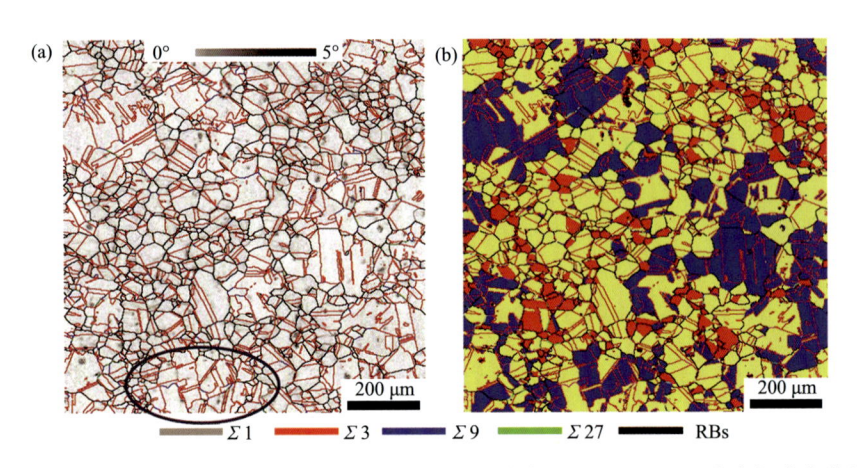

图 7.21　样品 P1 的晶界重构图:(a)以局域取向差为背景;(b)以退火态组分为背景

图 7.22(a)和(b)分别为样品 P1 中一个异常长大晶粒的取向成像图和晶界重构图。结合图 7.21 可知,此晶粒为完全退火态晶粒,晶粒内部形成了大的 $\Sigma 3^n$ 晶界团簇,晶粒内所有晶界均由 $\Sigma 3$ 晶界、$\Sigma 9$ 晶界或者 $\Sigma 27$ 晶界构成,晶界之间仅存在 $\Sigma 3^n$ 取向差,而晶界团簇由随机晶界包围。在后续退火过程中,晶界团簇会通过团簇与变形基体之间的晶界迁移继续长大。因此,晶界特征分布优化的过程是形变诱发晶界迁移过程中,发生孪晶的形核与长大以及多重孪晶之间的交互反应,形成大尺寸低 Σ CSL 晶界团簇的过程。

5. 小结

通过再结晶退火制备出三种晶粒尺寸的 304 奥氏体不锈钢样品,研究了初始晶粒尺寸对 304 奥氏体不锈钢晶粒长大行为和晶界特征分布的影响，得出以下结论。

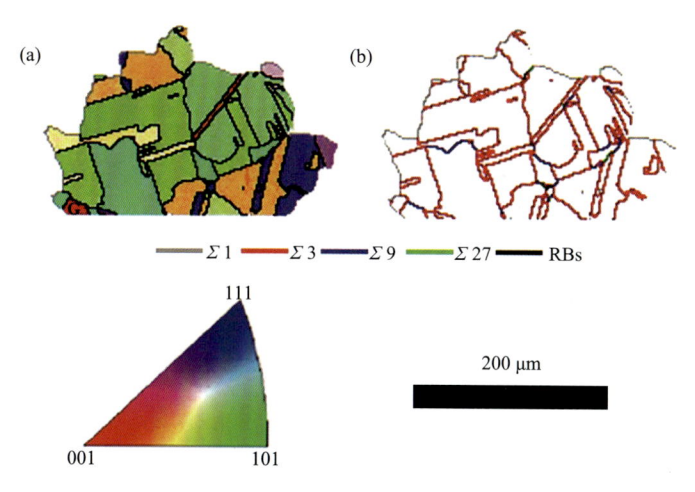

图 7.22　样品 P1 中一个晶粒的取向成像图（a）和晶界重构图（b）

（1）在不施加变形的条件下，晶粒的长大行为由"尺寸优势"决定。经退火处理后，小晶粒尺寸（10.6 μm 和 34.9 μm）的样品中晶粒发生异常长大，而大晶粒尺寸（48.7 μm）的样品中晶粒发生正常长大。

（2）在施加变形的条件下，变形储存能随晶粒尺寸的降低而增加，晶粒的长大行为主要受变形储能大小控制。经退火处理后，较小晶粒尺寸（10.6 μm）的样品中发生晶粒的正常长大行为，而大晶粒尺寸（34.9 μm 和 48.7 μm）的样品中发生晶粒的异常长大行为。

（3）初始晶粒尺寸通过影响晶粒的长大行为进而影响晶界结构的演变。晶粒的异常长大行为有利于提高低 $\varSigma$ CSL 晶界比例和打断随机晶界网络的连通性，而晶粒的正常长大行为对于低 $\varSigma$ CSL 晶界比例的提高和随机晶界网络连通性的打断作用不大。晶界结构的优化过程是晶粒异常长大过程中发生孪晶的形核与长大以及多重孪晶之间交互反应形成大尺寸低 $\varSigma$ CSL 晶界团簇的过程。晶界结构的优化程度受异常长大晶粒的尺寸影响，无论有无施加变形，过大或过小的初始晶粒尺寸均不利于低 $\varSigma$ CSL 晶界比例的提高和随机晶界网络连通性的打断。

7.2.2　304 不锈钢晶界特征分布与变形方式的相关性

目前，可以实现材料晶界特征分布优化的形变热处理方法有两类：预应变退火和预应变再结晶，其中引入预应变的方式包括轧制、拉伸、压缩、ECAP、喷丸等。经不同变形方式变形的材料将会具有不同的应变状态，这势必会对后续退火过程中晶界的迁移与反应造成影响，进而影响晶界特征分布的演变。晶界工程发展至今，研究者们主要关注的影响晶界特征分布的形变热处理工艺参数有变形量、变形温度、退火温度和时间以及加工道次等，而关于变形方式对晶界特征分布影响的报道却很少。相比于拉伸变形，轧制变形可以更有效地实现晶界特征分布的优化，然而并没有进一步解释造成这种差别的原因。理清变形方式对晶界特征分布的影响对设计合理的形变热处理工艺和改善材料性能具有重要意义。因此，本节以 304 奥氏体不锈钢作为模型材料，探究变形方式和应变水平对晶界特征分布演变的影响。

1. 实验设计

将 304 不锈钢热轧板分成两组，其中一组样品用来进行轧制变形；另外一组样品用电火花线切割切出标准的拉伸样品以进行拉伸变形。首先通过轧制变形结合热处理实现 304 奥氏体不锈钢晶界特征分布的优化，获得最优的形变热处理工艺参数。然后利用拉伸变形对材料引入与轧制变形相同的等效应变量后，对拉伸变形样品实施轧制变形方式下的最优退火工艺，从而探究在相同等效应变量和退火工艺下变形方式对晶界特征分布的影响。

为了有效地对比变形方式，引入冯·米塞斯等效应变。相同等效应变量（ε_{VM}）时两种变形方式真应变间的关系如式（7.8）所示：

$$\varepsilon_{VM} = \frac{2}{\sqrt{3}}\varepsilon = \varepsilon' \tag{7.8}$$

式中，ε 为轧制变形方式下的真应变；ε' 为拉伸变形方式下的真应变。经式（7.8）计算，当拉伸变形量为 3.5%、6%、12%和 23%时，其引入的等效应变量分别与 3%、5%、10%和 20%的轧制变形量所引入的等效应变量相等。具体处理工艺及编号见表 7.3。

表 7.3 样品的形变热处理工艺及编号

变形量	样品编号	等效应变量	退火处理		样品编号
			退火温度/℃	退火时间/min	
3%轧制	R3	0.03	1050	5	RA3
5%轧制	R5	0.06			RA5
10%轧制	R10	0.12			RA10
20%轧制	R20	0.26			RA20
3.5%拉伸	T3.5	0.03			TA3.5

续表

变形量	样品编号	等效应变量	退火处理 退火温度/℃	退火处理 退火时间/min	样品编号
6%拉伸	T6	0.06	1050	5	TA6
12%拉伸	T12	0.12	1050	5	TA12
23%拉伸	T23	0.26	1050	5	TA23

2. 轧制退火样品的组织特征及晶界特征分布

晶界工程是通过适当的形变热处理方法实现的，其中形变的目的是向材料中引入变形储存能，为晶界在后续热处理过程中的迁移与反应提供驱动力。本节研究分别对母材进行 3%、5%、10%和 20%的轧制变形，然后统一在 1050℃下退火 5 min，取出后水淬。图 7.23 为不同轧制变形量样品经 1050℃退火 5 min 后的显微组织。从图中可以观察到样品中均含有大量平直的晶界，而这些平直的晶界为退火孪晶的共格界面，如箭头所示。与母材相比，可以发现不同变形量的引入造成样品退火处理之后的组织差别较大。当变形量由 3%增加至 20%时，样品的平均晶粒尺寸先增加后减小，分别为 40.4 μm、77.5 μm、37.3 μm 和 29.5 μm。造成这种现象的原因是在退火过程中，低变形量（3%和 5%）样品以应力诱发晶界迁移为主，从而导致平均晶粒尺寸的增大；而中等变形量（10%和 20%）样品发生了广泛的再结晶行为，从而造成平均晶粒尺寸的减小。

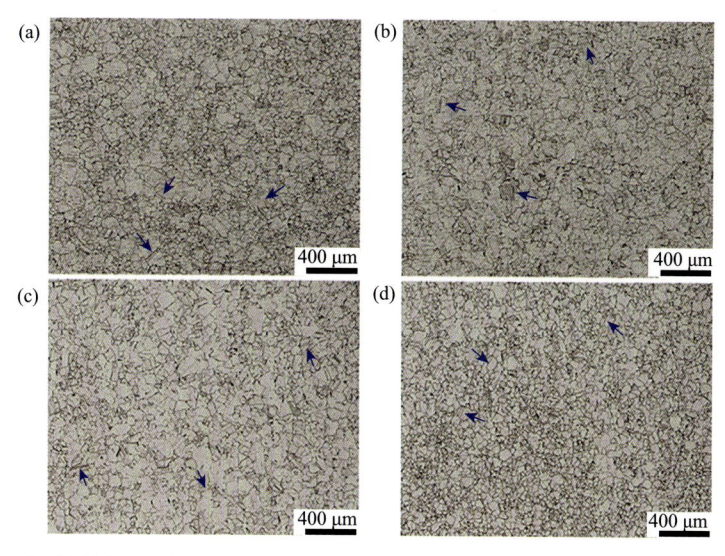

图 7.23 不同轧制变形量样品经 1050℃退火 5 min 后的显微组织图：（a）3%；（b）5%；（c）10%；（d）20%

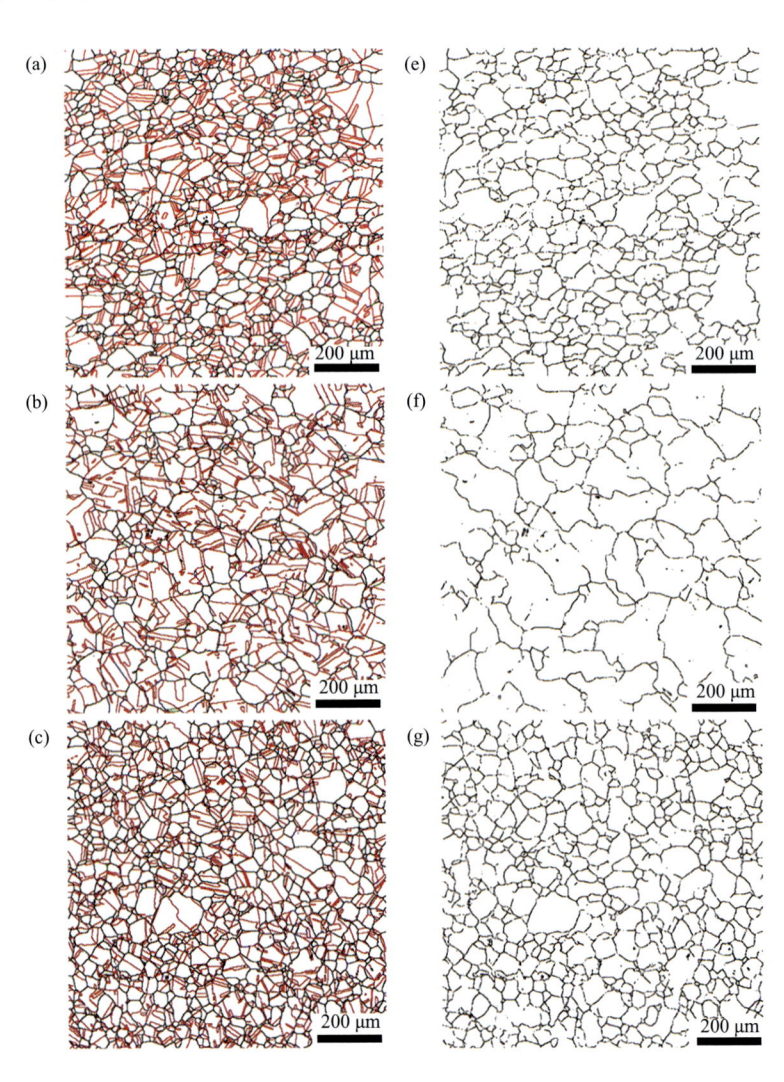

图 7.24 为不同轧制变形量样品经 1050℃退火 5 min 后的晶界重构图。从图中可以看出，在相同的退火条件下，随着变形量的增大，样品中低 Σ CSL 晶界的数量、形态存在显著差异。当轧制量由 3%增加至 5%时，样品中低 Σ CSL 晶界的数量明显增加且含有由 $\Sigma 3^n$ 晶界构成的大的晶界团簇，低 Σ CSL 晶界的形态由单独的直线或直线对分布转变为不规则弥散分布，这些弥散分布的晶界并入随机晶界中，打断了随机晶界网络的连通性，如图 7.24（b）和（f）所示。进一步增加轧制变形量至 10%或 20%，样品中低 Σ CSL 晶界的数量显著降低，低 Σ CSL 晶界又转变为单独直线或直线对分布的形态，这些以单独的直线或直线对分布的低 Σ CSL 晶界要么贯穿它所在的晶粒，要么终止于晶粒中，无法打断随机晶界网络的连通性，如图 7.25（d）和（h）所示。

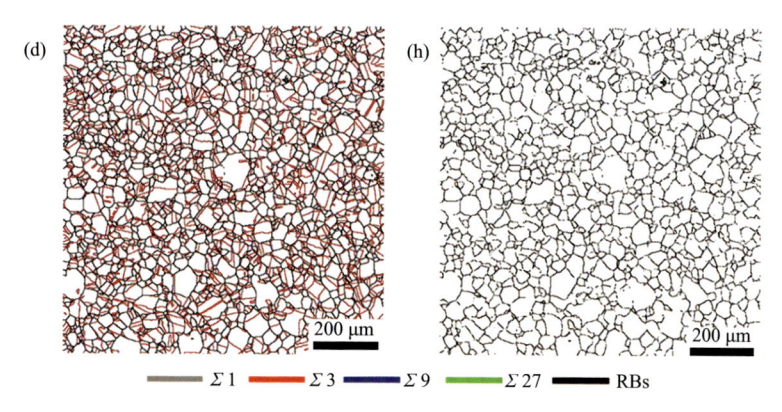

图 7.24　不同轧制变形量样品经 1050℃退火 5 min 后的晶界重构图：(a, e) 3%；(b, f) 5%；(c, g) 10%；(d, h) 20%

图 7.25 给出了不同轧制变形量样品经 1050℃退火 5 min 后的晶界特征分布统计结果。在相同退火条件下，随着轧制变形量的增加，低 Σ CSL 晶界、$\Sigma 3$ 晶界和 $\Sigma 9 + \Sigma 27$ 晶界比例以及 $(\Sigma 9 + \Sigma 27)/\Sigma 3$ 比值均呈先增加后降低趋势。其中，5%轧制变形量样品中低 Σ CSL 晶界、$\Sigma 3$ 晶界和 $\Sigma 9 + \Sigma 27$ 晶界比例以及 $(\Sigma 9 + \Sigma 27)/\Sigma 3$ 比值最高，分别为 75.6%、63.8%、8.3% 和 13.1%。综上所述，在 1050℃退火 5 min 条件下，最有利于实现 304 不锈钢晶界结构优化的轧制变形量为 5%。

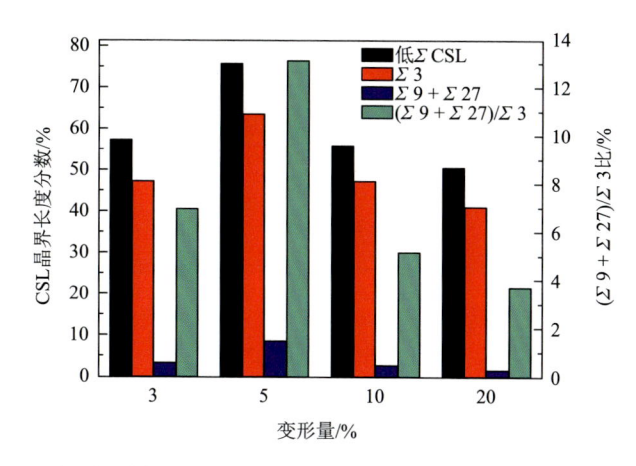

图 7.25　不同轧制变形量样品经 1050℃退火 5 min 后的晶界特征分布统计

3. 拉伸退火样品的组织特征及晶界特征分布

为探究变形方式对晶界特征分布的影响，将轧制变形方式下的最优退火工艺应用于拉伸变形方式中。图 7.26 为 3.5%、6%、12% 和 23% 拉伸变形样品在 1050℃退火 5 min 后的显微组织。由图可知，随着变形量的增加，样品的平均晶粒尺寸呈先增加后下降趋势，分别为 40.3 μm、59.8 μm、45.3 μm 和 32.9 μm。这是由于在退火过程中，变形程度低（3.5%和 6%）的样品主要发生了应力诱发晶界迁移行为，而变形程度高（12%和 23%）的样品发生了广泛的再结晶行为。此外，可以发现 3.5%变形样品中晶粒尺寸的分布较不均匀，如图 7.26（a）中的圆圈所示。这是因为在变形过程中与拉伸方向具有特定取向关系的晶粒相比于其他晶粒会产生更大的应变，在低变形量时这种差别会更为明显。因此，在退火过程中，应变量大的晶粒会发生快速长大，而应变量小的晶粒生长速率较为缓慢，从而造成了晶粒尺寸分布的不均匀。

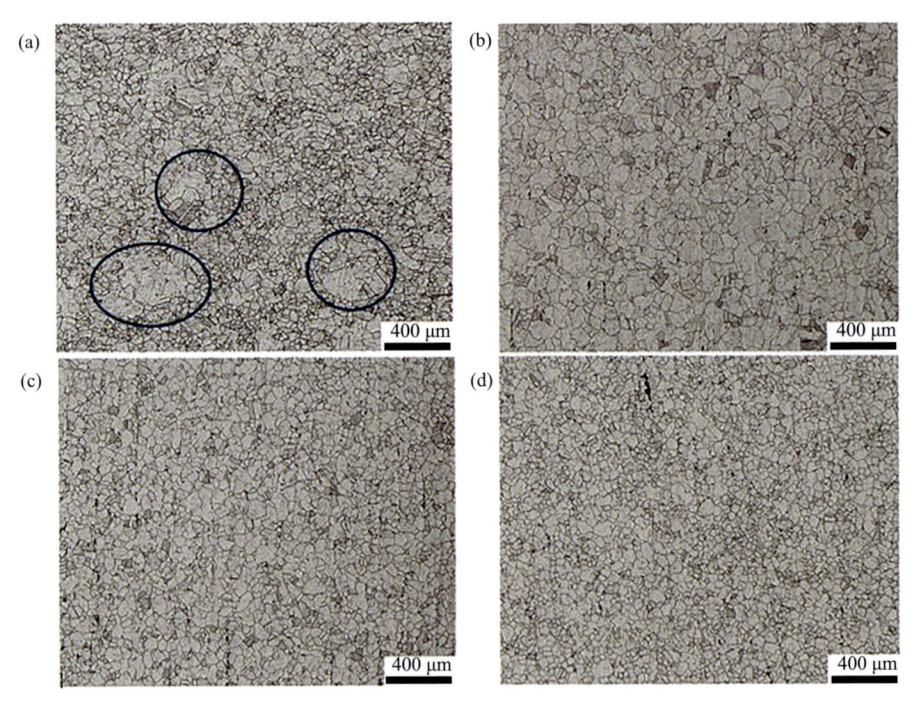

图 7.26　不同拉伸变形量样品经 1050℃退火 5 min 后的显微组织：（a）3.5%；（b）6%；（c）12%；（d）23%

　　图 7.27 给出了不同拉伸变形量样品经 1050℃退火 5 min 后的晶界重构图。从图中可以直观地看出，在相同退火条件下，低 ΣCSL 晶界的分布密度随着变形量的增加呈先增加后降低趋势。此外可以发现，不同变形量样品中晶界的形态及分布存在显著差异。6%变形量样品中含有大量由弥散分布的 $\Sigma 3$、$\Sigma 9$ 和 $\Sigma 27$ 晶界构成的三叉晶界，这些三叉晶界相互连接形成了一定尺寸互有 $\Sigma 3^n$ 取向差关系的晶界团簇，随机晶界网络连通性被打断的程度不高。而 3.5%、12%和 23%变形量样品中 $\Sigma 3$ 晶界多以单条直线或平行线对的形态出现，要么贯穿它所在的晶粒，

要么终止于其中，$\Sigma 9$ 和 $\Sigma 27$ 晶界数量较少，几乎不存在互有 $\Sigma 3^n$ 取向差关系的晶界团簇，随机晶界网络的连通性没有被打断。

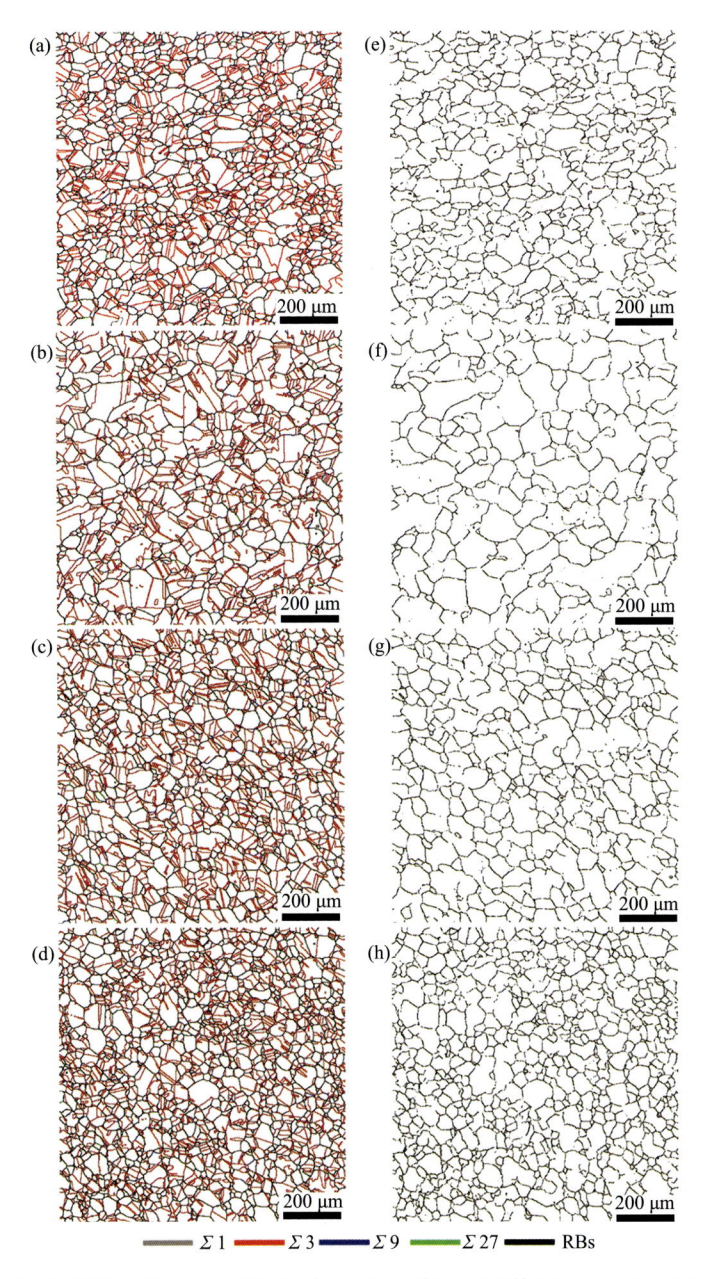

图 7.27　不同拉伸变形量样品经 1050℃ 退火 5 min 后的晶界重构图：（a, e）3.5%；（b, f）6%；（c, g）12%；（d, h）23%

图 7.28 为不同拉伸变形量样品经 1050℃退火 5 min 后的晶界特征分布统计结果。由图可知，随着拉伸变形量的增加，样品中低 Σ CSL 晶界、$\Sigma 3$ 晶界和 $\Sigma 9 + \Sigma 27$ 晶界的比例以及 $(\Sigma 9 + \Sigma 27)/\Sigma 3$ 的比值均呈先增加后下降趋势。其中，6%拉伸变形量样品中低 Σ CSL 晶界、$\Sigma 3$ 晶界和 $\Sigma 9 + \Sigma 27$ 晶界的比例以及 $(\Sigma 9 + \Sigma 27)/\Sigma 3$ 的比值最高，分别为 69.1%、60.3%、6.1%和 10.1%。这说明在 1050℃退火 5 min 条件下，6%的拉伸变形量更有利于实现 304 不锈钢晶界结构优化。

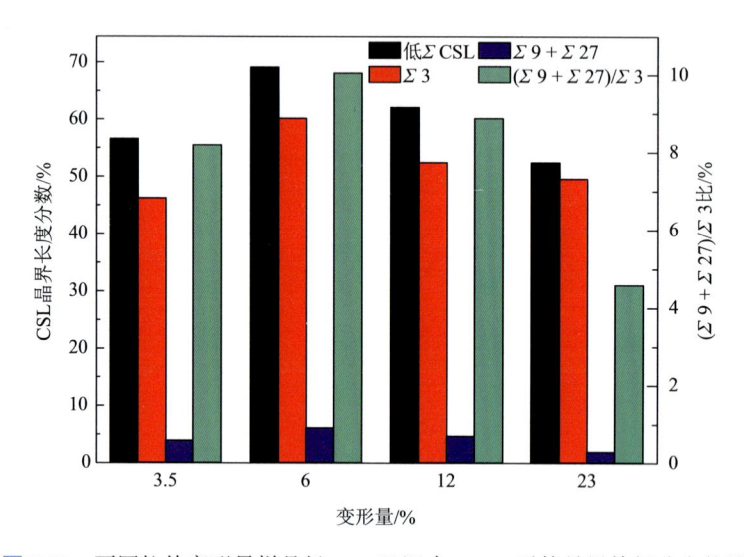

图 7.28 不同拉伸变形量样品经 1050℃退火 5 min 后的晶界特征分布统计

4. 不同方式变形后样品的组织特征演变

通过对比图 7.25 和图 7.28 可以发现，除了等效应变量为 0.03 的样品（即 RA3 和 TA3.5 样品）外，经相同等效应变量和退火工艺处理后不同变形方式变形的样品中低 Σ CSL 晶界比例存在显著差异。与母材相比，CTA3 和 UTA3.5 样品中低 Σ CSL 晶界比例变化不大，这是 0.03 的等效应变量所引入的变形储存能太低而不足以在后续退火过程中诱发晶界的快速迁移与反应所导致的，这从 CTA3 和 UTA3.5 样品的平均晶粒尺寸与母材相比变化不大可以得到证明。由于对不同变形方式变形的样品所采用的退火工艺相同，因而可以断定不同变形方式变形的样品中低 Σ CSL 晶界比例的不同是由变形组织的不同造成的。此外，由于 0.03 的等效应变量太低，经后续退火处理后样品的组织特征与母材相比变化不大，故而不能有效地反映出变形方式对晶界特征分布的影响。因此，在对不同变形方式变形样品的组织特征进行分析表征时将不考虑等效应变量为 0.03 的样品。

1）晶粒内取向差演变

图 7.29 为两种变形方式下不同应变量样品的局域取向差分布图。由图 7.29

可知，所有变形样品中的局域取向差分布不均匀且局域取向差随着应变量的增加而增加。图 7.30（a）给出了不同变形方式下局域取向差随应变量增加的变化规律。可以发现，随着应变量的增加，两种变形方式下的局域取向差分布均逐渐变宽且局域取向差分布的峰值逐渐向高角度偏移。当等效应变量为 0.06 时，轧制样品的局域取向差分布与拉伸样品相似。然而，当等效应变量为 0.12 或者 0.26 时，与拉伸样品相比，轧制样品的局域取向差的峰值角度更高且局域取向差分布更宽，这意味着轧制样品中晶粒内取向差比拉伸样品中的更大。利用式（7.7）计算得到变形样品中的储存能。图 7.30（b）给出了不同变形方式下样品中储存能随应变量的变化规律。从图中可以看出，两种变形方式下，样品中储存能均随应变量的增加而增加。当等效应变量为 0.06 时，轧制样品和拉伸样品具有相似的储存能。这主要是引入的等效应变较小而不能导致储存能存在明显差异。当等效应变量增加至 0.12 或者 0.26 时，轧制样品中的储存能要高于拉伸样品，这是由不同变形方式下变形引起滑移系开动的数目不同造成的。

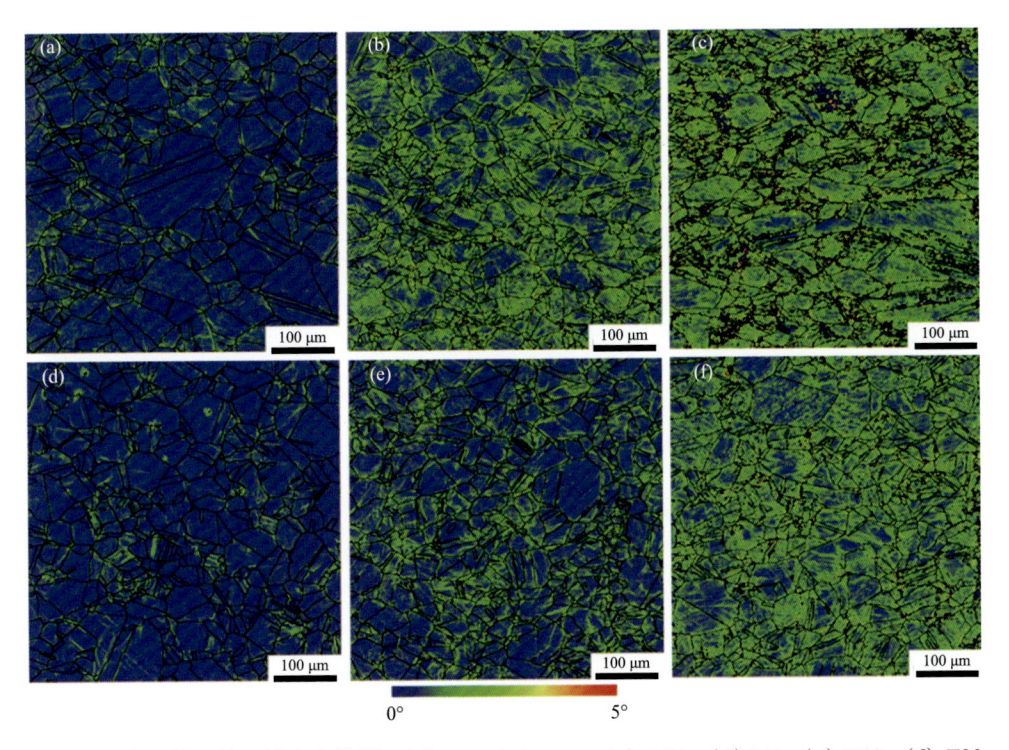

图 7.29 变形样品的局域取向差图：（a）R5；（b）R10；（c）R20；（d）T6；（e）T12；（f）T23

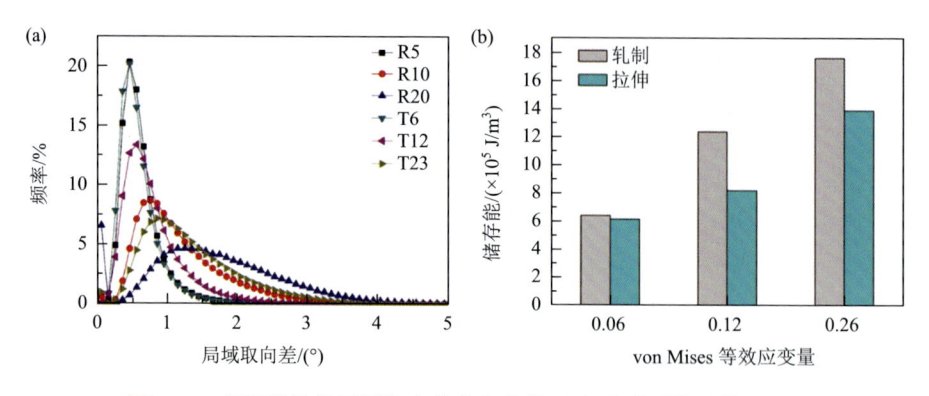

图 7.30　变形样品的局域取向差分布曲线（a）和变形储存能（b）

图 7.31 为轧制变形和拉伸变形时的应变示意图。与轧制变形（平面应变）相比，拉伸变形（三向应变）会导致更多的滑移系发生开动，这将引起更多不同伯格斯矢量位错的产生。然而，当变形样品中具有较多的不同伯格斯矢量位错时，胞壁中的位错更容易相消[25]。因此，在相同等效应变量条件下，拉伸变形样品中的储存能要低于轧制变形样品，这是因为变形组织中的储存能主要源于几何必需位错的形成。此外，这两种变形方式下储存能的差别随着应变量的增加呈先增加后减小的趋势，这是由于几何必需位错密度的增加降低了变形方式的影响。

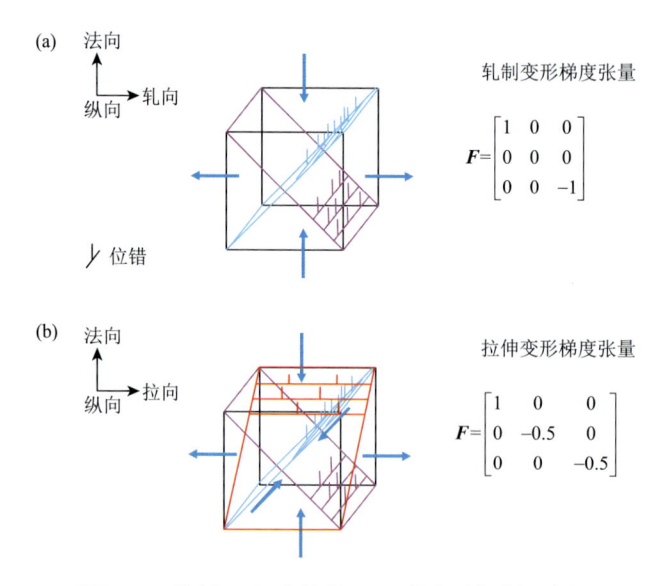

图 7.31　轧制（a）和拉伸（b）的变形机制示意图

2）织构演变

变形样品的织构演变可以通过极图和取向分布函数表示。通过构建极图可以描述变形样品中的择优取向。图 7.32 为经不同变形方式变形后样品的极图。观察发现，轧制样品中的图案与拉伸样品的图案完全不同。轧制样品中呈现出〈110〉晶向平行于轧面方向（ND）和〈111〉晶向平行于轧制方向（RD）的织构组分且〈110〉//ND 的织构组分占主导，特别是对于大应变量变形的样品。与轧制变形样品不同，拉伸变形样品中的主要织构组分为〈111〉晶向平行于拉伸方向（ED）。需要指出的是，本节研究中轧制样品中的轧制方向平行于拉伸样品中的拉伸方向，

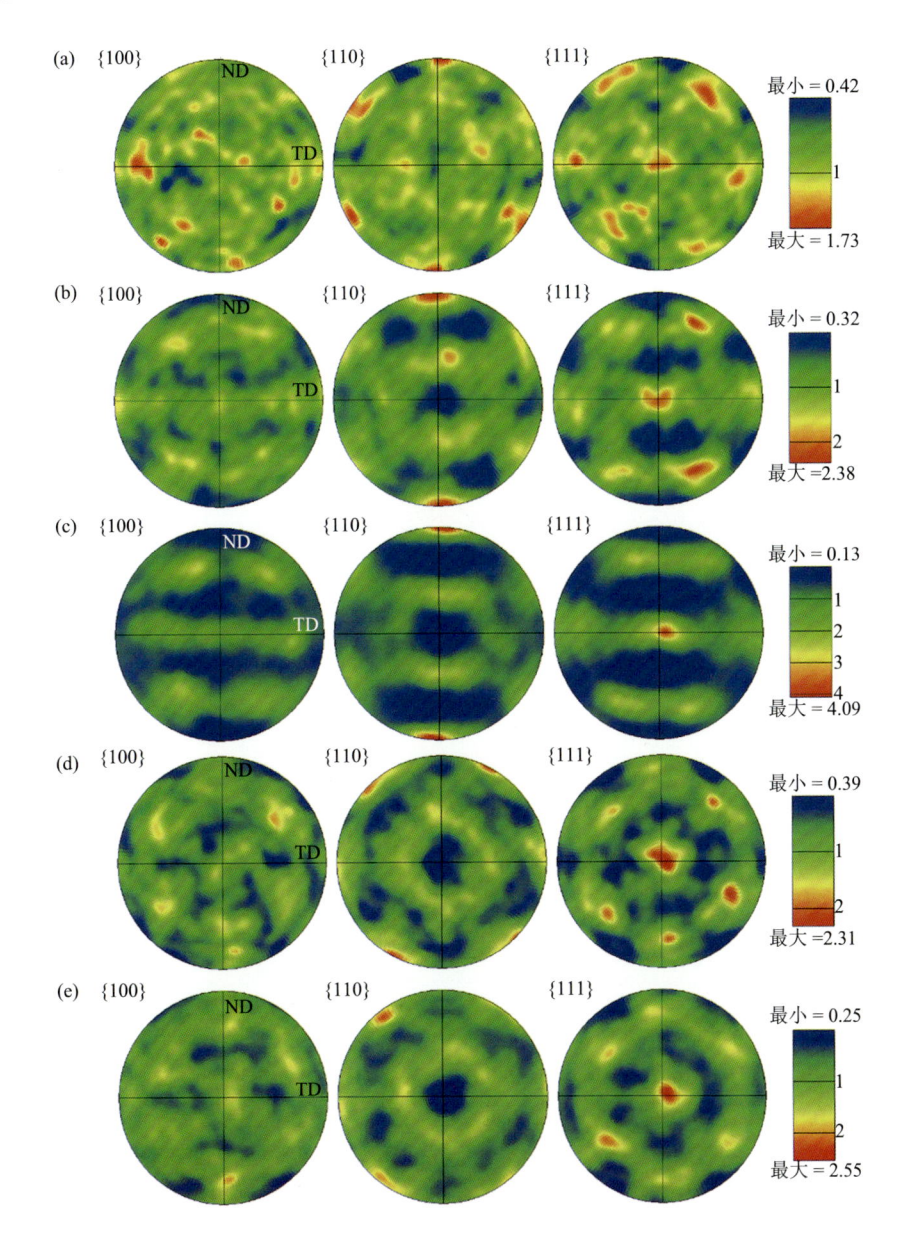

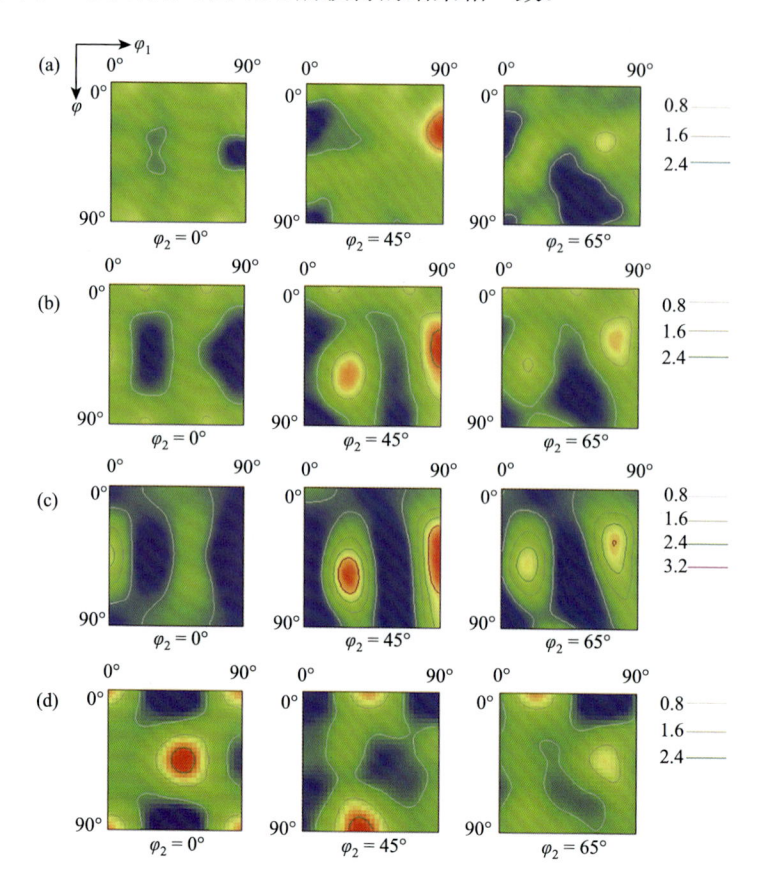

图 7.32 变形样品的极图：(a) R5；(b) R10；(c) R20；(d) T6；(e) T12；(f) T23

即 RD//ED。此外可以发现，当等效应变量由 0.06 增加至 0.26 时，轧制变形样品和拉伸变形样品的密度范围分别由 1.31 增加至 3.96 和由 1.92 增加至 3.54。

图 7.33 给出了变形样品的 $\varphi_2 = 0°$、45°和 65°的取向分布函数截面图。通过对所有截面使用相同的等高线图定义，从取向分布函数可以获得定量的织构数据和对不同变形方式的织构进行直接对比。与标准取向分布函数截面图 [图 7.33（g）] 对比可知，轧制样品中出现以 〈110〉//ND 为主的取向而拉伸样品中则为以 〈111〉//RD 为主的取向。这个结果与图 7.32 所获得的结果相一致。

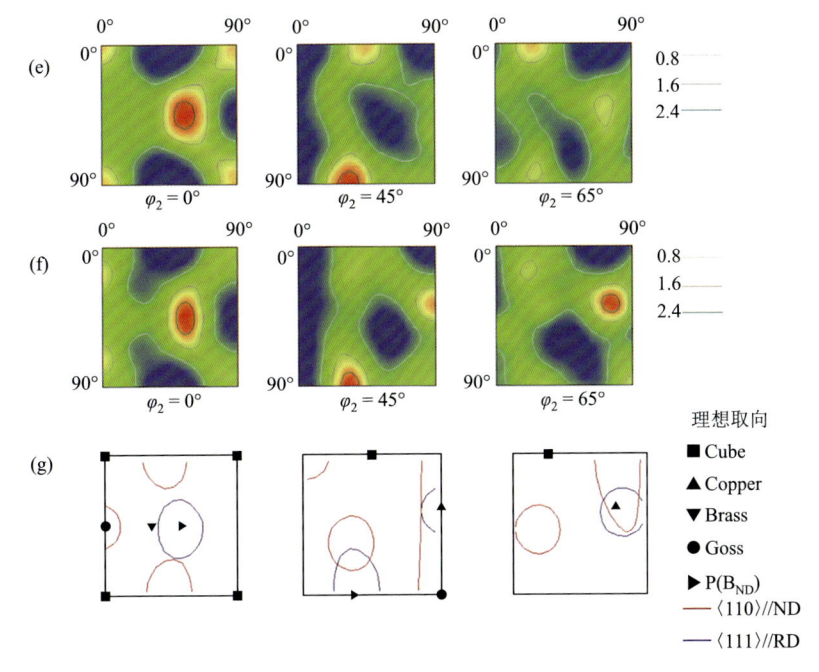

图 7.33 变形样品的 $\varphi_2 = 0°$、45°和 65°取向分布函数截面图：(a) R5，(b) R10，(c) R20，(d) T6，(e) T12，(f) T23；(g) 标准取向分布函数截面图

从图 7.24 和图 7.27 中可以发现，随着应变量的增加，这两种变形方式变形的样品中低 Σ CSL 晶界，特别是 $\Sigma 3$ 晶界的形态特征均由弯曲的形态转变为单条直线或平行线对形态。这意味着样品 RA5 和 TA6 中随机晶界网络的连通性被打断。为了便于对比变形方式对晶界特征分布的影响，将母材和经晶界工程处理后样品的晶界特征分布统计结果示于图 7.34。由图可知，对于两种变形方式，随着应变量的增加，样品中低 Σ CSL 晶界比例、$\Sigma 3$ 晶界比例、$\Sigma 9 + \Sigma 27$ 晶界比例以及 $(\Sigma 9 + \Sigma 27)/\Sigma 3$ 比值均逐渐降低。尽管所有变形样品的退火条件相同，但样品 RA5 中含有最高的低 Σ CSL 晶界比例、$\Sigma 3$ 晶界比例、$\Sigma 9 + \Sigma 27$ 晶界比例以及 $(\Sigma 9 + \Sigma 27)/\Sigma 3$ 比值。样品 RA10 和 RA20 中的低 Σ CSL 晶界比例、$\Sigma 3$ 晶界比例、$\Sigma 9 + \Sigma 27$ 晶界比例以及 $(\Sigma 9 + \Sigma 27)/\Sigma 3$ 比值均分别低于样品 TA12 和 TA23。

此外，由图 7.34 可知，样品 RA5 和 TA6 中低 Σ CSL 晶界比例，特别是 $\Sigma 3^n$ 晶界比例显著高于母材。这是由于小应变量引入的变形储存能不足以在后续退火过程中引发广泛的再结晶行为，而是发生应力诱发晶界迁移行为。某些特定取向的晶粒由于变形程度较大在退火过程中发生优先长大，其晶界在迁移长大过程中不断吞并周围的变形基体并形成低 Σ CSL 晶界，从而使得低 Σ CSL 晶界比例增加。由于低 Σ CSL 晶界主要为 $\Sigma 3$ 晶界，因此可以认为低 Σ CSL 晶界比例的提高是由

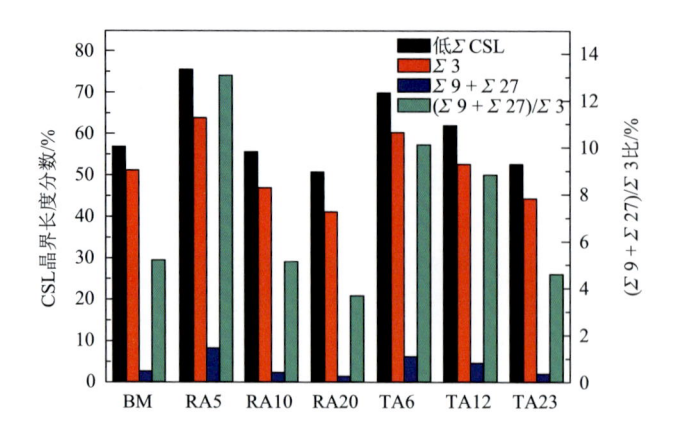

图 7.34 母材和晶界工程处理样品的晶界特征分布统计

$\Sigma 3$ 晶界比例的提高引起的。孪晶的增殖机制可以通过 $(\Sigma 9+\Sigma 27)/\Sigma 3$ 比值进行判断，即高的 $(\Sigma 9+\Sigma 27)/\Sigma 3$ 比值代表着 $\Sigma 3$ 再生机制占主导作用，而低的 $(\Sigma 9+\Sigma 27)/\Sigma 3$ 比值意味着新孪晶形成机制占主导作用。由图 7.34 观察可知，与母材相比，样品 RA5 和 TA6 中的 $(\Sigma 9+\Sigma 27)/\Sigma 3$ 比值较高，这意味着样品 RA5 和 TA6 中主要的孪晶增殖机制为 $\Sigma 3$ 再生机制。此外，样品 RA5 和 TA6 中的 $\Sigma 9+\Sigma 27$ 晶界比例要远高于母材。尽管 $\Sigma 9+\Sigma 27$ 晶界比例与 $\Sigma 3$ 晶界比例相比要小得多，但 $\Sigma 9+\Sigma 27$ 晶界通常作为三叉晶界反应（$\Sigma 3+\Sigma 3 \rightarrow \Sigma 9$ 或 $\Sigma 3+\Sigma 9 \rightarrow \Sigma 27$）的桥接片段。从图 7.24（b）中可以发现，样品 RA5 中含有大量 $\Sigma 3^n$ 晶界组成的三叉节点，其中一些弥散分布 $\Sigma 3^n$ 晶界替代了随机晶界，进而打断了随机晶界网络的连通性［图 7.24（f）］。

与母材相比，样品 RA10、RA20、TA12 和 TA23 中低 Σ CSL 晶界比例没有显著提高，甚至有一定程度的降低，如图 7.34 所示。许多研究同样指出大的应变量不利于 $\Sigma 3$ 晶界的形成，这是由于在退火过程中会发生广泛的再结晶[26]。这是由两方面原因共同作用的结果。一方面，在再结晶退火过程中，应变量的增加会增加随机晶界的形核率从而导致 $\Sigma 3$ 晶界与随机晶界间的反应概率提高，而这种反应往往生成的是随机晶界而不是 $\Sigma 3$ 晶界[18]。另一方面，变形基体在再结晶退火过程中更易形成随机晶界。Mahajan 等[14]提出的机制认为再结晶退火过程中形成的随机晶界向变形基体中迁移并与点阵位错反应，这种反应会形成平直的共格孪晶界。这从大应变量样品 RA10、RA20、TA12 和 TA23 中含有大量以单独的直线或直线对形态存在的 $\Sigma 3^n$ 晶界可以得到证明，如图 7.24（c）、（d）和图 7.27（c）、（d）所示。如上所述，以这种形态存在的 $\Sigma 3$ 晶界无法打断随机晶界网络的连通性，因此 RA10、RA20、TA12 和 TA23 样品中随机晶界网络的连通性比较完整，如图 7.24（c）、（d）和图 7.27（c）、（d）所示。

通过对比两种变形方式下变形样品的晶粒取向可以发现轧制样品和拉伸样品

中存在明显不同的变形织构,如图 7.32 和图 7.33 所示。由图 7.33(b)可知,样品 R5 和 T6 具有相似的储存能大小。然而,从图 7.34 观察可知,样品 RA5 中低 Σ CSL 晶界比例高于样品 TA6。这应该是由在不同变形方式下变形所形成的不同晶体学取向造成的。具体而言,轧制样品中形成的是以 ⟨110⟩//ND 为主的织构组分,而拉伸样品中则是形成以 ⟨111⟩//RD 为主的织构组分。由此可以推断变形过程中形成的 ⟨110⟩//ND 织构组分在退火过程中更有利于低 Σ CSL 晶界的形成。目前描述退火孪晶形成的模型有很多,其中 Gleiter[27]提出的生长事故模型应用最为广泛。该模型指出退火孪晶的形成与晶界迁移形成层错有关。因此,迁移晶界所对应的晶粒的晶体学取向将会影响层错形成的概率。图 7.35 为变形样品的泰勒(Taylor)因子统计结果。由图 7.35(a)可知,轧制样品具有更高比例的高泰勒因子晶粒。轧制样品中高的泰勒因子晶粒对应于在变形过程中因缺少滑移系而不易变形,低的泰勒因子晶粒易于发生滑移,从而导致在变形过程中应变将会分布不均匀。这些具有不协调应变状态的组织在退火过程中将会更易产生层错,最终形成更高比例的低 Σ CSL 晶界。尽管轧制样品中具有更加不协调的应变

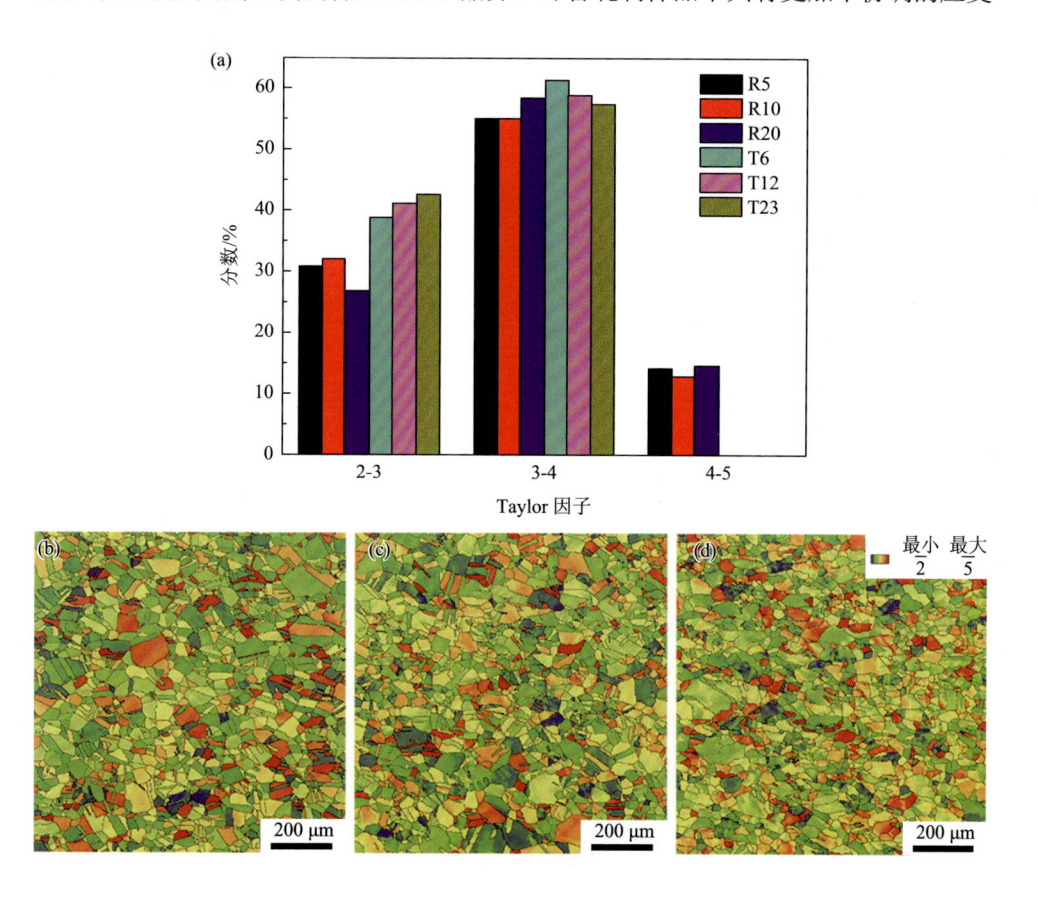

图 7.35 变形样品的泰勒因子分布直方图（a）和泰勒因子图：（b）R5；（c）R10；（d）R20；（e）T6；（f）T12；（g）T23

状态，但是样品 TA12 中的低 Σ CSL 晶界比例要高于样品 RA10。这是由于两种变形方式引入的储存能不同。如图 7.30（b）所示，由于样品 R10 中的储存能高于样品 T12，在再结晶退火过程中将会形成更高比例的随机晶界。样品 R10 中高储存能的不利影响超过了应变不协调状态所产生的有益影响，从而导致了样品 RA10 中低 Σ CSL 晶界比例低于样品 TA12。此外，当等效应变量增加至 0.26 时，样品 RA20 中的低 Σ CSL 晶界比例同样低于样品 TA23。但是，样品 RA20 与样品 TA23 中低 Σ CSL 晶界比例的差异变小。这是由于当等效应变量由 0.12 增加至 0.26 时，样品 R20 和样品 T23 中的储存能差异变小，而在高应变水平下低 Σ CSL 晶界的形成主要受储存能大小的影响。

5. 小结

本节以 304 奥氏体不锈钢为模型材料，系统深入地研究了变形方式和应变水平对晶界特征分布的影响，并得出如下结论。

（1）随着等效应变量的增加，变形样品中的储存能不断增加。此外，储存能的大小还受变形方式影响。由于不同变形方式下滑移系开动的数目不同，当等效应变量为 0.12 或 0.26 时，轧制变形样品比拉伸变形样品具有更高的储存能。

（2）晶界结构的演变与变形织构有密切关系，变形织构造成的应变状态的协调性越低，在后续退火过程中越有利于低 Σ CSL 晶界，特别是 $\Sigma 3^n$（n = 1、2、3）晶界的形成。与以〈111〉//RD 型织构为主的拉伸变形样品相比，轧制变形样品中形成的〈110〉//ND 型织构会造成应变状态更加不协调。

（3）晶界结构的优化由储存能的大小和变形织构的类型共同控制。当等效应变量为 0.06 时，在后续退火处理过程中样品发生形变诱发晶界迁移行为，不同变形方式变形的样品中低 Σ CSL 晶界比例均增加。但与拉伸变形相比，轧制变形更有利于低 Σ CSL 晶界比例的提高和随机晶界网络连通性的打断。当等效应变量为 0.12 或 0.26 时，在后续退火过程中样品发生完全再结晶行为，此时轧制变形样品

中的低 ΣCSL 晶界比例低于拉伸变形样品。然而，对于等效应变量为 0.12 或 0.26 的样品，由于在后续退火过程中预先存在的孪晶被湮灭且伴随着随机晶界的形成，样品未能实现晶界特征分布的优化。

7.2.3 晶界结构调控的奥氏体不锈钢性能

1. 晶界特征分布对拉伸、冲击力学性能的影响

1）拉伸力学性能分析

通过拉伸实验分析晶界特征分布对拉伸力学性能的影响。图 7.36 为晶界特征优化前后不同处理工艺试样的拉伸力学性能曲线对比，表 7.4 统计了弹性模量（E）、屈服强度（R_p）、抗拉强度（R_m）、延伸率（A）和屈强比（R_p/R_m）几个力学性能重要指标。对比晶界工程处理前后的数据可以发现，经过晶界工程处理后材料的力学性能都得到了一定程度的提高。特别是对于 947℃退火晶界工程处理后的材料，抗拉强度比初始材料高出 181.7 MPa，增加了 26%，塑性提高了 12%，但屈强比变化不大，对材料的综合力学性能起到一定的改善作用。对比不同退火温度的晶界工程处理材料，927℃、967℃退火过的材料强度和塑性虽然比初始材料要高，但都略低于 947℃试样。

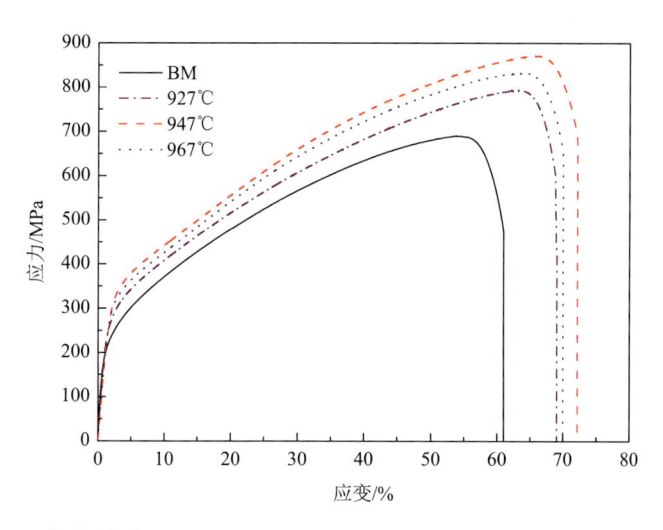

图 7.36 初始材料和三种退火温度晶界工程处理试样的拉伸应力-应变曲线

表 7.4 初始材料和不同工艺处理试样的拉伸力学性能

试样	E/MPa	R_p/MPa	R_m/MPa	A/%	(R_p/R_m)/%
BM	340.2	159.1	689.8	60.0	0.23
927℃	180.9	210.1	794.3	69.0	0.26

续表

试样	E/MPa	R_p/MPa	R_m/MPa	A/%	(R_p/R_m)/%
947℃	232.1	254.2	871.5	72.2	0.29
967℃	189.8	249.3	833.3	66.6	0.30

多晶材料屈服强度的变化与晶粒尺寸密切相关，在一般的晶粒尺寸范围内屈服强度与晶粒尺寸的关系遵循式（7.9）所示 Hall-Petch 方程：

$$\sigma = \sigma_0 + Kd^{-1/2} \quad (7.9)$$

在多晶材料塑性变形过程中，位错源不断释放位错，使晶体产生滑移，晶粒内部的位错在运动过程中会遇到晶间的阻碍作用，位错克服晶界的阻碍作用使变形从一个晶粒传递到另一个晶粒，达到材料的屈服。屈服强度取决于晶界对位错的运动阻力，因而，相同一块材料，内部晶界数量越多，即晶粒越细小，材料的屈服极限就越大。晶粒尺寸是多晶材料力学性能的一个重要影响因素。然而，在本节实验中，根据 EBSD 数据计算初始材料的晶粒尺寸约为 26 μm，晶界特征优化后材料的晶粒尺寸约为 42 μm。因此，晶界特征优化前后晶粒的尺寸长大了 16 μm，晶粒尺寸效应使材料的屈服强度略微降低。尽管如此，实际实验数据表明，晶界特征优化后试样的拉伸性能还是增强的，此时材料整体强度性能的明显改善只可能是特殊晶界比例增加造成的。

材料静态应力-应变曲线上均匀变形阶段的应力也同样可通过式（7.10）所示的 Hollomon 公式描述：

$$\sigma = K\varepsilon^n \quad (7.10)$$

式中，σ 为应力；ε 为应变；K 和 n 为材料的参数，其中，K 为材料的强度系数，n 为加工硬化指数或加工硬化率，反映了金属由于塑性变形而强化（硬化）的速率。金属材料的 n 值越大则加工成的机件在服役时承受偶然过载的能力也就越大，可以阻止机件某些薄弱部位继续塑性变形。从工程应力-应变曲线上可以反映出，晶界特征优化后的材料形变加工硬化指数要高于初始材料，可见特殊晶界比例的增加对形变强化速率也产生了积极的影响。形变强化速率是位错增殖、运动受阻所致，位错的行为强烈受制于晶界的影响，晶界会强烈地阻碍位错运动，特殊晶界由于较低的能量，不易与位错发生交互作用，可能更多地塞积和吸收位错，从而有效控制形变硬化的强弱。

2）拉伸断口形貌分析

图 7.37 为拉伸试样断口的宏观 SEM 图，可以明显分辨出断口的三要素：纤维区、放射区和剪切唇。图 7.38 为裂纹源区的放大形貌，椭圆形纤维区是断裂的开始区域，裂纹的策源地位于断口的中央，呈粗糙的纤维状。纤维区中塑性变形

量较大，表面粗糙不平，对光线的散射能力很强，所以呈暗灰色。初始材料裂纹源区出现很深的大裂纹，处理后的试样裂纹则较浅。

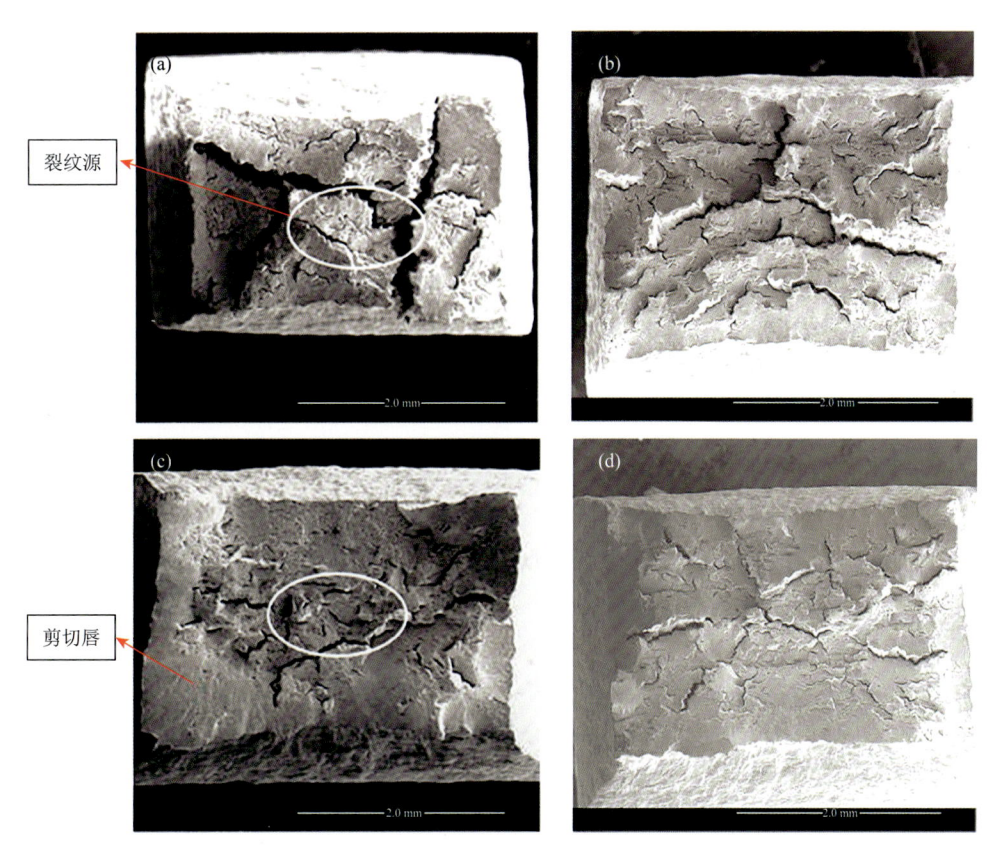

图 7.37　拉伸试样宏观断口扫描电镜图：(a) BM；(b) GBEM-927℃；(c) GBEM-947℃；(d) GBEM-967℃

图 7.38　拉伸试样断口裂纹源区扫描电镜图：(a) BM；(b) GBEM-927℃；(c) GBEM-947℃；(d) GBEM-967℃

纤维区形成的微裂纹随着塑性变形的增大逐渐向四周扩展，在放射区生长成较大的裂纹。比较初始材料和晶界特征优化后的断口表面裂纹大小，由图 7.38 可以看出：晶界工程处理过的材料裂纹宽度和深度比初始材料要细和浅，初始材料的大裂纹多连通性较好，扩展的速度快，而晶界特征优化材料的裂纹断断续续出现，具有不连续性，反映了特殊晶界比例的增加可以显著改善材料的断裂强度。

断口周围比较平滑的表面是剪切唇，一般剪切唇在断口宽度中所占比例越大，则材料的塑性越好，断裂快速扩展的速度越慢。通过比较可以发现，晶界特征优化后材料的剪切唇所占比例明显比初始材料要大，特别是 947℃ 退火试样，将近一半的区域为剪切唇，因而具有良好的塑性。

韧窝的大小、深浅及数量取决于材料断裂时夹杂物或第二相粒子的大小、间距、数量及材料的塑性和热处理方式。如果夹杂物或第二相粒子较多，材料的塑性较差，断口上形成的韧窝尺寸较小也较浅，反之，则韧窝较大较深。韧窝的深度主要受材料变形能力的影响，材料的塑性变形能力大，韧窝深度大，反之，韧窝深度小。304 奥氏体不锈钢基体中的第二相碳化物质点较少，韧窝大小和深度直接反映了材料塑性变形能力的大小。由图 7.39 不仅可以看出晶界特征优化后材料微观组织中沿晶界开裂的情况明显得到了显著改善，而且拉伸断口处韧窝与初始材料相比，同样为等轴状韧窝，但韧窝尺寸更大更深，进一步反映了晶界工程对材料塑性的改善。

3）冲击力学性能分析

冲击实验是为了评价材料在冲击载荷下的力学行为，考察材料的韧性。冲击

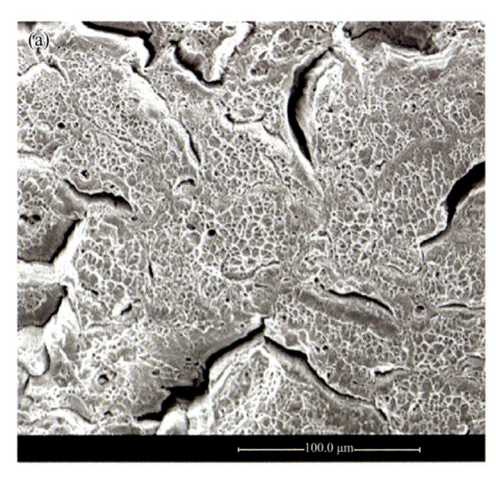

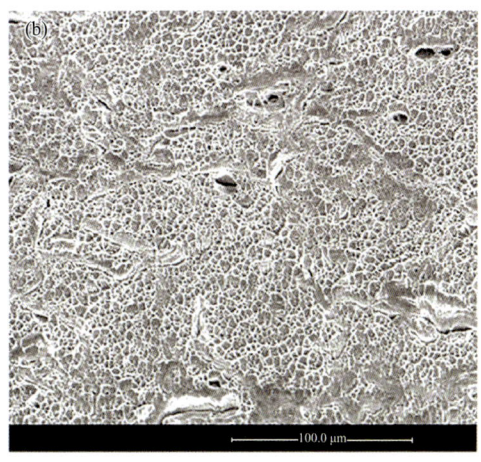

图 7.39 拉伸试样韧窝形貌：(a) BM；(b) GBEM-947℃

载荷与静载荷的主要区别在于加载速率的不同，冲击载荷加载速率很高，从而造成材料的形变速率很大，一般冲击实验的应变速率可达到 $10^2 \sim 10^4 \mathrm{~s}^{-1}$。当应变速率大于 $10^2 \mathrm{~s}^{-1}$ 时，金属材料力学性能将发生显著变化。因此，通过冲击实验分析晶界特征分布对 304 不锈钢冲击韧性的影响十分有必要。

冲击韧性是指材料在冲击载荷作用下吸收塑性变形功和断裂功的能力。通过冲击实验测量出初始材料和晶界工程（947℃）处理试样的冲击韧度（α_k）见表 7.5。冲击韧度的计算见式（7.11）：

$$\alpha_k = \frac{E}{A} \tag{7.11}$$

式中，E 为冲断标准试件所消耗的能量；A 为试样切槽削弱处的最小横截面积。

表 7.5 初始材料和晶界工程处理试样的冲击力学性能

试样	冲击韧度(α_k)/(N·m/mm²)			
	1#	2#	3#	平均值
BM	1.17	1.21	1.21	1.20
GBEM-947℃	1.57	1.57	1.62	1.59

304 奥氏体不锈钢初始材料的平均冲击韧度为 1.20 N·m/mm²，晶界特征优化后试样的平均冲击韧度增加到 1.59 N·m/mm²，增幅达到 32.5%，大大提高了 304 不锈钢在高应变速率下的冲击韧性。金属在冲击载荷作用下，一方面由于材料内部的许多位错源同时开动，抑制了晶体中易滑移阶段的产生和发展；另一方面冲

击载荷增加位错密度和滑移系数目，形成孪晶，减小位错运动自由行程平均长度，点缺陷浓度增加，造成塑性变形难以充分进行。

材料的冲击韧性同样受到晶粒尺寸的影响，资料显示[28]：晶粒的细化会使材料的韧性增加。Hall-Petch 关系同样能够用来评定材料晶粒尺寸对韧性的影响。在本节实验中，晶界工程处理后材料的晶粒尺寸虽然增加了，但断裂韧度还是增强的，此时材料韧性的改善是由材料内部晶界特征分布的优化所导致的。晶界特征优化后，材料内部高能大角度自由晶界网络被形成的大量连通的低能特殊晶界所打断。之前的实验表明低 Σ 晶界具有优异的强度和塑性，在冲击载荷作用下会额外吸收大量的冲击功，导致材料冲击韧度得到显著增加。

4）冲击断口形貌分析

本节冲击实验中，初始材料所有试样均冲击断裂，断裂两部分稍微用力便可分开。而晶界工程处理试样则仅仅只是部分冲断，断裂的两部分仍然紧紧结合在一起，需用锤子敲击才能将两部分分开。为方便断口形貌 SEM 观测，人为将未完全分离的冲击破坏试样分离，观察断口形貌。图 7.40 为初始材料和晶界工程处理试样冲击后的断口形貌，仅白色方框区域为实际冲击断口。冲击试样断口形貌也存在纤维区、放射区（结晶区）和剪切唇三个区域，但是不同材料的断口三个区域并不一定同时存在。304 不锈钢初始材料的冲击断口中，纤维区面积较小，大部分为放射区，剪切唇在边缘部位，材料的脆性较大。晶界特征优化后材料整个断口塑性变形程度十分大，断口区域几乎全部为纤维区。通过观察断口宏观形貌，可以发现初始材料冲击脆性的倾向要明显高于晶界工程处理后材料。另外，由于初始材料相比于晶界特征优化后材料晶界处产生的偏析更加严重，也会对冲击性能产生影响，表现出更低的冲击韧性。

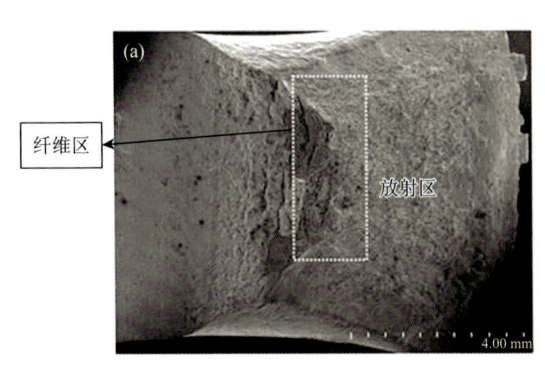

图 7.40 冲击试样宏观断口扫描电镜图：（a）BM；（b）GBEM-947℃

金属静态抗拉强度可以简单地看成阻止位错运动的能力，位错的运动直接给出塑性变形，那么韧性就可以看作是阻止裂纹扩展的能力，裂纹的扩展导致断裂。

由于材料内部晶界特征分布的改变，大量低能特殊晶界所体现出来的阻碍裂纹扩展的能力十分显著。

图 7.41 为冲击试样断口截面微观 SEM 形貌。初始材料断口放射区可以观察到晶粒界面附近出现不连续的、解理型撕裂的裂纹扩展区域，出现韧窝形貌的区域很少。晶界特征优化后材料断口的放射区发现大量伸长韧窝，这些韧窝的存在是大塑性变形的痕迹，吸收了大量冲击功，对材料冲击韧性的贡献很大。

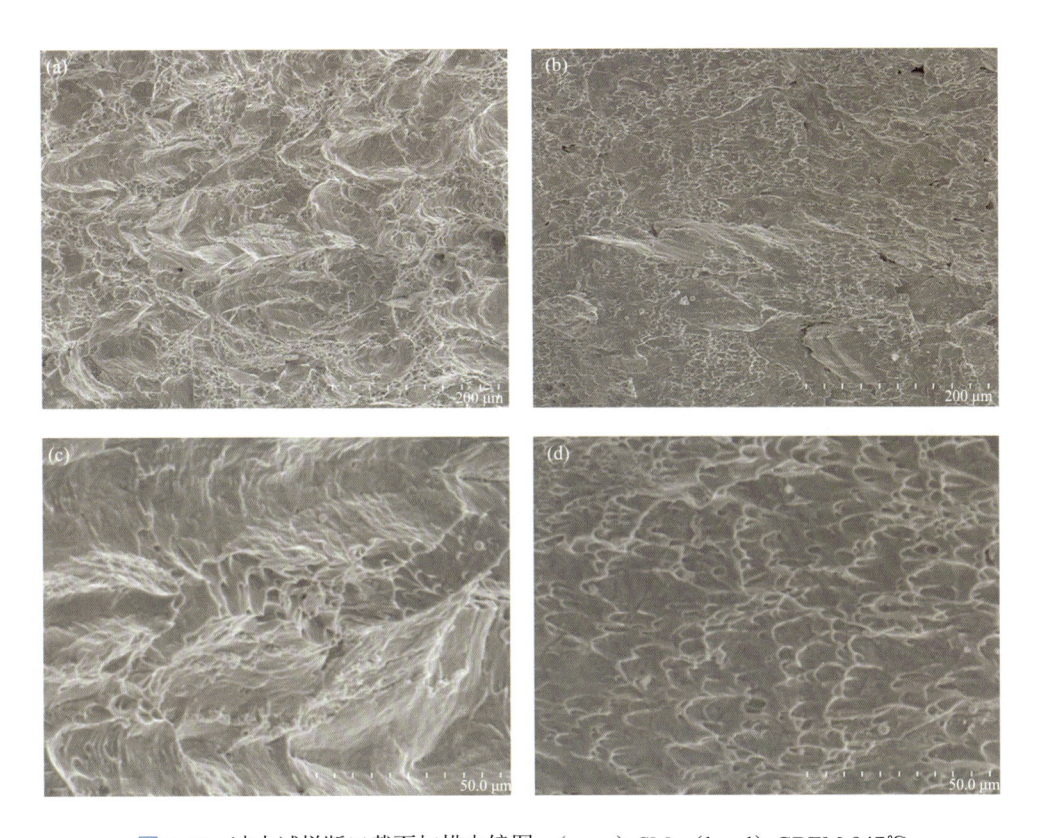

图 7.41　冲击试样断口截面扫描电镜图：（a、c）SM；（b、d）GBEM-947℃

5）小结

本节对 927℃、947℃和 967℃退火过的晶界特征优化试样和初始材料进行静态拉伸力学性能分析，并通过 SEM 分析拉断试样断口形貌得到以下几点结论。

（1）947℃退火的晶界特征优化处理能够使 304 不锈钢的屈服强度增加约 100 MPa，抗拉强度增加约 200 MPa，塑性变形能力提高 12%以上，表明晶界工程可以使 304 不锈钢常温拉伸力学性能得到显著的整体优化。

（2）拉断试样的断口 SEM 形貌分析表明，特殊晶界的优化增加了拉伸断裂裂纹源萌生和扩展的阻力，并提高了晶粒间的塑性变形。

（3）晶界特征优化后材料的冲击韧度由初始材料的 1.20N·m/mm^2 增加到 1.59N·m/mm^2，增加幅度达到 32.5%，极大地改善了 304 不锈钢在高应变速率下的塑韧性能。晶界工程处理材料冲击断口塑性变形剧烈，产生的大量伸长韧窝吸收了绝大部分的冲击功，从而造成冲击韧度的增加。

2. 晶界特征分布对耐蚀性能的影响

1）晶界优化前后材料的组织特征

图 7.42 为母材和晶界工程材料的显微组织。母材和晶界工程材料样品的平均晶粒尺寸分别为 39.0 μm 和 104.3 μm。从图 7.42 中可以发现，母材组织中含有大量的以平行线对或者直线形态存在的退火孪晶，这是由奥氏体不锈钢具有的低层错能而易形成退火孪晶导致的。与母材相比，晶界工程材料样品的组织显著不同，其中含有大量的宽且长的退火孪晶。

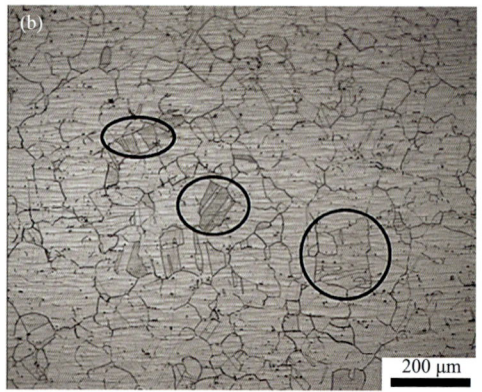

图 7.42 母材（a）和晶界工程材料（b）的显微组织图

图 7.43 为母材和晶界工程材料的晶界重构图，图中红色、蓝色、绿色和黑色线条分别代表 Σ3 晶界、Σ9 晶界、Σ27 晶界和随机晶界。从图 7.43（a）和（c）可见，母材中的退火孪晶要么中止单个晶粒内部，要么横跨整个晶粒并且随机晶界网络的连通性非常完整。然而，晶界工程材料中有大量 Σ3^n（n = 1、2、3）晶界形成的晶界团簇并且随机晶界网络的连通性被这些大量的 Σ3^n 晶界所打断，如图 7.43（b）和（d）所示。图 7.44 为母材和晶界工程材料的晶界特征分布统计结果。由图可知，晶界工程材料中的低 ΣCSL 晶界比例由母材的 56.8% 增加至 77.9%。其中，Σ3 晶界比例由 51.0% 增加至 64.6%，Σ9 + Σ27 晶界比例由 2.7% 增加至 10.0%，而 (Σ9 + Σ27)/Σ3 比值由母材的 5.3% 增加至晶界工程材料的 15.5%。晶界工程材料的主要孪晶形成机制为 Σ3 再生机制。如图 7.44 所示，晶界工程材料中的 Σ9 + Σ27

晶界比例显著高于母材中的 $\Sigma9+\Sigma27$ 晶界比例。虽然 $\Sigma9+\Sigma27$ 晶界比例与 $\Sigma3$ 晶界比例相比要低得多，但是 $\Sigma9+\Sigma27$ 晶界通常作为三叉晶界反应（$\Sigma3+\Sigma3\to\Sigma9$ 和 $\Sigma3+\Sigma9\to\Sigma27$）的桥接部分，特别是 $\Sigma9$ 晶界。由图 7.43（b）可知，晶界工程材料样品中含有大量由 $\Sigma3^n$ 晶界组成的三叉节点，这些孪晶相关的晶界替代随机晶界从而打断了随机晶界网络的连通性。

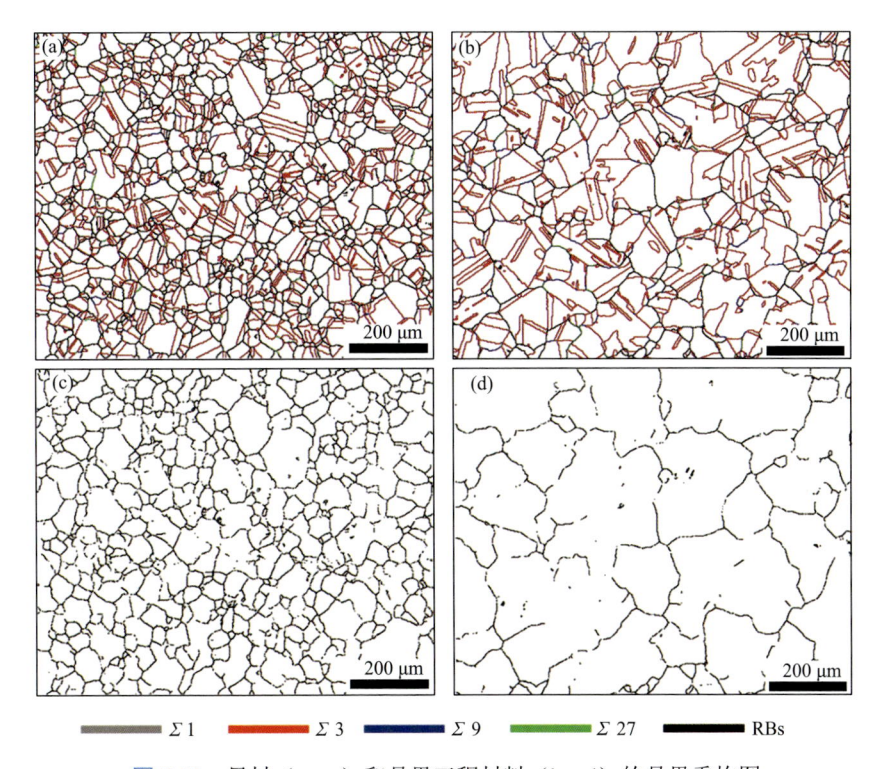

图 7.43　母材（a，c）和晶界工程材料（b，d）的晶界重构图

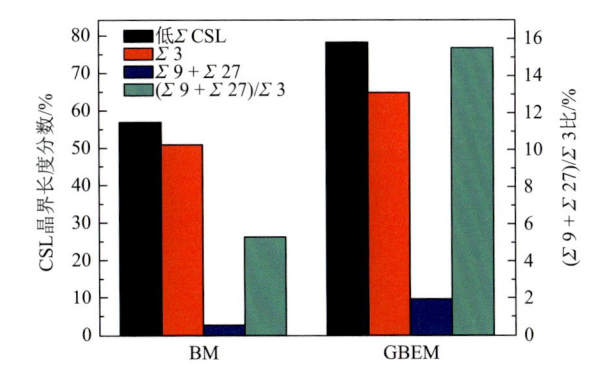

图 7.44　母材和晶界工程材料的晶界特征分布统计

2）晶界优化前后材料的抗晶间腐蚀性能研究

图 7.45 为硫酸-硫酸铁腐蚀实验中母材与晶界工程材料的腐蚀速率随腐蚀时间的变化规律。可以发现，母材和晶界工程材料的腐蚀速率均随腐蚀时间的延长而增加。然而，在相同的腐蚀时间下，母材的腐蚀速率要远高于晶界工程材料的腐蚀速率，在浸泡腐蚀 96 h 时，晶界工程材料样品的腐蚀速率仅为母材的 50%左右。

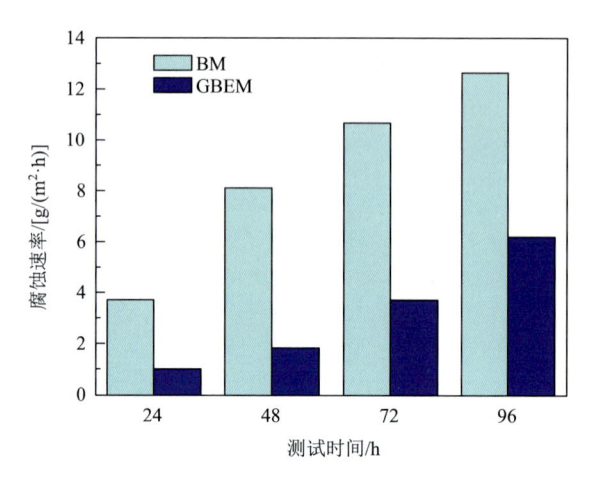

图 7.45　腐蚀实验中母材与晶界工程材料的腐蚀速率随腐蚀时间的变化规律

图 7.46 为母材和晶界工程材料样品在硫酸-硫酸铁溶液中浸泡腐蚀 96 h 后的表面和截面形貌图。对比发现，母材样品中几乎所有的晶界均被腐蚀且表面晶粒脱落十分严重。晶粒脱落后裸露出的新的表面上依然能看到明显的晶间腐蚀向基体内部继续延伸的现象。而晶界工程材料样品表面平整，基本没有晶粒脱落现象的产生，表面仅有部分晶界受到腐蚀，腐蚀裂纹弥散分布，没有形成连通的腐蚀裂纹网络。从截面形貌图可以更清晰地看出，母材样品的腐蚀扩展已深入材料内部，最大晶间腐蚀深度达到 1 mm 以上。而晶界工程材料样品腐蚀裂纹向材料内部扩展的深度很浅，从而未发生晶粒的脱落，这说明晶界工程材料样品中沿晶腐蚀裂纹的扩展被抑制，从而降低了腐蚀程度，提高了材料的耐蚀性。

图 7.46　母材和晶界工程材料样品在硫酸-硫酸铁溶液中浸泡腐蚀 96 h 后的表面和截面形貌：（a）母材表面形貌；（b）母材截面形貌；（c）晶界工程材料表面形貌；（d）晶界工程材料截面形貌

相比于低 Σ CSL 晶界，特别是 $\Sigma 3^n$（$n=1$、2、3）晶界，随机晶界具有更高的界面能，在腐蚀环境中会优先被腐蚀。图 7.47 为硫酸-硫酸铁腐蚀过程中低 Σ CSL 晶界阻止晶间腐蚀扩展的示意图，黑线为随机晶界，灰线为低 Σ CSL 晶界。在腐蚀介质环境中，腐蚀会从表面开始，然后沿着高能随机晶界向材料内部渗透。当随机晶界网络连通性很好时，晶间腐蚀会沿着随机晶界网络由材料表面向内部渗透，造成材料晶间腐蚀的不断进行而使得晶粒脱落，最终导致材料失效。当随机晶界网络的连通性被低 Σ CSL 晶界打断时，低 Σ CSL 晶界具有良好的耐蚀性能，这将会使晶间腐蚀裂纹沿随机晶界扩展时受到抑制，从而使得材料的抗晶间腐蚀性能得到提高。相比于母材样品，晶界工程材料样品中的随机晶界网络被低 Σ CSL 晶界打断，这些低 Σ CSL 晶界阻断了晶间腐蚀沿随机晶界由材料表面向内部渗透的路径，从而导致晶界工程材料样品具有低的腐蚀速率和基本没有发生晶粒的脱落。

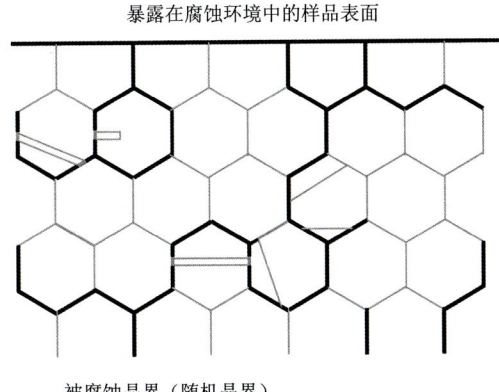

图 7.47　硫酸-硫酸铁腐蚀过程中低 Σ CSL 晶界阻止晶间腐蚀扩展的示意图

3）随机晶界网络的渗透性研究

由图 7.45 可知，具有 77.9%高比例低 ΣCSL 晶界的晶界工程材料可以显著降低晶间腐蚀速率。为有效地抑制晶间失效，需对材料中低 ΣCSL 晶界的最低比例进行量化。晶间腐蚀通常优先在随机晶界上发生，并且沿着随机晶界由材料表面向内部渗透，随机晶界网络的连通程度决定了材料的抗晶间腐蚀性能。一般而言，随机晶界网络的连通性越低，材料的抗晶间腐蚀性能将会越高。通过渗透理论可以对随机晶界网络的连通性进行定量化。图 7.48 为低 ΣCSL 晶界比例与随机晶界网络渗透概率的关系曲线。从图中可知，随着低 ΣCSL 晶界比例的增加，随机晶界网络的渗透概率呈单调下降趋势。此外，可以发现本节研究中随机晶界网络的渗透阈值约为低 ΣCSL 晶界比例的 70%，且当低 ΣCSL 晶界比例超过 73%时，材料具有极低的渗透概率。本节研究所得的随机晶界网络的渗透阈值与前人的研究结果相吻合[22]。

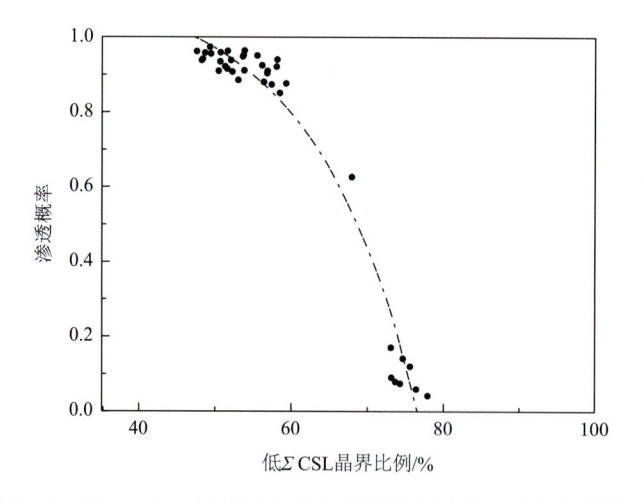

图 7.48　低 ΣCSL 晶界比例与随机晶界网络渗透概率的关系曲线

由硫酸-硫酸铁腐蚀测试结果可以看出母材和晶界工程材料样品中随机晶界的渗透性，见图 7.45 和图 7.46。从图 7.48 中可以得出具有 56.8%低 ΣCSL 晶界比例的母材的渗透概率非常高，从而导致大量晶粒剥落现象的产生，造成母材具有很高的腐蚀速率。相应地，晶界工程材料仅发生轻微的晶间渗透而具有较低的腐蚀速率，这主要是由于晶界工程材料中 77.9%的低 ΣCSL 晶界比例大大降低了腐蚀渗透概率。因此，为了更精确地控制材料沿随机晶界的晶间失效，304 奥氏体不锈钢中的低 ΣCSL 晶界比例需超过 70%。

4）小结

随着硫酸-硫酸铁腐蚀时间的延长，母材和晶界工程材料的腐蚀速率均呈增加趋势。然而，在相同的腐蚀时间下，母材的腐蚀速率要远高于晶界工程材料的腐蚀速率，在浸泡腐蚀 96 h 时，晶界工程材料的腐蚀速率仅为母材的 50%左右。此时，母材样品中几乎所有的晶界均被腐蚀且表面晶粒脱落十分严重，晶界工程材料样品表面平整，基本没有晶粒脱落现象的产生，表面仅有部分晶界受到腐蚀，腐蚀裂纹弥散分布，没有形成连通的腐蚀裂纹网络。为提高材料沿随机晶界的晶间失效抗力，304 奥氏体不锈钢中的低 ΣCSL 晶界比例需超过 70%。

3. 晶界特征分布对低周疲劳性能的影响

1）低周疲劳力学性能分析

（1）恒应变幅下低周疲劳循环曲线的对比。

图 7.49（a）和（b）分别为初始材料和 947℃晶界工程处理材料在恒应变幅下的低周疲劳循环曲线。通过恒应变幅下低周疲劳循环曲线的对比，可以看出 304 奥氏体不锈钢的循环软硬化程度并不明显，整个低周疲劳循环过程中基本上处于循环稳定状态，因此，这种钢材的循环特性比较优良，后续实验数据较稳定，方便分析。在处理疲劳数据的过程中，选取半寿命周期作为稳定的循环曲线，计算总应变幅和塑性应变幅准确度较高。从低周疲劳的循环曲线可以看出，疲劳循环最高点的应力值一般高于 200 MPa，材料在循环过程中已经达到不锈钢的屈服状态，产生一定程度的塑性变形。304 奥氏体不锈钢是一种既有循环硬化也有循环软化的材料，具有十分突出的抗疲劳性能。

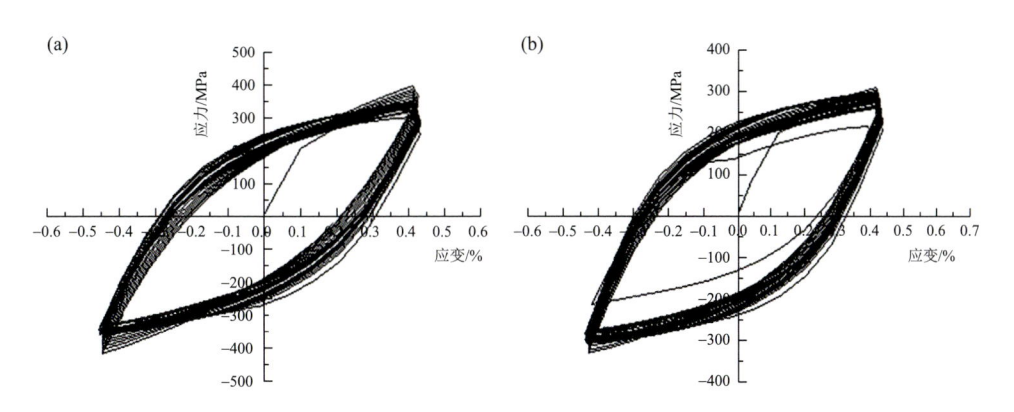

图 7.49　恒应变幅 0.45%下低周疲劳循环滞后曲线：(a) 初始材料；(b) GBEM-947℃

（2）循环软硬化特性。

图 7.50 为 304 奥氏体不锈钢晶界特征优化处理前后的低周疲劳变形特性曲线，横坐标为循环次数，纵坐标为循环应力幅值，为方便比较处理前后的循环软硬化变化状况，选择在双对数坐标系下做出变形特性曲线。通过对比可以看出，奥氏体不锈钢初始材料和处理后材料的循环软硬化趋势相同，分为三个阶段。低周疲劳开始阶段，呈现出循环硬化特性，此时奥氏体不锈钢晶粒内部组织中的碳

化物较粗大，钉轧位错运动，导致循环硬化。随着循环次数的增加，位错单元结构逐渐形成，碳化物会沉淀在马氏体边界和晶界处，从而导致循环软化。当循环超过1000周左右时，位错在层错上塞积程度增大，应变量和反复循环加载为奥氏体不锈钢中出现位错胞状组织提供了必要条件，最终形成位错胞，形成二次循环硬化，直至最终的试样破坏。因此，晶界特征优化不会改变304奥氏体不锈钢的循环软硬化特性。

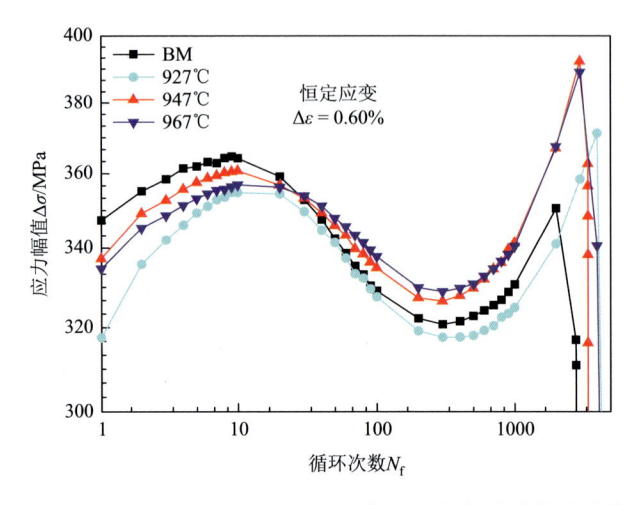

图 7.50　恒应变幅 0.60%下低周疲劳循环应力-次数特性曲线

晶界特征优化后的材料低周疲劳循环初始强度要比初始材料略低（低了约 18 MPa），这可能是小变形退火后，晶粒尺寸略有长大，从而导致初始形变强度降低。但随着循环次数的增加，经过循环硬化阶段直至最终的断裂，晶界特征优化过的材料循环强度要远远高于初始材料。循环硬化使材料更加难以变形，在控制应变的条件下，随着循环次数的增加，达到同样应变极限所需的应力越来越大[29]。因此，晶界特征优化会显著提高不锈钢的形变抗力。

a. 塑性应变-疲劳寿命对比

图 7.51 为晶界特征优化前后 304 奥氏体不锈钢的循环应变-疲劳寿命曲线，图 7.51（a）为固溶敏化处理后的初始材料，图 7.51（b）～（d）分别为经 927℃、947℃、967℃退火的试样。取半疲劳寿命处的疲劳循环曲线作为稳定循环应力-应变曲线，求出塑性应变、弹性应变和总应变。其中，塑性应变-疲劳寿命曲线与弹性应变-疲劳寿命曲线的交点为疲劳过渡寿命。疲劳过渡寿命的值是弹性应变幅等于塑性应变幅时的疲劳周次，图中塑性应变-疲劳寿命（$\Delta\varepsilon_p$-N_f）曲线与弹性应变-疲劳寿命（$\Delta\varepsilon_e$-N_f）曲线交点处的疲劳周次为材料的疲劳过渡寿命 N_t，此时，$\Delta\varepsilon_e = \Delta\varepsilon_p$，弹性应变对材料造成的损伤（或对疲劳的贡献）与塑性应变对材料造成的损伤（或

对疲劳的贡献)相等。当$N<N_t$时，塑性应变幅起主导作用，材料的疲劳寿命由塑性控制；当$N>N_t$时，弹性应变幅起主导作用，材料的疲劳寿命则由强度控制。过渡疲劳寿命N_t是评价材料疲劳行为的一项重要性能指标，直接反映了材料的工程性能。

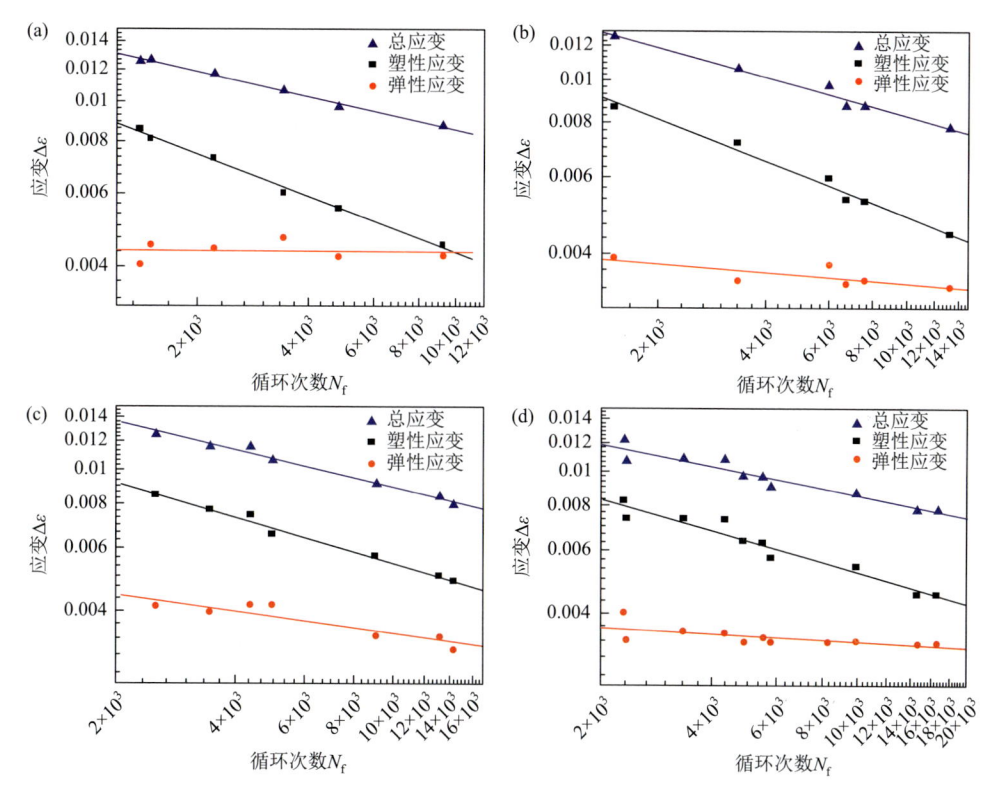

图 7.51 晶界特征优化前后 304 奥氏体不锈钢的循环应变-疲劳寿命曲线：(a) 初始材料；(b) GBEM-927℃；(c) GBEM-947℃；(d) GBEM-967℃

通过计算交点处的恒坐标值得到表 7.6，初始材料的疲劳过渡寿命约 9800 周，947℃退火晶界特征优化处理后的材料疲劳过渡寿命则高达 146000 周，晶界特征优化后的疲劳过渡寿命提高到了约 15 倍，因此，晶界特征优化能够显著增加疲劳过渡寿命。晶界特征优化后 304 奥氏体不锈钢的塑性和韧性优于初始材料，从另一个方面反映了晶界工程对疲劳性能的改善作用。

表 7.6 晶界特征优化前后试样疲劳过渡寿命对比　　　　　(单位：周)

试样	疲劳过渡寿命	试样	疲劳过渡寿命
初始材料	9800	GBEM-947℃	146000
GBEM-927℃	39500	GBEM-967℃	66700

图 7.52 为 304 奥氏体不锈钢初始材料和晶界特征优化后材料的低周疲劳寿命曲线，取可控的塑性应变幅，根据科芬-曼森（Coffin-Manson）关系式[30, 31]：

$$\Delta \varepsilon_p N_f^a = C \tag{7.12}$$

式中，a 为塑性指数；C 为回归常数。在双对数坐标下，塑性应变与疲劳寿命呈线性关系。用最小二乘法回归整理数据，得出初始材料的塑性指数 $a = 0.32897$，回归常数 $C = 10^{-1.04638}$，晶界特征优化后塑性指数 $a' = 0.24554$，回归常数 $C' = 10^{-1.29858}$。

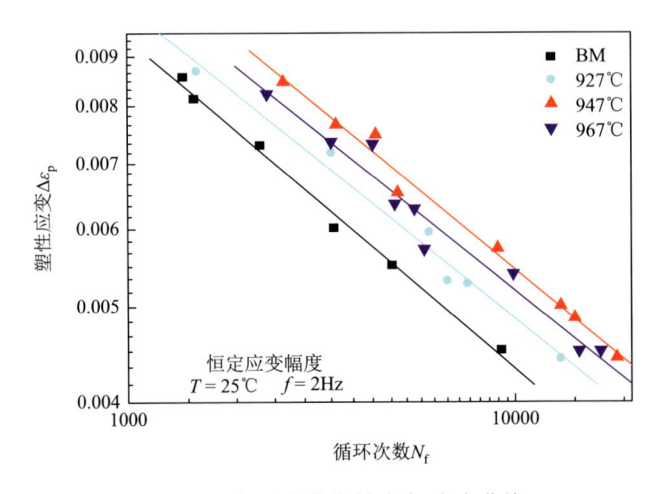

图 7.52 低周疲劳塑性应变-寿命曲线

比较不同处理工艺下 304 奥氏体不锈钢的低周疲劳寿命的改善情况。相同塑性应变幅下，晶界特征优化后材料的疲劳寿命都比初始材料要高，其中 947℃ 退火材料疲劳寿命比初始材料高出约 1 倍。

一方面，低周循环应变过程中，材料的应变较大，均匀性较差，晶界常常是应力集中的地方，当应力集中到一定程度，疲劳微裂纹会在晶界处产生。与大角度自由晶界相比，特殊晶界由于较低的能量和特殊的取向关系，应变局部化程度较低，使得裂纹很难在这些地方形核扩展。另一方面，在疲劳裂纹扩展阶段，特殊晶界会进一步阻碍疲劳裂纹的扩展，从而延长材料的低周疲劳寿命。因此，晶界工程能够对 304 奥氏体不锈钢的疲劳寿命起到一定程度的改善作用。

927℃、967℃ 退火温度下对材料寿命同样有所改善，但是并没有 947℃ 时改善的幅度大，因而可以得到，947℃ 为 304 奥氏体不锈钢形变热处理晶界特征优化的最佳退火温度。

b. 循环应力-应变性能

图 7.53 为 304 奥氏体不锈钢经晶界特征优化前后的循环应力-应变曲线，横坐

标为塑性应变，纵坐标为应力幅值，取自然对数。根据 Hollomon 公式[32]：

$$\Delta\sigma = K\Delta\varepsilon_p^n \tag{7.13}$$

式中，n 为循环应变硬化指数；K 为循环强化系数。

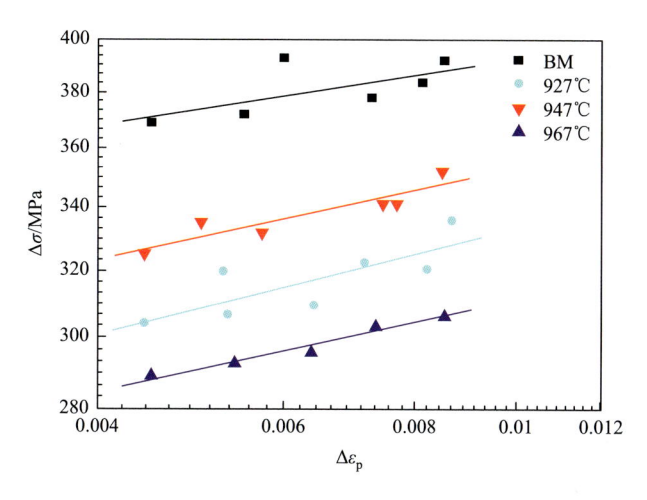

图 7.53 循环应力-应变曲线

材料的循环应变硬化指数 n 为双对数坐标中直线的斜率，循环强化系数则是直线与纵坐标轴的交点。应变硬化指数代表材料通过硬化来抵抗继续变形的能力，用来表征材料循环硬化的快慢程度和抵抗塑性变形的抗力。应变硬化指数大则材料的循环硬化速率越快，其塑性变形抗力大，塑性较差。晶界特征优化前后材料的循环应变硬化指数变化不大，即晶界工程对材料抵抗持续变形能力的影响不是很明显，但降低材料的循环强化系数。

对比静态拉伸应力状态和循环加载应力状态，晶界特征优化明显增大了拉伸应变硬化指数，但却没有改变低周疲劳时的应变硬化指数，这可能是由两种不同的应力状态差异所导致的。研究表明，在静态拉伸过程中，变形会首先出现在具有孪晶界的晶粒内部，产生一定程度的加工硬化[33]。变形孪晶会首先出现在具有取向合适的退火孪晶的晶粒内部，孪生变形的产生依赖于材料内部退火孪晶的存在。屈服阶段以后会出现大量的孪生，孪生的出现会逐渐改变晶粒内部亚晶的取向，在一定程度上缓解了应力在变形部分的集中效应，把变形转移到附近的晶粒或亚晶，不仅提供一定的变形量，形成形变强化，为应变硬化做出贡献，而且使得材料内部各晶粒的变形更加均匀。而循环加载时由于应力循环特性，反向加载过程中孪生可能会反向消除，出现退孪生现象，从而造成来自孪生的应变硬化起不到一定的作用，所以导致循环应力-应变与静态应力-应变时应变硬化的差异。

2）低周疲劳断口及显微组织结构分析

通过图 7.54 和图 7.55 所示的疲劳断口 SEM 可以观察到典型的三个区域：疲劳裂纹源区、疲劳裂纹扩展区和最终断裂区（瞬断区）。不同工艺处理前后试样断口的裂纹源区在整个疲劳断口中所占比例都很小，这是因为裂纹源通常是在几个晶粒尺度范围内。不同的是，晶界特征优化后试样的裂纹扩展区明显大于初始材料断口，裂纹扩展区的大小可以直接反映疲劳寿命的大小。疲劳寿命的改善旨在增大裂纹扩展的阻力。从而证明了晶界工程在材料内部所形成的大量特殊晶界在一定程度上提高了材料的整体强度。

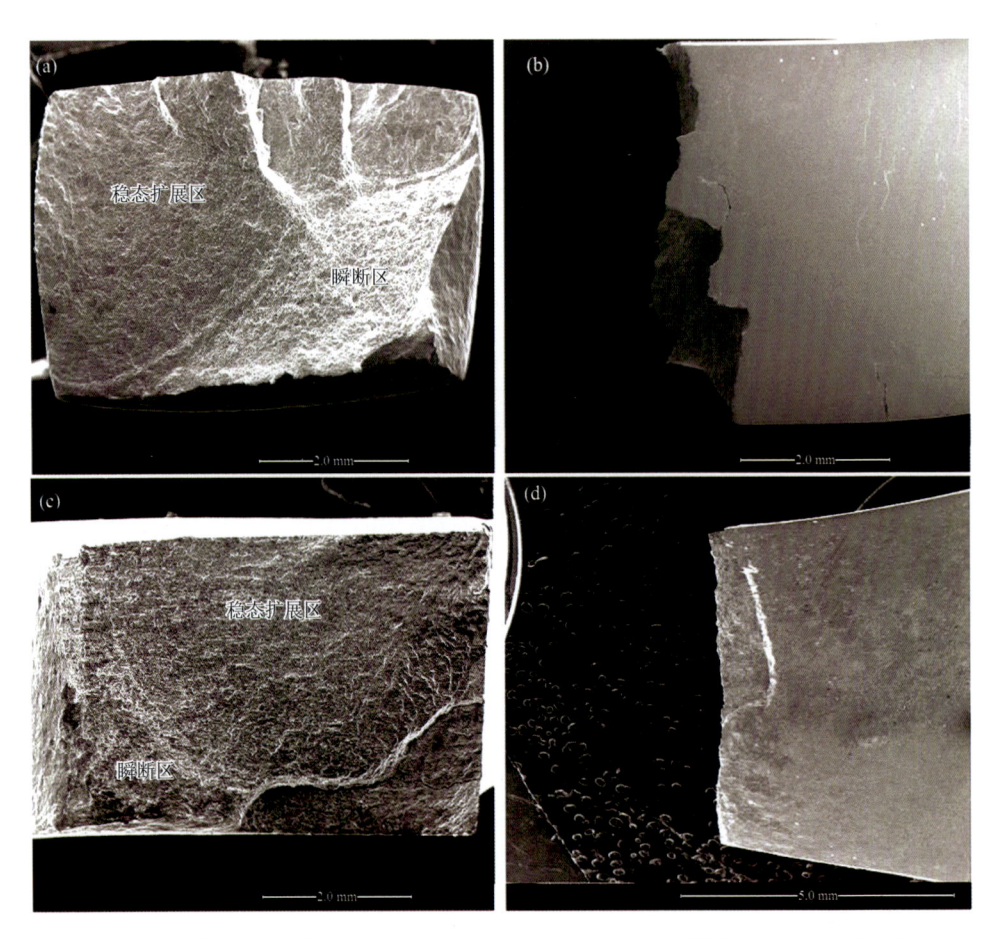

图 7.54　初始材料低周疲劳宏观断口 SEM 图：(a，c) 断口截面；(b，d) 断口侧面

通过观察断口侧面形貌和断口截面形貌可以发现，初始材料断口侧面呈锯齿状，截面不平整，起伏较大。这是因为材料内部存在由多处裂纹源引起的疲劳裂纹扩展，且裂纹扩展方向不尽相同。多裂纹源形成的多裂纹面在材料内部

同时扩展，会在很大程度上降低材料疲劳寿命，因为本来需要单个裂纹面扩展破坏的区域，现在同时有多个裂纹面同时扩展，疲劳寿命则取决于其中最长的一条裂纹寿命。

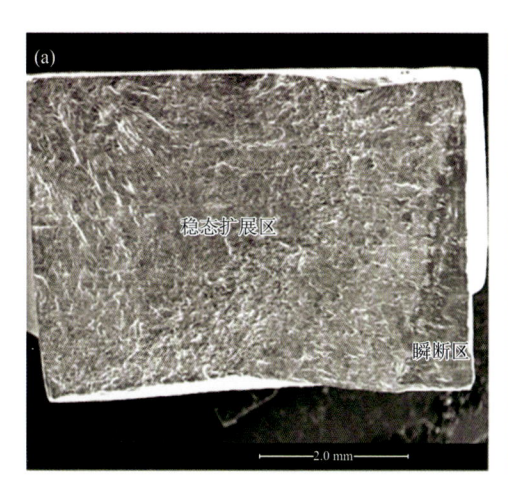

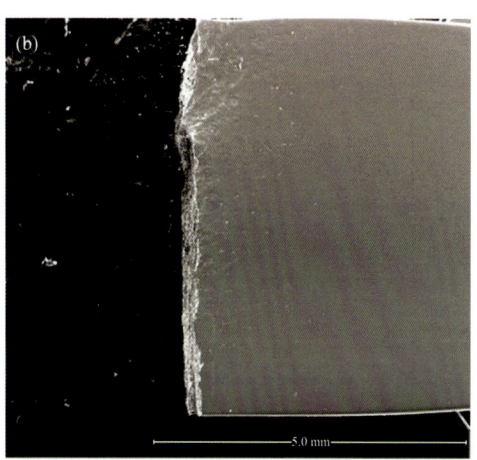

图 7.55　947℃晶界特征优化试样低周疲劳宏观断口 SEM 图：(a) 断口截面；(b) 断口侧面

图 7.56 为初始材料和 947℃退火晶界特征优化试样低周疲劳断口处的白光共聚焦显微图片。通过 3D 扫描断裂面区域，初始材料断裂面的高低海拔差可达 1000 μm，而晶界特征优化试样断裂面较平坦，海拔差只有 100 μm 左右。因而，白光共聚焦扫描定量地描述了断面的起伏状态，裂纹扩展过程在处理前后的变化情况十分明显。

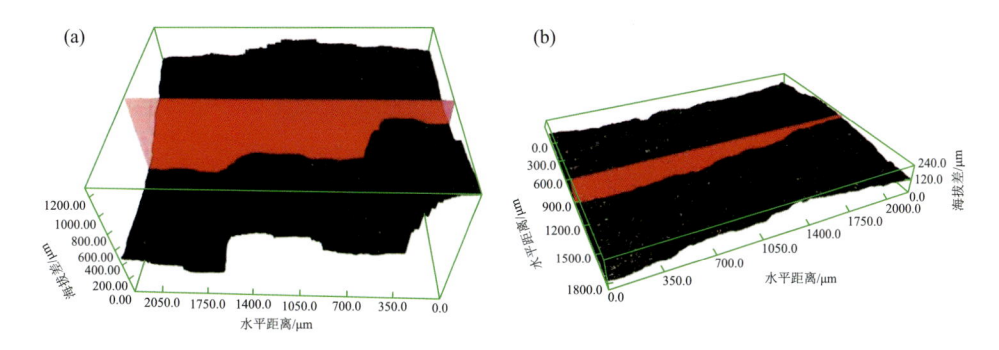

图 7.56　晶界工程处理前后试样断口的白光共聚焦显微 3D 形貌图：(a) 初始材料；(b) GBEM-947℃

通过图 7.57 对比三个退火温度下材料的低周疲劳断口宏观形貌，可以发现：所有试样的裂纹源都出现在试样的棱角位置，比较统一，没有因为材料的内部缺陷而引起实验的不准确。这表明本次低周疲劳测试的试样破坏正常，数据有效，分析结果可靠性较高。

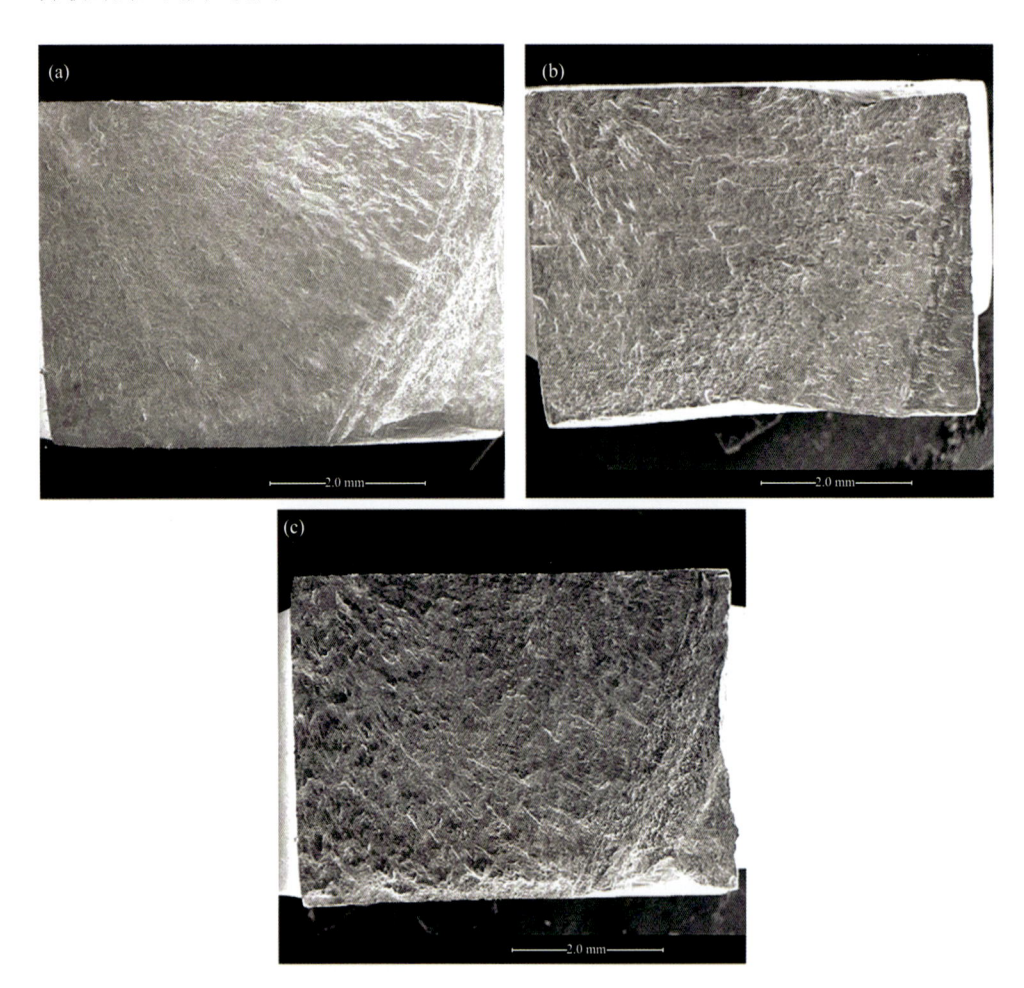

图 7.57　晶界特征优化试样低周疲劳宏观断口 SEM 图：(a) GBEM-927℃；(b) GBEM-947℃；(c) GBEM-967℃

图 7.58 为初始材料的低周疲劳断口放大 SEM 图，可以观察到初始材料断口出现多处二次沿晶裂纹，断口有沿晶界扩展的趋势，在很大程度上加速了材料的疲劳破坏。甚至出现明显的大裂纹扩展台阶，可能是两条裂纹扩展到同一区域后相遇发生交互作用，导致其中一条裂纹面朝着另外一条裂纹面扩展，最终相遇合并朝着相同的方向扩展。

图 7.59 为初始材料和 947℃ 晶界特征优化试样低周疲劳断口裂纹扩展区的微观形貌，能够明显看出低周疲劳扩展的疲劳条纹，疲劳条纹垂直于裂纹面扩展方

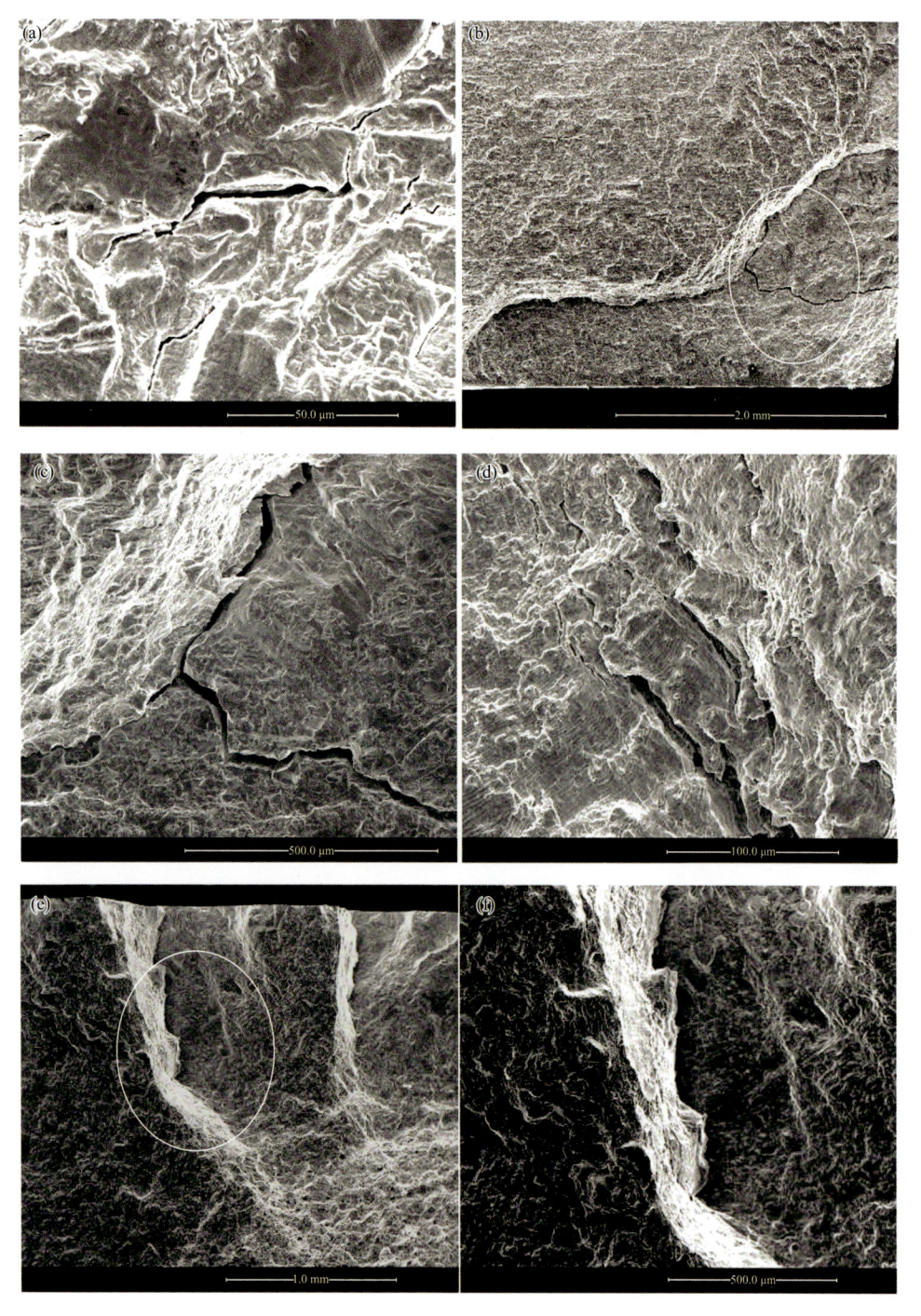

图 7.58　初始材料低周疲劳微观断口微疲劳裂纹 SEM 图：（a，d）裂纹扩展区内的微裂纹；（b，c，e，f）裂纹交汇台阶

向，理论上疲劳条纹与疲劳寿命是对应的。初始材料疲劳裂纹扩展区出现多处二次沿晶裂纹，疲劳裂纹沿着晶界会迅速延伸，加速材料的疲劳破坏。但同样发现穿晶疲劳裂纹的存在，这是因为室温下 304 奥氏体不锈钢穿晶破坏的形式占主要地位。但是观察晶界特征优化试样断口疲劳扩展区则很少出现二次沿晶裂纹，说明晶界稳定性得到很好的提高。

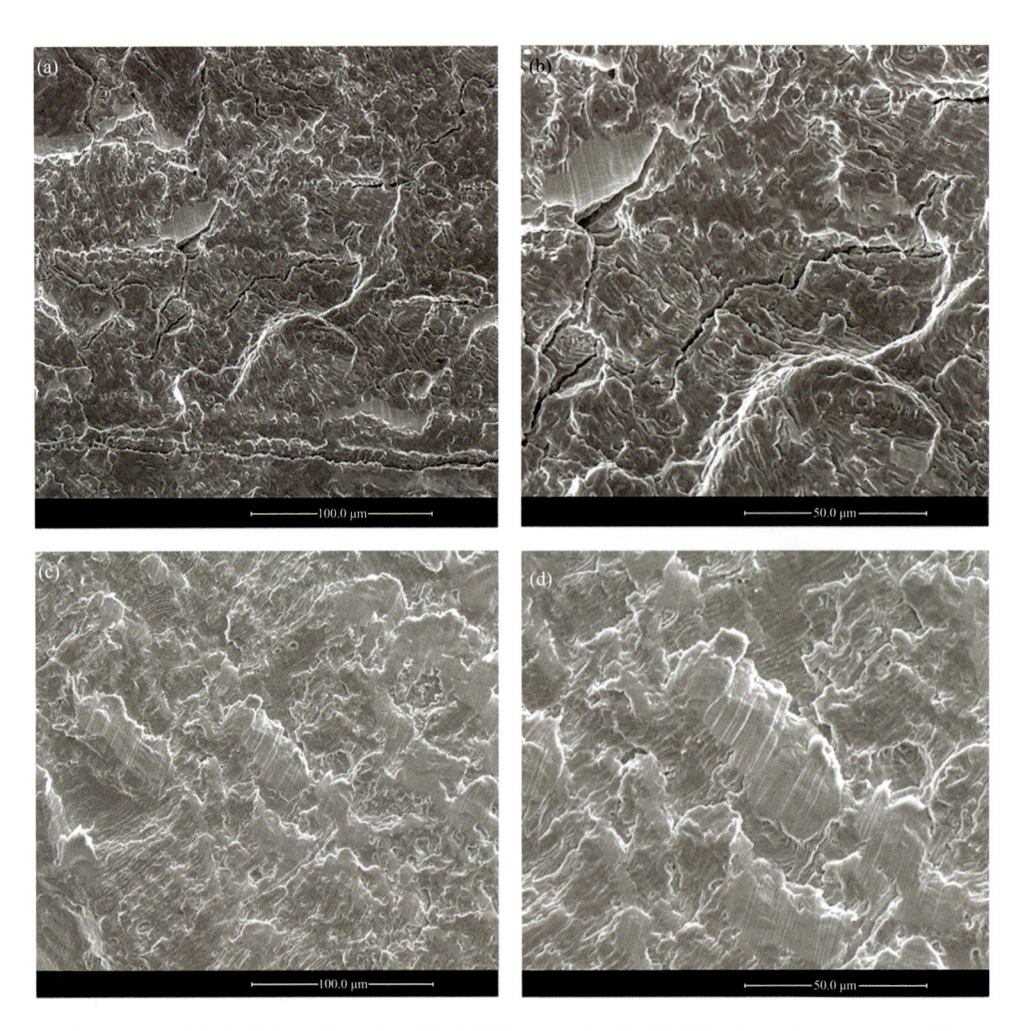

图 7.59　低周疲劳断口裂纹扩展区微观组织：(a, b) 初始材料；(c, d) GBEM-947℃

304 不锈钢基体中的第二相碳化物质点较少，由处理前后材料的循环应力-应变曲线得到循环应变硬化指数相当，因而韧窝大小和深度直接反映了材料塑性变形能力的大小。由图 7.60 可以看出，晶界特征优化后材料疲劳断口处韧窝与初始材料相比，同样为等轴状韧窝，但韧窝尺寸变小，深度降低。韧窝尺寸越小，单位面积的数量就越多，材料的塑性就越好。

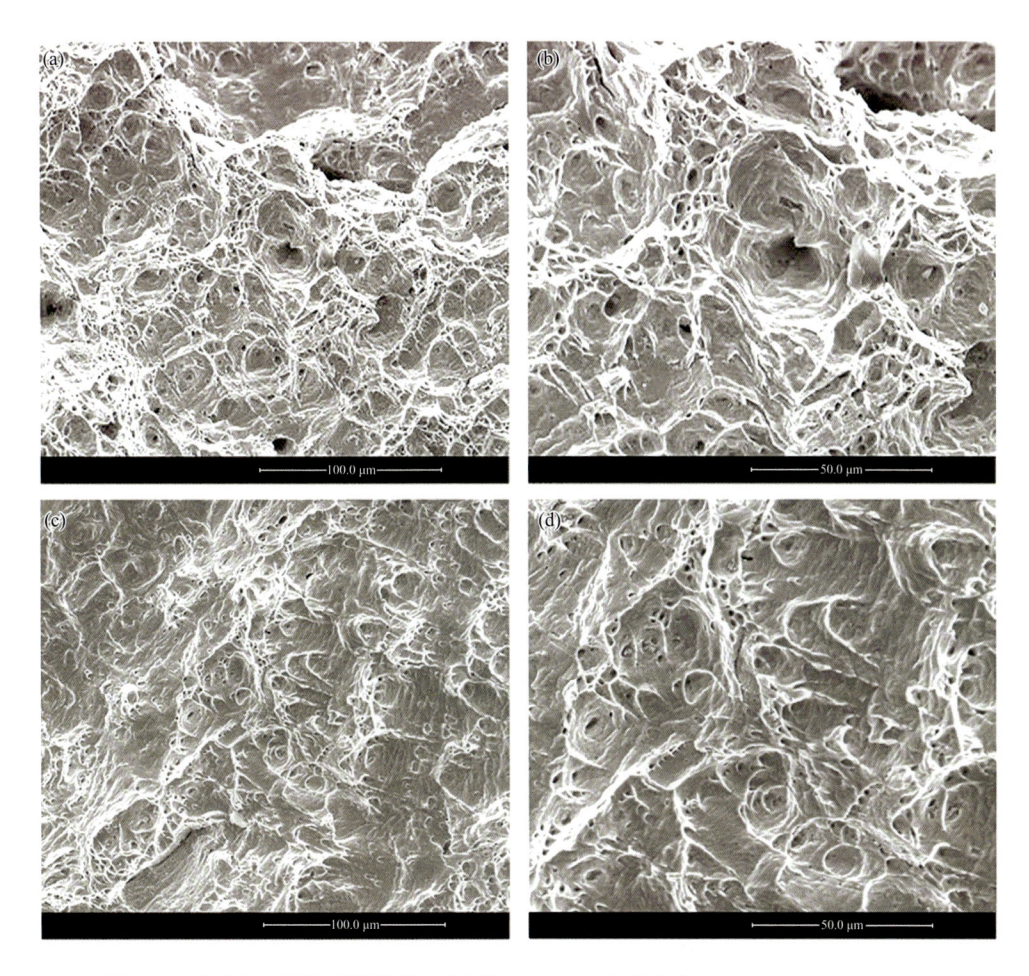

图 7.60 低周疲劳断口瞬断区韧窝形貌：(a，b) 初始材料；(c，d) GBEM-947℃

韧窝的大小、深浅及数量取决于材料断裂时夹杂物或第二相粒子的大小、间距、数量，以及材料的塑性和热处理方式。如果夹杂物或第二相粒子多，材料的塑性较差，则断口上形成的韧窝尺寸较小也较浅，反之，则韧窝较大且较深。韧窝的深度主要受材料变形能力的影响，材料的塑性变形能力大，韧窝深度大，反之，韧窝深度小[34]。

因而，通过对低周疲劳断口瞬断区韧窝形貌的对比，从微观形貌上证实晶界特征优化后试样的低周疲劳塑性得到很大程度的提高。

3）特殊晶界对低周疲劳裂纹扩展的影响

图 7.61 为 304 不锈钢晶界特征优化处理前后的微观取向成像图（OIM）和反极图（IPF）。多晶材料在制备、合成及加工等工艺过程中可能会形成择优取向，即各晶粒的取向朝一个或几个特定方向偏聚的现象，这种组织状态称为织构。研究结果表明[35]，材料性能 20%～50%受到织构的影响，本节实验中晶界工程是通过形变热处理工艺进行的，因而 5%的小变形是否能够造成奥氏体不锈钢晶粒的织构直接影响到材料的力学性能，需要进一步分析和讨论。一方面，通过图 7.61 所示 IPF 可以看出材料内部并没有严重的特定取向存在，取向分布均匀；另一方面，图 7.62 为形变退火晶界工程处理材料的极图（PF），图 7.63 为取向分布函数（ODF 图），可以定量描述晶粒取向的空间分布，表明小变形退火工艺下晶界工程处理过的材料不存在明显的形变织构。

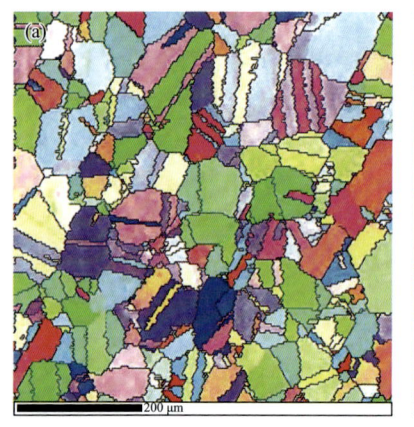

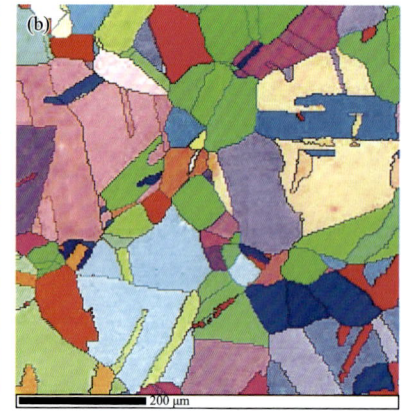

图 7.61　晶界特征优化处理前后试样微观 OIM：（a）初始材料；（b）GBEM-947℃

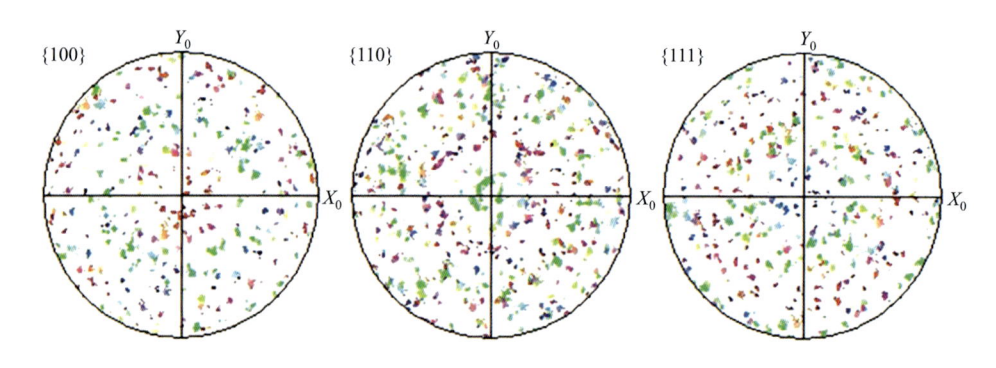

图 7.62　947℃晶界工程处理后材料的 PF

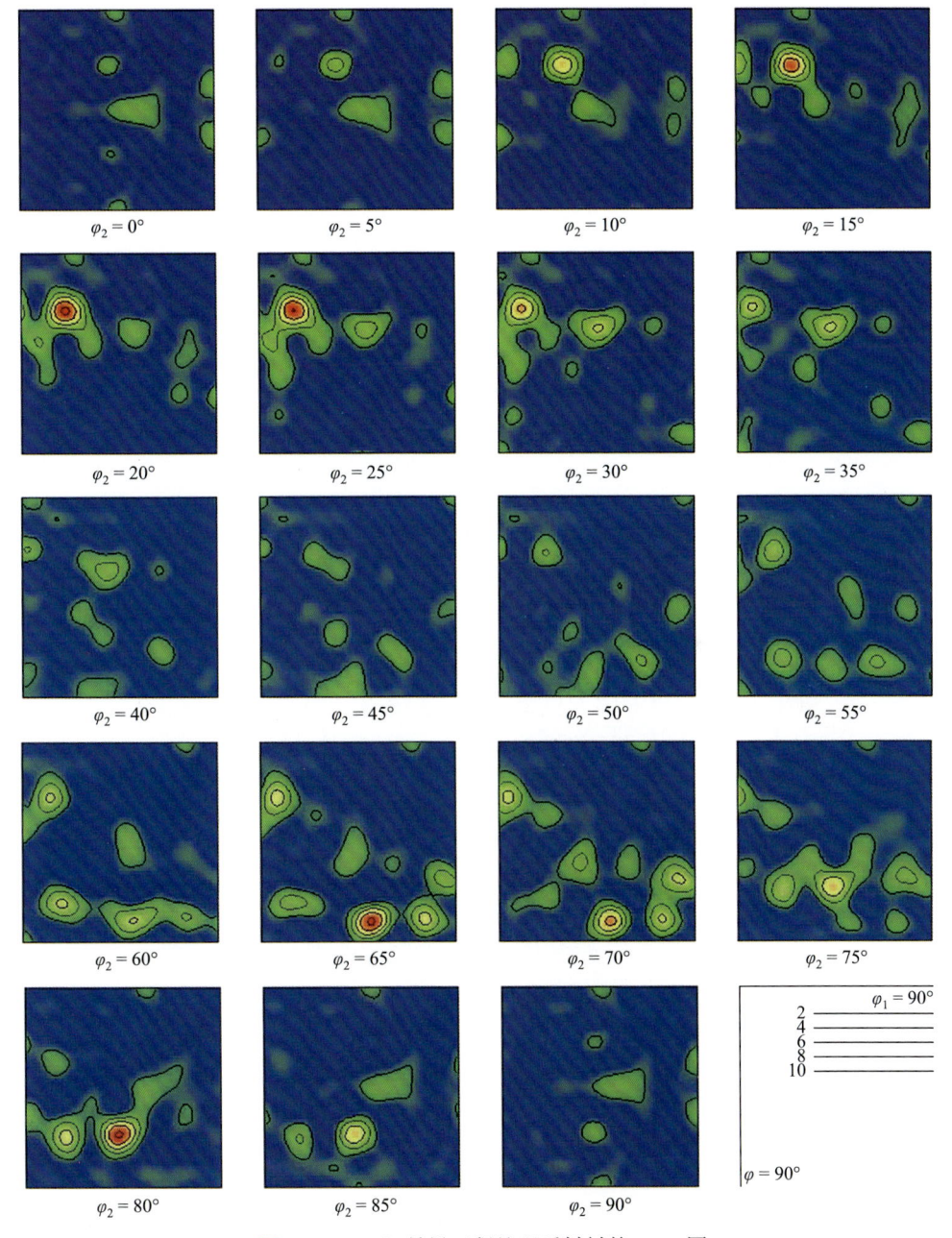

图 7.63　947℃晶界工程处理后材料的 ODF 图

分析材料的特殊晶界比例,结果如表 7.7 所示:Σ3 晶界从 49.00%增加到 64.32%,总的特殊晶界从 54.55%增加到 70.74%,特殊晶界与一般自由大角度晶界的比值从 1.38 增加到 3.04,特殊晶界在大角度晶界中的占比得到大幅度增加。然而仅仅通过特殊晶界比例来判定多晶材料是否真正实现晶界特征优化是不充分的，因为当产生的高比例特殊晶界位于晶内，而并没有打断一般大角度自由晶界网格连通性时，材料的晶界特征分布不能达到优化效果，对抵抗晶界裂纹的形成就起不到提高的作用，图 7.64 为晶界特征优化处理前后试样 CSL 晶界分布图和大角度晶界分布图。通过该图可以明显地看出初始材料中较高比例的大角度自由晶界具有高度连通性，特殊晶界并没有打断其连通性。而晶界工程处理过的材料，大角度自由晶界不仅所占比例较少，而且连通性被大量连同分布的低能特殊晶界打断。因而，5%形变＋长时间的后续退火的晶界工程处理不仅使材料内部特殊晶界的比例得到大幅度增加，而且打断了大角度自由晶界的连通性，实现了晶界特征优化。

表 7.7　晶界特征优化处理前后材料的特殊晶界比例变化

试样	$\Sigma 3$/%	$\Sigma 9$/%	$\Sigma 27$/%	$f_{(Total)}$/%	$f_{(HABs)}$/%	$f_{(Total)}/f_{(HABs)}$
SM	49.00	3.22	0.38	54.55	39.51	1.38
GBEM-947℃	64.32	3.44	0.86	70.74	26.24	2.70

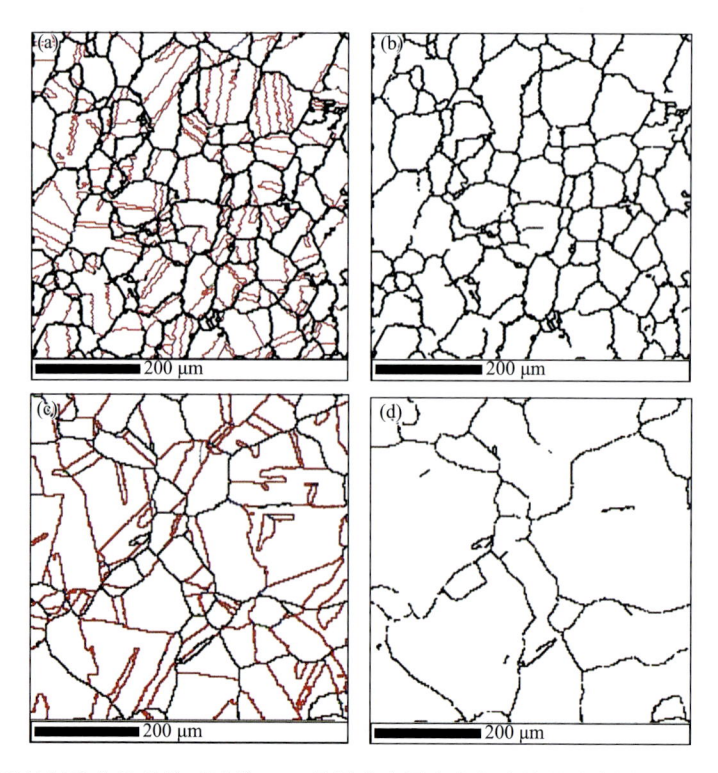

图 7.64　晶界特征优化处理前后试样 CSL 晶界分布图和大角度晶界分布图：(a, b) 初始材料；(c, d) GBEM-947℃

通过晶界尺寸分布统计，图 7.65 为晶界特征优化前后材料的晶粒尺寸分布情况。可以看出，晶界特征优化后的材料晶粒尺寸长大了约 18.29 μm，这是由于在临界变形量（2%~10%）以内，材料内部的晶粒形变不均匀，形变储存能不足以大范围再结晶，此时晶界迁移的驱动力只能来自晶界能，一方面可以通过减少晶界总面积来降低晶界能，另一方面可以通过非共格 Σ3 晶界迁移与反应[36]形成大量低能特殊晶界来降低晶界能。实验结果表明，这两种机制是同时进行的，不仅奥氏体的晶粒尺寸会长大，而且产生了更多的低能特殊晶界。

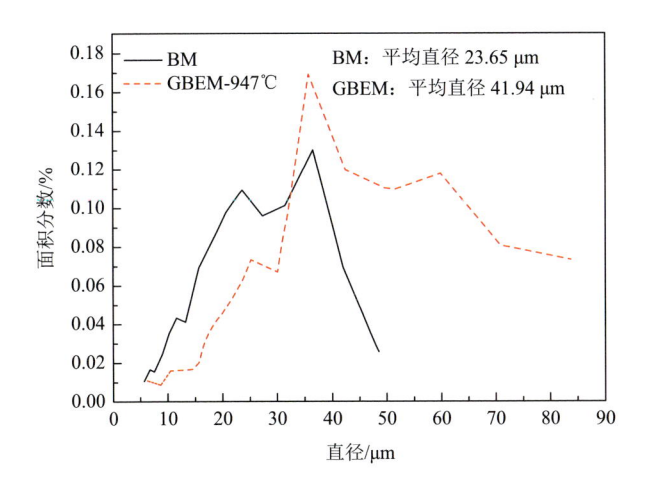

图 7.65 晶界特征优化处理前后试样的晶粒尺寸分布对比

根据式（7.14）所示 Hall-Petch 关系：

$$\sigma = \sigma_0 + Kd^{-1/2} \tag{7.14}$$

式中，σ 为屈服强度；σ_0 和 K 为常系数；d 为晶粒平均直径。奥氏体属于 FCC 结构，查阅相关资料显示奥氏体钢的 K 值约为 3×10^2 MPa·μm$^{1/2}$。计算得到：

$$\Delta\sigma = (24^{-1/2} - 42^{-1/2})K = 15 \,(\text{MPa}) \tag{7.15}$$

单纯的晶粒尺寸效应导致 304 奥氏体不锈钢经过晶界工程处理后屈服强度会降低约 15 MPa，证实了晶界特征优化后的材料低周疲劳循环初始强度要比初始材料平均低了约 18 MPa，是由小变形长时间退火后，晶粒尺寸略有长大导致的。

实际上晶界特征优化后从材料的拉伸力学性能结果来看，虽然晶粒尺寸效应导致材料强度会略有降低，但整体的强度仍然是高于初始材料，进一步证实了特殊晶界对力学性能改善所起到的作用已经远远消除了晶界尺寸效应所造成的不利影响，极大地优化了材料综合力学性能。

图 7.66 为经过低周疲劳测试破坏试样侧面处裂纹的 EBSD 分析结果，分别为

初始材料和 947℃晶界工程处理后材料。通过观察低周疲劳裂纹扩展路径与晶界分布的关系可以看出，初始材料中裂纹途经处的大角度自由晶界数量较多，存在多处裂纹沿着能量较高的不稳定大角度自由晶界扩展，因而疲劳裂纹扩展路径蜿蜒曲折。而晶界特征优化材料中裂纹途径处大角度晶界比例较小，大部分区域特殊晶界比例较高，低能特殊晶界比例的增加阻碍了疲劳裂纹的沿晶界扩展，因而当裂纹扩展到特殊晶界时就会倾向于穿过晶界，从而减少裂纹生长所需的能量。这导致宏观上疲劳裂纹趋于平直，裂纹都是直接穿过特殊晶界扩展，并没有发现任何沿着特殊晶界扩展的迹象，沿一般大角度晶界扩展也较少出现。疲劳裂纹穿过特殊晶界的扩展速率小于沿着大角度晶界的扩展速率，从而能够使得低周疲劳寿命得到一定程度的改善。如果把晶界的阻挡效应看成是一种大的界面能效应，则晶界能越低，晶界面稳定性越好，阻挡效应越明显，这就能从能量的角度来解释特殊晶界对疲劳裂纹扩展所起的阻碍作用。但是另一方面，晶界的界面能远大于相同材料单晶体的表面能，因而这种大的界面能起到了晶界对疲劳裂纹的阻挡作用[37]。晶界特征优化试样裂纹扩展途径中晶粒尺寸偏大，所遇到的晶界密度较小，降低了裂纹扩展的阻碍作用，在一定程度上对断裂性能产生不利影响。如果能够通过其他晶界工程技术处理多晶材料，在晶界特征优化的同时抑制晶粒尺寸的长大，必将会使多晶材料的低周疲劳性能得到更大的提高。

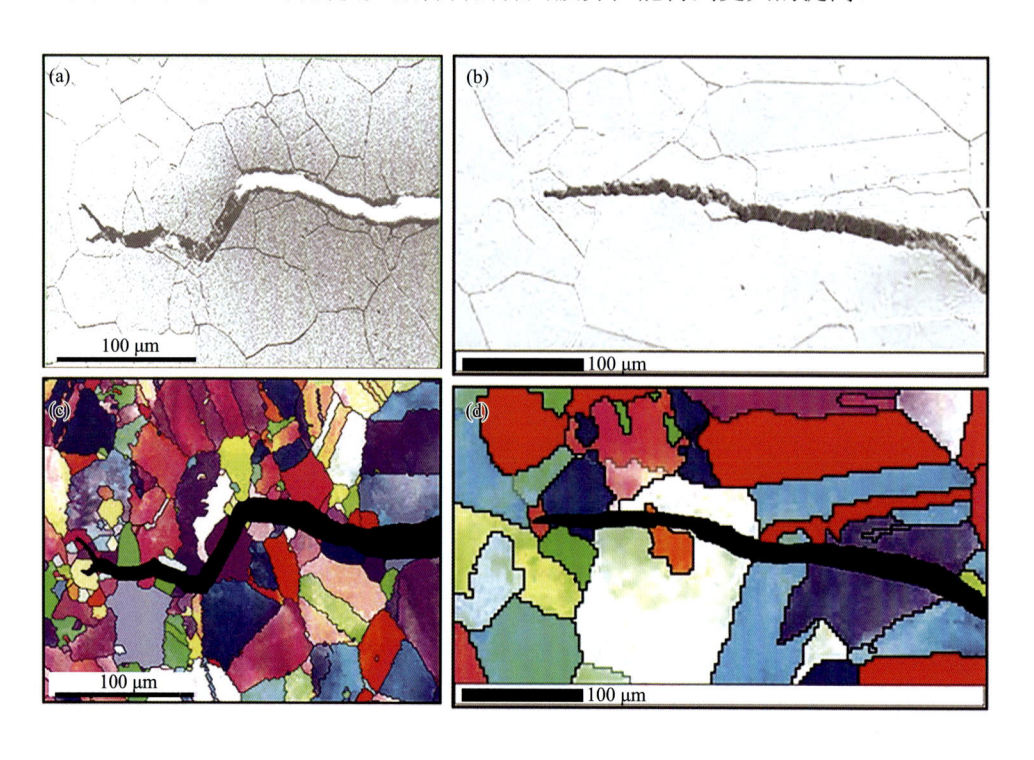

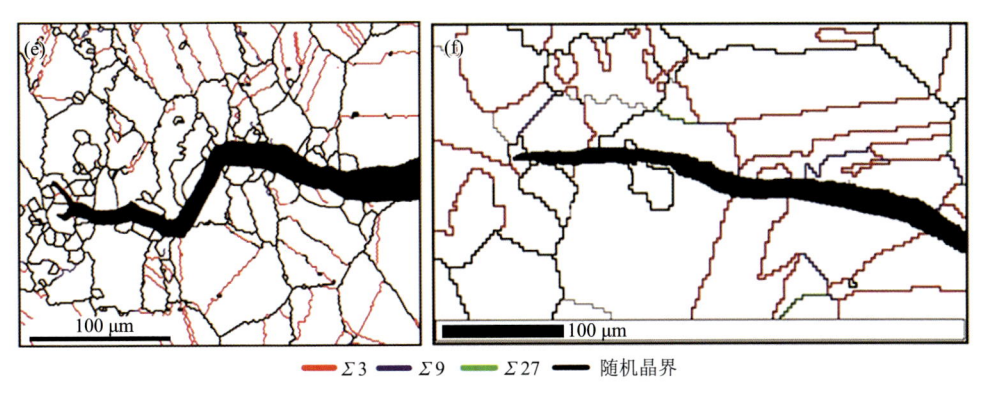

图 7.66　低周疲劳裂纹在不同材料内部扩展路径图：（a，c，e）BM；（b，d，f）GBEM-947℃

低周疲劳裂纹在多晶材料内部的扩展路径和晶界特征分布的状况联系密切。晶界是晶格点阵中存在的一种面缺陷，尤其是大角度自由晶界处，处于较大的应力畸变状态，晶界能量较高，晶界稳定性较差，容易成为疲劳裂纹形核和萌生的发源地。如图 7.67 所示，为疲劳裂纹在不同晶界特征分布材料内部扩展的示意图。图 7.67（a）中大角度自由晶界比例较高，裂纹倾向于沿着这些高能晶界扩展，造成疲劳破坏的速率加快。图 7.67（b）中含有高比例的特殊晶界，当裂纹沿着自由晶界扩展至不同类型的低能特殊晶界处时，会遇到一定的阻碍停止沿晶扩展，变为穿晶破坏类型，抑制裂纹扩展，这种材料的低周性能会更加优异。Yoo[38]研究发现在裂纹生长阶段，孪晶的存在可以阻止裂纹的扩展，当一条基面裂纹与孪晶相遇时，裂纹尖端将钝化，同样证明了 $\Sigma 3$ 特殊晶界对疲劳裂纹扩展的影响。这就解释了通过基于退火孪晶的晶界工程处理，大幅度增加材料内部的特殊晶界数量和优化特殊晶界的分布，可以从裂纹的萌生和扩展途径上影响材料的各种断裂性能。

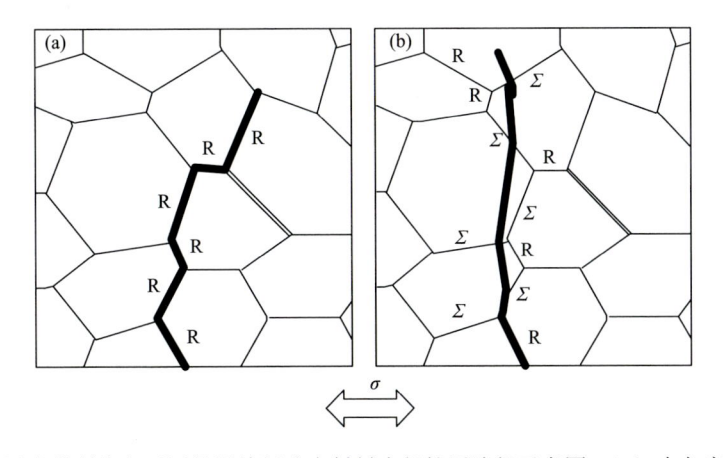

图 7.67　低周疲劳裂纹在不同晶界特征分布材料内部扩展路径示意图：（a）大角度自由晶界连通材料；（b）高晶界特征优化材料

4) 小结

对晶界工程处理前后的 304 奥氏体不锈钢材料进行应变幅控制下的低周疲劳测试，通过分析疲劳曲线、断口 SEM 形貌和微观组织 EBSD 数据，可以得出以下结论。

（1）低周疲劳寿命曲线表明，晶界工程处理后，304 奥氏体不锈钢的低周疲劳寿命可以提高 1 倍以上，疲劳过渡寿命最高可提高 15 倍。材料的循环软硬化特征表明，晶界设计和控制不会改变材料的循环软硬化特性，低周疲劳循环二次循环硬化强度会大幅度提高。

（2）低周疲劳破坏试样的断口 SEM 形貌表明，优化的晶界特征分布极大地增大了低周疲劳裂纹萌生的阻力，增加了裂纹扩展的路径，从而能够有效地延长疲劳寿命。初始材料的断口形貌表现出的穿晶现象明显比处理后的材料要严重，晶界的优化设计使得材料的晶界抗力得到提高。

（3）EBSD 分析表明，形变热处理晶界工程工艺使得 304 奥氏体不锈钢的晶界特征分布得到明显优化。晶界特征优化后材料断裂力学性能的改善是由低能 CSL 特殊晶界优化导致的，大量的低能稳定的特殊晶界团簇（主要是 $\Sigma 3$ 晶界）阻碍了裂纹沿着随机大角度晶界加速扩展的趋势，从而提高了材料低周疲劳断裂性能。

4. 晶界特征分布对高温蠕变性能的影响

前两节探讨的是晶界设计与控制对 304 奥氏体不锈钢常温力学性能的影响，优化效果已经得到了一定的体现。大量的实验研究表明，高温蠕变断裂特点既不同于疲劳断裂，也不同于拉伸破坏，断口形貌会发生明显改变，往往具有沿晶或混合型特征。

室温下，晶界的原子排列不规则，并且这些地方的晶体缺陷又较多，从而具有较大的抗变形能力。金属的破坏总是带有金属内破坏-穿晶破坏的特点。随着实验温度的升高，晶内强度和晶界强度都会降低，但晶界的原子比晶内的原子稳定性差，在较高温度下原子的扩散速度较快，晶界强度的下降速度快于晶内，金属断裂会由常温下常见的穿晶断裂过渡到沿晶断裂，此时晶界对高温蠕变性能的影响会更加显著。因此，探讨晶界特征分布对 304 奥氏体不锈钢高温蠕变性能的影响十分必要。

1）高温蠕变力学性能分析

（1）晶界工程处理对 304 奥氏体不锈钢蠕变性能的影响。

图 7.68 为 600℃、200 MPa 条件下初始材料和冷轧 5% + 947℃退火晶界工程处理材料的蠕变变形和实验时间的关系曲线。可以看出，蠕变曲线包括完整的三个阶段：第一阶段的蠕变速率（$\Delta \varepsilon / \Delta t$）随时间呈下降趋势，为初始瞬变蠕变阶段；第二阶段的蠕变速率不变，即 $\Delta \varepsilon / \Delta t$ 为常数，此时曲线近似一段直线，

为稳态蠕变阶段；第三阶段的蠕变速率随时间迅速上升，随后试样蠕变断裂破坏，为加速蠕变阶段。蠕变曲线的开始部分为加载时所引起的瞬间变形。如果所加应力值超过了该温度下的弹性极限，这种变形实际上包括弹性变形和塑性变形两部分，这一变形不表示蠕变现象，而是外力加载所引起的一般变形现象。

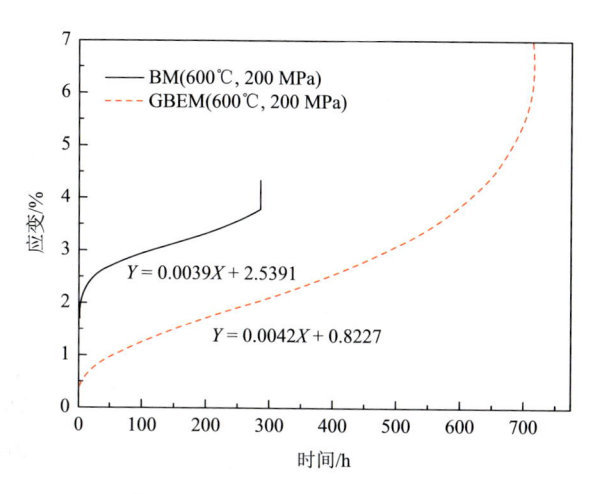

图 7.68 600℃和 200 MPa 下晶界工程处理前后试样的蠕变曲线

蠕变第一阶段以晶内滑移和仅仅滑动方式产生变形。位错刚开始运动时，障碍较少，蠕变速率较快。随后位错逐渐塞积，位错密度逐渐增大，晶格畸变不断增加，造成形变强化。在高温下，虽然位错可通过攀移形成亚晶而产生回复软化，但位错攀移的驱动力来自晶格畸变能的降低。在蠕变初期由于晶格畸变能较小，因此回复软化过程不太明显。蠕变第二阶段，晶内变形以位错滑移和攀移方式交替进行，晶界变形以滑动和迁移方式交替进行。一方面，晶内滑移和晶界滑动使金属强化；另一方面，位错攀移和晶界迁移则使金属软化，由于强化和软化的交替作用，当达到平衡时，就使蠕变速率保持恒定。

由图 7.68 可以明显看出，晶界工程处理过的 304 奥氏体不锈钢抗蠕变性能比初始材料优异，蠕变寿命得到明显提高。通过定量分析数据统计得到表 7.8 所示结果，在温度为 600℃和加载应力为 200 MPa 条件下，304 奥氏体不锈钢初始材料的蠕变寿命为 286 h，晶界工程处理过材料的蠕变寿命可达到 716 h，增加 1.5 倍。蠕变破坏后的塑性变形量从初始材料的 4.35%提高到 6.15%，显示出优异的高温塑性。平均蠕变速率从 $4.22\times10^{-8}\,\text{s}^{-1}$ 减小到 $2.38\times10^{-8}\,\text{s}^{-1}$，但最低蠕变速率反而从 $1.05\times10^{-8}\,\text{s}^{-1}$ 增加到 $2.32\times10^{-8}\,\text{s}^{-1}$。这可能是由于：一方面，高温时初始材料晶界上析出的碳化物颗粒较多，阻碍了晶界滑动，而高温时晶界滑动提供的塑性变形量占了总变形量的 1/2，因而使稳态蠕变速率降低；另一方面，晶界上析出的碳化物阻碍位错在晶界上相互抵消，塞积强化，使蠕变速率降低。但是，随着变形量增大，晶界滑动受阻越来越严重，晶粒尺寸小的初始材料内部不同位向的晶界上能形成广泛的裂纹核，就会在受阻处萌生空洞，即空洞会优先在晶界碳化物颗粒附近形核，经历一个形核长大的过程，空洞数量增加，尺寸增大，最终聚集、扩展而导致沿晶破断。

表 7.8　600℃和 200 MPa 下晶界工程处理前后试样的蠕变数据统计

	试样	断裂时间/h	最低蠕变速率/s^{-1}	应变断裂/%	平均蠕变速率/s^{-1}
应力 200 MPa	SM	286	1.05×10^{-8}	4.35	4.22×10^{-8}
	GBEM	716	2.32×10^{-8}	6.15	2.38×10^{-8}

根据图 7.68 蠕变曲线一次求导后得出曲线上每一点的斜率如式（7.16）所示：

$$应变速率 = \frac{\Delta \varepsilon}{\Delta t} \tag{7.16}$$

图 7.69 和图 7.70 分别为 600℃和 200 MPa 下晶界工程处理前后试样的蠕变时间-蠕变速率曲线和蠕变应变-蠕变速率曲线，可以看出开始阶段晶界工程处理后的材料的蠕变速率比初始材料要低。一方面，初始材料的晶粒尺寸比晶界工程处理后的材料要小，晶粒尺寸越小，晶界滑动越多。另一方面，由于材料内部晶界上析出碳化物颗粒需要一定时间，在 600℃的开始阶段初始材料内部碳化物含量较少，一段时间后沉淀出了足够的晶间碳化物，足以阻碍晶界滑动，此时蠕变速率才开始下降。

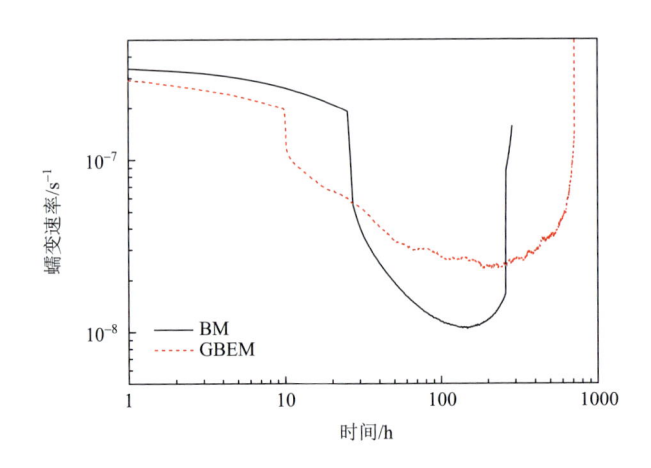

图 7.69　在 600℃和 200 MPa 下晶界工程处理前后试样的蠕变时间-蠕变速率曲线

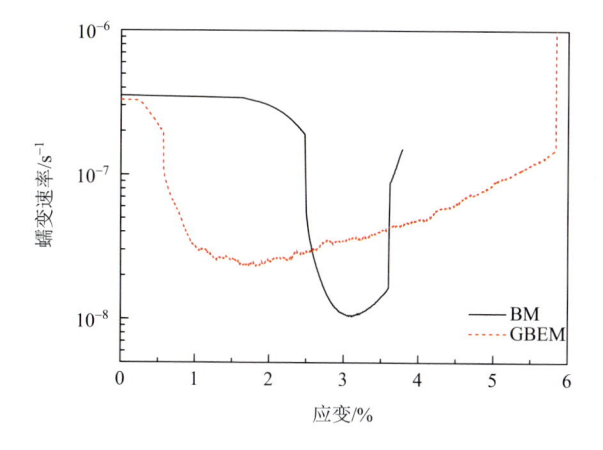

图 7.70 在 600℃和 200 MPa 下晶界工程处理前后试样的蠕变应变-蠕变速率曲线

整个高温蠕变过程中,蠕变速率的变化趋势是加载时平稳下降,开始蠕变阶段迅速下降,稳态蠕变阶段蠕变速率变得平稳,随着蠕变时间的延长,蠕变速率又逐渐增大。细晶粒材料的晶界沉淀相析出虽然会阻碍晶界滑动,增加蠕变强度,但同样会使晶界空洞优先在沉淀相颗粒附近形核,缩短蠕变寿命。晶内沉淀会阻碍位错滑移运动,强化材料,但并不会引起空洞的萌生和微裂纹的形成。在高温条件下,晶内沉淀相颗粒的大小可能会发生变化,即随着蠕变时间的延长沉淀相产生粗化,导致沉淀相颗粒的平均间距增大,沉淀相颗粒的粗化会在一定程度上减弱沉淀强化的效果,造成蠕变速率逐渐增大。

(2) 不同恒载荷对高温蠕变性能的影响。

在高温条件下,材料在低应力下的稳态蠕变速率和恒载荷的对数呈线性关系,如式(7.17)所示:

$$\dot{\varepsilon}_{sc} = A_1 \sigma^n \tag{7.17}$$

式中,A_1 为与材料特性和温度有关的常数;n 为稳态蠕变速率的应力指数。

随着高温蠕变恒载荷的增加,蠕变速率会呈指数级增加。图 7.71 为 600℃和 250 MPa 下晶界工程处理前后试样的蠕变曲线,定量统计数据见表 7.9。当 600℃下蠕变加载的应力从 200 MPa 增大到 250 MPa 时,304 奥氏体不锈钢的最小蠕变速率从 2.32×10^{-8} s^{-1} 增加到 1.39×10^{-7} s^{-1},增加一个数量级,整个蠕变阶段的平均蠕变速率同样增加了一个数量级,导致蠕变寿命大幅缩短,并且材料的高温蠕变应变量也有所增加。

根据图 7.71 的蠕变曲线可以得出图 7.72 所示 600℃时 200 MPa 和 250 MPa 载荷下晶界工程处理试样的蠕变应变-蠕变速率曲线,在开始瞬间加载阶段和蠕变的三个阶段内,高应力下的蠕变速率都比小应力下的蠕变速率大。在蠕变第二阶段,

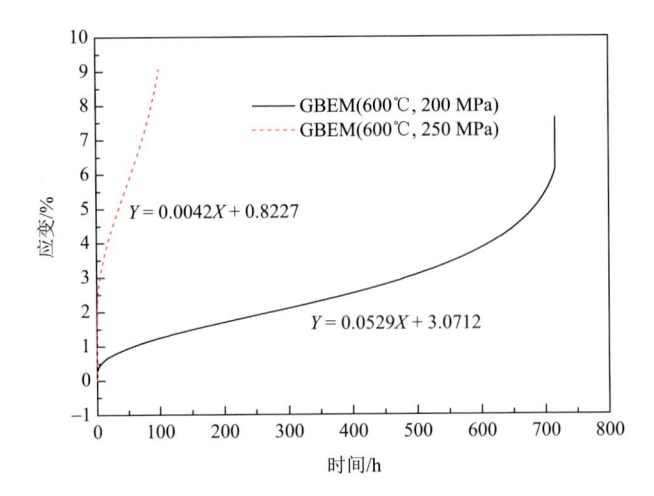

图 7.71 600℃时 200 MPa 和 250 MPa 载荷下晶界工程处理试样的蠕变曲线

表 7.9 600℃时 200 MPa 和 250 MPa 载荷下晶界工程处理试样的蠕变数据统计

试样		断裂时间/h	最小蠕变速率/s^{-1}	应变断裂/%	平均蠕变速率/s^{-1}
GBEM	200 MPa	716	2.32×10^{-8}	6.15	2.38×10^{-8}
	250 MPa	101	1.39×10^{-7}	9.06	2.49×10^{-7}

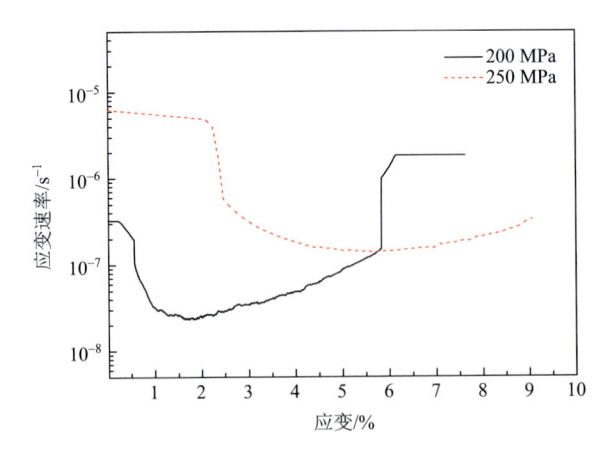

图 7.72 600℃时 200 MPa 和 250 MPa 载荷下晶界工程处理试样的蠕变应变-蠕变速率曲线

低应力下的应变速率随着变形量的增加而逐渐增大，而高应力下则随着变形量的增加逐渐降低，因此 250 MPa 加载时的最终蠕变应变量比 200 MPa 加载时的大。

2）蠕变断口形貌分析

（1）断口 SEM 形貌。

图 7.73 为 600℃时 200 MPa 蠕变条件下晶界工程处理前后试样断口不同倍数的

微观形貌扫描图。初始材料断口呈沿晶界分离的冰糖状，微观表面比较平滑和干净，基本看不出塑性变形的痕迹。在高倍数条件下可以看出晶粒之间结合处多存在次生微裂纹，尤其是应力较集中的三叉晶界处，两个晶界面都处于分离状态，结合强度低。

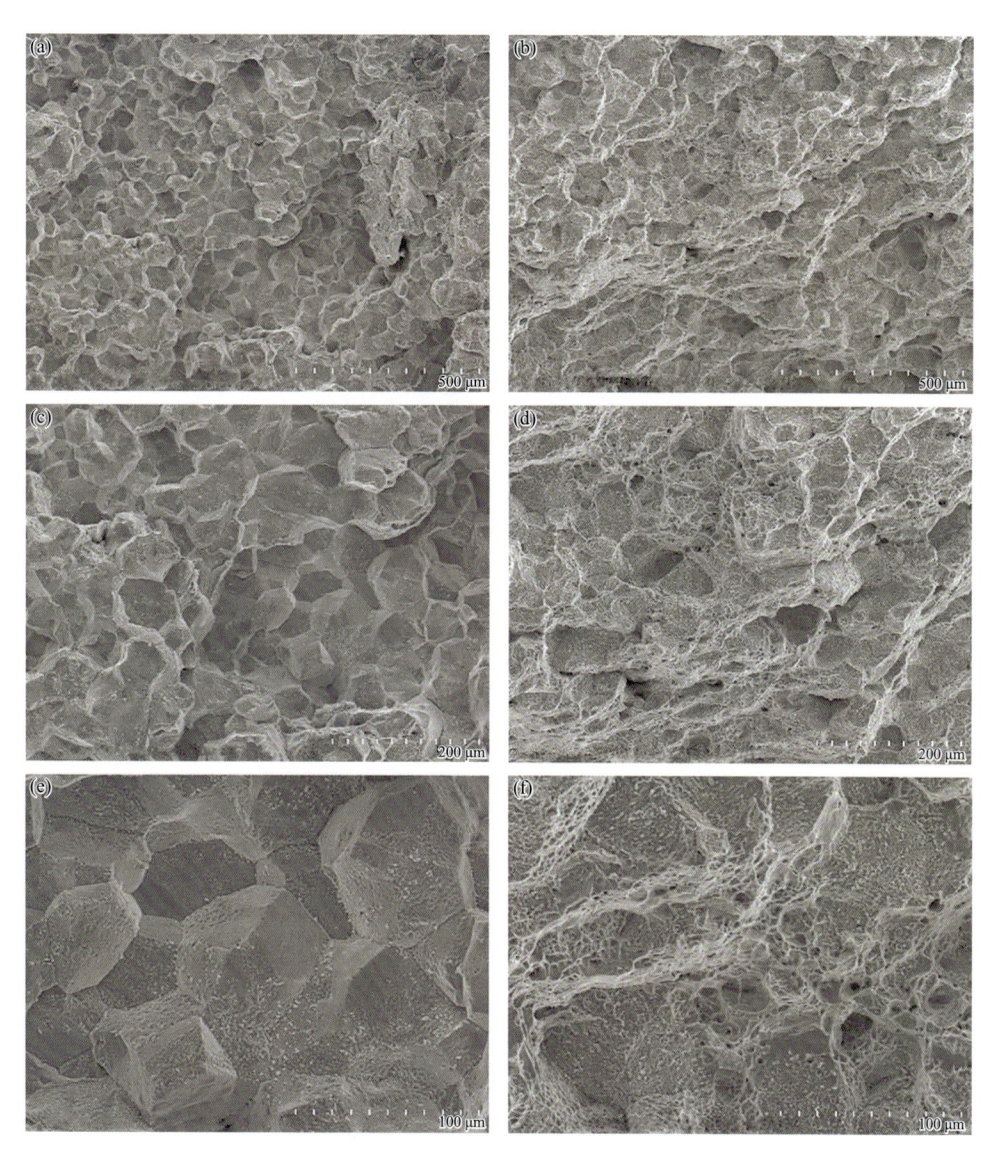

图 7.73 600℃时 200 MPa 载荷下晶界工程处理前后试样的断口截面扫描电镜图：(a, c, e) BM；(b, d, f) GBEM

对于晶界工程处理试样，虽然也表现出沿晶破坏的特征，但并没有初始材料严重，而且沿晶断口的部分区域上有大量的细小韧窝，说明断裂过程中沿晶界上还存在一定的塑性变形。另外，在高倍数形貌下没有发现和初始材料类似的出现在晶粒之间的次生微裂纹。由于经历过长时间的高温蠕变，在 600℃的敏化温度下，晶界表面存在大量碳化物颗粒沉积，初始材料中高倍数条件下的形貌图可以明显看出。但在晶界特征优化后的断口表面处碳化物颗粒要比初始材料多，这是由于处理后的材料经历了 716 h 的长时间敏化，而初始材料只有 286 h，因此造成了断口处碳化物覆盖量的差异。

此外，还发现在晶界特征优化后试样高温蠕变断口出现非沿晶扩展区域（穿晶扩展），如图 7.74 所示形貌。其中，图 7.74（b）是图 7.74（a）中穿晶裂纹面的放大区域，这种断裂显微特征在初始材料中没有发现。

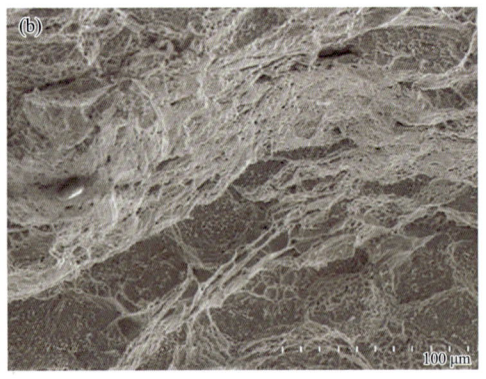

图 7.74　600℃时 200 MPa 载荷下晶界工程处理后试样的断口局部特征区域扫描电镜图：
（a）GBEM 断口裂纹扩展区；（b）局部放大图

对比高温蠕变断口侧面的 SEM 形貌，从图 7.75 可以看出，断口附近区域表面存在大量的裂纹，宏观表现出龟裂现象。虽然相比于初始材料 286 h 的蠕变，晶界工程处理材料的蠕变时间长达 716 h，但初始材料所表现出的龟裂现象更加严重，裂纹比晶界工程处理后的材料要粗大得多。这是由于表面细小的裂纹会沿着晶界连通扩展，增大了裂纹宽度，而晶界工程处理后材料的表面仅仅出现很多细小的裂纹，并没有在长时间的蠕变下连成一片，形成大裂纹。

从高温蠕变断口的形貌分析可以得出，晶界特征优化前后对材料高温强度和塑性的影响十分显著，表明晶界工程确实能够通过改善材料内部晶界特征分布从微观结构上改善多晶材料晶界间的结合强度，阻碍材料中的细小裂纹源连通长大，达到提高材料抗高温蠕变性能的目的。

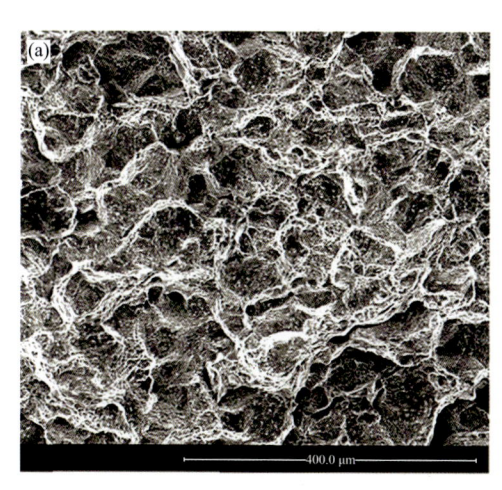

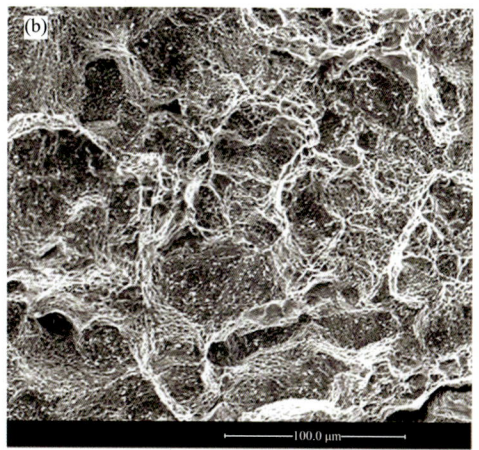

图 7.75　600℃时 200 MPa 载荷下晶界工程处理前后试样的断口侧面宏观扫描电镜图：(a) BM；(b) GBEM

图 7.76 为不同加载应力时断口的显微形貌。随着高温蠕变加载应力的增加，断口表面微观形貌沿晶特征变得模糊，断裂模式逐渐从沿晶脆性破坏向着穿晶韧性破坏转变。高倍数条件下可以观察到，当恒应力增加时，断口韧窝数量和密度增加，反映出高应力时的塑性变形量增加。这与前面蠕变曲线定量的结果显示出一致性。这是因为多晶材料晶界和晶粒的等强温度与应力水平有关，通常情况下当应力增大时，等强温度会升高。在相同温度下，高应力加载时晶界与晶粒的强度差比低应力加载时要小，晶界的强度相对而言有了一定提升，导致应力高时多晶材料内部裂纹的沿晶趋势被削弱。

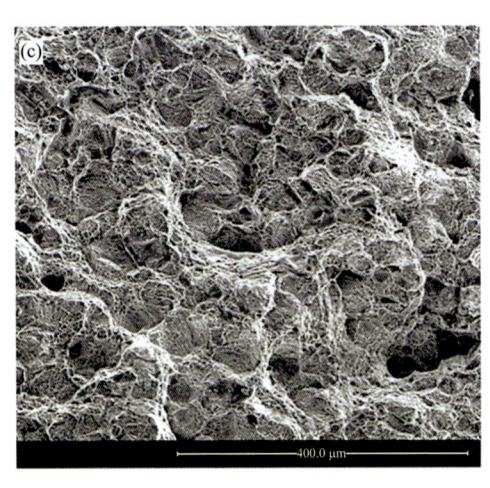

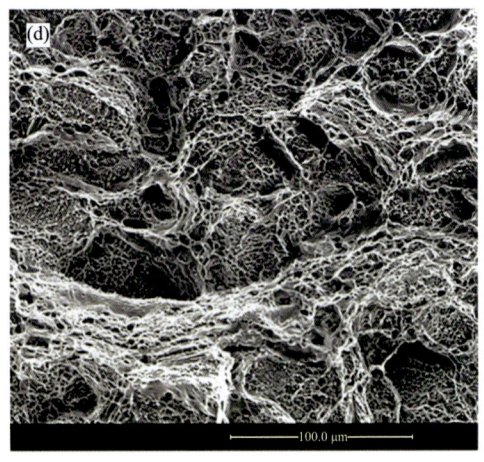

图 7.76　600℃时 200 MPa 和 250 MPa 蠕变条件下晶界工程处理前后试样的断口扫描电镜图：(a, b) BM；(c, d) GBEM

（2）断口附近表面 OIM 形貌。

断口形貌反映的是高温蠕变的断裂特征。图 7.77 为晶界特征优化后材料在 600℃和 250 MPa 恒载荷下的高温蠕变破坏试样断口附近侧面的 SEM 图，并通过 EBSD 技术检测标定了该微观区域的晶界特征分布情况。可以发现，微裂纹首先萌生在两个高能大角度自由晶界 A 和 B 上，且裂纹处于分离状态，即裂纹的上下晶界面被拉开，产生较大塑性变形，位于大角度自由晶界之间的是一条低能 Σ3 特殊晶界 C，该处并没有产生微裂纹，有效地打断了两个微裂纹连通性，使裂纹进一步沿着晶界的连接、长大受到阻碍。正是晶界工程处理过的材料内部存在大量的低能 CSL 特殊晶界，使得 304 奥氏体不锈钢在高温蠕变条件下，裂纹形核和长大的阻力都增大，从而很大程度上提高了材料的蠕变抗性，增加蠕变寿命。

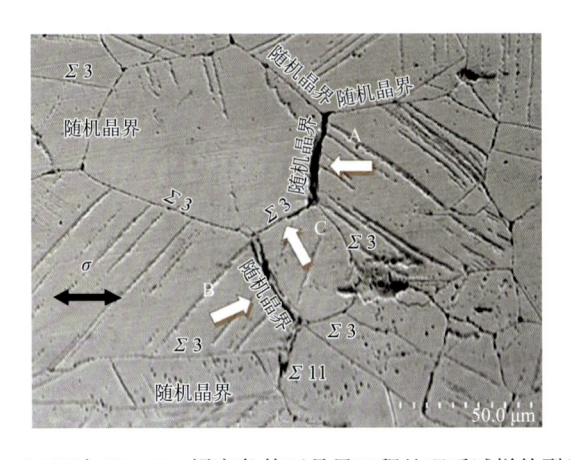

图 7.77　600℃时 250 MPa 蠕变条件下晶界工程处理后试样的裂纹扩展图

在较低应力和较高温度下，蠕变裂纹常常分布在晶界各处，尤其是特别容易在垂直于加载应力方向的晶界上产生，这是由于垂直于应力方向的晶界所受的力最大。高温蠕变时的晶界滑动会受到晶界碳化物的阻碍，产生应力集中，从而使得晶界处的碳化物能够为空洞形核提供优先位置。图 7.78 为碳化物颗粒附近空洞形核的示意图。低 Σ 晶界由于具有特殊的点阵结构，晶界能较大角度自由晶界低，不仅能改善多晶体内部杂质在晶界上的偏析，而且可以一定程度地降低晶界滑动，减小晶间空洞形核率。因此，在高温蠕变过程中晶界特征优化后材料内部大量的低能特殊晶界的界面稳定性较好，能从界面尺度上优化材料性能，延长蠕变寿命。

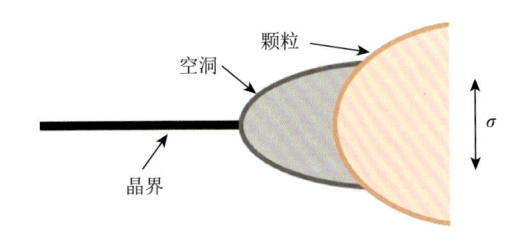

图 7.78　晶界上碳化物颗粒附近的空洞形核示意图

3）蠕变试样的晶界特征分布

（1）初始材料和处理后试样的晶界特征分布。

由于前面所用实验材料尺寸无法加工成蠕变测试标准试样，因此本组实验选取材料为另一个公司的 304 奥氏体不锈钢材料，其化学成分见表 7.10，材料的组织也同前面的初始材料略有差异，但并不影响数据对比的独立性。

表 7.10　304 奥氏体不锈钢板材的成分　　　　（单位：wt%）

成分	含量	成分	含量
C	0.07	Mn	1.94
Cr	17.21	S	0.28
Ni	7.93	P	0.026
Si	1.03		

通过 EBSD 测试技术分析初始材料和晶界工程处理试样在高温蠕变开始之前的晶界特征分布情况。图 7.79 为材料的晶界特征分布和大角度自由晶界打断图，表明 5% 小变形和 947℃ 退火 28 h 之后 304 奥氏体不锈钢内部的特殊晶界比例得到显著增

加。定量统计结果如表 7.11 所示：Σ3 晶界比例从 52.39%增加到 72.38%，总的特殊晶界比例从 62.22%增加到 84.47%，特殊晶界与一般大角度自由晶界的比值从 1.75 增加到 5.94，表明特殊晶界在大角度晶界中的比例得到大幅度增加。通过大角度自由晶界打断效果图可以明显地看出初始材料中较高比例的大角度自由晶界具有高度连通性，形成大范围均匀性良好的自由晶界网络结构，特殊晶界并没有打断其连通性。对于晶界工程处理过的材料，大角度自由晶界不仅所占比例大幅度降低，而且自由晶界网络连通性被大量连成一片分布的低能特殊晶界打断。因而，5%形变结合 947℃长时间后续退火的晶界工程处理不仅可以使材料内部特殊晶界的比例得到大幅度增加，而且有效地打断了大角度自由晶界网络的连通性，实现材料内部晶界特征优化。

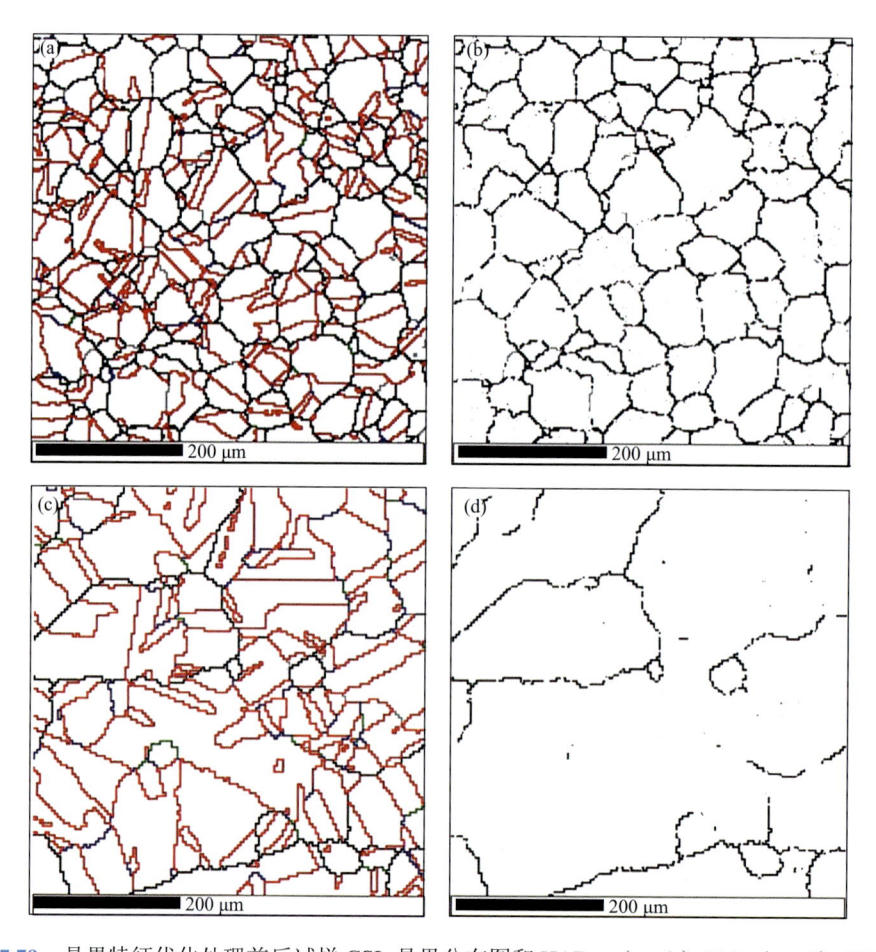

图 7.79 晶界特征优化处理前后试样 CSL 晶界分布图和 HABs：(a，b) SM；(c，d) GBEM

表 7.11　晶界特征优化处理前后材料的特殊晶界比例变化

试样	$\Sigma 3$/%	$\Sigma 9$/%	$\Sigma 27$/%	$f_{(Total)}$/%	$f_{(HABs)}$/%	$f_{(Total)}/f_{(HABs)}$
SM	52.39	4.78	1.37	62.22	35.63	1.75
GBEM	72.38	8.03	2.59	84.47	14.21	5.94

（2）晶粒尺寸的影响。

在常温条件下，一般晶粒尺寸的材料根据 Hall-Petch 关系，往往是晶粒尺寸越小，材料的强度越高。但是在高温条件下，材料的高温强度与晶粒尺寸间的关系会发生本质变化，这是由断裂破坏机制不同造成的。常温时晶粒内部位错滑移会受到晶界的阻碍，使晶界强度增加，但当晶界本身在高温下滑动时，并不会引起晶界的强化。图 7.80 为晶界特征优化前后试样的晶粒尺寸分布对比，可以看出晶界工程处理前后材料的晶粒尺寸发生明显长大。

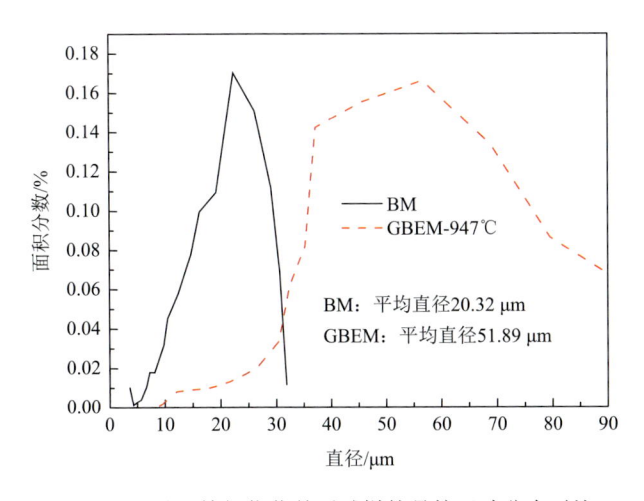

图 7.80　晶界特征优化前后试样的晶粒尺寸分布对比

600℃的高温条件高于 304 奥氏体不锈钢在该高温蠕变实验应力水平下的等强温度，此时蠕变过程中晶界的强度要比晶内低。由于初始材料的晶粒尺寸较小，单位体积内所占的晶界面积较大，在等温强度以上时，晶界的强度比晶粒内要低，蠕变裂纹都是沿着晶界萌生和扩展的，因此晶粒细小时的高温蠕变强度反而降低。这也可以用来解释在加载的开始阶段，初始材料的瞬间变形量比晶界工程处理过的材料大得多。因而，通过晶界设计与控制，不仅优化了多晶材料内部的晶界特征分布，这些特殊晶界能够有效地打断微裂纹之间的连通性，阻碍裂纹形核和长大，而且晶粒尺寸也有了一定程度的长大，进一步改善高温多晶材料的高温蠕变性能，效果十分显著。

4) 小结

本节通过高温蠕变实验，研究晶界设计与控制对 304 奥氏体不锈钢高温性能的影响，通过 SEM、EBSD 分析了高温蠕变过程中特殊晶界延长蠕变寿命的微观机制，得到的结论如下。

（1）在温度为 600℃和加载应力为 200 MPa 的条件下，304 奥氏体不锈钢初始材料的蠕变寿命为 286 h，晶界工程处理过材料的蠕变寿命可达到 716 h，增加 1.5 倍，塑性变形量从初始材料的 4.35%提高到 6.15%，平均蠕变速率从 $4.22\times10^{-8}\,\mathrm{s}^{-1}$ 减小到 $2.38\times10^{-8}\,\mathrm{s}^{-1}$。虽然晶界优化后材料的稳态蠕变速率出现了一个反常的增加，但能够被合理地解释。因此，晶界工程能够大幅提高 304 奥氏体不锈钢的高温蠕变性能。

（2）初始材料的高温蠕变断口形貌几乎全部为沿晶特征，晶界优化后材料的蠕变形式由纯沿晶向着既有沿晶也有穿晶的混合特征转变，断裂过程中沿晶界产生了一定的塑性变形，极大地提高了材料的高温蠕变性能。

（3）低能 CSL 特殊晶界能够有效地打断微裂纹之间的连通性，使裂纹进一步沿着晶界的扩展、长大受到阻碍。材料内部存在大量的低能 CSL 特殊晶界，使得 304 奥氏体不锈钢在高温蠕变条件下，裂纹形核和长大的阻力都增大，从而很大程度上提高了材料的蠕变抗性，增加蠕变寿命。

5. 晶界特征分布对 304 奥氏体不锈钢抗氢脆性能的影响

1) 拉伸力学性能分析

（1）抗拉强度和屈服强度分析。

选取母材和 7%轧制变形量样品经不同退火温度退火 7 min 的试样进行对比实验来研究晶界特征分布对 304 奥氏体不锈钢抗氢脆性能的影响，样品的低 Σ CSL 晶界比例分别为 54%、63%、75%、71%。表 7.12 和图 7.81 为不同晶界特征分布充氢和未充氢试样的抗拉强度与屈服强度统计，图 7.82 为不同晶界特征分布充氢和未充氢试样的工程应力-应变曲线。

表 7.12　不同晶界特征分布充氢（charged）和未充氢（free）试样的抗拉强度与屈服强度

样品	BM 充氢	BM 未充氢	7%+1050℃+7 min 充氢	7%+1050℃+7 min 未充氢	7%+1075℃+7 min 充氢	7%+1075℃+7 min 未充氢	7%+1100℃+7 min 充氢	7%+1100℃+7 min 未充氢
低 Σ CSL 晶界比例/%	54		63		75		71	
屈服强度/MPa	200	212	228	226	248	250	233	239
抗拉强度/MPa	625	632	655	654	658	659	644	655

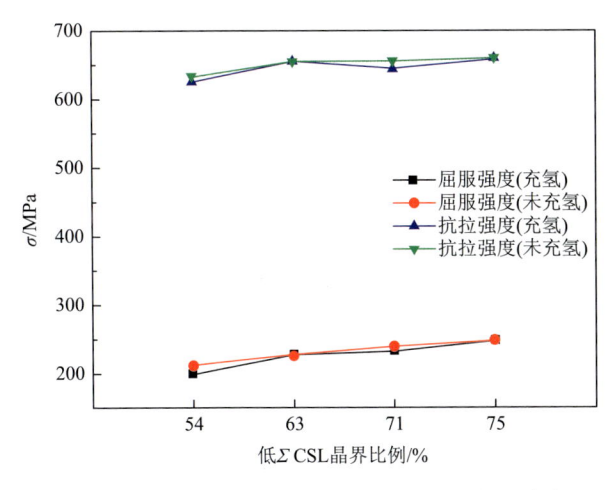

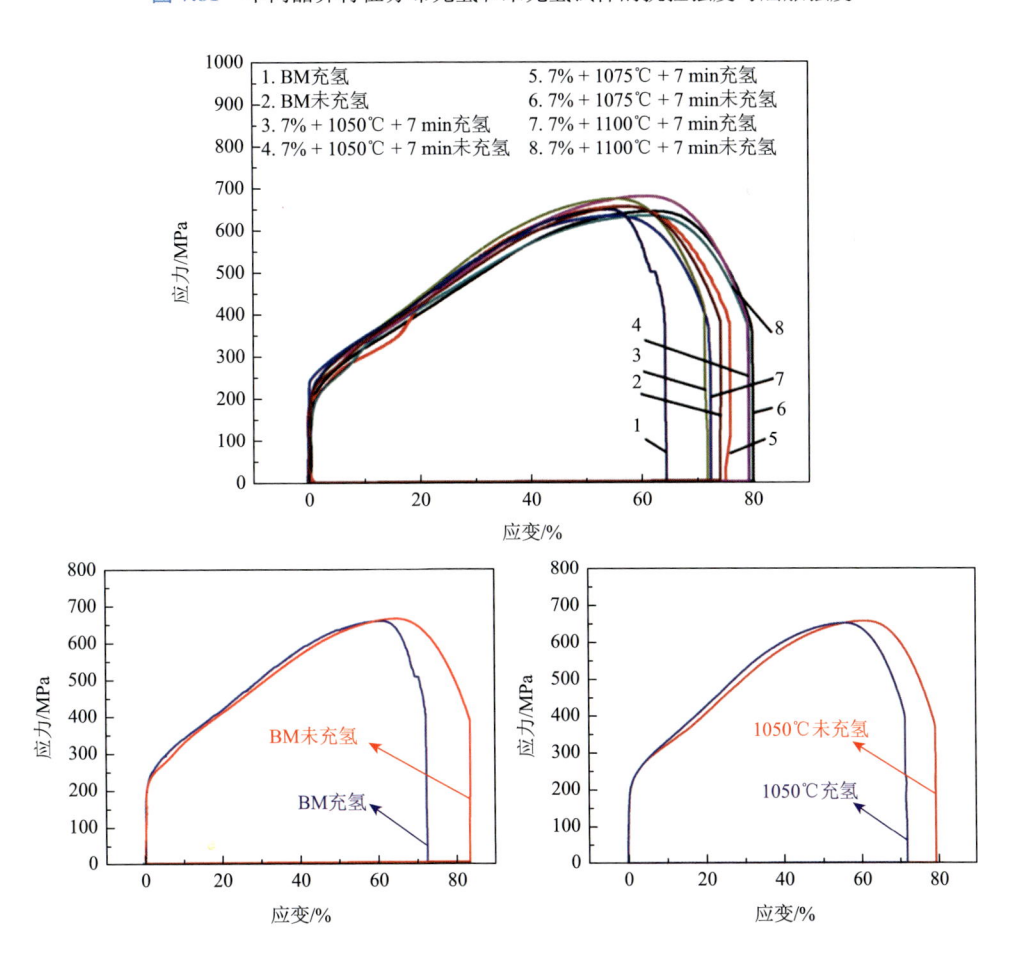

图 7.81　不同晶界特征分布充氢和未充氢试样的抗拉强度与屈服强度

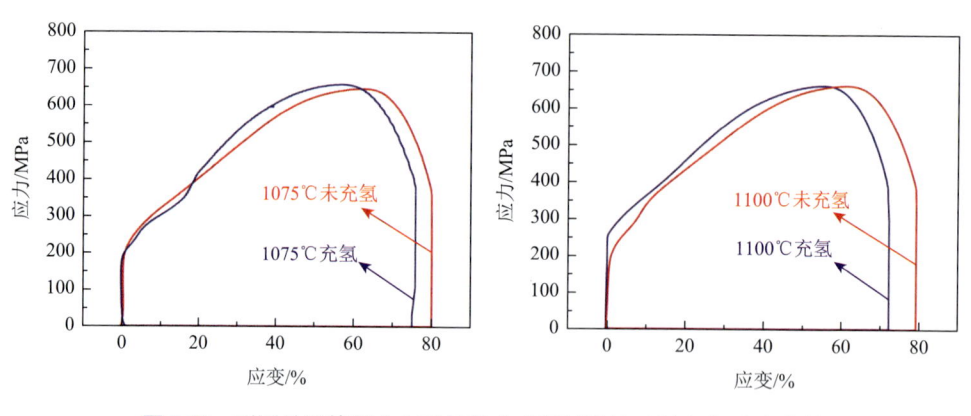

图 7.82　不同晶界特征分布充氢和未充氢试样的工程应力-应变曲线

可以看出，304 奥氏体不锈钢在拉伸过程中一共经历了 4 个阶段：弹性变形阶段、均匀塑性变形阶段、不均匀塑性变形阶段和断裂阶段。经过晶界工程处理的材料抗拉强度和屈服强度都有一定程度的提升，而且随着低 ΣCSL 晶界比例的升高，材料的强度也随之增大。未充氢母材的屈服强度和抗拉强度分别为 212 MPa 和 632 MPa，提升低 ΣCSL 晶界比例到 63%时，材料的屈服强度和抗拉强度分别增加到 226 MPa 和 654 MPa，进一步提升到 75%时，材料的屈服强度和抗拉强度分别提升到 250 MPa 和 659 MPa，相较于母材，屈服强度提升了 38 MPa，抗拉强度提升了 27 MPa，对材料的综合性能有一定的改善。当试样充氢后，母材的抗拉强度和屈服强度分别为 200 MPa 和 625 MPa，提升低 ΣCSL 晶界比例到 75%时，材料的屈服强度和抗拉强度分别提升到 248 MPa 和 658 MPa，对比母材，晶界工程处理后的样品屈服强度提高了 48 MPa，抗拉强度提高了 33 MPa，仍然随着低 ΣCSL 晶界比例的升高，材料的强度增大。母材充氢后屈服强度下降了 12 MPa，抗拉强度下降了 7 MPa，提升低 ΣCSL 晶界比例到 75%时，材料的屈服强度和抗拉强度基本没有变化，说明 304 奥氏体不锈钢经过晶界工程处理之后，材料的氢脆敏感性降低，抗氢脆性能有一定的提高。

对于晶粒尺寸的影响，可以借助位错来解释，位错在晶体内的分布方式是三维分布。滑移面上的位错网线段能够形成位错源，位错源受到应力作用后能够持续释放出位错，导致晶体产生滑移。位错运动时首先要克服的是位错网的阻碍，然后位错会运动到晶界处，此时位错又要克服晶界的阻碍，只有这样才能把变形通过一个晶粒传递到另一个晶粒上，最后使材料发生屈服。因此，金属材料的屈服强度由位错网和晶界对位错运动的阻力等决定。所以相同的金属材料中，晶粒尺寸越小，所含有的晶界数目就越多，对位错运动的阻碍也就越多，材料的屈服强度越大。

表 7.13 为不同晶界特征分布试样的晶粒尺寸大小。母材的初始晶粒尺寸大小

为 62 μm，经过晶界工程处理后，晶粒尺寸发生不同程度的长大，其中 7% + 1100℃ + 7 min 处理条件下长大了 36 μm。根据 Hall-Petch 公式，晶粒尺寸较大的材料屈服强度应该降低。但是实验表明，经过晶界工程处理后样品的强度相对于母材仍然是提高的。这是因为材料经过晶界工程处理之后，高能随机晶界比例降低，低能小角度晶界比例增加，低能的特殊晶界不易与位错发生反应，位错运动到低 ΣCSL 晶界处受到阻碍，使材料不易产生变形，导致材料的强度增大，并且增大的强度大于由晶粒粗化带来的强度降低，所以材料整体上仍然表现为强度增大。

表 7.13 不同晶界特征分布试样的晶粒尺寸

样品	BM	7% + 1050℃ + 7 min	7% + 1075℃ + 7 min	7% + 1100℃ + 7 min
低 ΣCSL 晶界比例/%	54	63	75	71
晶粒尺寸/μm	62	59	94	98

（2）塑性分析。

304 奥氏体不锈钢的氢脆主要表现形式是氢致塑性损减，所以可以通过比较充氢试样和未充氢试样的伸长率 δ 来判断材料的氢脆敏感性，即用氢致伸长率损减率 δ_L 来表示材料的抗氢脆性能，δ_L 越大，表明材料的抗氢脆性能越差。表 7.14 为不同晶界特征分布试样的伸长率和氢致伸长率损减率统计，图 7.83 为不同晶界特征分布充氢和未充氢试样的伸长率，图 7.84 为不同晶界特征分布试样氢致伸长率损减率。

表 7.14 不同晶界特征分布试样的伸长率和氢致伸长率损减率 （单位：%）

样品	BM 充氢	BM 未充氢	7% + 1050℃ + 7 min 充氢	7% + 1050℃ + 7 min 未充氢	7% + 1075℃ + 7 min 充氢	7% + 1075℃ + 7 min 未充氢	7% + 1100℃ + 7 min 充氢	7% + 1100℃ + 7 min 未充氢
低 ΣCSL 晶界比例	54		63		75		71	
δ	63.9	74.0	71.3	79.0	75.7	79.8	73.4	79.3
δ_L	13.6		9.7		5.1		7.4	

由图表可以看出，无论试样是否充氢，随着低 ΣCSL 晶界比例的升高，304 奥氏体不锈钢的伸长率均增加。其中低 ΣCSL 晶界比例为 54% 的母材的伸长率为 74.0%，当提高低 ΣCSL 晶界比例到 75% 时，材料的伸长率增加到 79.8%，提高

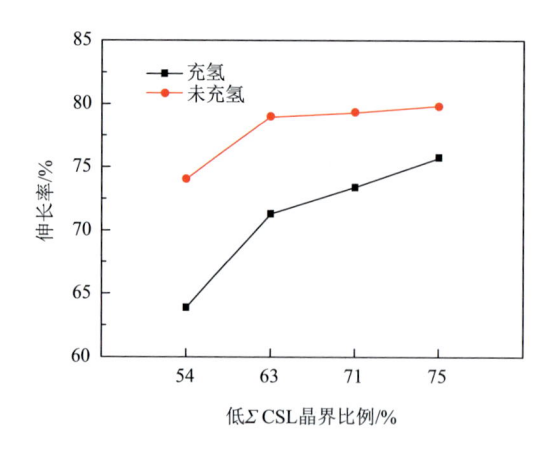

图 7.83 不同晶界特征分布充氢和未充氢试样的伸长率

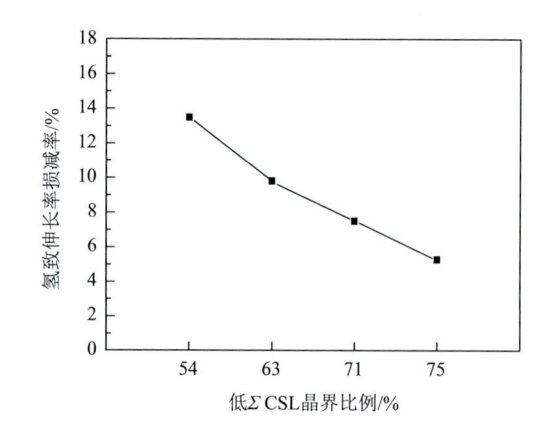

图 7.84 不同晶界特征分布试样的氢致伸长率损减率

了 5.8%。当试样充氢后，低 Σ CSL 晶界比例为 54%的母材的伸长率降低到 63.9%，低 Σ CSL 晶界比例为 75%的试样的伸长率降低到 75.7%，伸长率提升了 11.8%。对不同晶界特征分布试样氢致伸长率损减率进行比较，可以明显看出，随着低 Σ CSL 晶界比例的升高，试样的氢致伸长率损减率不断降低。低 Σ CSL 晶界比例为 54%的母材的氢致伸长率损减率为 13.6%，当提高低 Σ CSL 晶界比例到 75%时，氢致伸长率损减率仅为 5.1%，塑性损减大大降低，说明材料经过晶界工程优化后，氢脆敏感性显著降低，抗氢脆性能提高。

材料的断面收缩率 ψ 也是体现材料塑性的一个重要参数，可以通过比较充氢试样和未充氢试样的伸长率来判断材料的氢脆敏感性，用氢致断面收缩率损减率 ψ_L 来表示材料的抗氢脆性能，ψ_L 越大，表明材料的抗氢脆性能越差。表 7.15 为不同晶界特征分布试样的断面收缩率统计，图 7.85 为不同晶界特征分布充氢和未充氢试样的断面收缩率，图 7.86 为不同晶界特征分布试样氢致断面收缩率损减率。

表 7.15 不同晶界特征分布试样的断面收缩率 （单位：%）

样品	BM 充氢	BM 未充氢	7%+1050℃+7 min 充氢	7%+1050℃+7 min 未充氢	7%+1075℃+7 min 充氢	7%+1075℃+7 min 未充氢	7%+1100℃+7 min 充氢	7%+1100℃+7 min 未充氢
低 ΣCSL 晶界比例	54		63		75		71	
ψ	60.5	65.2	62.4	66.8	81.2	82.5	79.5	81.4
ψ_L	7.2		6.6		1.6		2.3	

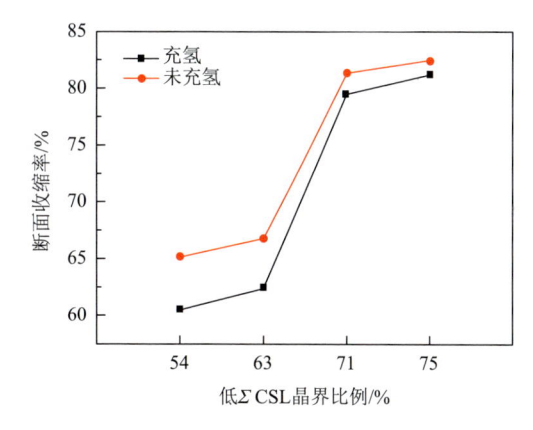

图 7.85 不同晶界特征分布充氢和未充氢试样的断面收缩率

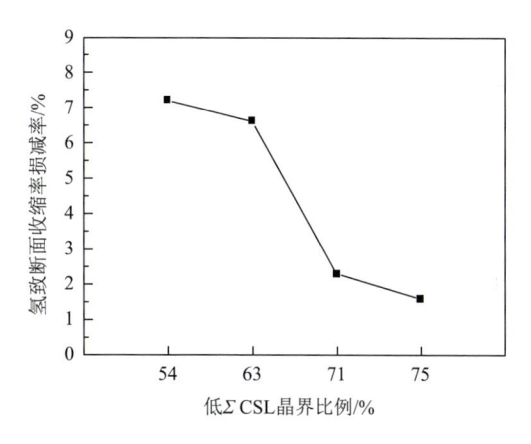

图 7.86 不同晶界特征分布试样的氢致断面收缩率损减率

由图表可以看出，无论试样是否充氢，随着低 Σ CSL 晶界比例的升高，304 奥氏体不锈钢的断面收缩率均不断增加。其中低 Σ CSL 晶界比例为 54% 的未充氢母材的断面收缩率为 65.2%，当提高低 Σ CSL 晶界比例到 75% 时，材料的断面收缩率增加到 82.5%，提高了 17.3%。当试样充氢后，低 Σ CSL 晶界比例为 54% 的母材的断面收缩率降低到 60.5%，低 Σ CSL 晶界比例为 75% 的试样的断面收缩率降低到 81.2%，断面收缩率提升了 20.7%。对不同晶界特征分布试样断面收缩率损减率进行比较，可以明显看出，随着低 Σ CSL 晶界比例的升高，试样的氢致断面收缩率损减率不断降低。低 Σ CSL 晶界比例为 54% 的母材的氢致断面收缩率损减率为 7.2%，当提高低 Σ CSL 晶界比例到 75% 时，氢致断面收缩率损减率仅为 1.6%，塑性损减大大降低，说明材料经过晶界工程优化后，氢脆敏感性显著降低，抗氢脆性能提高。

导致 304 奥氏体不锈钢经过晶界工程处理之后抗氢脆性能提高的原因是低 Σ CSL 晶界比例显著提高，随机晶界网络被打断，晶界特征分布得到优化。高能的随机晶界容易发生断裂，是易于捕捉氢原子的"氢陷阱"，导致随机晶界处的氢原子大量聚集，使晶界的结合力降低，从而易于产生氢致裂纹。但是，低 Σ CSL 晶界由于能量较低，氢原子不易在此聚集，因此低 Σ CSL 晶界比例高的样品塑性较好，不容易发生断裂。

2）拉伸断口形貌分析

图 7.87 为不同晶界特征分布充氢和未充氢试样的拉伸断口宏观 SEM 图。对比不同晶界特征分布未充氢样品 [图 7.87（b）、（d）、（f）和（h）] 的拉伸断口宏观形貌，可以发现试样断口都表现出明显的颈缩和剪切唇特征，从心部开始断裂，由心部到边缘部分都布满韧窝，是典型的韧性断裂。随着低 Σ CSL 晶界比例的提高，试样的断面收缩率也不断增大，这说明材料的塑性提高。对比不同晶界特征分布充氢样品 [图 7.87（a）、（c）、（e）和（g）] 的拉伸断口宏观形貌，可以发现断口同样具有颈缩和剪切唇的特征，并且随着低 Σ CSL 晶界比例的提高，试样的断面收缩率也不断增大。但是相同低 Σ CSL 晶界比例条件下，充氢试样的断面收缩率明显小于未充氢试样，这说明低 Σ CSL 晶界比例的增加可以显著提高试样的塑性，并且可以有效抑制氢脆的产生。

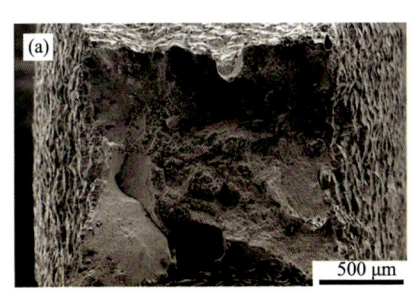

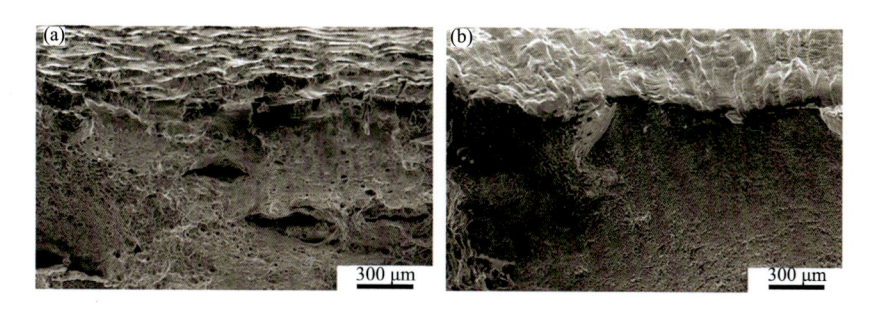

图 7.87 （a，b）BM + 24 h 充氢、未充氢宏观形貌；（c，d）7% + 1050℃ + 7 min + 24 h 充氢、未充氢宏观形貌；（e，f）7% + 1075℃ + 7 min + 24 h 充氢、未充氢宏观形貌；（g，h）7% + 1100℃ + 7 min + 24 h 充氢、未充氢宏观形貌

图 7.88 为不同晶界特征分布充氢和未充氢试样的拉伸断口边缘 SEM 图。对比不同晶界特征分布未充氢样品［图 7.88（b）、（d）、（f）和（h）］的拉伸断口边缘形貌，可以发现断口边缘均表现为韧性断裂，能够观察到明显的韧窝。对比不同晶界特征分布充氢样品［图 7.88（a）、（c）、（e）和（g）］的拉伸断口边缘形貌，可以

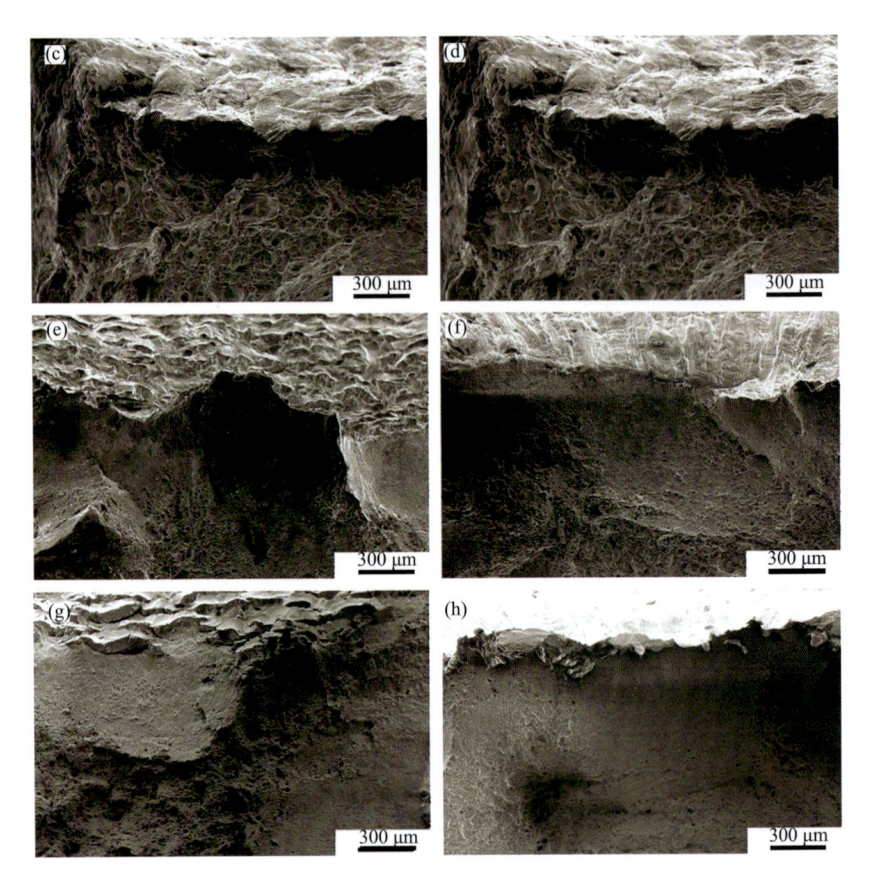

图 7.88 　(a，b) BM + 24 h 充氢、未充氢边缘形貌；(c，d) 7% + 1050℃ + 7 min + 24 h 充氢、未充氢边缘形貌；(e，f) 7% + 1075℃ + 7 min + 24 h 充氢、未充氢边缘形貌；(g，h) 7% + 1100℃ + 7 min + 24 h 充氢、未充氢边缘形貌

发现断口边缘均发生了不同程度的脆性断裂，存在大量的穿晶断裂和河流状花纹，发生了类解理断裂，且随着低 Σ CSL 晶界比例的提高，样品脆性断裂的程度明显下降，尤其是 7% + 1075℃ + 7 min + 24 h 充氢条件下的样品，其低 Σ CSL 晶界比例达到了 75%，氢脆对其影响非常小，脆性断裂特征不明显，氢脆敏感性大大降低。

图 7.89 为不同晶界特征分布充氢和未充氢试样的拉伸断口心部 SEM 图。对比不同晶界特征分布未充氢样品 [图 7.89 (b)、(d)、(f) 和 (h)] 的拉伸断口心部形貌，可以发现断口心部存在大量韧窝，是典型的韧性断裂。对比不同晶界特征分布充氢样品 [图 7.89 (a)、(c)、(e) 和 (g)] 的拉伸断口心部形貌，断口心部同样均为韧窝形貌，发生的也是韧性断裂。这是因为时间较短，氢没有来得及扩散到材料的心部，而是局限于材料的表面，所以只有表面产生了氢脆现象，发生脆性断裂，而心部仍表现为韧性断裂。

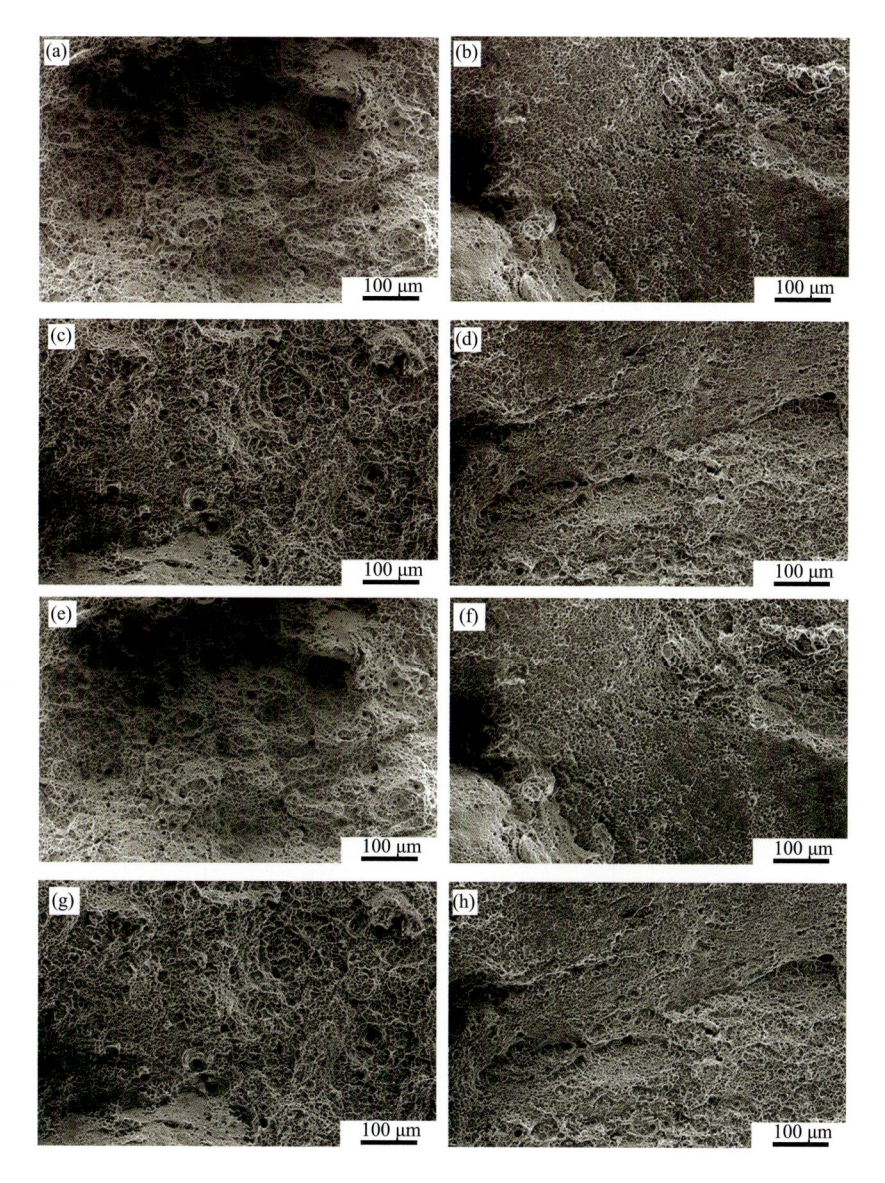

图 7.89 （a，b）BM+24 h 充氢、未充氢心部形貌；(c，d) 7%+1050℃+7 min+24 h 充氢、未充氢心部形貌；(e，f) 7%+1075℃+7 min+24 h 充氢、未充氢心部形貌；(g，h) 7%+1100℃+7 min+24 h 充氢、未充氢心部形貌

3）晶界特征分布对充氢量的影响

选取母材和 7%轧制变形量样品经不同退火温度退火 7 min 的试样进行对比实验来研究晶界特征分布对 304 奥氏体不锈钢充氢量的影响，样品的低 Σ CSL 晶界比例分别为 54%、63%、71%、75%。将四组试样分别在 50 mA/cm^2 电流密度下充

氢 24 h，充氢温度为室温。之后用甘油法测量每组试样的氢含量。为保证氢气完全放出，测量氢含量的试样放氢时间均不低于 180 h，测量低 Σ CSL 晶界比例分别为 54%、63%、71%、75%试样所含氢气的体积。通过式（7.18）可以将氢气体积换算成质量分数：

$$C_0 = \frac{n}{m} = \frac{2PV}{mTR} = \frac{2V}{82.06mT} \qquad (7.18)$$

式中，C_0 为氢原子的质量分数；n 为试样中所含氢原子的质量，g；m 为试样的质量，g；P 为标准大气压，101.325 kPa；V 为氢气的体积，cm³；T 为温度，K；R 为摩尔气体常数，8.3145 J/(mol·K)。由式（7.18）可以计算出 Σ CSL 晶界比例分别为 54%、63%、71%、75%的试样所含氢气的质量分数。图 7.90 为不同晶界特征分布试样所含氢气体积，图 7.91 为不同晶界特征分布试样所含氢气的质量分数，表 7.16 为不同晶界特征分布试样氢含量的统计。

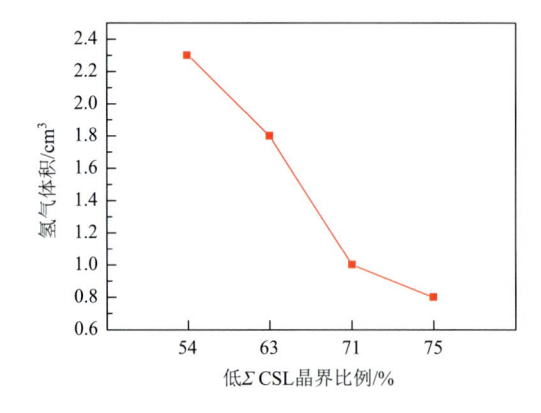

图 7.90　不同晶界特征分布试样所含氢气体积

表 7.16　不同晶界特征分布试样氢含量的统计

试样	低 Σ CSL 晶界比例/%	V/cm³	C_0/ppm
BM 充氢	54	2.3	38.26
7% + 1050℃ + 7 min 充氢	63	1.8	29.95
7% + 1075℃ + 7 min 充氢	75	0.8	13.31
7% + 1100℃ + 7 min 充氢	71	1.0	14.97

由表 7.16 可以看出，低 Σ CSL 晶界比例为 54%、63%、71%、75%试样所含氢气体积分别为 2.3 cm³、1.8 cm³、1.0 cm³ 和 0.8 cm³，换算成氢气质量分数分别为 38.26 ppm、29.95 ppm、14.97 ppm 和 13.31 ppm。由图 7.90 和图 7.91 可以直观看出，

随着低 Σ CSL 晶界比例的提高，试样所含氢气体积和质量分数呈不断下降的趋势。试样所含氢气体积由 2.3 cm³ 降低到 0.8 cm³，所含氢气质量分数由 38.26 ppm 降低到 13.31 ppm。这说明材料经过晶界工程处理后低 Σ CSL 晶界比例提高，晶界特征分布得到优化，易于捕捉氢原子的"氢陷阱"高能随机晶界数量大大减少，显著降低了材料的充氢量，提高了材料的抗氢脆性能。

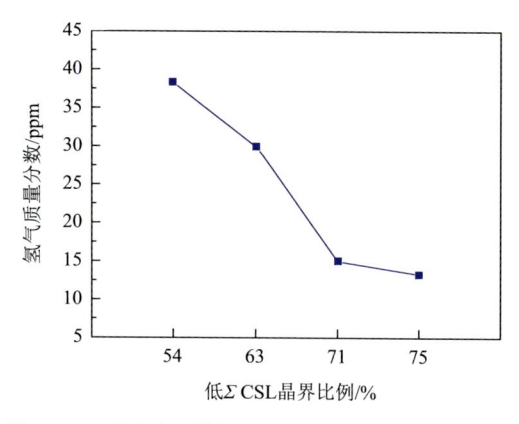

图 7.91　不同晶界特征分布试样所含氢气质量分数

4）小结

本节选取母材和 7%轧制变形量样品经不同退火温度退火 7 min 的试样进行对比实验来研究晶界特征分布对 304 奥氏体不锈钢抗氢脆性能的影响，得出了以下结论。

（1）经过晶界工程处理的材料抗拉强度和屈服强度都有一定程度的提升，而且随着低 Σ CSL 晶界比例由 54%提高到 75%，材料的屈服强度和抗拉强度分别由 212 MPa 和 632 MPa 提高到 250 MPa 和 659 MPa。母材充氢后屈服强度下降了 12 MPa，抗拉强度下降了 7 MPa，但提高低 Σ CSL 晶界比例到 75%，材料的屈服强度和抗拉强度基本没有变化。这说明 304 奥氏体不锈钢经过晶界工程处理之后，材料的氢脆敏感性降低。

（2）随着低 Σ CSL 晶界比例的升高，304 奥氏体不锈钢的伸长率和断面收缩率均增加。其中低 Σ CSL 晶界比例为 54%的母材的伸长率和断面收缩率分别为 74.0%和 65.2%，当提高低 Σ CSL 晶界比例到 75%时，材料的伸长率和断面收缩率分别增加到 79.3%和 82.5%。试样充氢后，低 Σ CSL 晶界比例为 54%的母材的氢致伸长率损减率和氢致断面收缩率损减率分别为 13.6%和 7.2%，当提高低 Σ CSL 晶界比例到 75%时，氢致伸长率损减率和氢致断面收缩率损减率分别仅为 5.1%和 1.6%，塑性损减大大降低，说明材料经过晶界工程优化后，氢脆敏感性显著降低，抗氢脆性能提高。

（3）不同晶界特征分布的未充氢样品均表现为韧性断裂，样品充氢后，氢脆主要发生在表面，断口由边缘向心部呈现从脆性断裂转变为韧性断裂的状态。并且随着低 Σ CSL 晶界比例的升高，样品的脆性断裂程度明显降低，材料的氢脆敏感性降低，抗氢脆性能大大提高。

（4）随着低 Σ CSL 晶界比例的升高，晶界特征分布优化，材料的充氢量显著降低。其中低 Σ CSL 晶界比例为 54% 的母材充氢后所含氢气体积为 2.3 cm^3，所含氢气质量分数为 38.26 ppm，当提高低 Σ CSL 晶界比例到 75% 时，材料充氢后所含氢气体积为 0.8 cm^3，所含氢气质量分数为 13.31，材料的抵抗充氢能力得到显著提高。

7.3 纯铜的晶界工程

铜因具有优良的导电导热性能以及良好的耐磨耐蚀性成为人类使用的最古老的金属之一。目前铜及铜合金已是第二大有色金属，是全球经济各行业中广泛需求的基础材料。

本节采用形变热处理方式研究变形量、退火温度及退火时间对纯铜晶界特征分布的影响，并在晶界结构调控对纯铜导电性、耐蚀性的影响[39-41]方面展开详细讨论。

7.3.1 纯铜的晶界结构调控

未经过任何热处理的纯铜内部有很大的残余应力和位错缠结并且存在明显的变形组织（图 7.92），原材料中的晶界以随机晶界为主，只含有极少量的孪晶界。

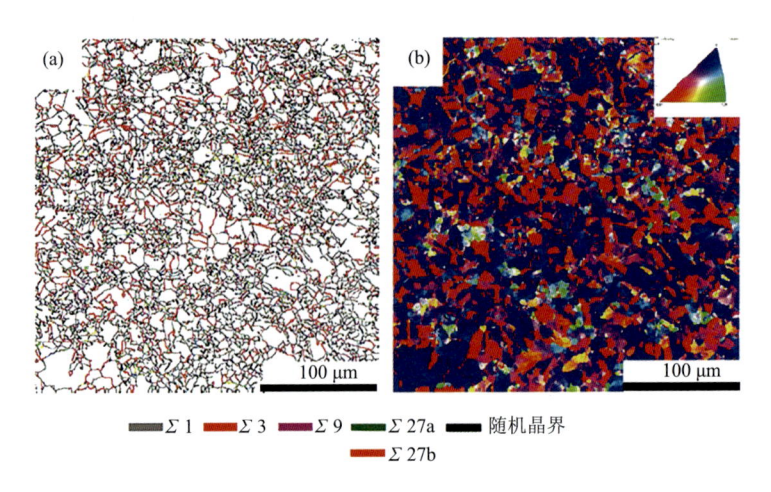

图 7.92 原始纯铜的晶界信息图：(a) 晶界特征分布图；(b) 反极图

因此，首先需要通过 750℃/15 min 固溶处理获得稳定均匀的组织，以便后续对晶界结构进行调控，经过固溶处理之后的样品称为母材。

1. 形变热处理工艺对纯铜晶界特征分布的影响

纯铜的晶界结构调控通常采用形变热处理工艺，变形量选取小变形。变形主要是为了在材料内部引入变形储存能，为后续的回复和再结晶提供驱动力。热处理工艺选取高温短时和低温长时两种退火方式。通过研究变形量和退火方式对纯铜晶界特征分布的影响，找出最优工艺参数实现对纯铜晶界结构的调控。变形量、退火温度对纯铜晶界特征分布的影响如下。

1）变形量

随着变形量的增大，纯铜内会发生再结晶，一些再结晶晶粒的产生和长大会消耗变形储存能。变形量提供的变形储存能是决定应变退火还是应变再结晶的主要因素，低变形储存能下材料发生应变诱导晶界迁移，当变形储存能高于某一值后，材料发生再结晶。而温度提供的热驱动力对晶界演化行为的影响不大，大部分情况下只是促进晶界迁移，进一步提高低 ΣCSL 晶界比例，并不会造成优化过程的改变。

在变形量为 5% 条件下，纯铜主要发生应变诱导晶界迁移，变形储存能不足以发生再结晶。由于没有再结晶发生，变形储存能的消耗都是靠晶粒长大，而某些特殊取向的晶粒更加容易长大，最终使这些晶粒比周围晶粒尺寸更大。而变形量为 10% 的纯铜晶界迁移行为介于两者之间，既会发生再结晶又有应变诱导晶界迁移，再结晶消耗了部分变形储存能，又有一部分晶粒由于应变诱导晶界迁移导致晶粒尺寸增大。但是再结晶消耗了一部分变形储存能而导致晶粒尺寸与变形量为 5% 时相比较小。

由于变形量增加，位错等缺陷增多，可用于形核的位置增加，形核概率增大，因此变形量增加，发生再结晶的比例增加。再结晶的小晶粒长大，与其他晶界相遇，从而导致特殊晶界比例增加。在变形量较小时，不足以使晶粒形核产生小晶粒，主要是应变诱导晶界迁移，依靠晶粒回复和长大过程中的晶界迁移消耗残余应力。随着变形量增大，再结晶的晶粒数量逐渐增加，再结晶导致的晶界优化效果逐渐增大，再结晶的晶粒形核和长大消耗残余应力，破坏原有的晶界结构产生了大量的孪晶界。

2）退火温度

通常，由于目前技术的限制，纯铜的晶粒长大、应变诱导晶界迁移与再结晶三种行为之间还没有观测到有明显的界线，很难定量分析这三者在热处理过程中出现的比例。晶粒长大过程已经有很多学者做了大量的研究。如果初始晶粒尺寸是一定的，当退火温度低于临界温度 T_0 时，由变形引入的变形储存能和低温下的热能并不能为晶界迁移提供足够的能量；当温度高于 T_0 时，在同一变形量下，足够的热驱动力会提供额外的能量使优化行为发生转变，此时会发生明显的晶粒长大过程，晶界大范围迁移，有足够的热能为晶界移动提供能量。在变形储存能相同的条件下，温度越高，低 Σ CSL 晶界比例越高。但是过高的温度会导致晶粒长大，降低材料的综合性能。

在高温退火（400~600℃）时，充足的热驱动力会导致纯铜由回复转变为应变诱导晶界迁移，或是应变诱导晶界迁移转变为再结晶。随着温度的升高，提供的热驱动力增加会提高样品中的特殊晶界比例和平均晶粒尺寸，而在高温下退火时，足够的热能会导致晶界特征分布的优化过程发生转变。而对于再结晶过程，一般认为需要提供高应变与高温使其发生新晶核的形成与晶粒长大，这与应变退火工艺中的应变诱导晶界迁移过程也没有明显区分。因为两者都是通过材料内储存能驱动，最终形成的都是无应力的晶粒。另外，有文献指出，可以将应变退火过程看作没有新晶核形成的再结晶[42]。在 500℃下的退火导致个别晶粒的长大，这是因为在压缩变形过程中应力分布不均匀，导致其产生异常长大的晶粒。而在 600℃与 700℃较高温度下退火，晶粒尺寸都有一定程度的增加，在 700℃下优化行为由回复转变为应变诱导晶界迁移优化，甚至发生了晶粒的异常长大，并且打断了随机晶界网络。

在低温退火（300~400℃）时，退火温度对晶粒的生长速率有较大影响，退火温度越高，晶粒生长速率越快。在小变形量下晶粒不是同时长大，而是局部首先发生晶粒长大，温度越高，原子迁移速率越快，因此 400℃时晶粒尺寸最大。在低温长时退火形变热处理工艺中，变形量越小，温度越低，晶界特征分布优化所需的时间则越长。高于某一变形量下发生再结晶，同时特殊晶界比例随着退火时间增加而不断增大，而且特殊晶界比例达到较高值后继续退火，此时会产生比较多平直的共格孪晶界，普通随机晶界网络随着退火时间增加被打断的比例不断增加。

在低应变量的形变热处理工艺中，变形量是影响优化行为的主要因素，而退火温度促进了优化过程向高能量需求的晶界演化行为转变。

2. 形变热处理过程中纯铜晶界特征分布的演化规律

晶界特征分布的优化依靠晶界的迁移，而影响晶界迁移的因素主要为形变热处理工艺提供的不同变形储存能和热激活能。在不同的驱动力作用下，材料中可能发生晶粒长大、应变诱导晶界迁移和再结晶等现象。通过准原位 EBSD 实验（对做好标记的试样进行快速加热与冷却，每一步之后进行 EBSD 扫描，得到一次晶界信息，形成一个完整的加热-冷却-扫描步骤，反复进行该步骤即可获得完整的热处理过程中晶界结构的演化规律），观察回复过程、应变诱导晶界迁移和再结晶导致的晶界迁移这三种方式对纯铜晶界特征分布演化的影响，具体如下。

（1）回复过程的纯铜晶界特征分布演化规律。

在 5%/500℃高温短时退火工艺下处理的纯铜主要发生回复过程。发生回复时，由于驱动力过小，晶界特征分布并不能得到优化，过小的驱动力不足以使组织结构发生变化，只有孪晶长大现象和少量晶界在局部发生晶界间反应，并不能有效提高特殊晶界比例，达到晶界分布优化效果。

（2）应变诱导晶界迁移的纯铜晶界特征分布演化规律。

在10%/500℃高温短时退火以及5%/350℃低温长时工艺下处理的纯铜均具备充足的驱动力，晶界演化行为主要为应变诱导晶界迁移。样品中会发生大范围晶界迁移，并且晶界迁移会首先发生在应力集中区域，晶界移动过程中会产生大量共格孪晶，大幅度提高低ΣCSL晶界比例。与此同时，快速移动的晶界会与原有晶界发生碰撞并扫过原有结构，造成特殊晶界比例的少量下降。在迁移过程后期，能量逐渐被消耗殆尽，晶界的移动速度降低，当再与一条稳定的随机晶界相遇后停止移动，此时有一定概率会发生晶界间反应，生成少量Σ9与Σ27晶界，直到整个区域的储存能被消耗殆尽，组织结构逐渐稳定，在后续的热处理过程中不再变化。在一个区域完成迁移与反应后，下一个高能区域范围内的晶界会接着开始迁移，重复上述过程。随着晶界迁移的区域越来越多，整个晶界结构被完全改变，产生了大量共格孪晶，大幅度提高特殊晶界比例与晶粒尺寸，最终达到晶界特征分布优化。

整个应变诱导晶界迁移优化过程包括晶界迁移、晶界扫过和晶粒长大过程，如图 7.93 所示。生长中的晶粒会吞并其周围的小晶粒，导致晶粒尺寸增加，同时晶界扫过效应和共格孪晶生长共同进行，共格孪晶的生成和长大能弥补晶界扫过效应对原有结构的破坏。移动的晶界会彼此发生碰撞或者驱动力消耗到不足以使晶界移动，这时晶界迁移停止的同时会发生晶界间反应，生成Σ9和Σ27晶界，这类晶界会嵌入到随机晶界网络中，打断晶界网络连通性。而一些晶界在高变形储存能的驱动下，即使发生了碰撞与晶界间反应，随机晶界仍会继续迁移，新生成的特殊晶界由于移动性差、能量低，会停留在原位置，生成一个三叉晶界。局部的应变诱导晶界迁移过程逐步在整个样品范围内发生，最终优化晶界特征分布。在整个反应过程中，晶界的迁移（migration）和扫过（sweeping）是提高特殊晶界比例的重要过程。

（3）再结晶导致的晶界迁移的纯铜晶界特征分布演化规律。

由于纯铜中几乎不含第二相与杂质，晶界演化速率非常迅速，再结晶初期过程很短暂（约 5 s），还没有实验能直接观察到再结晶晶粒形成的详细过程。

在高温短时退火以及低温长时退火工艺处理纯铜的前期，当驱动力大于某一个临界值后，晶界演化行为是再结晶。再结晶过程包括新晶核形成、新生晶界的迁移与扫过和晶粒长大过程，如图 7.94 所示。再结晶与应变诱导晶界迁移的主要

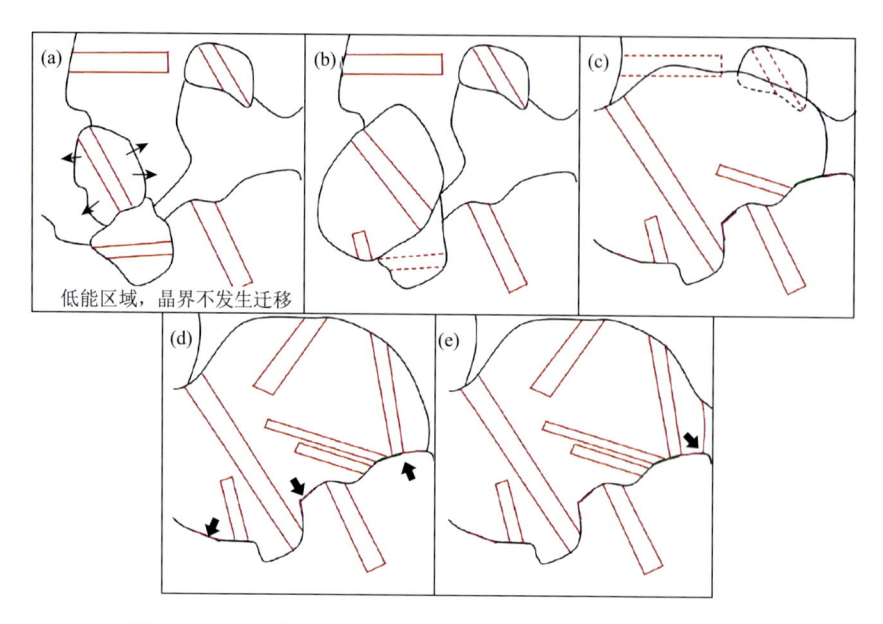

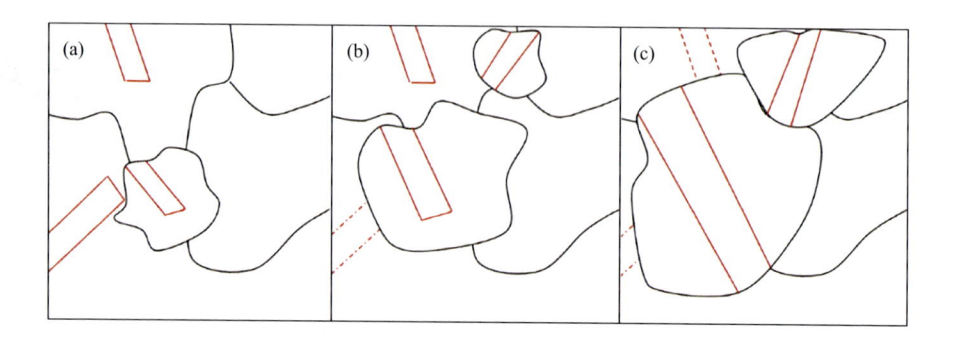

图 7.93 应变诱导晶界迁移优化过程晶界特征分布演化示意图

虚线表示晶界被扫过效应所破坏，(a)、(d) 和 (e) 中的箭头分别表示晶界的移动方向、特殊晶界的形成和三叉晶界的形成，Σ3、Σ9、Σ27a 和随机大角度晶界分别用红色、紫色、绿色和黑色线条表示

区别在于新晶核的形成过程。由于新晶核的形成会产生一些随机大角度晶界，同时会消耗掉大量的应变储存能，使其后续的迁移速率相较于应变诱导晶界迁移时较低，影响了共格孪晶的产生与长大。这两个因素共同导致晶界特征分布优化效果虽然高于回复过程，但是却不如应变诱导晶界迁移。再结晶产生的新晶粒在后续退火中继续发生应变诱导晶界迁移，但此时再结晶消耗了较多的变形储存能导致后续的晶界迁移速率减慢，而且在变形储存能被消耗殆尽时，后期产生的孪晶界以平直的共格孪晶界为主。虽然再结晶的形核-长大过程中晶界迁移速率较快，且要高于应变诱导中的晶界迁移速率，但是持续时间极短，不足以对整个晶界特征分布优化效果产生很大影响。

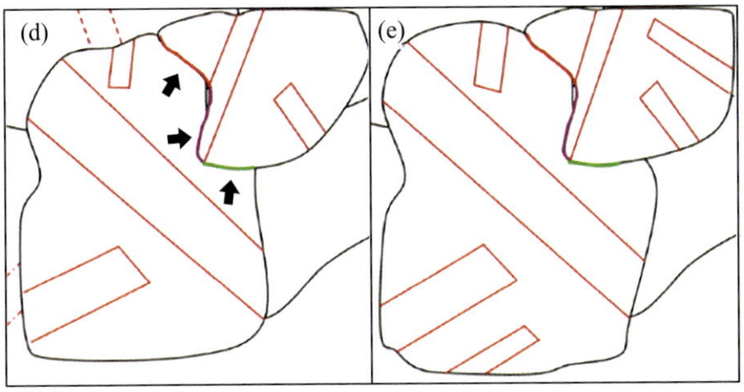

图 7.94 再结晶优化过程晶界特征分布演化示意图

再结晶优化虚线表示晶界被晶界扫过效应所破坏,(d)中的箭头分别表示晶界的移动方向、特殊晶界的形成和三叉晶界的形成,Σ3、Σ9、Σ27a 和随机大角度晶界分别用红色、紫色、绿色和黑色线条表示

应变诱导晶界迁移优化或者再结晶优化都会破坏原有的晶界结构,晶界迁移时晶界扫过的地方会发生晶间反应,产生大量的 $\Sigma 3^n$ 晶界,应变诱导晶界迁移会优先在变形量较大的区域发生。

3. 纯铜的晶界结构调控

通过对上述形变热处理工艺对纯铜晶界特征分布的影响,以及形变热处理过程的回复、应变诱导晶界迁移和再结晶导致的晶界迁移这三种方式对纯铜晶界特征分布演化的影响进行详细的分析与讨论,为其他中低层错能面心立方金属晶界特征分布优化设计提供了参考。

表 7.17 及表 7.18 为不同形变热处理工艺参数以及在该参数下纯铜的特殊晶界比例和平均晶粒尺寸,特殊晶界比例和晶粒尺寸均是通过 EBSD 实验数据统计得来。在小变形高温短时退火工艺条件下,参数为 5%/700℃-15 min 的工艺的纯铜晶界特征分布达到最优,其低 ΣCSL 晶界比例高达 83.5%,晶界重构图如图 7.95(a)所示;同样,在小变形低温长时退火工艺条件下,参数为 10%/300℃-80 h 的工艺的纯铜晶界特征分布达到最优,其特殊晶界比例高达 84.0%,晶界重构图如图 7.95(b)所示。

表 7.17 高温短时退火工艺参数下的低 ΣCSL 晶界比例与平均晶粒尺寸

形变热处理工艺	低 ΣCSL 晶界比例/%	平均晶粒尺寸/μm
BM	67.7	41
5%/400℃-15 min	69.8	38
5%/500℃-15 min	69.2	37
5%/600℃-15 min	70.1	39
5%/700℃-15 min	83.5	76
10%/400℃-15 min	77.0	45

续表

形变热处理工艺	低 Σ CSL 晶界比例/%	平均晶粒尺寸/μm
10%/500℃-15 min	79.8	51
10%/600℃-15 min	81.7	56
10%/700℃-15 min	78.4	41
15%/400℃-15 min	73.0	35
15%/500℃-15 min	75.8	42
15%/600℃-15 min	77.0	41
15%/700℃-15 min	76.8	46

表 7.18　低温长时退火工艺参数下的低 Σ CSL 晶界比例与平均晶粒尺寸

形变热处理工艺	低 Σ CSL 晶界比例/%	平均晶粒尺寸/μm
BM	67.7	41
10%/300℃-8 h	66.8	39
10%/300℃-24 h	69.1	40
10%/300℃-40 h	80.1	49
10%/300℃-80 h	84.0	50
10%/350℃-8 h	65.2	35
10%/350℃-16 h	75.0	38
10%/350℃-20 h	80.6	52
10%/350℃-30 h	80.8	47
10%/400℃-4 h	78.3	60
10%/400℃-8 h	79.2	67
15%/300℃-4 h	64.4	34
15%/300℃-8 h	68.9	38
15%/300℃-20 h	82.0	39

除上述提及的两种常用工艺方法对纯铜进行晶界结构调控外，还有其他方法也可用于对纯铜的晶界结构进行调控。例如，激光热处理是指用高能密度的激光束辐照样品表面，激光作用区域的温度在短时间内达到较高水平，从而使样品达到热处理效果的一种工艺。利用激光热处理方法进行铜的晶界结构调控对铜的导电性能提升会有明显改善。图 7.96 为激光热处理后铜的晶界特征分布图，工艺参数为 100 W-50 mm/min-45 道次，特殊晶界比例达到 52.97%。

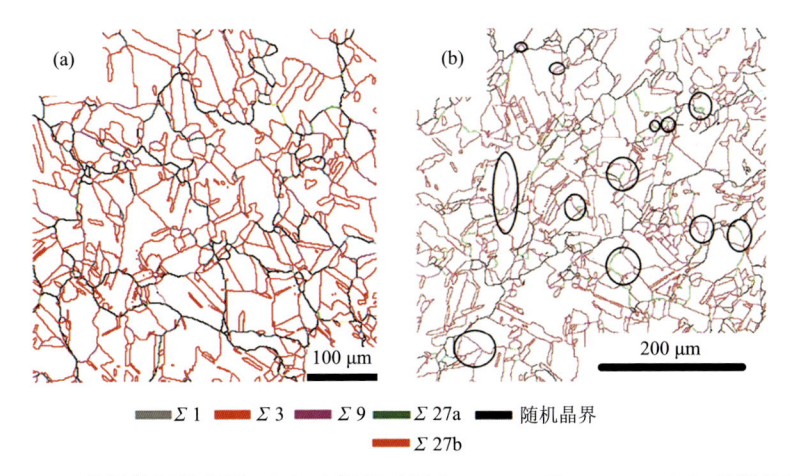

图 7.95 晶界特征分布图：（a）高温短时退火 10%/600℃-15 min；（b）低温长时退火 10%/300℃-80 h，黑色圈中为 $\Sigma 9$ 和 $\Sigma 27$ 晶界，基本出现在晶界连接处

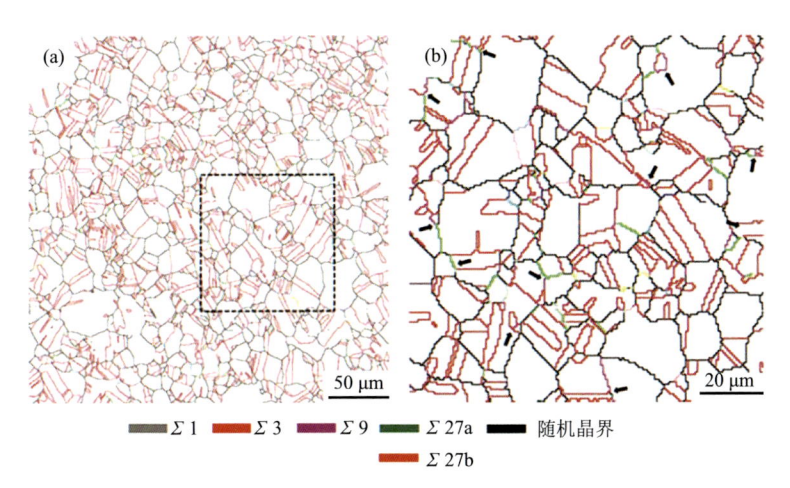

图 7.96 激光热处理 100 W-50 mm/min-45 道次参数下铜的晶界特征分布图（a）及其局部放大图（b）

7.3.2 晶界结构调控的纯铜性能

针对铜的应用环境，对晶界结构调控的纯铜导电性及耐蚀性进行比较，验证了晶界结构调控对纯铜的合理性。

1. 导电性

纯铜材料中产生电阻的源头是晶格缺陷，除了常见的位错、空位和杂质等，晶界对电导率的影响也不容忽视。已有研究表明，孪晶界与常规晶界对电子的散射机制不同。孪晶界相较于普通晶界，自身的晶界电阻甚至要低一个数量级，是通过调控晶界结构提高材料电导率的关键性因素。导电性能是工业纯铜线材至关重要的性能指标，这类宏观性能与微观组织结构息息相关。多晶金属是常用的材料，但晶界的存在对多晶试样电阻率的影响却很少受到关注，这种影响在过去被认为是一种可能性。1968 年，Andrews 等[43]首次研究纯铜孪晶界的电阻，发现高纯铜的电阻率与单位体积晶界面积成比例，并且给出了单位晶界密度电阻率的数值。更关键的是，该研究表明共格孪晶界对电子散射作用有限，估计其电阻率比普通大角度晶界要低一个数量级。因此，如果金属中含有高密度的孪晶界，则可以有效强化金属，从而保持其高导电性。

采用四点探针法对铜的电阻进行测量，测试原理如图 7.97 所示，将试样通过导电银线与样品台上的一组电极连接，即四个电极 1、2、3、4。在这四个电极中，最外面两个电极（1 和 4）用于输入恒定电流，当有电流通过时样品内部各点将产生电位差，里面两个电极用来测量 2、3 两点间的电位差。根据 1、4 两点间的电流 I 和 2、3 两点间的电位差 V 可以算出电阻：

$$R = \frac{V}{I} \tag{7.19}$$

而电阻率 ρ 与样品的具体尺寸有关，需要准确测量出样品的宽度 w、厚度 h 及 2、3 两点间的长度 l，则有

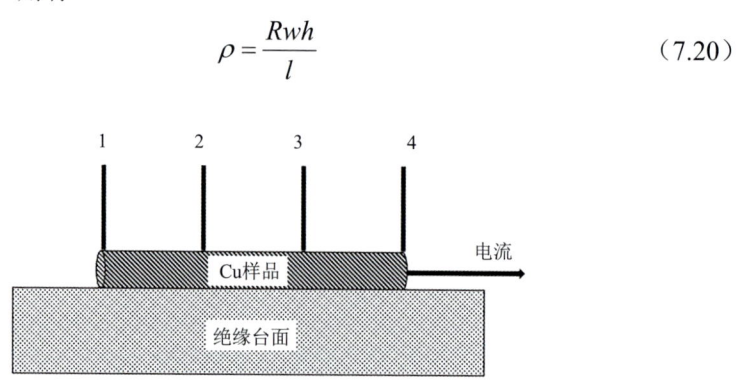

$$\rho = \frac{Rwh}{l} \tag{7.20}$$

图 7.97 四点探针法测量电阻的示意图

电导率单位采用%IACS，规定密度为 8.89 g/cm³、长度为 1 m、质量为 1 g 的退火铜线作为测量标准，电导率为 58.0 mS/m 时确定为 100%IACS。表 7.19 为不同工艺条件下纯铜的 $\Sigma 3$ 晶界比例及电导率。低 Σ CSL 晶界对电导率的影响作用显著，而低 Σ CSL 晶界中 $\Sigma 3$ 晶界占比最大，且电导率与 $\Sigma 3$ 晶界比例呈正相关。这是由于纯铜在退火过程中产生大量退火孪晶，此时试样内大量的特殊晶界替代了普通晶界，而孪晶界对电子散射作用远小于一般晶界，因此经过晶界结构调控的纯铜在宏观上表现为良好的导电性能。

表 7.19　不同工艺条件下纯铜的 $\Sigma 3$ 晶界比例及电导率

工艺条件	$\Sigma 3$ 晶界比例/%	电导率/%IACS
初始材料	3.6	22.47
450℃-15 min	42.4	40.70
550℃-15 min	49.8	59.29
650℃-15 min	36.3	46.07
100 W-50 mm/min-45 道次	45.6	112.80
100 W-100 mm/min-45 道次	38.1	101.10
150 W-100 mm/min-45 道次	36.2	87.50

在不同热处理工艺条件下，$\Sigma 3$ 晶界的形态有所不同。在常规退火过程中，纯铜的特殊晶界以共格 $\Sigma 3$ 晶界为主，在激光热处理过程中，纯铜的特殊晶界以非共格 $\Sigma 3$ 晶界为主。共格 $\Sigma 3$ 晶界大部分处在大角度自由晶界构成的晶粒内，可动性低，无法通过迁移发生 $\Sigma 3$ 晶界的交互反应派生出 $\Sigma 9$ 和 $\Sigma 27$ 晶界。因此，在常规退火的纯铜中大角度自由晶界网格的连通性较高，导电性能提升效果不如激光热处理工艺晶界结构调控纯铜的明显。虽然这两种热处理工艺纯铜的特殊晶界比例相近，但对晶界特征分布优化的途径不同。常规退火工艺是在合适的退火条件下，发生以生成许多共格 $\Sigma 3$ 晶界为特征的再结晶行为。而激光热处理因短时间高能量密度的特点，不足以支撑后续退火过程发生完整的回复再结晶，所以通过生成非共格 $\Sigma 3$ 晶界以及这些晶界的迁移实现晶界特征分布的优化，非共格 $\Sigma 3$ 晶界对电导率的提升效果更明显。

在多种工艺参数中，激光束保持功率在 100 W 以 50 mm/min 的速度对纯铜扫描 45 道次后，纯铜的电导率提升至 112.80%IACS，此为最优工艺参数。此时材料的晶界结构也得到改善，特殊晶界比例最高达到 52.97%，其中 $\Sigma 3$ 晶界比例为 45.63%。

2. 耐蚀性

海上舰船用电缆对耐蚀性有一定的要求，电缆在使用过程中容易形成电化学腐蚀，加快电缆的磨损、老化，因此普通电缆已难以满足现代舰船的需要。为了提高铜导体的耐蚀性，传统方法是在铜表面镀锡，该方法不仅会增大电缆的质量，还会由于电缆制造过程中的绞合工艺，镀锡层发生局部脱落。因此，若能研发一种具有高电导率、高耐蚀性的铜导体，满足轻量化舰船用特种电缆的要求，对于制备高性能纯铜导体具有重要的现实意义。已有大量研究表明，材料的耐蚀性可以通过晶界工程的调控得以改善。与此同时，优良的耐蚀性也是晶界特征分布优化的宏观体现。

耐蚀性采用电化学方法进行测试，实验中采用的是三电极体系，选择饱和的甘汞电极作为参比电极，纯铂电极作为辅助电极，腐蚀液为 3 mL CH_3COOH + 1 mL HCl + 80 mL H_2O 的混合溶液。利用循环伏安法测定极化曲线分析其耐蚀性。

由于纯铜属于活性溶解材料,因此在比较纯铜的耐蚀性时主要依靠的是腐蚀电流,而非腐蚀电位。对于活性溶解材料不能只关注其腐蚀热力学趋势,而忽略了腐蚀动力学。在评价耐蚀性能时,主要参考的是腐蚀电流,腐蚀电流越低越好,只有在腐蚀电流相同时才考虑其腐蚀电位。图7.98为低温长时退火形变热处理工艺下纯铜的电化学测试结果。由于特殊晶界相比于一般大角度随机晶界能量更低、有序度更高,经过晶界结构调控的纯铜的腐蚀电流密度比原材料明显减小,特殊晶界比例越高,腐蚀电流密度越小。相比于再结晶导致的特殊晶界比例增加,应变诱导晶界迁移对随机晶界网络的打断更有效,所以在动电位极化曲线中,表现为退火时间长同时特殊晶界比例高的样品的腐蚀电流密度更小。

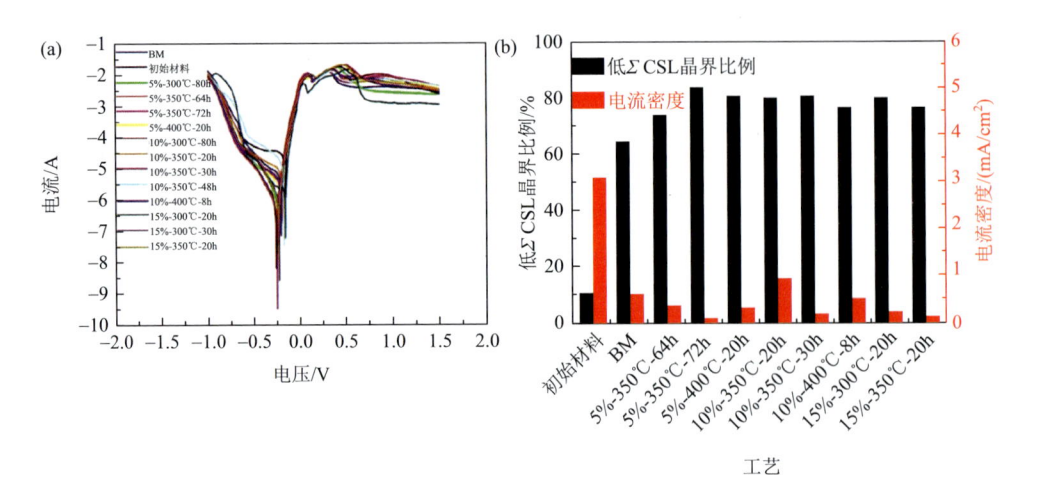

图 7.98 电化学测试结果:(a)不同处理工艺条件下纯铜的动电位极化曲线;(b)不同处理工艺条件下纯铜的特殊晶界比例与腐蚀电流密度柱状图

此外,常用浸泡实验方法测试材料的抗晶间腐蚀性能。测试方法为:将纯铜样品放在 1 mol/L 的稀盐酸中浸泡 10 天,温度保持在 50℃,以加快腐蚀速率,浸泡腐蚀结束后烘干并称量,计算样品的失重比例,分析样品的抗晶间腐蚀性能。表 7.20 为不同形变热处理工艺纯铜的失重与腐蚀速率。经过晶界结构调控后的纯铜,失重和腐蚀速率都有明显降低,说明特殊晶界比例的提高可以抑制晶间腐蚀。图 7.99 为不同处理工艺纯铜浸泡实验后的表面形貌图。由于母材内部低 Σ CSL 晶界比例相对较低,存在大量高能随机晶界,对腐蚀的抵抗能力很弱,在经过 10 天的腐蚀后,表面被严重腐蚀,表层的晶粒基本上完全脱落,并且腐蚀沿着晶界向内部扩展的趋势严重。而两组经过晶界结构优化的纯铜由于低 Σ CSL 比例得到明显提高,其中只发生了晶粒部分脱落。特别是在 10%形变量下发生应变诱导晶界迁移行为的纯铜中,抗晶间腐蚀性能得到明显改善,从图 7.99(b-2)中明显看出,经过优化后，大部分形成的特殊晶界能抵抗腐蚀的向内扩展趋势。对于15%形变量下的再结晶优化样品，虽然特殊晶界比例也得到了提高，但是低ΣCSL晶界比例和$(\Sigma 9+\Sigma 27)/\Sigma 3$相对较小，随机晶界网络并没有被有效打断，因此腐蚀仍然会从随机晶界开始向内扩展，腐蚀掉一部分表面晶粒，整体的抗晶间腐蚀性能不如10%的应变诱导晶界迁移优化样品。这说明在低应变形变热处理工艺下，应变诱导晶界迁移优化纯铜晶界的效果要优于再结晶优化。

表 7.20　不同形变热处理工艺纯铜的失重与腐蚀速率

样品	低ΣCSL晶界比例/%	失重/mg	面积/mm^2	速率/[mg/(mm^2·d)]
BM	67.7	424.37	78.5	0.5406
10%/500℃-15 min	80.1	298.11	78.5	0.3797
15%/500℃-15 min	76.4	359.37	78.5	0.4578

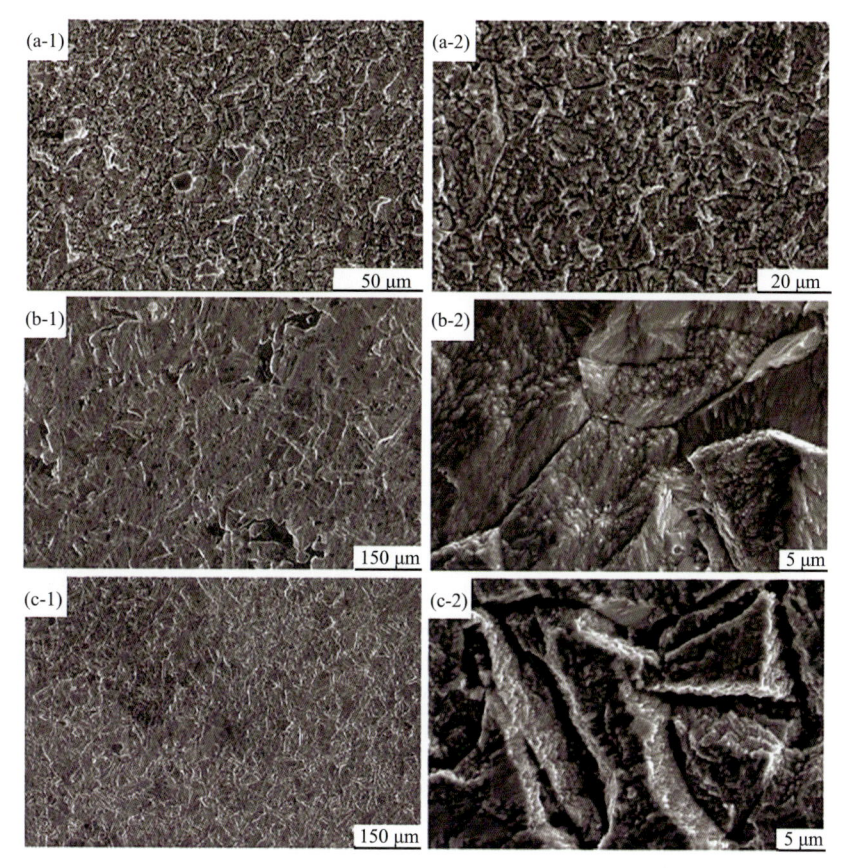

图 7.99　纯铜在 1 mol/L 稀盐酸中浸泡 10 天后的表面形貌：(a-1，a-2) BM；(b-1，b-2) 10%/500℃-15 min；(c-1，c-2) 15%/500℃-15 min

参 考 文 献

[1] 帕维尔·莱杰克. 金属中的界面偏聚[M]. 郑磊，王民庆，译. 北京：清华大学出版社，2020.
[2] Gottstein G. Physical Foundations of Materials Science[M]. Berlin：Springer Science & Business Media，2013.
[3] Humphreys F J，Hatherly M. Recrystallization and Related Annealing Phenomena[M]. Amsterdam：Elsevier，2012.
[4] 余永宁. 材料科学基础[M]. 北京：高等教育出版社，2006.
[5] Kronberg M L，Wilson F H. Secondary recrystallization in copper[J]. JOM，1949，1（8）：501-514.
[6] Brandon D G. The structure of high-angle grain boundaries[J]. Acta Metallurgica，1966，14（11）：1479-1484.
[7] Palumbo G，Aust K T，Lehockey E M，et al. On a more restrictive geometric criterion for "special" CSL grain boundaries[J]. Scripta Materialia，1998，38（11）：1685-1690.
[8] Watanabe T. An approach to grain boundary design for strong and ductile polycrystals[J]. Res Mechanica，1984，11（1）：47-84.
[9] 冯文. 304 不锈钢晶界工程相关基础问题研究[D]. 南京：南京理工大学，2017.
[10] 顾振宇. 不同形变热处理方式对 304 不锈钢晶界特征分布及晶间腐蚀性能的影响[D]. 南京：南京理工大学，2013.
[11] 徐肖. 晶界设计与控制对 304 奥氏体不锈钢力学行为的影响[D]. 南京：南京理工大学，2013.
[12] 薛云飞. 304 不锈钢晶界特征分布调控及其对抗氢脆性能的影响[D]. 南京：南京理工大学，2018.
[13] Koo J B，Yoon D Y，Henry M F. The effect of small deformation on abnormal grain growth in bulk Cu[J]. Metallurgical and Materials Transactions A，2002，33（12）：3803-3815.
[14] Mahajan S，Pande C S，Imam M A，et al. Formation of annealing twins in f. c. c crystals[J]. Acta Materialia，1997，45（6）：2633-2638.
[15] Choi J S，Yoon D Y. The temperature dependence of abnormal grain growth and grain boundary faceting in 316L stainless steel[J]. ISIJ International，2001，41（5）：478-483.
[16] Mandal S，Bhaduri A K，Sarma V S. Studies on twinning and grain boundary character distribution during anomalous grain growth in a Ti-modified austenitic stainless steel[J]. Materials Science and Engineering：A，2009，515（1-2）：134-140.
[17] Hillert M. On the theory of normal and abnormal grain growth[J]. Acta Metallurgica，1965，13（3）：227-238.
[18] 王卫国，周邦新，冯柳，等. 冷轧变形 Pb-Ca-Sn-Al 合金在回复和再结晶过程中的晶界特征分布[J]. 金属学报，2006，42（7）：715-721.
[19] Hirth J P，Pound G M. Condensation and Evaporation：Nucleation and Growth Kinetics[M]. Oxford：Pergamon Press，1963.
[20] Gleiter H. The mechanism of grain boundary migration[J]. Acta Metallurgica，1969，17（5）：565-573.
[21] Chen B R，Yeh A C，Yeh J W. Effect of one-step recrystallization on the grain boundary evolution of CoCrFeMnNi high entropy alloy and its subsystems[J]. Scientific Reports，2016，6（1）：1-9.
[22] Schuh C A，Minich R W，Kumar M. Connectivity and percolation in simulated grain-boundary networks[J]. Philosophical Magazine，2003，83（6）：711-726.
[23] Takayama Y，Szpunar J A. Stored energy and Taylor factor relation in an Al-Mg-Mn alloy sheet worked by continuous cyclic bending[J]. Materials Transactions，2004，45（7）：2316-2325.
[24] Liu T，Xia S，Zhou B，et al. Effect of initial grain sizes on the grain boundary network during grain boundary engineering in alloy 690[J]. Journal of Materials Research，2013，28（9）：1165-1176.

[25] Weertman J, Hecker S S. Theory for saturation stress difference in torsion versus other types of deformation at low temperatures[J]. Mechanics of Materials, 1983, 2 (2): 89-101.

[26] Hu C, Xia S, Li H, et al. Improving the intergranular corrosion resistance of 304 stainless steel by grain boundary network control[J]. Corrosion Science, 2011, 53 (5): 1880-1886.

[27] Gleiter H. The formation of annealing twins[J]. Acta Metallurgica, 1969, 17 (12): 1421-1428.

[28] 束德林. 工程材料力学性能[M]. 北京: 机械工业出版社, 2007.

[29] Dang T, Chen C, Tao Y. Low cycle deformation behavior of austenitic stainless steel at room and low temperatures[J]. Journal of Southwest Jiaotong University, 1991 (3): 109-115.

[30] Coffin L F, Jr. A study of the effects of cyclic thermal stresses on a ductile metal[J]. Transactions of the American Society of Mechanical Engineers, 1954, 76 (6): 931-949.

[31] Manson S S. Fatigue: A complex subject—some simple approximations[R]. Washington: NASA Technical Memorandum, 1965, NASA TM X-52084.

[32] Zhang Z, Zhao W, Zhang Z, et al. New formula relating the yield stress-strain with the strength coefficient and the strain-hardening exponent[J]. Journal of Materials Engineering and Performance, 2004, 13: 509-512.

[33] Yang P, Xie Q, Meng L, et al. Dependence of deformation twinning on grain orientation in a high manganese steel[J]. Scripta Materialia, 2006, 55 (7): 629-631.

[34] 航空航天工业部航空装备失效分析中心. 金属材料断口分析及图谱[M]. 北京: 科学出版社, 1991.

[35] Bunge H J. Texture Analysis in Materials Science: Mathematical Methods[M]. Amsterdam: Elsevier, 2013.

[36] Wang W, Zhou B, Liu F, et al. Grain boundary character distributions (GBCD) of cold-rolled Pb-Ca-Sn-Al alloy during recovery and recrystallization[J]. Acta Metallurgica Sinica-Chinese Edition, 2006, 42 (7): 715-721.

[37] 李眉娟, 胡海云, 邢修三. 多晶体金属疲劳寿命随晶粒尺寸变化的理论研究[J]. 物理学报, 2003, 52 (8): 2092-2095.

[38] Yoo M H. Slip, twinning, and fracture in hexagonal close-packed metals[J]. Metallurgical Transactions A, 1981, 12 (3): 409-418.

[39] 陈子蕴. 低应变下纯铜中的晶界特征分布优化机制研究[D]. 南京: 南京理工大学, 2018.

[40] 赵昆鹏. 小变形后低温长时退火对纯铜晶界特征分布影响及其机制研究[D]. 南京: 南京理工大学, 2019.

[41] 朱婷. 热处理对纯Cu线材晶界特征分布及导电性能的影响[D]. 南京: 南京理工大学, 2020.

[42] Beck P A, Sperry P R. Strain induced grain boundary migration in high purity aluminum[J]. Journal of Applied Physics, 1950, 21 (2): 150-152.

[43] Andrews P V, West M B, Robeson C R. The effect of grain boundaries on the electrical resistivity of polycrystalline copper and aluminium[J]. Philosophical Magazine, 1969, 19 (161): 887-898.

第8章 磁相变合金及其磁驱动效应

磁相变合金是一类新型的磁性功能材料，特点在于，由于自旋自由度的引入，其发生结构相变的同时也伴随着磁性的转变。磁相变合金主要分为两大类。一类为磁结构相变合金：磁性转变前后合金的晶体结构会发生变化，两结构相分属不同空间群；通过适当的元素掺杂、施加静压力等方式可以使结构相变和磁性转变分离，二者退耦合。另一类为磁弹性相变合金：磁性转变前后合金晶体结构不变，晶格的扭曲仅带来合金体积或晶格常数的突变，合金相变类型仍可为一级相变。特殊的磁性和晶格耦合方式使得温度、应力和磁场均可有效地诱发相变，且相变过程伴随着晶格常数、电阻和熵等参量的变化，进而伴随着巨磁热/弹热/压热、大磁电阻、巨磁致应变、铁磁形状记忆和反常热膨胀等效应，在室温磁制冷、制动器、传感器、磁存储和精密仪器等领域展现出广阔的应用前景。

8.1 磁相变合金的几类典型磁驱动效应简介

1996 年，麻省理工学院（MIT）的研究人员通过实验证实正分 Ni_2MnGa Heusler 合金为一级磁相变合金。磁场激励下合金展现出巨磁致伸缩效应，输出极大的弹性应变[1]。紧接着，美国爱荷华州立大学的研究人员在 $Gd_5(Si, Ge)_4$ 合金中也发现了结构相变和磁性转变耦合的现象，并表现出巨磁热效应[2]。随后国际上掀起了寻找磁相变合金的热潮。经过 20 多年的深入研究，目前已经发掘设计出数十种磁相变合金。表 8.1 列出了一些常见的磁相变材料及其结构、磁性等相关信息。

表 8.1 部分磁相变材料的晶体结构、磁结构及磁相变类型

材料合金	磁相变类型	晶体结构 >T_t（相变温度）	晶体结构 <T_t	磁结构 >T_t	磁结构 <T_t	参考文献
Gd$_5$(Si, Ge)$_4$	磁结构相变	正交	单斜	顺磁	铁磁	[2]
Hf$_{1-x}$Ta$_x$Fe	磁弹性相变	立方	立方	反铁磁	铁磁	[3]
MnAs	磁结构相变	六角	正交	顺磁	铁磁	[4]
(Mn, Fe)$_2$(P, X) (X = As, Ge, Si)	磁弹性相变	六角	六角	顺磁	铁磁	[5]~[7]
Ni-Mn-X (X = In, Sn, Sb)	磁结构相变	立方	单斜/正交	铁磁	弱磁	[8]
La(Fe, Si)$_{13}$	磁弹性相变	立方	立方	顺磁	铁磁	[9]
Ni$_2$MnGa	磁结构相变	立方	四方/单斜	铁磁	铁磁	[1]
Mn(Co, Ni)(Ge, Si)	磁结构相变	六角	正交	顺磁	铁磁	[10]~[12]
	磁结构相变	六角	正交	铁磁	反铁磁	[13]
FeRh	磁弹性相变	立方	立方	铁磁	反铁磁	[14]

磁热效应是指变化外磁场下磁性材料的磁矩有序度发生改变，从而导致材料的磁熵改变并伴随吸/放热的现象。1878 年，Kelvin 爵士根据热力学原理预测了磁热效应的存在[15]。1917 年 Weiss 和 Picard 首次表征出金属镍中的磁热效应，并创造出法语单词"magnétocalorique"[16]。随后 Debye 和 Giauque 分别独立提出可以通过绝热去磁来实现固态磁制冷[17, 18]。根据此原理，1933 年 Giauque 和 MacDougall 历史性地获得了 0.25 K 的极低温[19]。突破性的超低温技术使得 Giauque 获得了 1949 年的诺贝尔化学奖。

基于顺磁盐磁热效应的磁制冷技术已经被广泛应用于低温制冷行业。但随着全球能源紧缺与环境恶化，室温磁制冷由于绿色环保、高效节能和稳定低噪声等优点而有望取代传统气体压缩式制冷技术[20]。如前所述，1997 年美国爱荷华州立大学的 Pecharsky 和 Gschneidner 报道 Gd$_5$(Si$_2$Ge$_2$)合金的室温巨磁热效应[2]。由于一级磁结构相变处剧烈的磁化强度变化，在 0～5 T 外磁场下合金的最大磁熵变可达−18 J/(kg·K)，如图 8.1（a）所示。2001 年中国科学院物理研究所胡凤霞研究员等发现当调节 La(Fe, Si)$_{13}$ 的原子比时，比分 LaFe$_{11.4}$Si$_{1.6}$ 的磁性转变将变为一级相变[9]。强烈的巡游电子变磁性作用使得该比分合金展现出巨磁热效应，0～5 T 外磁场下的磁熵变可达−19.4 J/(kg·K)，如图 8.1（b）所示。2002 年阿姆斯特丹大学 Tegus 和 Brück 在 Nature 上报道了 Fe$_2$P 型的 MnFeP$_{0.45}$As$_{0.55}$ 合金具有一级磁弹性相变，在 0～2 T 和 0～5 T 外磁场下的磁熵变分别可达−14.5 J/(kg·K)和−18 J/(kg·K)[5]。2007 年，北京钢铁研究总院报道了 MnCo$_{0.95}$Ge$_{1.14}$ 在顺磁-铁磁型磁结构相变附近

具有大的磁热效应，在 0～1 T 和 0～2 T 外磁场下的磁熵变分别为 –2.5 J/(kg·K) 和 –6.4 J/(kg·K)[10]。除了传统的正磁热效应，有些磁相变合金还可以展现出特殊的逆磁热效应。2005 年，巴塞罗那大学 Mañosa 等报道了 $Ni_{50}Mn_{50-x}Sn_x$ 合金体系在铁磁马氏体相变附近的逆磁热效应，在 0～5 T 外磁场下 $x = 0.15$ 和 $x = 0.13$ 样品的最大磁熵变分别为 15 J/(kg·K) 和 18 J/(kg·K)。在 Ni-Mn-X（X = In、Sn 和 Sb）基 Heusler 合金体系中，相较于低温弱磁态马氏体，高温铁磁奥氏体具有更低的磁熵，并且由于本征的低能 TA_2 声子作用具有更高的晶格熵，因此在磁场诱发相变过程中磁熵减小为负值，晶格熵增大为正值[21, 22]。Ni-Mn-X 基合金体系中晶格熵变的数值大于磁熵变，所以磁场诱发总熵变为正值，合金具有逆磁热效应。

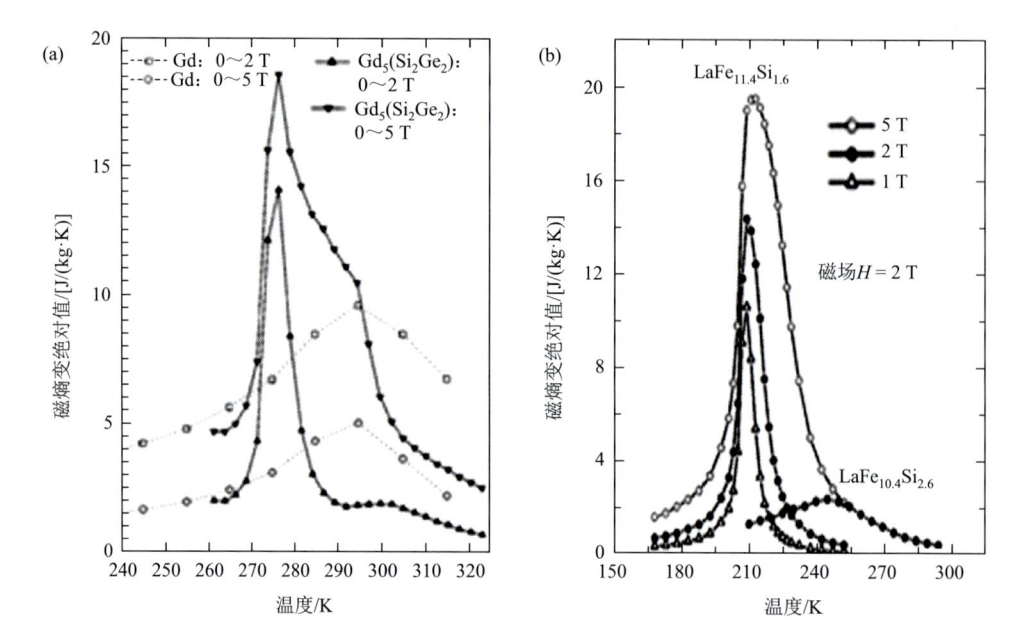

图 8.1 （a）在 0～2 T 和 0～5 T 变磁场下 $Gd_5(Si_2Ge_2)$ 随温度变化的磁熵变曲线[2]；
（b）在 0～1 T、0～2 T 和 0～5 T 变磁场下 $LaFe_{11.4}Si_{1.6}$ 随温度变化的磁熵变曲线[9]

磁致伸缩效应是指材料在磁场作用下发生尺寸变化的现象，它于 1842 年由 Joule 首次发现[23]。巨磁致伸缩材料是将电磁能转换成机械能的一类重要的功能材料。由于机械响应快、功率密度大和耦合系数高等优点，巨磁致伸缩材料已经被广泛用于声呐系统、超声器件和制动器中。20 世纪 70 年代，美国海军研究实验室、Clark 等发现 Dy 掺杂的 $TbFe_2$ 合金在室温时 2 kOe（1Oe = 79.5775 A/m）磁场下的磁致伸缩值高达 1600 ppm，并将其命名为 Telfenol-D[24, 25]。Telfenol-D 也是目前使用最多的巨磁致伸缩材料。无独有偶，2000 年 Clark 等又发现在体心立方结构的 Fe 中引入非磁元素 Ga 可以将材料的磁致伸缩值提高一个数量级至

200 ppm[26]。Fe-Ga 合金中的巨磁致伸缩效应来源于纳米级异质结构形成导致的母相四方结构扭曲[27, 28]。

磁相变材料中的巨磁致伸缩效应，通常称为磁致应变效应，其来源的物理机制不同于传统铁磁材料。作为第一个铁磁马氏体磁相变材料，正分 Ni_2MnGa 单晶中的四方马氏体相[001]方向在近室温区 8 kOe 磁场下的磁致应变值可达 2000 ppm，如图 8.2（a）所示。这种巨磁致应变效应的产生也具有特殊性。Ni_2MnGa 合金的低温马氏体相含有大量孪晶结构且磁晶各向异性能较高[29, 30]。由于孪晶界移动所需能量远低于磁晶各向异性能，当施加外磁场时孪晶界将快速移动，强迫晶体和磁矩转至磁场方向，这个过程中产生了材料尺寸的巨变[1, 29-31]。但是 Ni_2MnGa 的磁场驱动输出应力很低（<5 MPa），这限制了其进一步的应用[32]。对于大部分磁相变材料，由于两相的晶格常数或者体积不同，磁场诱发相变过程中同时伴随样品尺寸的变化，从而产生巨磁致应变效应。1998 年 Morellon 等报道了 $Gd_5(Si_{1.8}Ge_{2.2})$ 合金在磁相变附近的体磁致应变可达 5000 ppm[33]。2001 年 Fujieda 等指出 $La(Fe_{0.88}Si_{0.12})_{13}H_{1.0}$ 在室温附近的可逆磁致应变值可达 3000 ppm[34]。2009 年现为中国科学院宁波材料技术与工程研究所的刘剑研究员表征了具有织构的 $Ni_{45.2}Mn_{36.7}In_{13.0}Co_{5.1}$ 多晶的磁致应变值，最高可达 2500 ppm，如图 8.2（b）所示[35]。

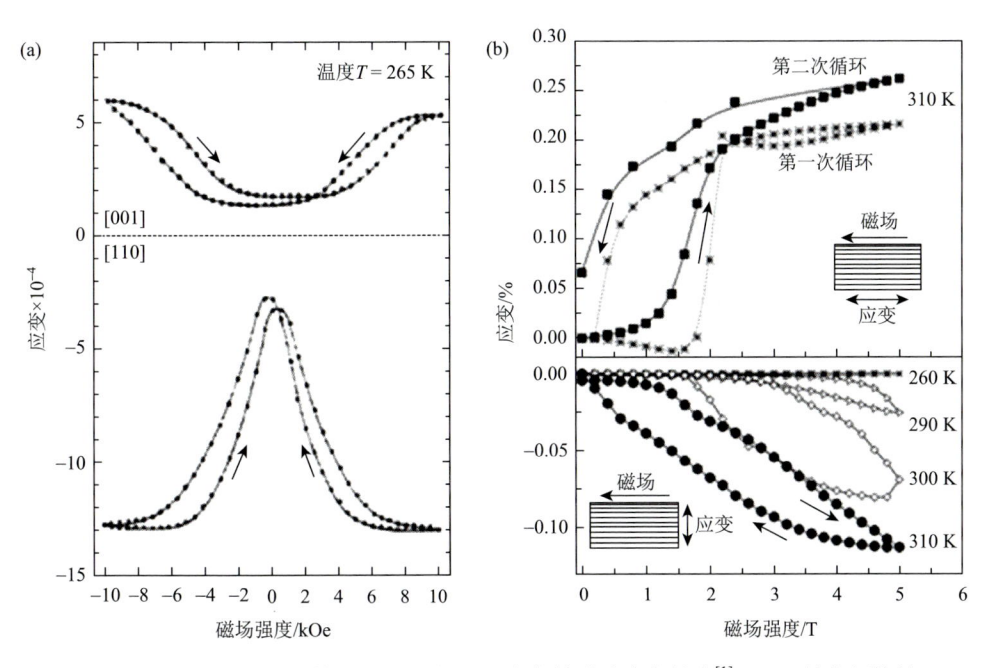

图 8.2 （a）Ni_2MnGa 单晶沿[001]和[110]方向的磁致应变效应[1]；（b）具有织构的 $Ni_{45.2}Mn_{36.7}In_{13.0}Co_{5.1}$ 多晶合金中的各向异性磁致应变效应[35]

热胀冷缩是自然界最常见的现象之一。对于固体材料，两原子间的相互作用势能曲线是非对称性的，因此温度升高时原子振动的中心位置将会移动，本征声子作用产生热膨胀[36, 37]。但对于某些铁磁材料，由于铁磁性的形成，材料的体积将会随着饱和磁化强度的变化而变化，自发的磁体积效应使得材料在磁有序温度附近或以下会出现反常的负热膨胀效应或零热膨胀效应（Invar 效应）。例如，1897 年 Guillaume 发现 $Fe_{65}Ni_{35}$ 合金在磁有序温度以下室温附近的热膨胀系数很低，仅为 1.2×10^{-6} K^{-1}，并称其为 Invar 合金[38]。为此他于 1920 年获得了诺贝尔物理学奖。著名的负热膨胀体系 $Mn_3A_{1-x}Ge_xN$（A = Cu、Zn 和 Ga）中的负热膨胀效应同样来源于磁性相变过程中的磁体积效应。2005 年，Takenaka 和 Takagi 测量了 Ge 掺杂的反钙钛矿体系 $Mn_3Cu_{1-x}Ge_xN$ 在室温附近的热膨胀系数为 -25×10^{-6} K^{-1}，如图 8.3（a）所示[39]。磁相变材料同时耦合着磁性转变和结构转变。部分磁相变合金在磁性转变附近，由于强烈的磁体积效应会抑制本征声子作用从而表现出负热膨胀效应；此外，部分合金在结构转变时，两相的晶胞体积不同也会产生巨负热膨胀效应。1975 年，Shigematsu 等指出一级磁相变体系 MnB 合金表现出热膨胀的反常现象，室温磁相变附近热膨胀系数约为 -42×10^{-6} K^{-1}[40]。2013 年，中国科学院理化技术研究所黄荣进研究员等系统表征了 $La(Fe, Co, Si)_{13}$ 在磁性相变附近的负热膨胀效应[41]。2015 年，胡凤霞研究员等观察到六角 MnCoGe 基合金在磁结构相变处具有巨负热膨胀效应，热膨胀系数最高可达 -94.7×10^{-6} K^{-1}，这是由马氏体相变时低温相体积增大引起的[42]。2018 年，中国科学院固体物理研究所童鹏研究员等指出具有 Laves 结构的 $Hf_{1-x}Ta_xFe_2$ 磁相变合金在反铁磁-铁磁相变处表现出负热膨胀效应[43]。其中一级相变时最大负热膨胀系数可达 -29.3×10^{-6} K^{-1}，如图 8.3（b）所示。

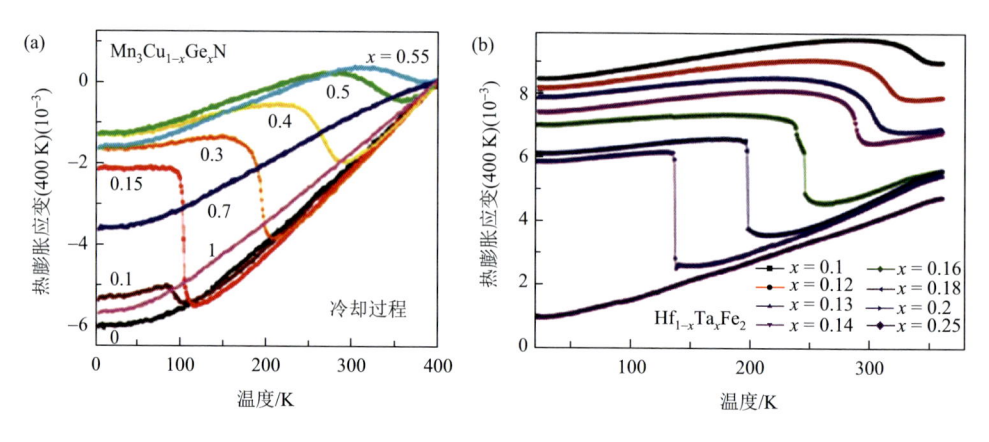

图 8.3　随着温度变化 $Mn_3Cu_{1-x}Ge_xN$（a）[39]和 $Hf_{1-x}Ta_xFe_2$（b）[43]体系的线性热膨胀量

8.2　Ni$_{51-x}$Mn$_{33.4}$In$_{15.6}$V$_x$ Heusler 合金中的低场可逆磁热效应

Ni-Mn-X（X = In、Sn 和 Sb）合金属于全 Heusler 合金家族。完全有序的全 Heusler 合金为 L2$_1$ 型立方结构。图 8.4（a）为 X$_2$YZ 全 Heusler 合金的晶体结构示意图。X$_2$YZ 合金由四个面心立方次晶格相互嵌套而成，包含四个等效晶位。2004 年，日本东北大学 Sutou 等发现在 Ni-Mn-X Heusler 合金中通过调节 Mn 和主族元素 X 之间的成分比例，可以将马氏体相变温度从奥氏体的顺磁区调节到其磁有序转变温度以下，从而构建出强磁奥氏体到弱磁马氏体之间的磁结构转变[8]。Ni-Mn-Sn 和 Ni-Mn-In 的磁性和结构相图如图 8.4（b）所示[44]。此后，国内外数十个课题组针对 Ni-Mn-X 基磁结构相变合金开展了细致全面的探索，推动其成为一类重要的铁磁形状记忆合金材料。围绕这类材料，国内外已有研究主要可分为两大方向：一是分析合金中高温奥氏体的不同原子占位、晶格有序度和低温调制/非调制等马氏体的晶体结构，以及两相中磁结构的类型和演变过程；二是通过等静压、元素掺杂和改变宏观或微观组织形态与尺寸来实现和调节磁结构相变，进而调控或提升伴随的各种磁驱动响应性能，这也是研究更为集中的方向。近年来，随着固态制冷技术的兴起与发展，人们越来越聚焦如何在 Ni-Mn-X 基合金中实现可逆的低磁场（1 T）驱动的磁结构相变，以更好地满足实际应用的需求。

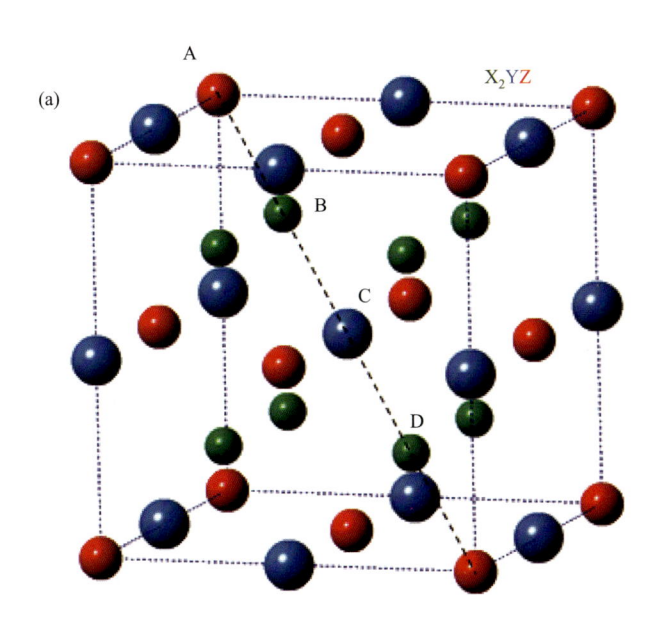

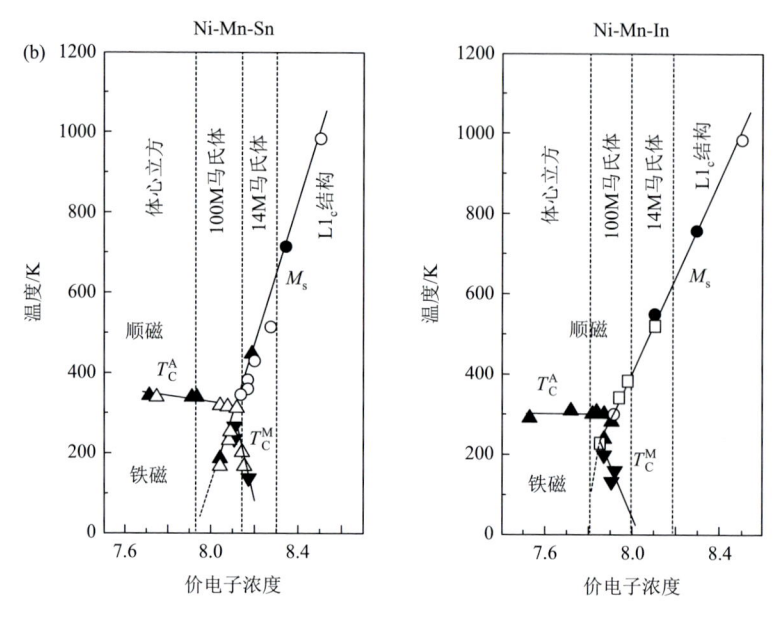

图 8.4 （a）完全有序 L2$_1$ 型全 Heusler 型 X$_2$YZ 的晶体结构示意图；
（b）Ni-Mn-Sn 和 Ni-Mn-In 的磁性和结构相图[44]

基于磁结构相变附近的熵-温度关系，南京理工大学徐锋课题组指出减小相变热滞 ΔT_{hys} 和增加相变温度对磁场的敏感度 dT_t/dB 是提高低场磁驱动相变可逆性的主要途径。根据该重要结论，他们以 Ni-Mn-In 合金为研究基体，通过微量 V 元素掺杂来进行合金设计。图 8.5（a）为 Ni$_{51-x}$Mn$_{33.4}$In$_{15.6}$V$_x$（x = 0、0.1、0.3 和 0.5）合金多晶样品的差式扫描量热（DSC）曲线。测试样品在升/降温过程中都具有明显的吸/放热峰，且伴随着热滞现象，这对应于体系中的马氏体结构相变。图中标记的 M_s、M_f、A_s 和 A_f 分别代表马氏体相变和奥氏体相变的初始和终止温度。此外，在结构相变温度 T_t 以上还存在一个很弱的峰，这对应于奥氏体的居里温度 T_C^A。样品的各特征温度列于图 8.5（b）中。由于 Ni-Mn-X 基 Heusler 合金中的马氏体相变温度对体系价电子浓度很敏感[45]，而 V 的价电子数低于 Ni，因此利用 V 替代 Ni 导致结构相变的快速降低。而奥氏体居里温度则主要由最近邻的 Ni-Mn 和 Mn-Mn 间原子的强交换作用决定[46]，少量 V 的引入很难剧烈影响原子间交换作用，因此体系的居里温度几乎不变。于是 Ni$_{51-x}$Mn$_{33.4}$In$_{15.6}$V$_x$ 体系中 T_C^A 和 T_t 之间的差值将随着 V 含量的增加而逐渐增加，这也将导致合金的磁结构耦合中磁性部分强度增强[47]。所以在图 8.5（a）和（c）中可以看出，随着 V 含量的增加合金样品的吸/放热峰变弱，相变总熵变减小。总熵变的计算公式如下：

$$\Delta S_t = \int_{A_s}^{A_f} \frac{1}{T}\left(\dot{Q} - \dot{Q}_{\text{baseline}}\right)\left(\frac{\partial T}{\partial t}\right) dT \tag{8.1}$$

式中，$\dot{Q}$ 为热流；$\dot{Q}_{\text{baseline}}$ 为热流的基线。

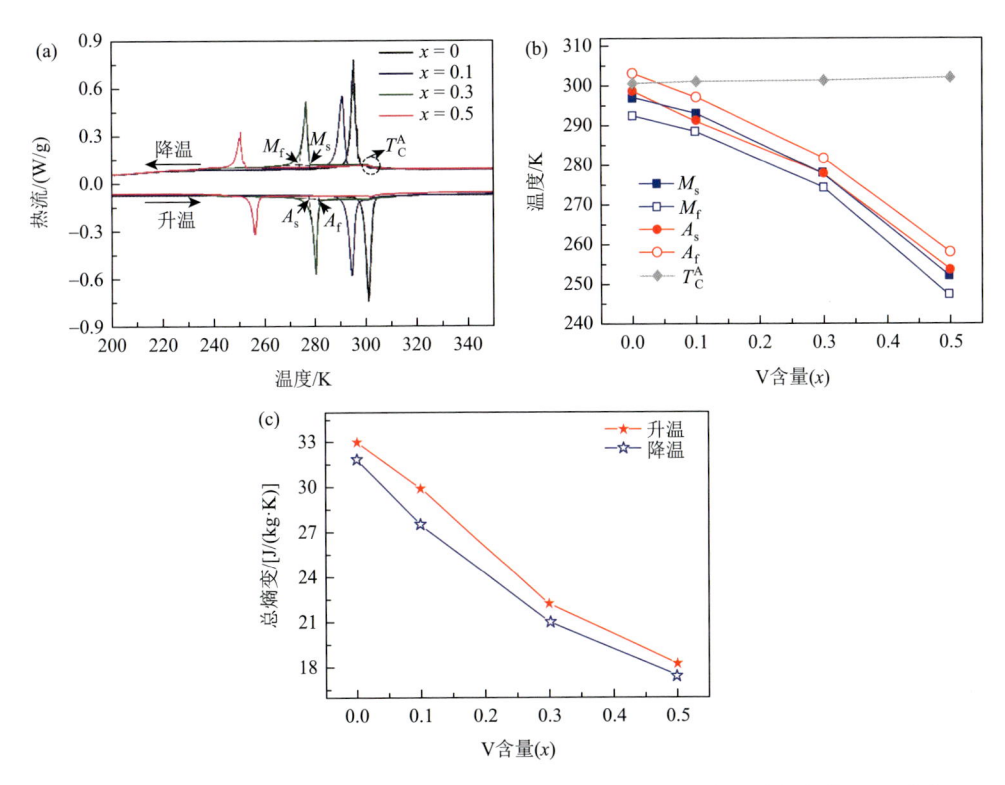

图 8.5 （a）$\text{Ni}_{51-x}\text{Mn}_{33.4}\text{In}_{15.6}\text{V}_x$（$x = 0$、0.1、0.3 和 0.5）升温和降温过程中的 DSC 曲线；随着 V 含量变化合金样品的特征温度（b）和相变过程中的总熵变（c）

当聚焦合金的重要磁结构相变参数——热滞后时，可发现 $x = 0.3$ 比分的热滞很低[热滞 $\Delta T_{\text{hys}} = (A_s + A_f - M_s - M_f)/2$]，仅为 2.3 K，如图 8.6（a）所示。这是目前 Ni-Mn-X 基 Heusler 合金中已经报道的最低值。具有大热滞的形状记忆合金在温度循环下，相变时会生成位错并且位错密度逐渐升高，在位错附近形成的应力场将会使结构相变温度发生移动[48]。对于 $x = 0.3$ 比分，由于热滞充分优化，在多次温度循环下样品的相变温度几乎不变，马氏体相变具有很高的稳定性，如图 8.6（b）和（c）所示。

除小热滞外，磁结构耦合的建立是获得大可逆磁热效应的前提。图 8.7（a）是 $\text{Ni}_{51-x}\text{Mn}_{33.4}\text{In}_{15.6}\text{V}_x$ 合金样品在 0.01 T 磁场下的热磁曲线。随着 V 含量的增加，结构相变温度 T_t 逐渐减小到奥氏体居里温度以下，因此在结构相变时可以观察到剧烈的磁化强度改变。当合金处于马氏体相时，磁有序将再次被建立，且零场冷和场冷曲线展现出一个明显的分离，这表明马氏体相中同时存在铁磁结构和反铁

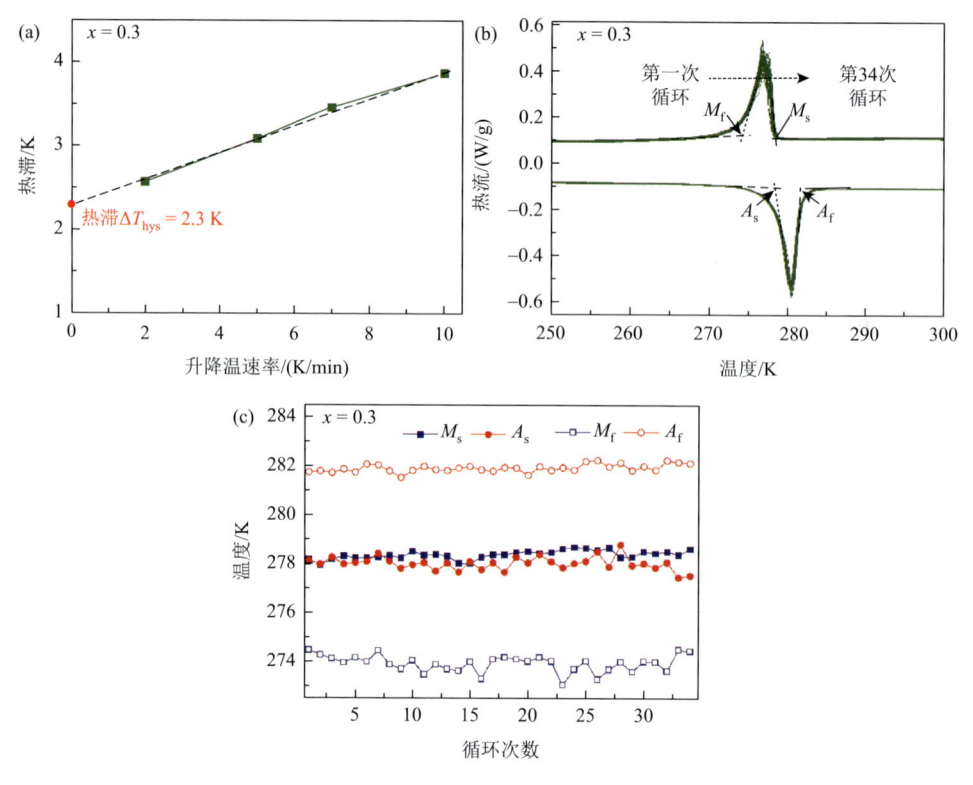

图 8.6 （a）样品 $x = 0.3$ 在不同 DSC 测试速率下获得的热滞；样品 $x = 0.3$ 在 34 次温度循环下的 DSC 曲线（b）和相变时各特征温度变化（c）

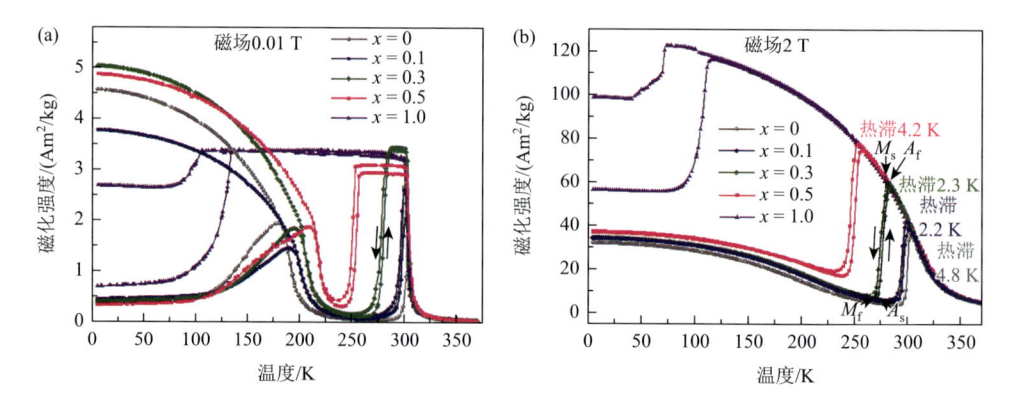

图 8.7 0.01 T（a）和 2 T（b）磁场下 $Ni_{51-x}Mn_{33.4}In_{15.6}V_x$ 合金零场冷和场冷条件下的热磁曲线

其中各特征温度 M_s、M_f、A_s 和 A_f 与热滞 ΔT_{hys} 列于图中

磁结构[49]。如图 8.7（b）所示，通过热磁曲线获得的结构相变热滞与 DSC 曲线获得的结果相一致。其中 $x = 0.1$ 和 $x = 0.3$ 比分分别具有 2.2 K 和 2.3 K 的极小热滞，

而 $x = 0.3$ 比分因为具有更大的饱和磁化强度差和更低的相转变总熵变展现出更强的磁结构耦合，更有利于获得低场下的可逆磁热效应。具体来看，通过高低磁场下的热磁曲线或者 Clausius-Clapeyron 方程（$\Delta T_t/\Delta B = -\Delta M/\Delta S_t$）可以计算磁场对磁结构相变的驱动力约为 –2 K/T。

等温磁化曲线是判断磁场驱动结构相变存在与否及其可逆性最简单有效的方法。图 8.8 给出 $x = 0.3$ 比分在 0～1 T 两次循环磁场下的等温磁化曲线。由于磁场倾向于稳定铁磁态，当开始施加 1 T 的外磁场时，图中可以观察到磁场诱发结构相变的现象，该过程中伴随着较大的磁滞后。当磁场开始减小时，由于热滞的存在，诱发的奥氏体将无法完全恢复成马氏体，因此会存在部分奥氏体残留。当第二次等温施加磁场时，这部分被"锁"住的残留铁磁性奥氏体导致样品的磁化强度升高，但第二次磁场循环时在相变温度附近仍然可以观察到磁滞现象。这是由于 $x = 0.3$ 样品的热滞很低，在 0～1 T 变磁场下存在部分样品可以在奥氏体和马氏体间来回转变，这部分自由样品会在 1 T 磁场下产生可逆的磁热效应。

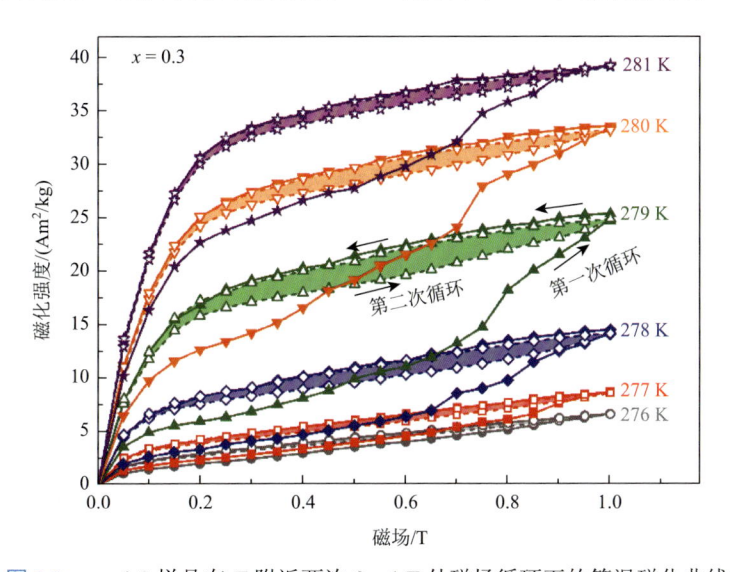

图 8.8　$x = 0.3$ 样品在 T_t 附近两次 0～1 T 外磁场循环下的等温磁化曲线

以不同磁场下的热磁曲线为基础，再利用式（8.2）的 Maxwell 方程可计算出合金在 0～1 T 变磁场下的磁熵变。

$$\Delta S_m = \int_0^B \left(\frac{\partial M}{\partial T}\right)_B dB \tag{8.2}$$

如图 8.9（a）所示，$x = 0.3$ 比分在 T_t 附近展现出逆磁热效应，具有正的磁熵变值。升温过程中在 0～1 T 变磁场下于 279 K 具有最大的磁熵变 [7.2 J/(kg·K)]。图中升温和降温过程中磁熵变曲线的重叠部分为样品在变磁场下的可逆磁熵变

（黄色部分）[50, 51]。因此，在 0～1 T 磁场下最大的可逆磁熵变为 5.1 J/(kg·K)。更进一步，基于相变附近的等温磁化曲线[图 8.9（b）]，再利用转变质量分数的方法可计算出图 8.9（c）所示的 0～5 T 磁场下的磁熵变值。由于 5 T 磁场可诱发更多部分的磁结构相变，因此在 0～5 T 外磁场下最大的可逆磁熵变值高达 18.9 J/(kg·K)，这和目前报道的该磁场下最大可逆磁熵变值相当[52]。此外，由于样品在 T_t 以上经历奥氏体的二级磁性转变，因此在 T_C^A 附近可观察到一个宽的、较小的负磁熵变。除了 Maxwell 方法，磁熵变值也可以通过不同磁场下的比热数据来获得，计算公式如下：

$$\Delta S_m = \int_{T_0}^{T} \frac{1}{T}[C_p(T,B) - C_p(T,0)]dT \tag{8.3}$$

式中，T_0 为 DSC 测试的起始温度。如图 8.9（d）中插图所示，当施加磁场时，比热曲线向低温方向移动。该方法获得的磁熵变值和通过磁性数据获得的数值基本一致。

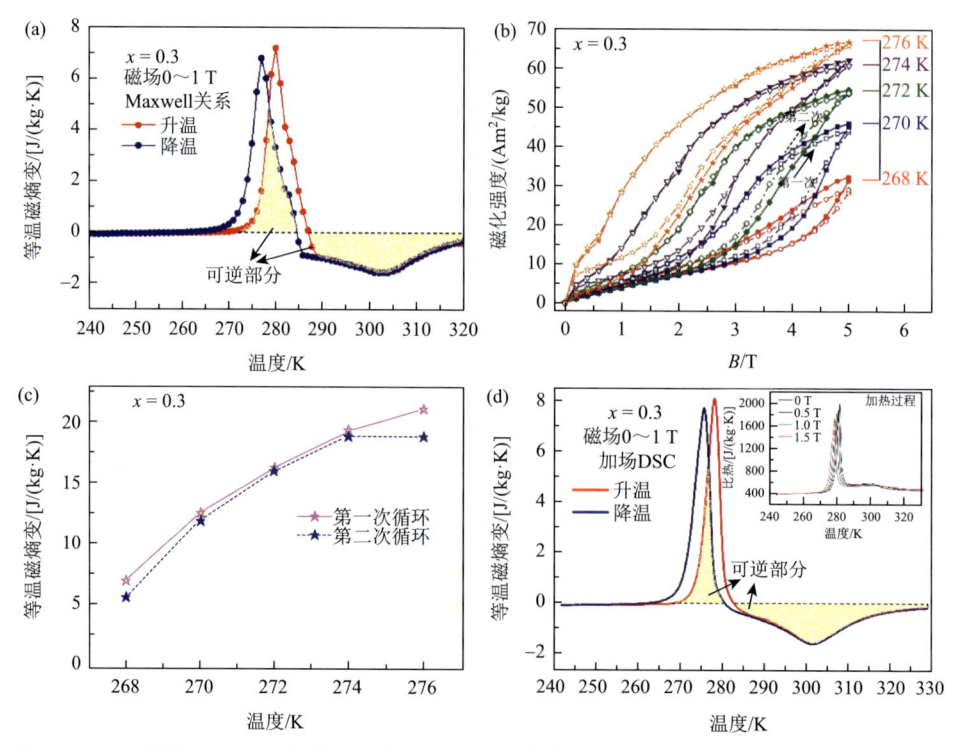

图 8.9 （a）利用 Maxwell 方程获得的 $x = 0.3$ 样品在升/降温过程中 0～1 T 磁场下随温度变化的磁熵变值，图中黄色区域表示磁熵变的可逆部分；（b）相变温度附近两次 0～5 T 循环磁场下的等温磁化曲线；（c）$x = 0.3$ 样品在两次 0～5 T 磁场循环下的磁熵变值；（d）利用不同磁场下的比热数据（插图）获得的 $x = 0.3$ 样品在升/降温过程中 0～1 T 磁场下随温度变化的磁熵变值

为了进一步确认磁熵变值的可逆性，对 $x=0.3$ 样品在等温条件下循环加/退磁场。如图 8.10（a）所示，当开始施加 1 T 磁场时，会出现一个明显的吸热峰，当磁场退去时样品开始放热，这直接证明磁结构相变处的逆磁热效应。当第二次加/退磁场时，吸/放热峰值下降，且该数值在接下来的循环磁场中保持稳定，这表明第二次循环磁场下样品展现出来的磁热效应完全可逆。如图 8.10（b）所示，计算得出的可逆磁熵变数值约为 4.6 J/(kg·K)。

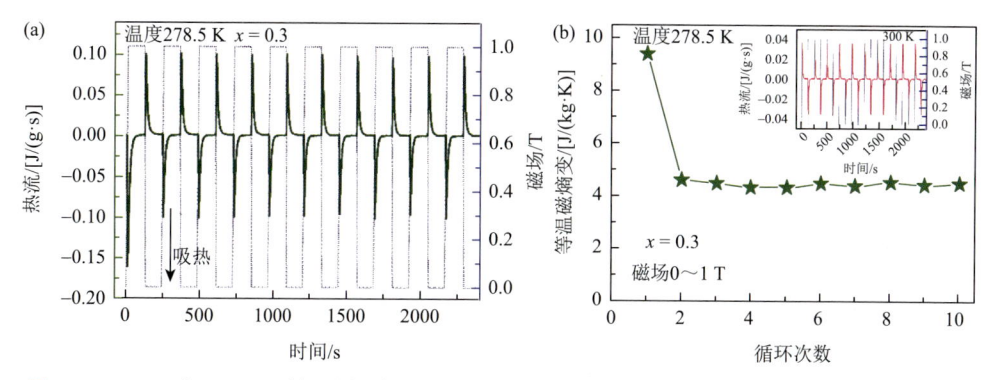

图 8.10　（a）在 278.5 K 等温循环加/退 1 T 磁场（蓝色虚线）时 $x=0.3$ 样品的热流变化（绿色实线）；（b）10 次 0～1 T 循环磁场下 $x=0.3$ 样品的磁熵变值，插图为 300 K 等温循环加/退 1 T 磁场时样品的热流变化

绝热温变 ΔT_{ad} 被认为是评价材料磁热效应最直接的指标。利用加磁场的差式扫描量热仪可以间接拟合计算出材料绝热温变大小。如图 8.11（a）所示，在 0～1 T 外磁场下 $x=0.3$ 比分中最大的 ΔT_{ad} 为 –1.8 K。为了进一步获得可逆的 ΔT_{ad}，研究者们直接测量了样品的绝热温变。如图 8.11（b）和（c）所示，加/退 1.1 T 外磁场时样品温度将会减小/升高，在 0～1.1 T 变磁场下样品在磁结构相变附近最大的可逆 ΔT_{ad} 为 –1.2 K。这是首次在 Ni-Mn-X 基 Heusler 合金的一级磁结构相变附近报道 0～1 T 低磁场下的可逆磁热效应，因此具有很重要的实际意义和参考价值。

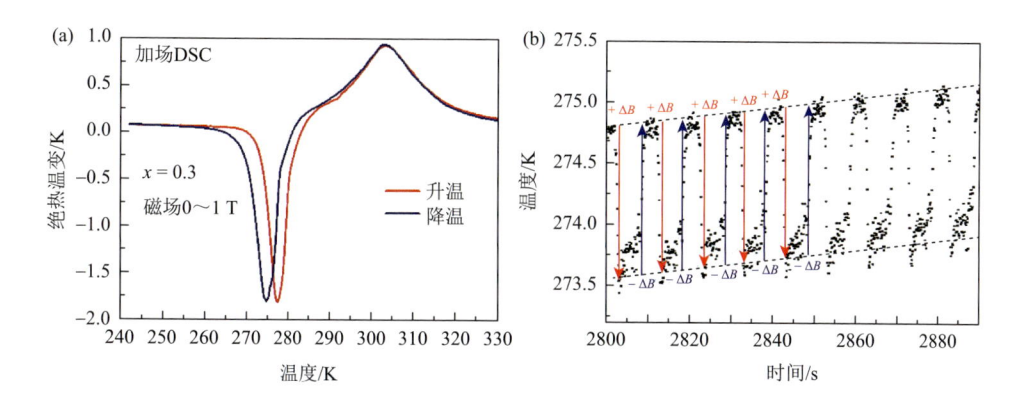

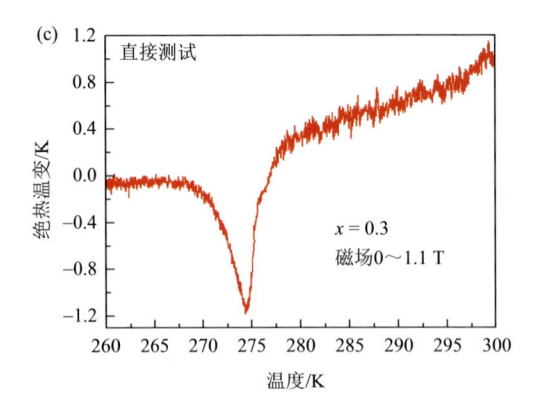

图 8.11　（a）通过加磁场 DSC 表征 $x = 0.3$ 样品在 $\Delta B = 1$ T 下的绝热温变；（b）温度循环模式下 $x = 0.3$ 样品在 $\Delta B = 1.1$ T 下随时间变化的温度变化；（c）通过图（b）获得的直接测试的 $x = 0.3$ 样品在 $\Delta B = 1.1$ T 下的绝热温变

作为磁结构相变合金，Ni-Mn-X 基 Heusler 合金中马氏体相变热滞大小与相变的几何兼容度有关，具体数值上与相变转变张量的中间特征值 λ_2 存在强烈的关系[53-58]。λ_2 的获得依赖于奥氏体和马氏体相的晶体结构类型及两相的晶格常数。图 8.12 为 $x = 0.3$ 样品升温过程中随温度变化的 XRD 图谱。对比两相，母相的(110)主峰劈裂成低温相的四个衍射峰，这是由马氏体相变过程中的 Bain 转变引起的[59]。通过结构精修确认 $x = 0.3$ 样品中马氏体和奥氏体分别具有调制结构的单斜结构和立方 L2$_1$ 型结构。此外在低温 250 K 能观察到奥氏体相，而在高温 340 K 能观察到马氏体相，这很可能是制备粉末 XRD 样品时由研磨产生的残余应力引起的[60, 61]。基于 270 K 两相共存时的晶格参数：马氏体晶格常数 $a_M = 4.3358(4)$ Å，$b_M = 5.6827(7)$ Å，$c_M = 4.3212(4)$ Å，$\beta_M = 92.11(5)°$，奥氏体晶格常数 $a_A = 5.9968(3)$ Å，可获得立方-单斜型马氏体转变中存在的可能的 12 种转变张量，这对应于立方基底下的 12 种马氏体变体。并且这些张量具有相同的特征值，张量各元素通过几何对称性联系起来。经计算，其中一个转变张量 U_1 如下：

$$U_1 = \begin{pmatrix} 1.0223(3) & 0 & -0.0188(4) \\ 0 & 0.9476(1) & 0 \\ -0.0188(4) & 0 & 1.0189(2) \end{pmatrix}$$

通过该张量可以计算出矩阵各特征值分别为：$\lambda_1 = 0.9476(2)$，$\lambda_2 = 1.0017(5)$ 和 $\lambda_3 = 1.0395(4)$，其中 $\lambda_1 < \lambda_2 < \lambda_3$。与已报道 Ni-Mn-X 基合金相比较[53-58]，$x = 0.3$ 样品的转变张量的中间特征值更接近于 $1[|1-\lambda_2| = 1.7(5) \times 10^{-3}]$，这表明该比分具有很高的几何兼容度，促使在该成分中获得了极小的马氏体相变热滞。

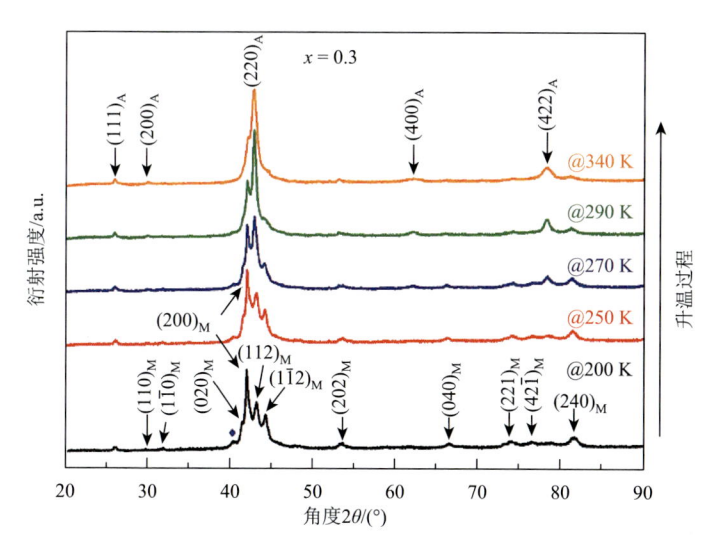

图 8.12　$x=0.3$ 样品在升温过程中的变温 XRD 图谱

图中给出奥氏体 A 和马氏体 M 的各晶面指数，其中蓝色菱形指示的弱峰对应于由马氏体晶格调制而产生的卫星峰

8.3　Mn$_{1-x}$Fe$_{2x}$Ni$_{1-x}$Ge$_{1-y}$Si$_y$ 合金的相变热滞调控和可逆磁热效应

六角 Mn(Co, Ni)(Ge, Si) 合金属于 MM′X（M 和 M′为过渡族金属，X 为主族元素）合金家族，为一大类磁结构相变体系。从结构角度出发，其马氏体相变发生在高温六角 Ni$_2$In 型结构到低温正交 TiNiSi 型结构之间，属于平衡型热弹性马氏体相变，如图 8.13 所示。两相间保持一定的位向关系：$a_o = c_h$，$b_o = a_h$ 和 $c_o = \sqrt{3}a_h$（下标 o 和 h 分别代表正交结构和六角结构）[62]。从磁性角度出发，该大类体系的磁矩主要集中在 Mn 原子上。在马氏体相变过程中，晶格扭曲导致 Mn-Mn 间距增加，迫使 3d 能带变窄，自旋向上和自旋向下电子的交换劈裂程度加剧，最终导致马氏体相中的 Mn 原子磁矩增大，合金饱和磁化强度升高[63, 64]。此外磁矩间交换作用也将增强，使得马氏体的居里温度上升，高于奥氏体的居里温度[63, 64]。

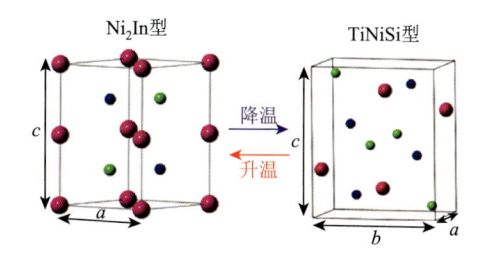

图 8.13　六角合金体系中高温 Ni$_2$In 型和低温 TiNiSi 型晶体结构示意图

对于正分的 Mn(Co, Ni)(Ge, Si)合金，其马氏体相变温度落在两相顺磁态间，结构相变和磁性转变没有耦合。实验表明，当采取过渡族元素缺分、外来元素掺杂或施加静压力等方法可以破坏两结构的相对稳定性，灵活地调节结构相变温度，使其落入两相的磁有序温度之间，从而获得磁结构共转变[16, 65, 66]。该温度区间也被称为居里温度窗口[11]。位于窗口中的磁结构相变将很容易被磁场驱动，从而表现出丰富的磁驱物理效应，如巨磁热效应、大磁致应变和磁电阻等。然而具体到实际应用时，如磁制冷机要求材料在循环磁场下也展现出大的磁热效应，即磁熵变和绝热温变循环可逆。但是由于马氏体相变的一级相变特征，其内禀的热滞现象使得六角合金家族的巨磁热效应往往是"一次性的"，即大的磁熵变或绝热温变在第二次加/退磁场下将会迅速衰减。Kasimov 等曾报道由于存在 19 K 的结构相变热滞后，六角 $Mn_{0.85}Co_{0.3}Ni_{0.85}Si_{0.84}Ga_{0.16}$ 合金在 0～5 T 循环外磁场下磁场驱动结构相变现象消失，该变磁场下的最大可逆负磁熵变仅为–5 J/(kg·K)[67]。通过前面对 Ni-Mn 基 Heusler 合金磁驱动相变分析可知，热滞为磁结构合金中磁热效应不可逆性的根本来源，六角体系中大的结构相变热滞导致该合金中巨磁热效应具有严重的不可逆性。针对此问题，南京理工大学徐锋课题组以正分 MnNiGe 合金为基体设计了 $Mn_{1-x}Fe_{2x}Ni_{1-x}Ge_{1-y}Si_y$ 体系，通过减小磁结构相变热滞的方法来实现磁驱动结构相变和关联磁热效应的可逆性。

由图 8.14（a）的室温 XRD 图谱可以看出，当 $x \leq 0.04$ 时，$Mn_{1-x}Fe_{2x}Ni_{1-x}Ge$ 合金室温时主要为 TiNiSi 型正交结构。当 Fe 含量增加时，样品由正交结构变为两相共存状态再变为纯 Ni_2In 型六角结构。图 8.14（b）给出了 $x = 0.10$ 样品选区电子衍射花样对应于 Ni_2In 型结构的(201)区域，表明该比分为纯六角结构。在相应区域的高分辨明场相中只观察到少量的位错分布，如图 8.14（c）所示。此外，图 8.14（d）的能谱仪面扫描图像更充分反映出合金样品的高度均匀性。因此，Fe 的引入可以有效降低合金的结构相变温度且不会引入多余杂相。

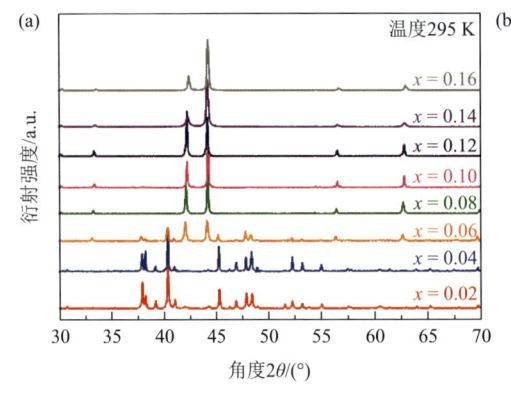

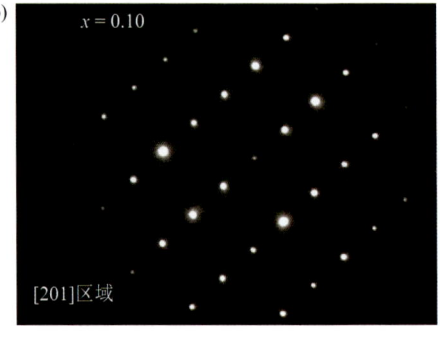

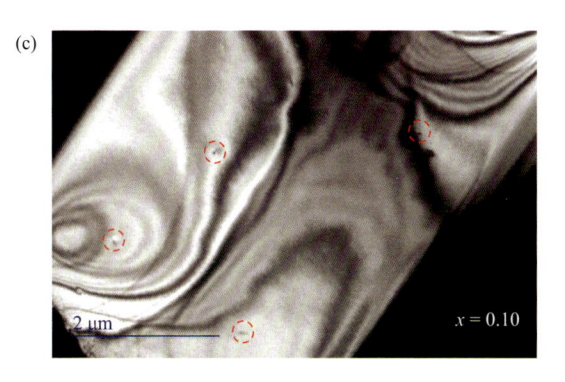

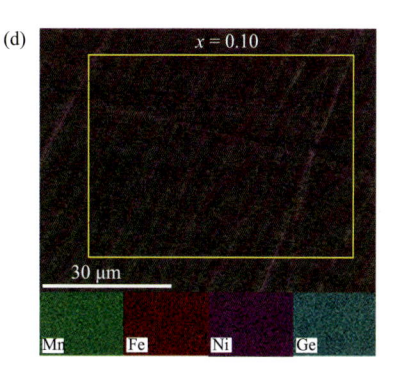

图 8.14 （a）Mn$_{1-x}$Fe$_{2x}$Ni$_{1-x}$Ge 体系的室温 XRD 图谱；$x=0.10$ 样品的选区电子衍射花样（b）和 TEM 亮场微观形貌（c），红色圆圈标记的为位错露头；（d）$x=0.10$ 样品各元素的面分布图

  Mn$_{1-x}$Fe$_{2x}$Ni$_{1-x}$Ge 体系具体的结构相变温度可以通过差式扫描量热曲线确定，如图 8.15（a）所示。所有测试样品都具有明显的吸/放热峰且存在热滞后，这对应于体系的结构相变。其中 x 为 0.02 和 0.04 样品在结构相变温度以下还可以观察到微弱的吸/放热峰，这是由正交结构的奈尔（Néel）磁性转变产生的。随着 Fe 含量增加，结构相变温度逐渐降低且将低于磁性转变温度。为了更好地反映体系磁性变化情况，图 8.15（b）给出 5 T 外磁场下所有样品的热磁曲线（M-T 曲线）。对于 $x=0.02$ 样品，合金的磁化强度在顺磁区域可观察到一次突变跳跃，这是由马氏体结构转变引起的。然后随着温度降低，样品磁性逐渐增加，对应于正交相磁性转变。随着 Fe 含量的增加，体系一方面结构相变温度降低，另一方面由于磁性元素的添加，正交结构中 Fe-6Mn 构型的铁磁耦合作用将会建立，导致反铁磁结构失稳，二者共同作用促使合金中形成稳定的顺磁-铁磁型磁结构相变。当掺杂量 x 达到 0.14 时，六角相的居里温度出现，合金结构相变温度将会低于居里温度，结构相变与磁性转变退耦合。随着掺杂量进一步增加，结构相变将被完全抑制。图 8.15（c）的等温磁化曲线更加清晰地给出体系的基

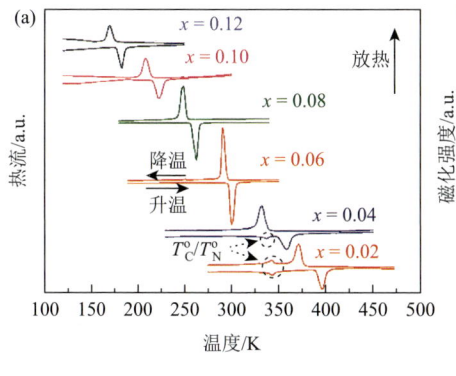

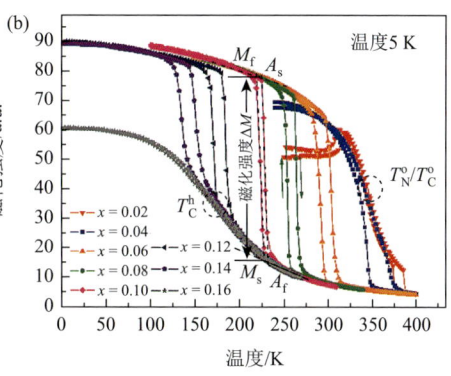

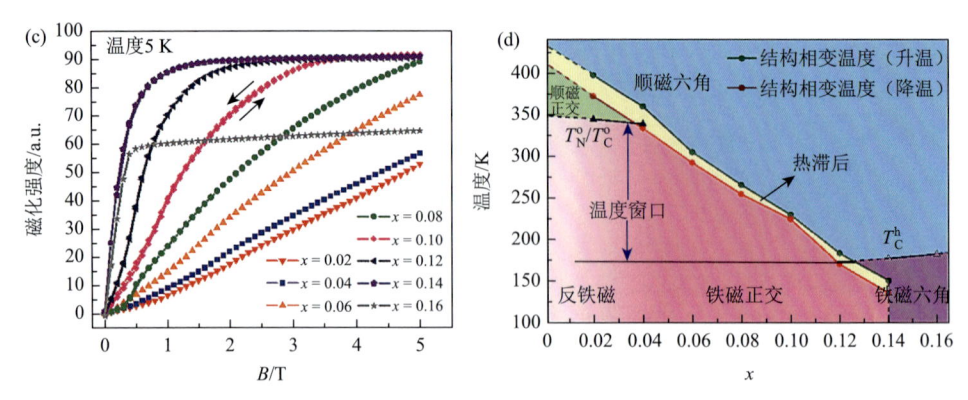

图 8.15 Mn$_{1-x}$Fe$_{2x}$Ni$_{1-x}$Ge 体系：（a）部分样品的 DSC 曲线；（b）5 T 磁场下的热磁曲线；5 K 时的等温磁化曲线（c）和磁-结构相图（d），其中 M_s、M_f、A_s 和 A_f 分别代表马氏体相变和奥氏体相变的初始和终止温度，T_C^o、T_N^o、T_C^h 分别为正交相的居里温度、奈尔温度和六角相的居里温度

态磁性变化。$x = 0.02$ 样品的磁化曲线呈近线性，具有反铁磁特性。随着 Fe 含量增加，样品中可观察到变磁性行为，且变磁性临界场逐渐降低。$x = 0.14$ 样品则表现出典型的铁磁性行为。而对于 $x = 0.16$ 样品，由于其结构相变消失，合金在基态为稳定的六角相，六角相中 Mn-Mn 原子间距更加接近，饱和磁化强度更低[63, 64]。根据体系 DSC 和 M-T 曲线结果，体系的磁-结构相图被成功构建出来。如图 8.15（d）所示，Mn$_{1-x}$Fe$_{2x}$Ni$_{1-x}$Ge 合金体系具有一个从 175 K 到 345 K 的宽为 170 K 的居里温度窗口。

落入居里温度窗口中的合金比分的结构相变更容易被磁场驱动，如前所述，磁驱动结构相变的可逆性与相变热滞和磁场驱动力有关，其中磁场驱动力又与两相的磁化强度差（ΔM）紧密关联。图 8.16（a）给出样品 $x = 0.06$~0.12 的相变热滞 ΔT_{hys} 和两相间的 ΔM。其中 $x = 0.10$ 样品表现出很小的热滞后[通过 DSC 获得，$(A_s + A_f - M_s - M_f)/2 = 5.2$ K]和较大的 ΔM（61 Am^2/kg），该热滞值是六角合金家族中已报道的最低值。由于热滞的减小，$x = 0.10$ 样品在循环温度下结构相变保持高度的稳定性，几乎不会产生相变温度的漂移，如图 8.16（b）所示。因此，强磁结构耦合给 $x = 0.10$ 样品带来磁场诱发的结构相变，而小热滞则可能提高该磁驱动相变的可逆性。图 8.16（c）为 $x = 0.10$ 样品在降温过程中的等温磁化曲线（M-B 曲线）。随着磁场的增加，相变附近的 M-B 曲线的斜率将发生变化，出现变磁性行为，而且升降场曲线不重合，伴随明显的磁滞现象，这表明磁场可驱使顺磁六角结构变成铁磁正交结构。此外，在低磁场区域的磁性转变拐点是由在磁场作用下正交相的非线性反铁磁态诱发变为高磁态而引起的。除了相变附近 M-B 曲线，图 8.16（d）给出的 $x = 0.10$ 样品在高、低外磁场下的热磁曲线也可以反映磁场诱发相变行为。由于磁场具有稳定强磁态的作用，5 T 外磁场下合金的结构相变温度将向高温移动约 5 K。

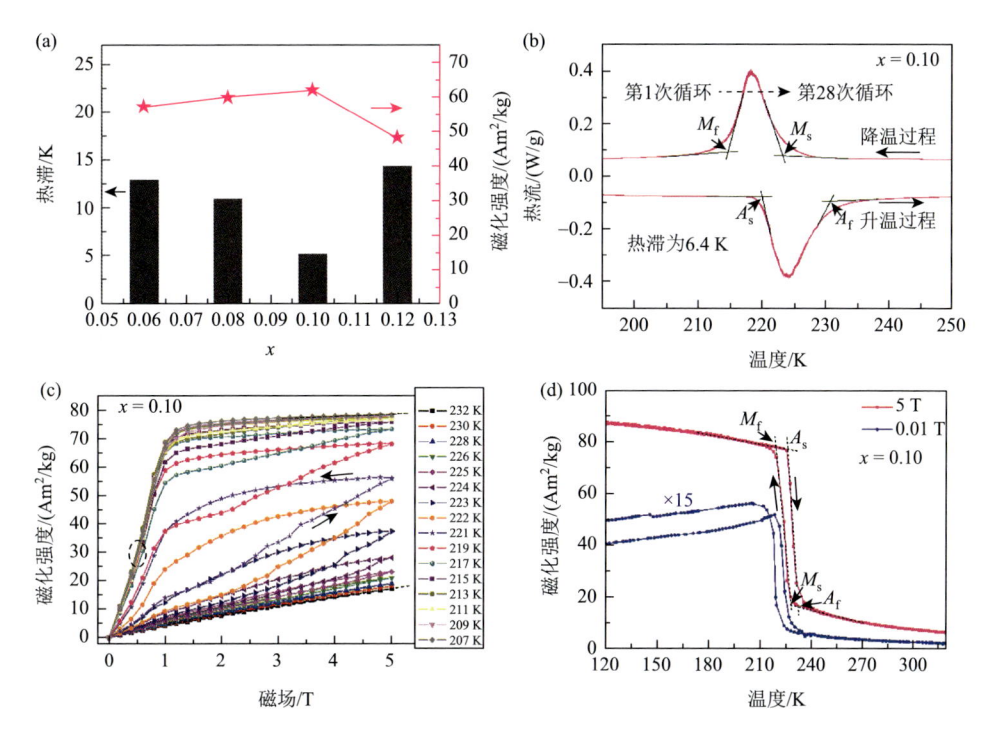

图 8.16 （a）$x = 0.06$、0.08、0.10 和 0.12 样品中磁结构相变热滞和两相间的磁化强度差；优化样品 $x = 0.10$ 在温度循环下的 DSC 曲线（b）和降温过程中相变附近的等温磁化曲线（c），黑色虚线框指示的小拐点对应于正交相的变磁性行为；（d）$x = 0.10$ 样品在 0.01 T 和 5 T 外磁场下升温和降温过程中的热磁曲线

一级磁结构相变的巨大相变潜热可以给体系带来大的磁热效应。利用 Maxwell 方程再结合图 8.16（c）的 M-B 曲线，可以计算出 $x = 0.10$ 样品的磁熵变。如图 8.17（a）所示，当磁场增加时，由于更多的结构相变发生，$x = 0.10$ 样品的磁熵变增加并且峰值向高温方向移动，在 0～2 T 和 0～5 T 磁场下样品的最大负磁熵变分别为 –12.5 J/(kg·K) 和 –39.6 J/(kg·K)。然而由于可能存在 Spike 现象，目前学术界对是否能使用 Maxwell 方程来计算一级相变附近的磁熵变仍然存在一些争议[68]。这里研究者们采用了另外一种基于 M-B 曲线的转变质量分数（TF_MB）方法来估算样品的磁熵变值[54, 69, 70]，具体公式如下：

$$\Delta S_m = \Delta f \cdot \Delta S_t [f(T, B_f) - f(T, B_i)] \cdot \Delta S_t \quad (8.4)$$

式中，ΔS_t 为结构相变完全发生时产生的总熵变，可以从 DSC 曲线获得。这里合理地假设磁化强度与六角和正交结构的质量分数成正比，因此 $f(T, B)$ 可以通过下面公式获得：

$$f(T,B)=\frac{M_{\exp}(T,B)-M_{\mathrm{h}}(T,B)}{M_{\mathrm{o}}(T,B)-M_{\mathrm{h}}(T,B)} \tag{8.5}$$

式中，$M_{\exp}(T,B)$ 为给定温度和磁场下的磁化强度，可从图 8.16（c）获得；$M_{\mathrm{h}}(T,B)$ 和 $M_{\mathrm{o}}(T,B)$ 分别为纯六角和纯正交结构的磁化强度。理论上，铁磁体的磁化强度与温度和磁场都有关[71]。对于一个固定的磁场，M-T 曲线 [$M_{\mathrm{o}}(T,B_{\mathrm{fix}})$] 可以通过下面公式来拟合：

$$M_{\mathrm{o}}(T,B_{\mathrm{fix}})=M_{\mathrm{sat}}\left[1-s\left(\frac{T}{T_{\mathrm{C}}}\right)^{\frac{3}{2}}-(1-s)\left(\frac{T}{T_{\mathrm{C}}}\right)^{p}\right]^{\frac{1}{3}} \tag{8.6}$$

式中，M_{sat} 为 0 K 时的饱和磁化强度，大约为 91.5 Am^2/kg；s，p 为拟合系数，并且 $p > 1.5$，$2.5 > s > 0$。拟合的曲线如图 8.18 所示，拟合系数 $s = 0.56277$，$p = 4.5899$，居里温度 $T_{\mathrm{C}} = 325$ K。这里只关注一级磁结构相变附近很窄的一段温度区间。由于其远离居里温度，在这个区间磁化强度大约只变化了 1.5 Am^2/kg。因此为了简单起见，直接外延 207 K 时的磁化曲线来作为纯正交相的磁化强度值。此外，由于磁化强度在低场的迅速变化，在计算过程中需要去掉小于 1.0 T 部分来保证数据的可靠性。同理，纯顺磁六角相磁化强度则通过外延 232 K 的磁化曲线来获得。基于上述分析，可计算出在不同温度下随着磁场变化的正交相转变质量分数，如图 8.17（b）所示。再结合从 DSC 曲线获得的总熵变[约为–57.5 J/(kg·K)]，通过 TF_MB 方法获得的 $x = 0.10$ 样品在 0~5 T 条件下的磁熵变列于图 8.17（a）。当温度低于相变起始点 M_{s} 而到达两相区时，所得磁熵变开始偏离通过 Maxwell 方程获得的数值。通过这种方法依然可以得到–28.9 J/(kg·K)的大磁熵变。

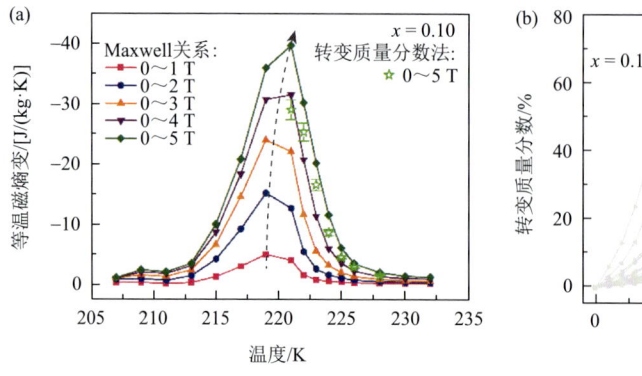

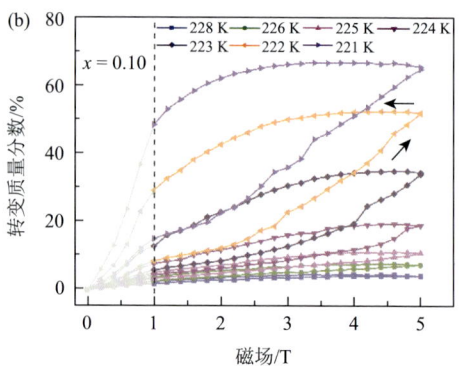

图 8.17 （a）通过 Maxwell 方程获得的不同变磁场下 $x = 0.10$ 样品的磁熵变随温度变化关系图，绿色五角星代表通过 TF_MB 方法获得的 0~5 T 变磁场下的磁熵变；（b）不同温度下升场和降场过程中正交相的转变质量分数

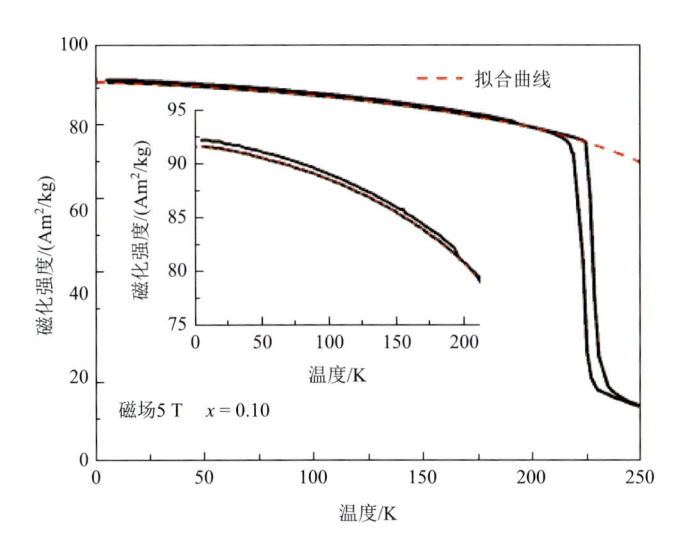

图 8.18　$x=0.10$ 样品在 5 T 外磁场下的 M-T 曲线和正交相磁化强度的拟合曲线，插图为 M-T 曲线低温部分的放大

对于磁制冷工质，大磁熵变值的可逆性在实际应用中更加重要。由于存在大相变热滞，六角合金体系在循环磁场下将不可逆。但是对于本节中的 $x=0.10$ 样品，其很小的相变热滞可以大大提高磁场诱发结构相变和磁热效应的可逆性。图 8.19（a）给出 $x=0.10$ 样品在两次循环磁场下的等温 M-B 曲线。每次循环过程中目标温度始终保持不变。在第二次加/退磁场时，依然可以观察到大的磁滞损耗，这表明磁场诱发的顺磁六角相到铁磁正交相的磁结构转变仍然存在。具体分析来看，在第二次磁化过程中，样品的磁化强度明显高于第一次，这表明第一次退磁场时有部分铁磁正交相残留，而有另一部分正交相能够变回六角结构，正是这后一部分在随后的施加磁场中可再一次被诱发而变成正交相。如图 8.19（b）所示，第二次以后的磁化曲线基本上重叠，所以会获得可逆（更确切来说，应该是部分可逆）的磁场驱动相变。基于 TF_MB 法，可获得两次循环磁场下正交相质量分数随着磁场的变化，如图 8.19（c）所示。在相变温度附近 1 T 外磁场下样品中已经存在部分初始正交相，而由于第一次加/退磁场产生部分正交相残留，因此第二次施加磁场时，样品的初始正交相质量分数增加。当磁场再次上升，如 223 K 时样品正交相质量分数由 10.9% 增至 34.6%，因此大约有 23.7% 的样品被磁场所驱动，这一部分将给体系带来可逆的磁热效应。如图 8.19（d）所示，在 222 K 时 0~5 T 变磁场下最大的可逆磁熵变值可达 −18.6 J/(kg·K)。

$x=0.10$ 样品中磁场驱动相变的可逆性源于热滞的减小，而热弹性马氏体相变的热滞问题也一直是固态相变领域的重要研究方向。这里，研究者首次将几何非线性理论引入到六角 Mn(Co, Ni)(Ge, Si) 体系中来解释合金的热滞后来源。

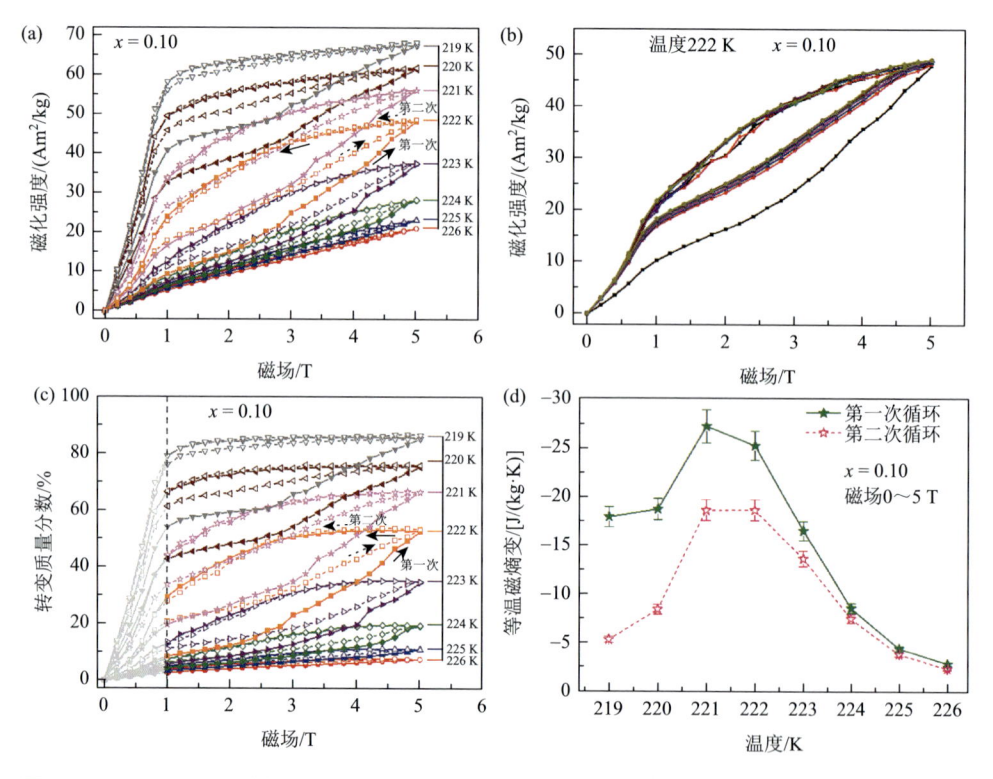

图 8.19 （a）$x = 0.10$ 样品在相变温度附近两次循环磁场下的等温磁化曲线；（b）在 222 K 时 10 次循环磁场下的磁化曲线；（c）循环磁场下正交相的质量分数；（d）两次变磁场下随温度变化的磁熵变

对于 Mn(Co, Ni)(Ge, Si)体系中马氏体相变而言，变形梯度 F 是六角相和正交相的线性形变路径。该路径可以通过解方程组 $Fe_i^h = e_i^o$（$i = 1、2、3$）来获得，且两相基底都要满足统一的柯西正交坐标系[72]。因此，在六角结构中构建一组新基底为：$e_1^h = c_h[0\,0\,1]^h$，$e_2^h = a_h[1\,1\,0]^h$，$e_3^h = a_h[-1\,1\,0]^h$；而正交结构中的基底依旧为：$e_1^o = a_o[1\,0\,0]^o$，$e_2^o = b_o[0\,1\,0]^o$，$e_3^o = c_o[0\,0\,1]^o$。然后将正交相基底 $e_{1,2,3}^o$ 以六角相新正交型基底表示：$e_{1,2,3}^{o \to h} = [a_o\,0\,0]$，$[0\,b_o\,0]$，$[0\,0\,c_o]$。再根据两相晶体学关系和实验精修所得的晶格常数（图 8.20）可计算出变形梯度 F：

$$F = \begin{bmatrix} \dfrac{b_o}{a_h} & 0 & 0 \\ 0 & \dfrac{c_o}{\sqrt{3}a_h} & 0 \\ 0 & 0 & \dfrac{a_o}{c_h} \end{bmatrix} = \begin{bmatrix} 0.91520 & 0 & 0 \\ 0 & 1.00117 & 0 \\ 0 & 0 & 1.12246 \end{bmatrix}$$

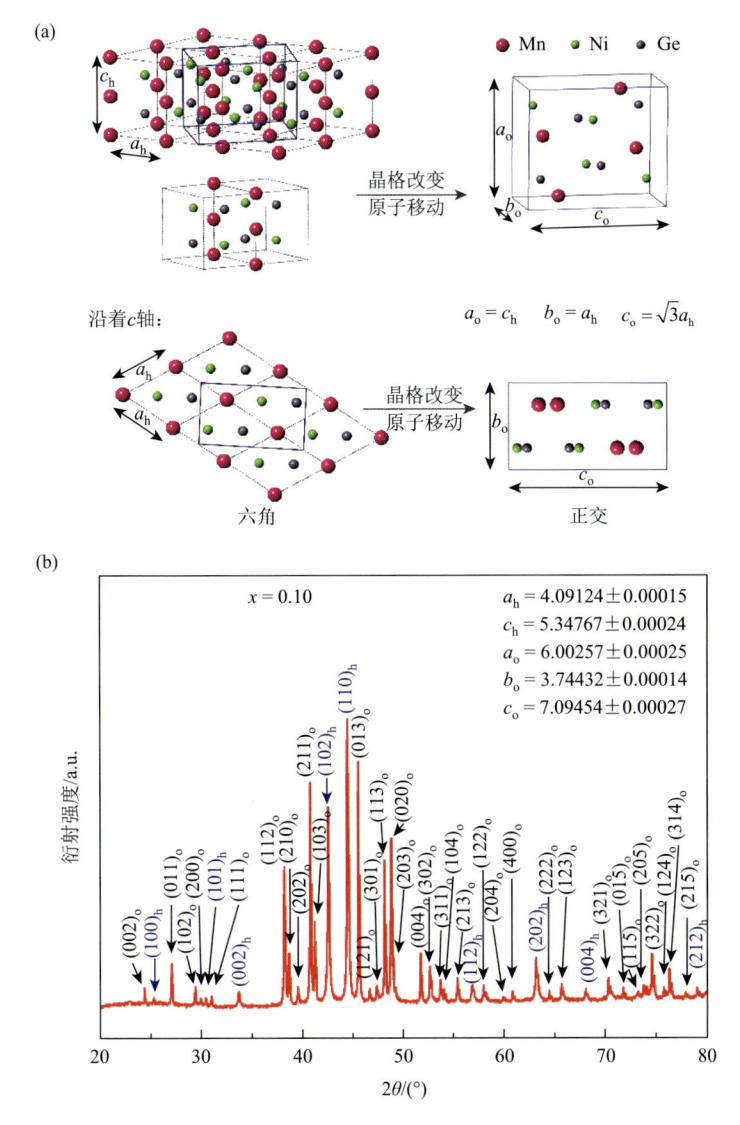

图 8.20 （a）MnNiGe 六角结构和正交结构的转变过程和晶格参数关系示意图；
（b）两相共存时 Mn$_{0.9}$Fe$_{0.2}$Ni$_{0.9}$Ge 成分的 XRD 图谱和精修所得两相晶格常数

由于考虑的是相变过程中的几何兼容度问题，应该选择相变时两相共存温区的晶格常数。在几何非线性理论中，只需要考虑 F 的对称元素，因此根据极化分解公式：$F = RU$，其中 R 是旋转矩阵，转变拉伸张量 U 是正定型对称矩阵。U 可以通过公式 $U = \sqrt{F^T F}$ 获得。对于六角体系，F 为对角矩阵，所以计算过程可以简化为：$F = RU = U$。因此 U 的特征值可以求得：$\lambda_1 = 0.91520(07)$，$\lambda_2 = 1.00117(08)$，$\lambda_3 = 1.12246(10)$。可以看出中间特征值 λ_2 很接近于 1，这表明

$x = 0.10$ 样品的两相之间具有良好的几何兼容度，促使相变热滞的大大减小。

进一步具体到实验现象上，研究者发现六角体系结构转变时正交相 a 轴会剧烈收缩而 b 轴会明显伸长[11]。因此，六角 Mn(Co, Ni)(Ge, Si)体系中 $\lambda_1 = b_o/a_h$，$\lambda_2 = c_o/(\sqrt{3}a_h)$，$\lambda_3 = a_o/c_h$。查阅相关文献，如图 8.21 所示，确实可以看出六角体系热滞与 $c_o/(\sqrt{3}a_h)$ (λ_2) 存在强烈的关联[11, 73-78]。当 $c_o/(\sqrt{3}a_h)$ 偏离 1 时，相变热滞将会增加。因此，通过几何非线性理论揭示了六角体系的相变热滞与相变时正交相 c 轴变化量息息相关。

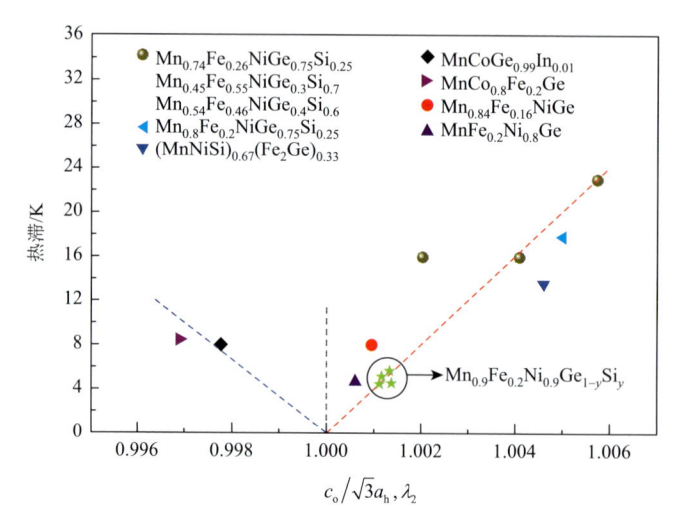

图 8.21　Mn(Co, Ni)(Ge, Si)合金中转变拉伸张量中间特征值 λ_2 和相变热滞 ΔT_{hys} 之间的关系

样品 $x = 0.10$ 的磁结构相变发生在低温 220 K 左右，使其无法应用于实际的室温磁制冷领域。为此利用等结构合金化的方法，研究者们通过 Si 替代 Ge 来提升磁结构相变温度。图 8.22 给出 $Mn_{0.9}Fe_{0.2}Ni_{0.9}Ge_{1-y}Si_y$ 在 5 T 磁场下的 M-T 曲线。由于 MnNiSi 的结构相变温度很高[63]，因此 Si 的引入使得 $Mn_{0.9}Fe_{0.2}Ni_{0.9}Ge_{1-y}Si_y$ 体系磁结构相变温度逐渐增加，与此同时相变热滞却几乎保持不变，$y = 0.03$、0.05 和 0.10 样品的热滞分别为 5.7 K、4.6 K 和 4.5 K。通过精修各比分室温过程中的 XRD 图谱可获得磁结构相变过程中两相的晶格常数。据此，可进一步计算出各样品转变拉伸张量的中间特征值 λ_2，如图 8.21 和图 8.22（b）所示。Si 的引入不会显著改变样品的 $c_o/\sqrt{3}a_h$ 值，$Mn_{0.9}Fe_{0.2}Ni_{0.9}Ge_{1-y}Si_y$ 体系的转变拉伸张量的中间特征值 λ_2 依旧接近 1，因此合金的两相具有很好的几何兼容度，使得样品热滞保持在很小的数值。

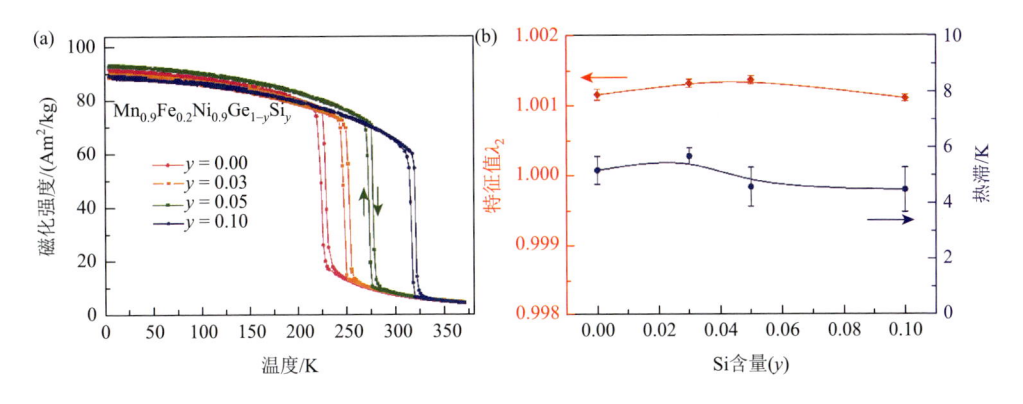

图 8.22 （a）$Mn_{0.9}Fe_{0.2}Ni_{0.9}Ge_{1-y}Si_y$ 体系在 5 T 磁场下的 M-T 曲线；（b）$Mn_{0.9}Fe_{0.2}Ni_{0.9}Ge_{1-y}Si_y$ 的相变热滞和转变拉伸张量中间特征值

如图 8.23（a）~（c）所示，由于小热滞尺寸保持不变，在 $Mn_{0.9}Fe_{0.2}Ni_{0.9}Ge_{1-y}Si_y$ 体系的相变温度附近均可观察到可逆的磁场诱发的结构相变现象，实现了宽温区内可逆性的灵活调控。举例来看，y = 0.10 样品在 316 K 时连续两次退磁场时均可看到明显的变磁性转变拐点，这表明诱发形成的正交相可以完全回复成六角相，因此可以获得可逆磁驱动相变和磁驱动效应。利用 TF_MB 方法计算了含 Si 样品的可逆磁熵变值。如图 8.23（d）所示，y = 0.03、0.05 和 0.10 样品在 0~5 T 外磁场下的最大可逆负磁熵变分别为 –22.8 J/(kg·K)、–22.1 J/(kg·K) 和 –24.3 J/(kg·K)。图 8.24 列出一些磁热材料的可逆磁熵变绝对值。在 0~5 T 变磁场下，本工作中 $Mn_{0.9}Fe_{0.2}Ni_{0.9}Ge_{1-y}Si_y$（y = 0、0.03、0.05 和 0.10）体系的可逆磁熵变值大于许多一级和二级磁相变材料，且与著名的 $La(Fe, Si)_{13}$ 体系、$(Mn, Fe)_2(P, Si)$ 体系和 Ni-Mn-X 基 Heusler 合金相当[2, 7, 52, 54, 67, 79-85]。

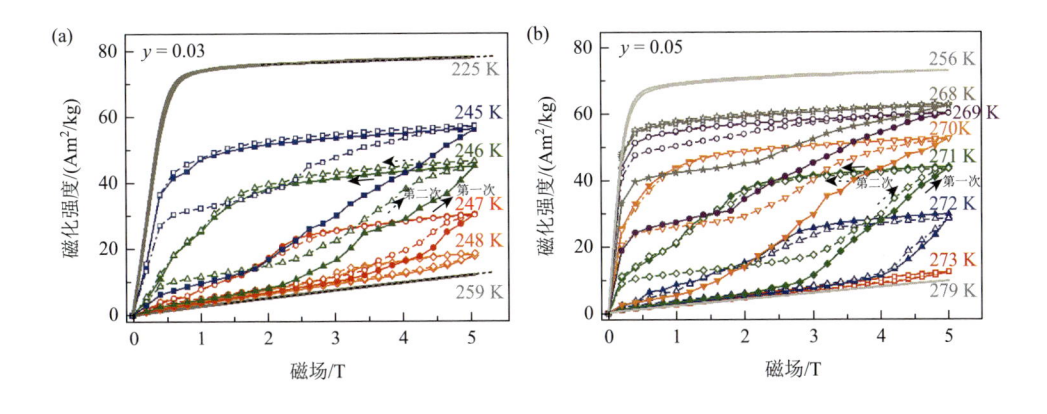

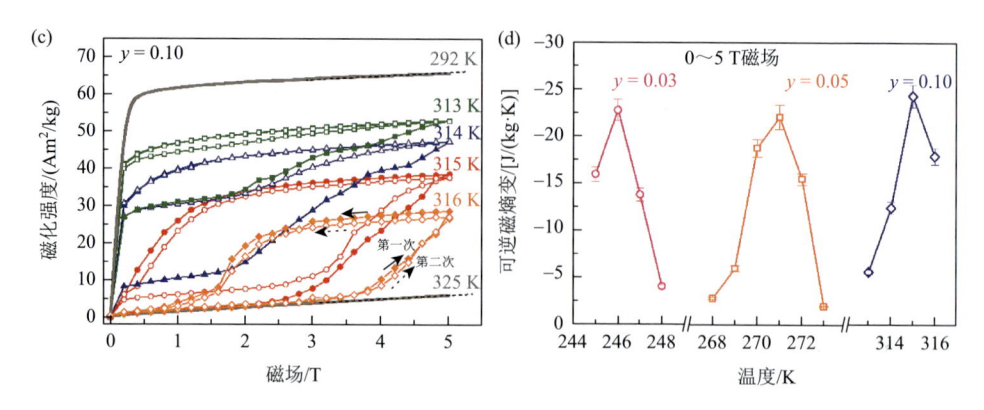

图 8.23　Mn$_{0.9}$Fe$_{0.2}$Ni$_{0.9}$Ge$_{1-y}$Si$_y$ 体系中 y = 0.03（a）、y = 0.05（b）和 y = 0.10（c）合金样品在连续两次循环磁场下相变温度附近的等温磁化曲线；(d) 含 Si 样品在 0～5 T 变磁场下随温度变化的可逆磁熵变

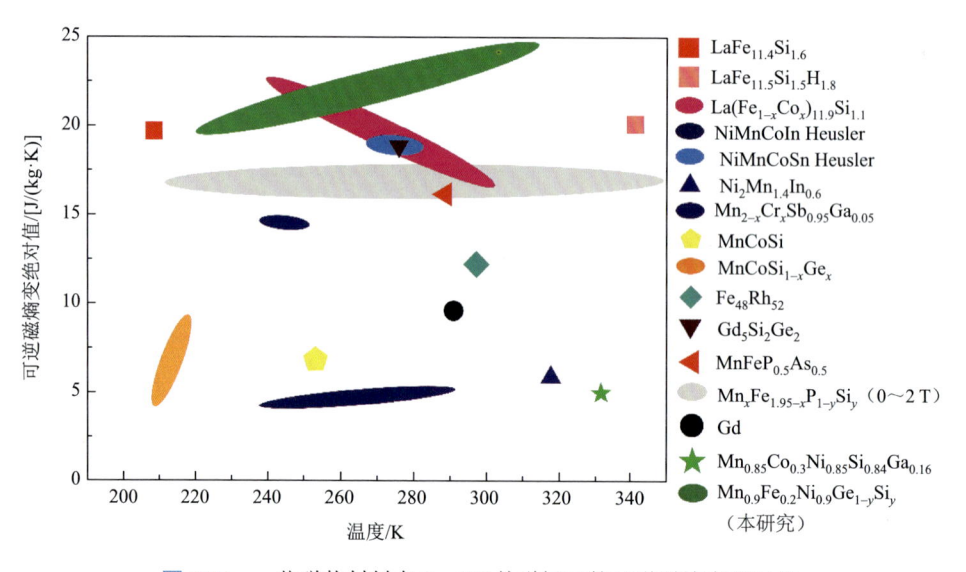

图 8.24　一些磁热材料在 0～5 T 外磁场下的可逆磁熵变绝对值

8.4　MnCoSi 合金的室温可逆巨磁致伸缩效应

　　MnCoSi 合金属于六角 MM′X 合金家族的一员。该合金在 1200 K 左右经历马氏体相变，转变为 TiNiSi 型正交结构，各原子均占据 Wyckoff 坐标 4c 位。中子粉末衍射表征指出正交 MnCoSi 在磁有序温度以下为螺旋反铁磁结构，传播矢量沿着 c 轴。MnCoSi 合金中 Mn 和 Co 原子承载着磁矩，随着温度升高，磁矩将一致转动倾向于平行排列。在磁场作用下，该合金出现反铁磁-铁磁的变磁性转变，

并且具有一个特殊的温度点——三相点。在三相点以下，合金变磁性具有一级相变特征，在三相点以上，变磁性具有二级相变特征[86]。该三相点的出现与合金中 Mn-Mn 间距有关。MnCoSi 合金存在两种近邻的 Mn-Mn 间距 d_1 和 d_2，随着温度变化合金中最近邻 Mn-Mn 间距 d_1 和 d_2 均出现剧烈变化，可达 2%，并且二者变化趋势相反[87]。强烈的磁弹耦合作用使得外磁场可以诱发反铁磁态失稳，并带来丰富的磁驱动效应。其中，MnCoSi 合金的磁致伸缩效应展现出诱人的应用前景，廉价的合金组元、巨大的磁致伸缩值和特殊的三相温度点使得 MnCoSi 合金极有希望替代现今广泛使用的稀土基 Telfenol-D 巨磁致伸缩材料。

为了能够取代 Telfenol-D，MnCoSi 合金需要在 1 T 甚至更低的外磁场下即可获得可观的磁致伸缩效应。然而过高的变磁性相变临界场成为首要障碍。目前已经报道的降低 MnCoSi 合金变磁性相变临界场的方法均没有达到上述要求。针对此瓶颈，南京理工大学徐锋课题组以六角 MM′X 合金占位规则为基础，系统地研究外来元素掺杂或改变化学成分对 MnCoSi 基合金变磁性相变的影响。借助高通量的合金样品制备与表征来归纳 MnCoSi 基变磁性相变的变化规律，并找出最优化的合金成分。图 8.25（a）是调控 MnCoSi 基合金磁致伸缩效应示意图。首先在三相点以上，MnCoSi 合金的变磁性相变具有二级相变特征，完全可逆无磁滞，如图 8.25（b）所示，而这时合金的巨磁致伸缩效应依然存在。正分 MnCoSi 合金的三相点为 300 K[88]，因此为了获取室温附近的磁致伸缩效应，需要将合金的三相点降低到室温以下。其次，正分 MnCoSi 合金的室温变磁性相变临界磁场 H_{cri} 为 2.5 T，为了满足实际应用需求，临界磁场需要进一步降低。最后，对于完全无取向的多晶 MnCoSi 合金，其在变磁性相变时产生的线性磁致伸缩值约为 670 ppm[31]，因此需要对合金进行取向来提高磁致伸缩值。

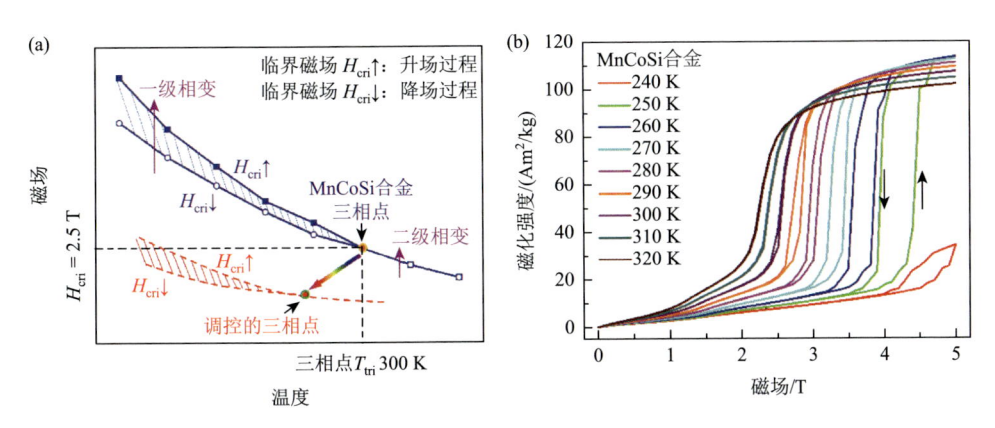

图 8.25 （a）MnCoSi 合金室温可逆巨磁致伸缩效应调控示意图；（b）正分 MnCoSi 合金的等温磁化曲线

根据六角 MM′X 合金家族的占位规则可知[62]，外来掺杂元素在 MnCoSi 合金中的占位为：价电子多于 Co 的过渡元素倾向于占据 Co 位，价电子少于 Mn 的过渡元素倾向于占据 Mn 位，而主族元素则占据 Si 位。文献报道 MnCoP、TiCoSi、VCoSi 和 Co$_2$Si 与 MnCoSi 马氏体相晶体结构相同，均为 TiNiSi 型正交结构[63]。因此根据等结构合金化原则，当 P 替代 Si，Ti、V 和 Co 替代 Mn 时高的掺杂量不会产生第二相。此外，研究报道当 Fe 的掺杂量达到 0.4 时，MnCo$_{1-x}$Fe$_x$Si 也依然可以保持稳定的 TiNiSi 型结构[89, 90]。由于微量元素的引入即可强烈影响 MnCoSi 合金的变磁性相变，因此将外来元素掺杂量控制在 3%以内设计 MnCoSi$_{0.98}$P$_{0.02}$（P2）、Mn$_{0.97}$Ti$_{0.03}$CoSi（Ti3）、Mn$_{0.97}$V$_{0.03}$CoSi（V3）、MnCo$_{0.98}$Fe$_{0.02}$Si（Fe2）、Mn$_{0.99}$Co$_{1.01}$Si（Co1）和 Mn$_{0.983}$Co$_{1.017}$Si（Co1.7）比分合金。然而由于有限的固溶度，其他元素的引入，如 Cu 替代 Co，Al、Ga、In 或 Sb 替代 Si，当掺杂量仅为 2%或 3%时，第二相便会析出。因此为了稳定 MnCoSi 基晶体结构，这些元素的引入需要控制在 2%以内，如 MnCoSi$_{0.99}$Al$_{0.01}$（Al1）、MnCoSi$_{0.99}$Ga$_{0.01}$（Ga1）、MnCoSi$_{0.98}$In$_{0.02}$（In2）、MnCoSi$_{0.98}$Sb$_{0.02}$（Sb2）和 MnCo$_{0.98}$Cu$_{0.02}$Si（Cu2）。

对于空间群为 *Pnma* 的 Mn 基正交结构磁体，Mn-Mn 间距 d_1 为决定其基态磁性的关键参数[91]。随着 d_1 的增加，合金由非线性反铁磁态转变为铁磁态，因此根据掺杂后合金 d_1 的变化可以简单地判断合金的变磁性相变临界磁场的升高或降低。图 8.26 是研究样品的室温 XRD 图谱，精修后样品的晶格常数和 d_1 等参数列于表 8.2 中。相较于正分 MnCoSi 合金，样品 Ti3、V3、Al1、Ga1 和 P2 的 d_1 减小，而 Co1.7、Fe2、Cu2、In2 和 Sb2 的 d_1 增加。这表明后五种替代方式可以降低 MnCoSi 的相变临界磁场。

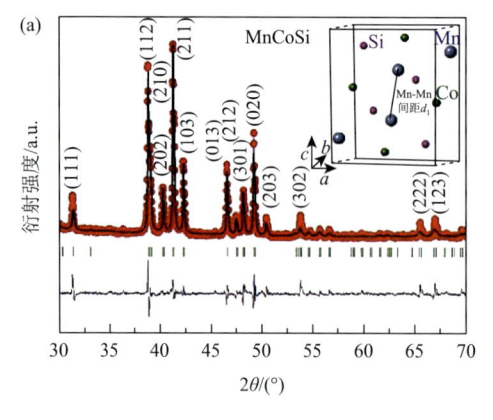

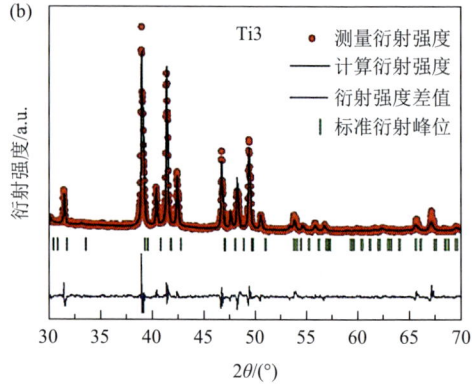

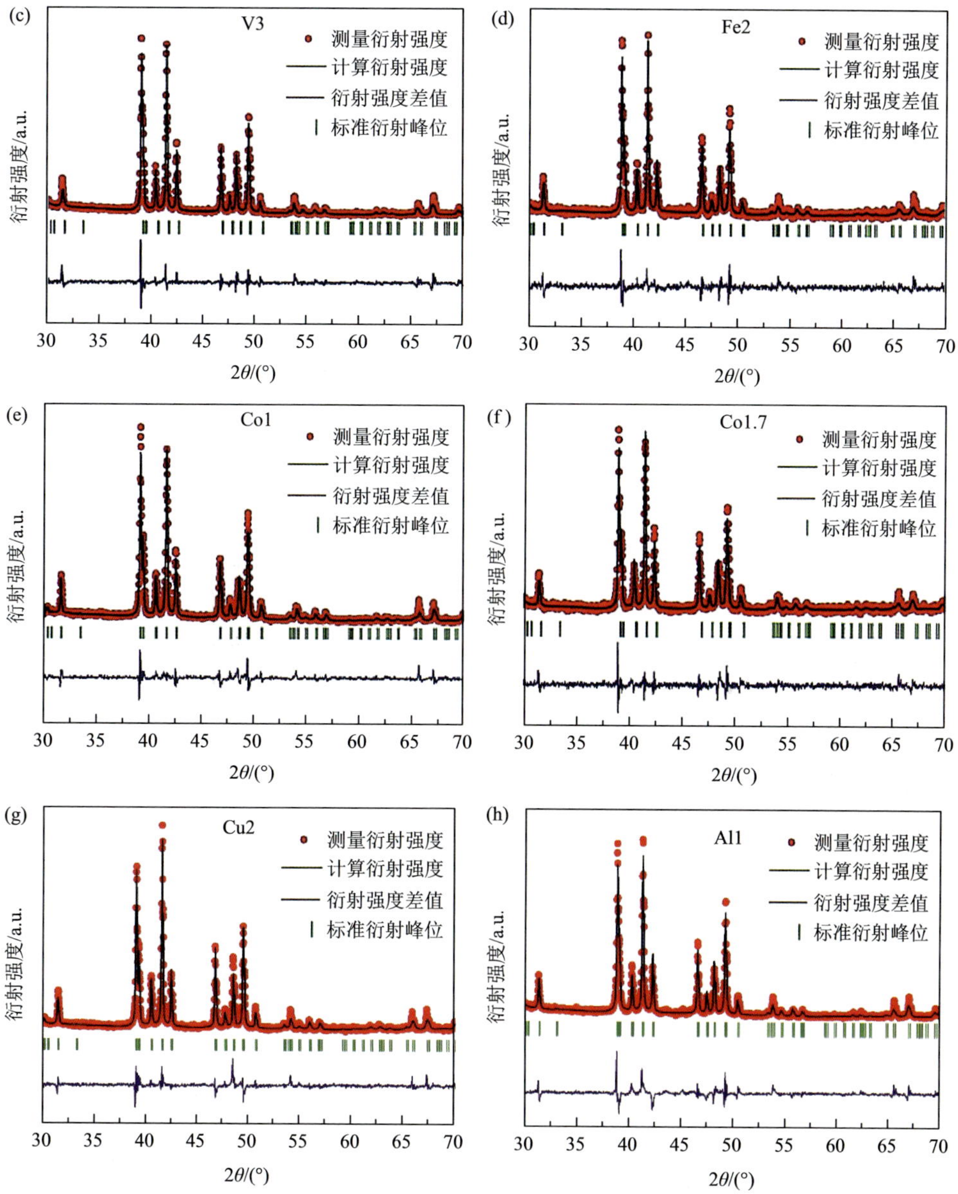
(c)
V3
测量衍射强度
计算衍射强度
衍射强度差值
标准衍射峰位
衍射强度/a.u.
30 35 40 45 50 55 60 65 70
2θ/(°)
(d)
Fe2
测量衍射强度
计算衍射强度
衍射强度差值
标准衍射峰位
衍射强度/a.u.
30 35 40 45 50 55 60 65 70
2θ/(°)
(e)
Co1
测量衍射强度
计算衍射强度
衍射强度差值
标准衍射峰位
衍射强度/a.u.
30 35 40 45 50 55 60 65 70
2θ/(°)
(f)
Co1.7
测量衍射强度
计算衍射强度
衍射强度差值
标准衍射峰位
衍射强度/a.u.
30 35 40 45 50 55 60 65 70
2θ/(°)
(g)
Cu2
测量衍射强度
计算衍射强度
衍射强度差值
标准衍射峰位
衍射强度/a.u.
30 35 40 45 50 55 60 65 70
2θ/(°)
(h)
Al1
测量衍射强度
计算衍射强度
衍射强度差值
标准衍射峰位
衍射强度/a.u.
30 35 40 45 50 55 60 65 70
2θ/(°)

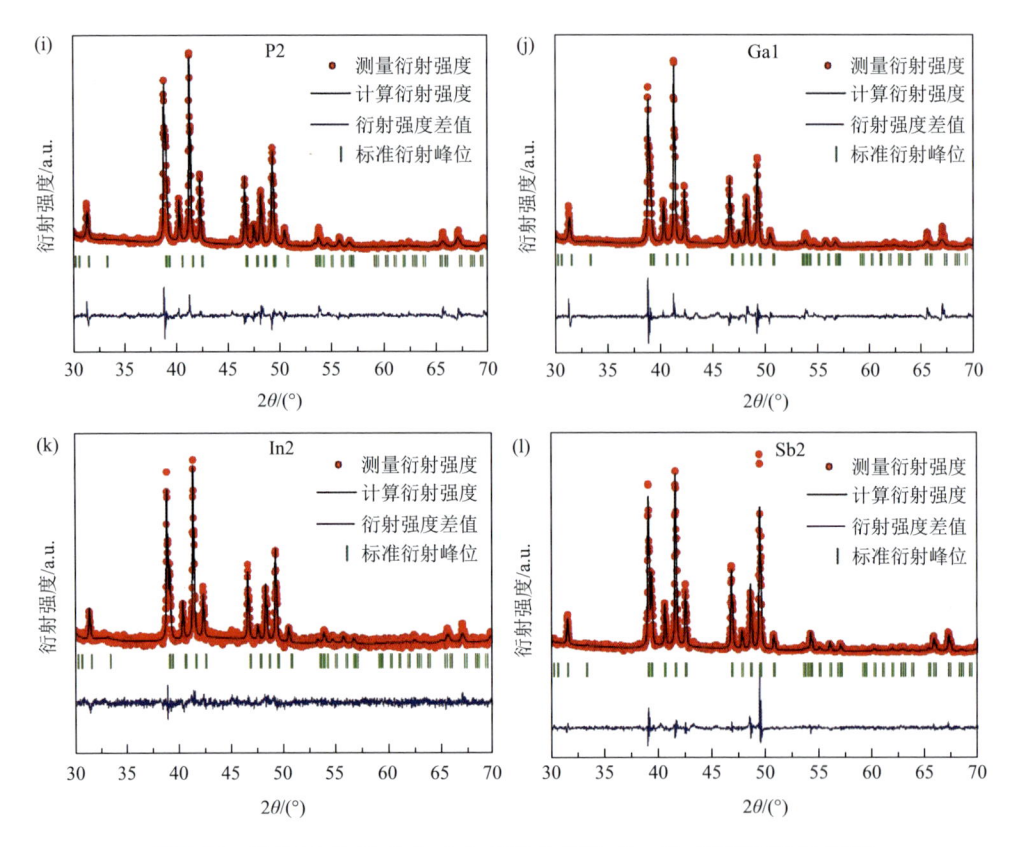

图 8.26 正分 MnCoSi 合金（a）和掺杂样品（b~l）的室温 XRD 图谱

表 8.2 Rietveld 精修所得的样品在室温时的晶格常数、晶胞体积、Mn-Mn 间距 d_1 和原子占位坐标

试样	a/Å	b/Å	c/Å	V/Å^3	d_1/Å	x_{Mn}/z_{Mn}	x_{Co}/z_{Co}	x_{Si}/z_{Si}	(R_{wp}/R_p)/%
Ti3	5.8918(9)	3.6924(5)	6.8672(5)	149.40(5)	3.075	0.0150(2)/0.1785(5)	0.1536(8)/0.5652(2)	0.7703(8)/0.6199(7)	5.37/3.69
V3	5.8891(5)	3.6909(1)	6.8674(3)	149.27(1)	3.065	0.0164(4)/0.1776(4)	0.1537(1)/0.5586(6)	0.7729(7)/0.6178(8)	5.79/3.97
Al1	5.8793(1)	3.6926(6)	6.8651(8)	149.04(4)	3.070	0.0157(1)/0.1781(2)	0.1549(1)/0.5571(4)	0.7620(2)/0.6260(2)	6.37/4.42
Ga1	5.8851(2)	3.6961(2)	6.8714(2)	149.47(1)	3.077	0.0166(3)/0.1784(3)	0.1632(1)/0.5638(7)	0.7623(8)/0.6259(1)	6.38/4.29
P2	5.8858(1)	3.6906(1)	6.8646(2)	149.11(1)	3.072	0.0167(9)/0.1783(4)	0.1578(6)/0.5602(8)	0.7594(6)/0.6277(1)	5.30/3.75
MnCoSi	5.8817(3)	3.6948(7)	6.8700(4)	149.30(4)	3.087	0.0140(3)/0.1796(2)	0.1553(6)/0.5604(1)	0.7426(6)/0.6231(1)	6.07/4.15
Co1.7	5.8614(8)	3.6985(2)	6.8736(7)	149.01(4)	3.118	0.0230(1)/0.1815(3)	0.1573(3)/0.5564(7)	0.7643(1)/0.6268(9)	4.80/3.57

续表

试样	a/Å	b/Å	c/Å	V/Å^3	d_1/Å	x_{Mn}/z_{Mn}	x_{Co}/z_{Co}	x_{Si}/z_{Si}	(R_{wp}/R_p)/%
Fe2	5.8718(7)	3.6983(4)	6.8775(9)	149.35(5)	3.121	0.0187(8)/0.1820(4)	0.1596(6)/0.5635(6)	0.7688(3)/0.6261(9)	5.32/3.87
Cu2	5.8458(2)	3.6811(3)	6.8477(4)	147.36(2)	3.100	0.0207(1)/0.1810(6)	0.1619(1)/0.5637(1)	0.7354(2)/0.6231(3)	5.70/3.82
In2	5.8634(2)	3.6917(4)	6.8623(3)	148.54(3)	3.099	0.0173(8)/1.8072(2)	0.1589(1)/0.5670(3)	0.7660(3)/0.6264(9)	4.28/3.36
Sb2	5.8423(1)	3.6863(2)	6.8495(4)	147.51(2)	3.132	0.0290(7)/0.1832(5)	0.1586(4)/0.5530(2)	0.7245(5)/0.6286(1)	4.79/3.31

等温磁化曲线是研究合金磁场诱发变磁性行为的一种简单有效的途径。如图 8.27 所示，样品 Ti3 和 V3 的等温磁化曲线很显然与其余样品的不同，无法清晰地观察到磁场诱发的变磁性转变。在 240～320 K 温度范围内，随着磁场的增加 Ti3 和 V3 的磁化强度逐渐增加，没有明显的斜率变化。这表明 Ti 和 V 的引入使得 MnCoSi 的临界磁场升高，5 T 外磁场无法有效地驱动变磁性相变。掺杂引发的临界磁场升高的现象还出现在样品 P2、Al1 和 Ga1 中。如图 8.27（1）所示，300 K 时样品 P2、Al1 和 Ga1 存在变磁性相变，样品磁化曲线均位于正分 MnCoSi 合金的右边，这表明掺杂导致相变临界磁场的升高。这里相变临界磁场 H_{cri} 定义为样品 50%饱和磁化强度所在磁场。室温时 P2、Al1 和 Ga1 的变磁性相变临界磁场分别为 3.39 T、3.07 T 和 2.57 T。当温度降低到 240 K 时，由于样品临界磁场升高至高于 5 T，因此变磁性行为消失。然而样品 Co1、Sb2、Fe2、Cu2 和 In2 的磁化曲线位于正分 MnCoSi 合金的左边，它们室温的变磁性相变临界磁场分别为 0.91 T、1.11 T、1.17 T、1.25 T 和 1.46 T。这表明 Fe 或 Cu 替代 Co、Co 替代 Mn 以及 In 或 Sb 替代 Si 可以减小相变临界磁场。表 8.3 列出本研究中的样品和已报道的 MnCoSi 基合金在室温时的变磁性相变临界磁场。由于 MnCoSi 的变磁性行为对热处理条件极其敏感，因此这里

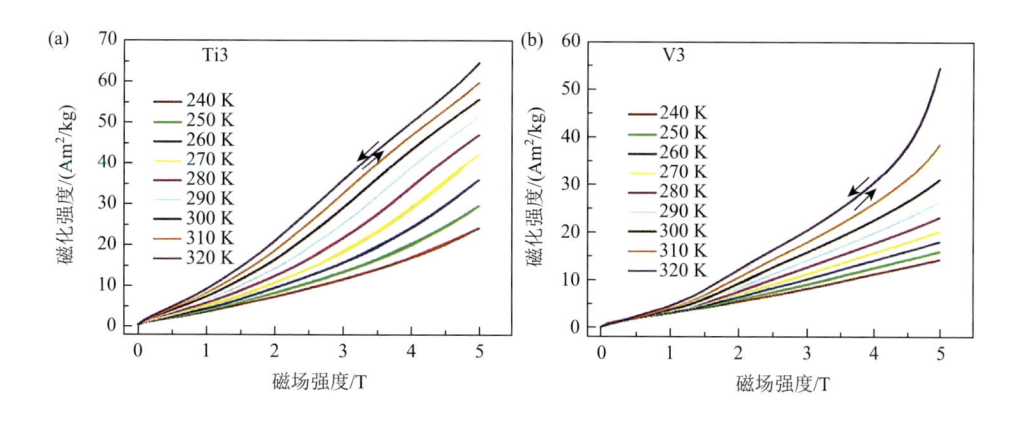

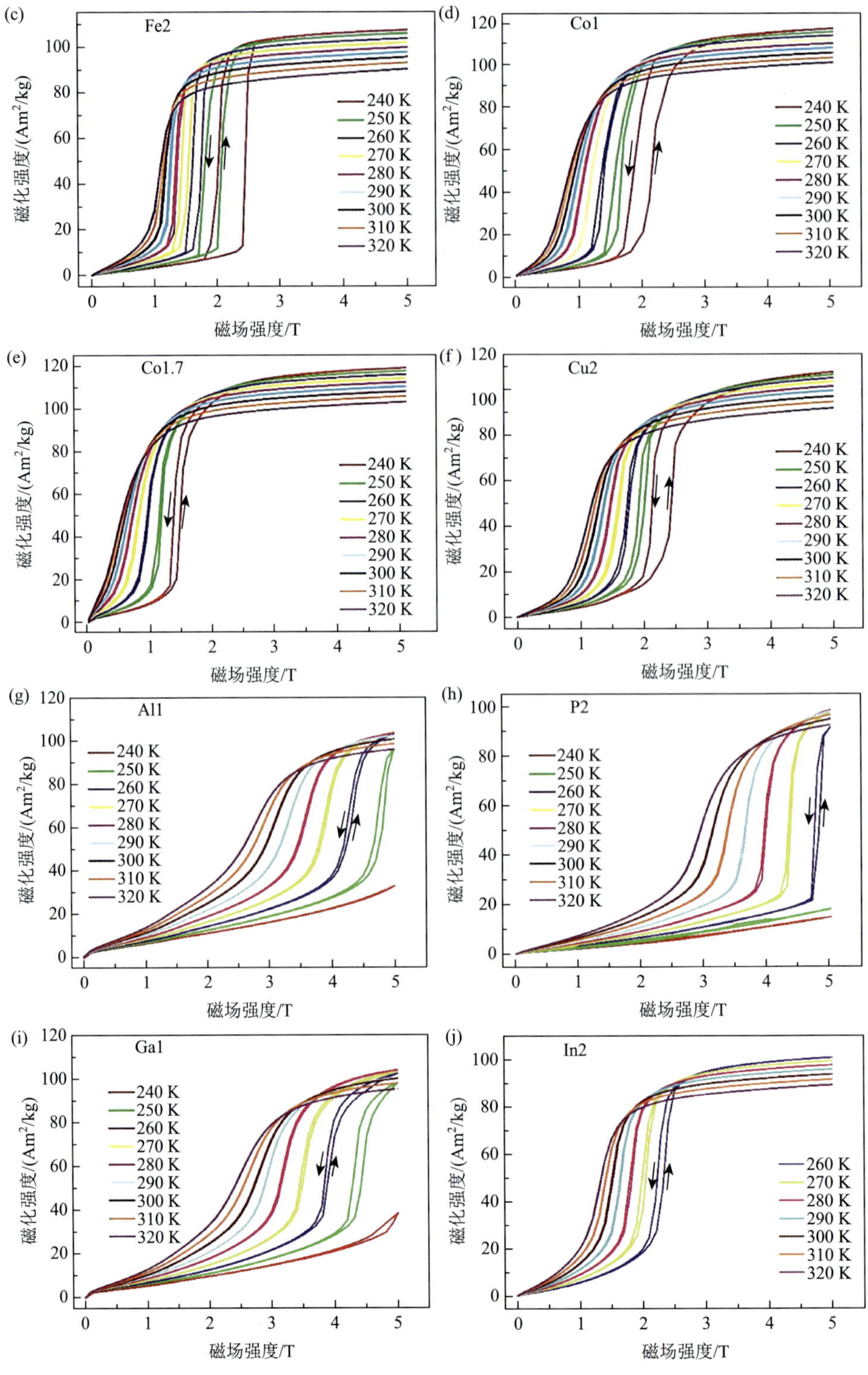
(c)
Fe2
(d)
Co1
(e)
Co1.7
(f)
Cu2
(g)
Al1
(h)
P2
(i)
Ga1
(j)
In2
240 K
250 K
260 K
270 K
280 K
290 K
300 K
310 K
320 K
磁化强度/(Am²/kg)
磁场强度/T

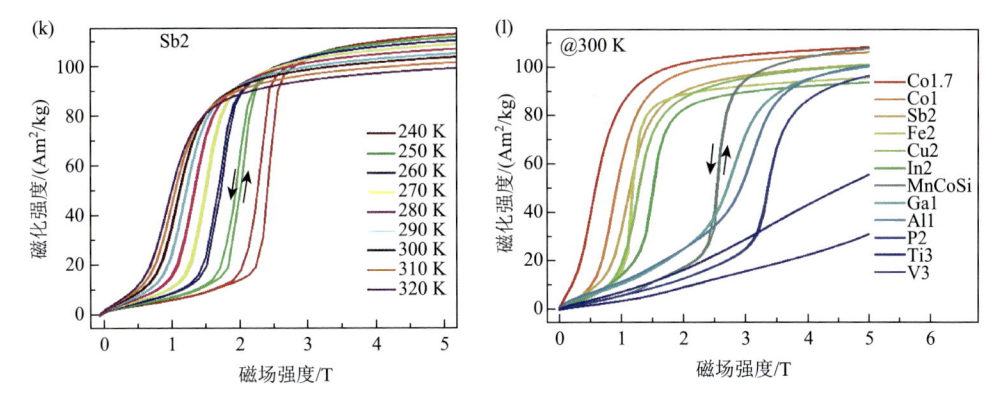

图 8.27 （a～k）各 MnCoSi 基合金样品升场和降场过程中的等温磁化曲线；（l）所有样品在 300 K 的等温磁化曲线

列出的所有样品均为高温退火后缓慢冷却所得。从表中对比可以看出，Co 替代 Mn 可以非常有效地降低 MnCoSi 合金变磁性相变临界磁场，1% Co 的引入便可以大幅降低临界磁场至 0.91 T。为了最大限度降低变磁性相变临界磁场，进一步提高 Co 的掺杂量到 1.7%。如图 8.27 和表 8.3 所示，Co1.7 样品的变磁性相关临界磁场很低，300 K 时仅为 0.60 T。然而当进一步提高 Co 的掺杂量至 2%时，合金室温的变磁性相变将会消失，表现出铁磁性行为。

表 8.3　MnCoSi 基合金的三相点 T_{tri} 和室温变磁性相变临界磁场 H_{cri}

试样	H_{cri}（室温）/T	T_{tri}/K	参考文献	试样	H_{cri}（室温）/T	T_{tri}/K	参考文献
Al1	3.07	280	本研究	Ga1	2.57	280	本研究
P2	3.39	270	本研究	Fe2	1.17	280	本研究
Cu2	1.25	270	本研究	In2	1.46	290	本研究
Sb2	1.11	270	本研究	Co1	0.91	270	本研究
Co1.7	0.60	250	本研究	MnCoSi	2.54	300	本研究
MnCoSi$_{0.92}$Ge$_{0.08}$	1.50	262	[86]	MnCo$_{0.95}$Ni$_{0.05}$Si	0.80	250	[87]
MnCoSi$_{0.95}$Ge$_{0.05}$ [a]	1.60	—	[83]	Mn$_{0.95}$Fe$_{0.05}$CoSi [b]	—	180	[92]
MnCoSi$_{0.98}$B$_{0.02}$	0.8	270	[93]	MnCoSi$_{0.98}$	1.30	260	[88]

a. 文献[83]无关于 MnCoSi$_{0.95}$Ge$_{0.05}$ 三相点相关数据的报道。
b. Mn$_{0.95}$Fe$_{0.05}$CoSi 在室温下为铁磁性，因此无变磁性相变存在。

图 8.28（a）为随着温度变化所有样品在升场和降场过程中的相变临界磁场 $H_{cri}\uparrow$ 和 $H_{cri}\downarrow$。当温度降低到三相点 T_{tri} 以下时，伴随着磁滞的出现，合金的变磁性相变

由二级相变转为一级相变。所有样品的三相点列于表 8.3 中。相较于正分 MnCoSi 合金，所有掺杂样品的三相点均降低，这将有利于在室温获得完全可逆的磁致伸缩效应。由于具有降低的临界场和三相点，Co1.7、Co1、Fe2、Cu2、In2 和 Sb2 有希望在室温附近获得低磁场可逆的磁致伸缩效应。根据六角合金体系的占位规则，价电子多于 Co 的过渡元素倾向于占据 Co 位，价电子少于 Mn 的过渡元素倾向于占据 Mn 位[62]。如图 8.28（b）所示，对于过渡元素掺杂的 MnCoSi 基合金，当体系价电子减少时变磁性相变 H_{cri} 将会增大，而当价电子增加时合金的 H_{cri} 将会减小。但对于 Fe 元素的引入，当 Fe 替代 Co 时合金的价电子减小，体系的 H_{cri} 也减小。这是由于磁性元素 Fe 在 MM′X 合金的正交相中具有铁磁激活作用[11]。当 MnCoSi 合金中 Co 位引入 Fe 时，Fe 和 Mn 原子间会形成强烈的铁磁交换作用，从而稳定合金的铁磁态，降低了合金的变磁性相变 H_{cri}。主族元素替代 Si，合金将会占据 Si 位。总结来看主族元素掺杂中，B、Ge、In 或 Sb 替代 Si 将减小 H_{cri}，P、Al 和 Ga 替代 Si 则会增大 H_{cri}，显然这不满足过渡元素掺杂的价电子影响规律。

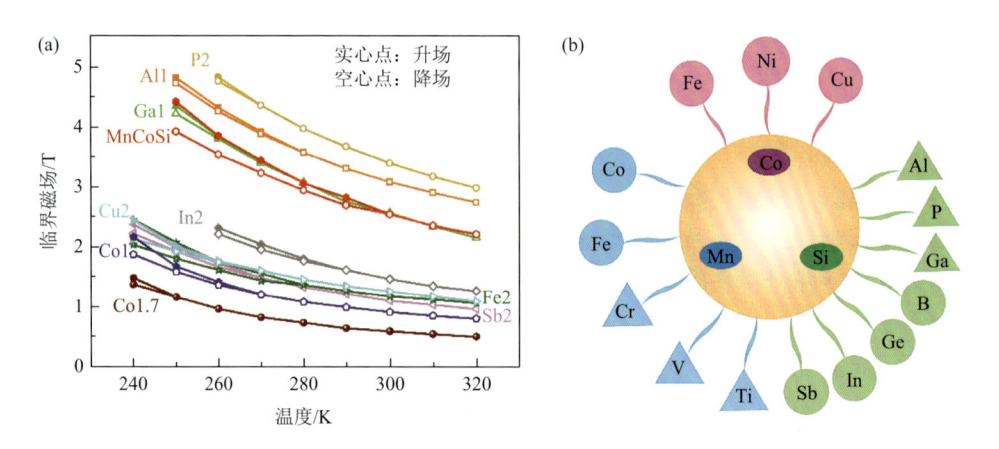

图 8.28　（a）样品随着温度变化的升场和降场时的变磁性相变临界磁场；（b）外来元素掺杂对 MnCoSi 合金变磁性相变临界磁场的影响：圆形代表临界磁场降低，三角形代表临界磁场升高

电弧熔炼所使用的水冷坩埚示意图如图 8.29（a）所示。凹槽型的水冷坩埚使合金在凝固过程中出现温度梯度，导致合金中形成沿图中箭头方向的织构。图 8.29（b）为样品 Cu2 和 Co1.7 在平行和垂直织构方向的热膨胀量。熔炼获得的多晶样品表现出各向异性热膨胀性能，其中在垂直织构方向样品在奈尔温度以下出现负热膨胀，这说明正交晶格的 a 轴倾向于垂直样品凝固方向[83]。织构取向的存在有利于增强 MnCoSi 基合金的磁致伸缩效应。

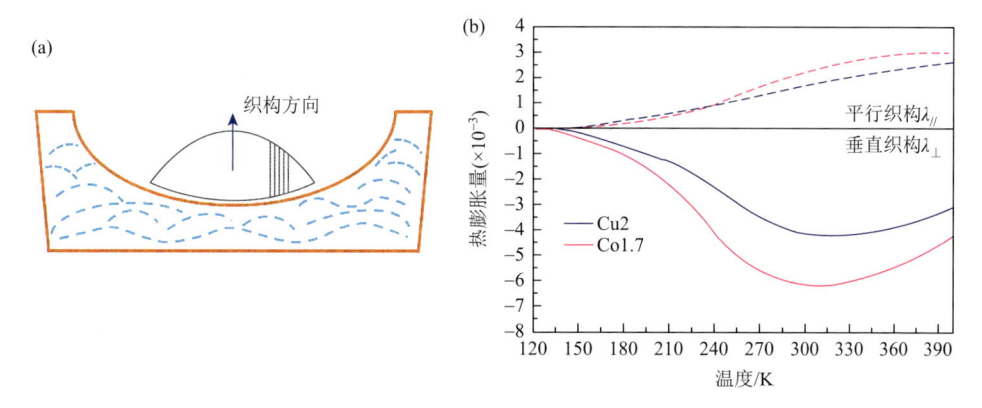

图 8.29　(a) 电弧熔炼获得的多晶样品由于温度梯度产生织构；(b) Cu2 和 Co1.7 样品在平行和垂直织构方向的热膨胀量

图 8.30 为 270～300 K 温度范围内样品 In2、Cu2、Sb2 和 Co1.7 随磁场变化的磁致伸缩值。其中 $\lambda_{//}$ 和 $\lambda_{\perp}$ 分别代表平行和垂直织构方向。织构的存在使合金铸锭表现出各向异性的磁致伸缩效应。当磁场升至相变临界磁场 H_{cri} 时，样品平行和垂直织构方向的尺寸均产生剧烈变化，曲线形状和合金等温磁化曲线相似，这说明磁致伸缩效应来源于磁场诱发的变磁性相变。在 270 K 时，样品 In2、Cu2、Sb2 和 Co1.7 于 2 T 外磁场下平行（垂直）织构方向的磁致伸缩值分别为 580 ppm（-529 ppm）、1322 ppm（-1317 ppm）、1270 ppm（-1856 ppm）和 1690 ppm（-1184 ppm）。相对而言样品 In2 的磁致伸缩值较小，这是由于其在 270 K 时的变磁性相变临界磁场较高，2 T 外磁场只能驱动部分变磁性相变。当温度升高到 300 K 时，2 T 外磁场足以完全驱动所有样品的变磁性相变。这时样品 In2、Cu2、Sb2 和 Co1.7 于 2 T 外磁场下沿平行（垂直）织构方向的磁致伸缩值分别为 969 ppm（-935 ppm）、983 ppm（-988 ppm）、917 ppm（-1348 ppm）和 1186 ppm（-792 ppm）。而对于正分 MnCoSi，由于室温时变磁性相变临界磁场较高，因此在相同外磁场下的磁致伸缩效应很小，沿平行和垂直织构方向的磁致伸缩值仅为 95 ppm 和-119 ppm，这远小于掺杂样品的磁致伸缩值。此外，由于三相点的降低，样品 In2、Cu2、Sb2 和 Co1.7 合金的室温磁致伸缩效应来源于二级变磁性相变，如图 8.30 所示，磁致伸缩效应室温时无磁滞损耗，完全可逆，优于大部分磁相变合金。目前已经报道的绝大部分磁相变合金的磁致应变效应都来源于一级变磁性行为，多表现为临界磁场高、磁滞损耗大和不可逆。如前所述，Co1.7 具有很低的变磁性相变临界磁场（0.60 T）且三相点为 250 K，这有利于实现室温低磁场可逆的磁致伸缩效应。1 T 外磁场下 Co1.7 在 300 K 时平行和垂直织构方向的可逆磁致伸缩值分别为 993 ppm 和-607 ppm。

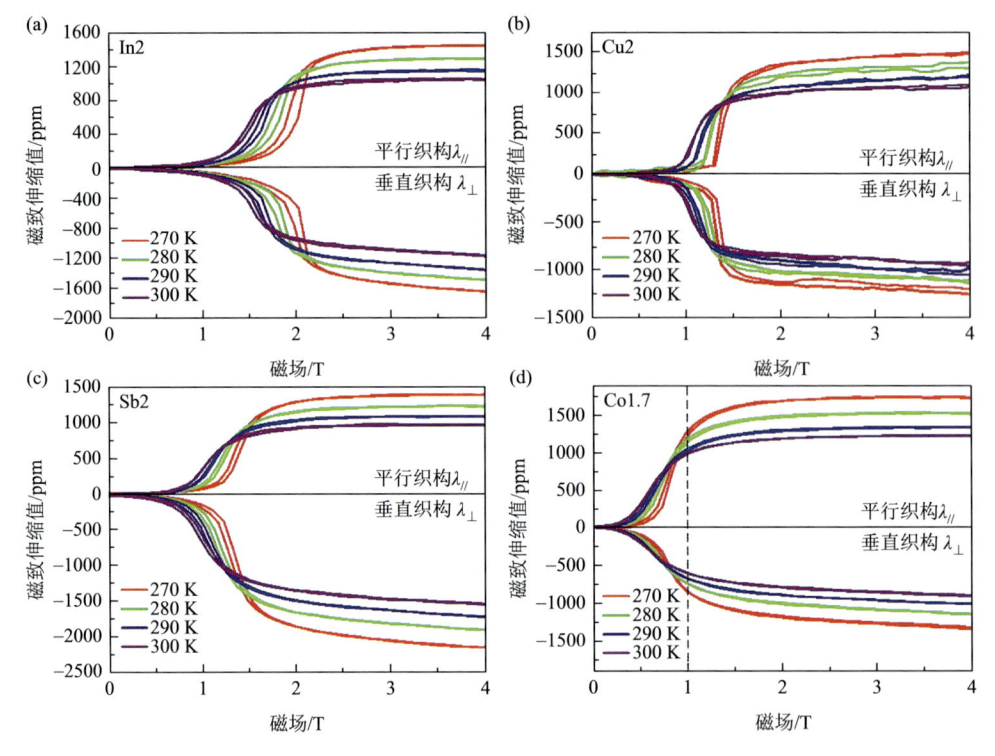

图 8.30　270～300 K 温度范围内 In2（a）、Cu2（b）、Sb2（c）和 Co1.7（d）多晶样品沿平行和垂直织构方向的磁致伸缩值

合金 Co1.7 样品的磁致伸缩效应是目前报道的缓冷型 MnCoSi 合金中最大的，与 Fe-Ga 基合金和 Terfenol-D 多晶或复合材料相当，如图 8.31 所示[33-35, 94-98]。此

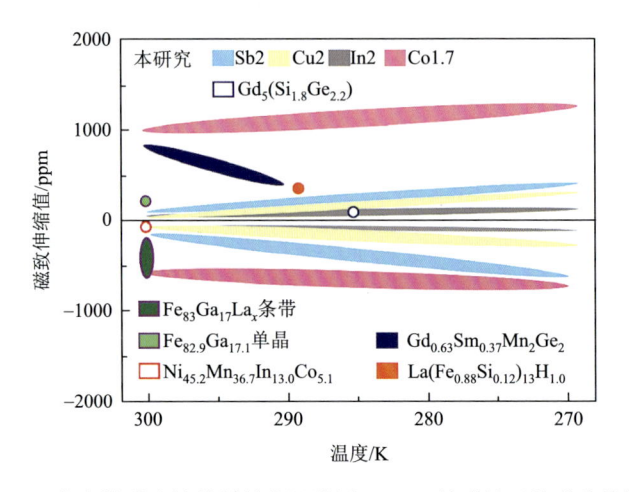

图 8.31　代表性磁致伸缩材料室温附近 0～1 T 外磁场下的磁致伸缩值

外，在 270～300 K 时合金的变磁性相变临界磁场几乎不变，因此 Co1.7 样品在该温区内 1 T 外磁场下的磁致伸缩效应很稳定，这个特征有利于不同温度下材料的应用。但值得提出的是，该样品在 1 T 下的磁致伸缩值只有取向和单晶 Terfenol-D 样品中的一半，未来还需要通过定向凝固等手段对样品进行取向来进一步增强磁致伸缩效应。

8.5 磁性相变材料的负/零热膨胀

由于原子固有的非简谐振动，绝大多数材料具有热胀冷缩的性质，即表现为正热膨胀[99]。但当材料具有磁有序时，磁容积效应将抵消材料原有的热胀冷缩，使其热膨胀曲线出现异常。这类异常表现为热膨胀曲线在磁有序温度处的不连续[100]。图 8.32 为铁磁有序导致的热膨胀异常。图中红色虚线为无磁性时材料的理论热膨胀曲线，紫色实线为该材料的实际热膨胀曲线。对比二者可以发现当铁磁有序建立时，材料的热膨胀出现了异常。紫色实线与红色虚线的差值为铁磁有序导致的磁致体积变化，即磁容积效应（黑色虚线）。当磁容积效应较大时，材料在发生磁性相变时甚至表现出"热缩冷胀"，即负热膨胀。

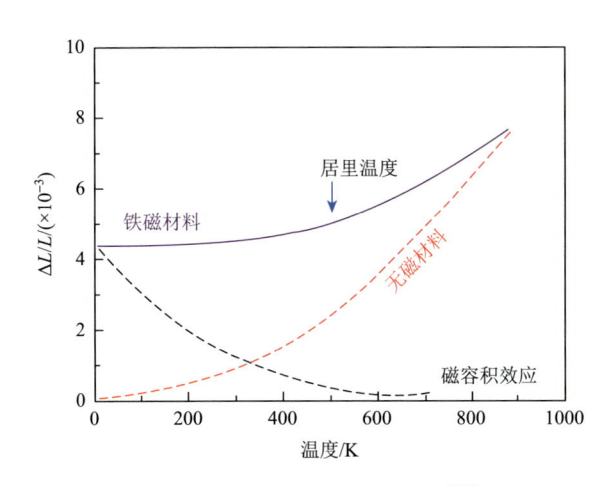

图 8.32 铁磁材料的线热膨胀[100]

紫色实线对应于铁磁材料，红色虚线对应于无磁材料，黑色虚线对应于磁容积效应

(Hf, Ta)Fe$_2$ 合金是一种典型的具有负热膨胀特性的磁性材料。HfFe$_2$ 为 MgZn$_2$ + MnCu$_2$ 复相材料。MnZn$_2$ 相 HfFe$_2$ 为铁磁体，居里温度高达 600 K。TaFe$_2$ 具有稳定的 MgZn$_2$ 型晶体结构，为反铁磁体，奈尔温度低至 30 K。利用 Ta 原子替代 Hf 原子可以得到具有稳定 MgZn$_2$ 型晶体结构的伪二元(Hf$_{1-x}$Ta$_x$)Fe$_2$ 合金

（图 8.33）。该合金具有丰富的磁性[101]。当 $0.1<x<0.13$ 时，$(Hf_{1-x}Ta_x)Fe_2$ 在降温过程中经历顺磁态到铁磁态的二级相变。伴随该相变的发生，材料体积膨胀，发生负热膨胀（热膨胀曲线如图 8.34 所示）[43]。当 $0.13<x<0.3$ 时，$(Hf_{1-x}Ta_x)Fe_2$ 在降温过程中先经历顺磁态到反铁磁的二级相变，再经历反铁磁-铁磁态的一级相变[101]。伴随一级相变的发生，材料体积膨胀 1%（a 轴增大，c 轴减小），也表现出负热膨胀。换而言之，$(Hf_{1-x}Ta_x)Fe_2$ 合金在铁磁态建立过程中伴随明显的负热膨胀。

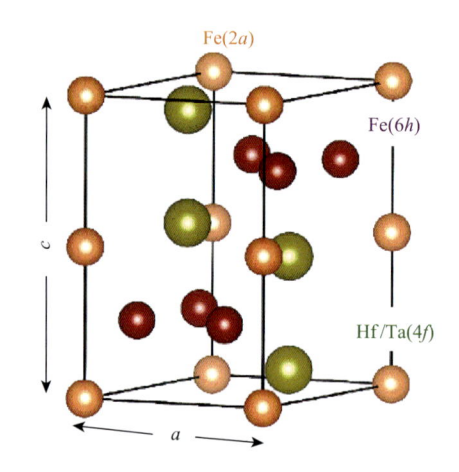

图 8.33 $(Hf_{1-x}Ta_x)Fe_2$ 合金的 $MgZn_2$ 型晶体结构

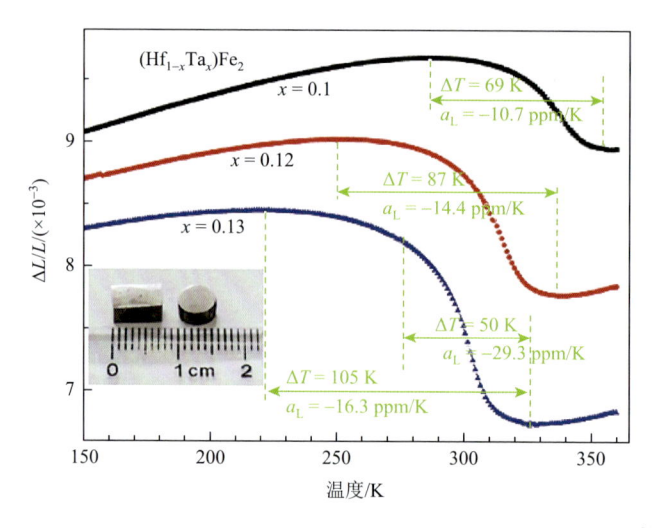

图 8.34 $(Hf_{1-x}Ta_x)Fe_2$ 合金（$x = 0.1$、0.12、0.13）的热膨胀曲线[43]

负热膨胀的重要应用价值在于其可以与正热膨胀材料复合，进而获得具有零热膨胀特征的材料。该材料在精密仪器制造领域具有极大的应用价值。基于 $(Hf_{1-x}Ta_x)Fe_2$ 合金的负热膨胀，Cen 等于 2020 年设计了具有零热膨胀特性的 $(Hf, Ta)Fe_2$ 基复合材料。首先对铸态 $(Hf, Ta)Fe_2$ 合金的微结构进行了研究，并发现铸态 $(Hf, Ta)Fe_2$ 具有富 Fe 晶界，且该晶界会在退火后消失。他们基于这种现象，通过在成分中加入额外的 Fe 元素，在 $(Hf, Ta)Fe_2$ 基体中诱导了大量富 Fe 相的产生（图 8.35）[102]。富 Fe 相作为一种典型的正热膨胀相，可以补偿基体的负热膨胀效应，从而实现零热膨胀。在合理调整 Hf/Ta 比和 Fe 元素含量后，Cen 等在 $Hf_{0.8}Ta_{0.2}Fe_{2.5}$ 合金中实现了宽温区零热膨胀效应（热膨胀系数在 265~350 K 范围内为 0.352 ppm/K）[102]。

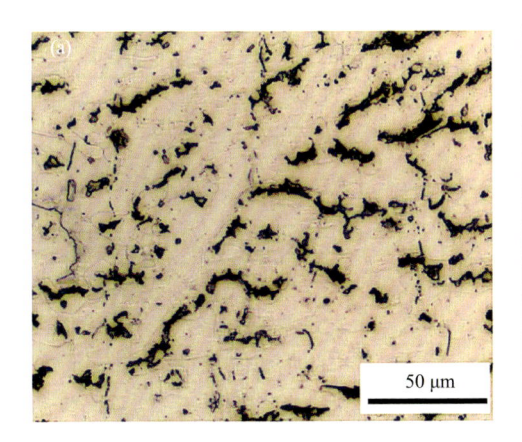

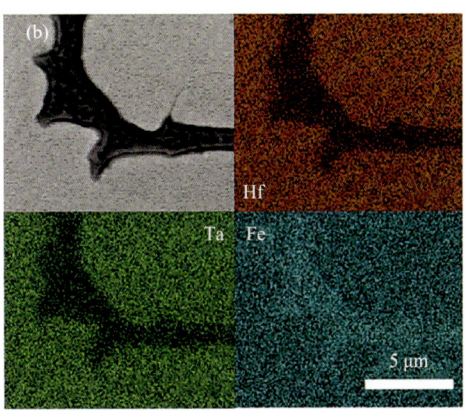

图 8.35 $Hf_{0.8}Ta_{0.2}Fe_{2.5}$ 合金的金相照片（a）和元素分布图（b）[102]

NaZn$_{13}$ 型 La(Fe, Si)$_{13}$ 和 La(Fe, Al)$_{13}$ 合金也在铁磁态建立时伴随明显负热膨胀。对于这类 LaFe 基化合物，由于 La 和 Fe 的形成焓为正值，该化合物容易分解为其他相，不能稳定存在。因此需要向其中加入第三种元素 Al 或 Si，使得第三种元素与 La 的形成自由能为负值，从而降低能量，才可形成能稳定存在的伪二元化合物。NaZn$_{13}$ 型晶体结构如图 8.36 所示，La 原子占据的是 $8a(0.25, 0.25, 0.25)$ 的晶位，Fe 原子占据的是 $8b(0, 0, 0)$ 和 $96i(0, y, z)$ 的晶位。由于 Fe 原子占据 2 个不同的晶位，为区别不同晶位上的 Fe 原子，分别标记为 Fe^I 位和 Fe^{II} 位。掺入的 Al 或 Si 原子一般随机无序占据在 $96i$(Fe^{II}) 的晶位。La 原子和在 Fe^I 位置的 Fe 原子构成了 CsCl 结构，且 1 个 Fe^I 原子被由 12 个 Fe^{II} 原子组成的二十面体所包围，1 个 Fe^{II} 原子最近邻为 1 个 Fe^I 原子和 9 个 Fe^{II} 原子。

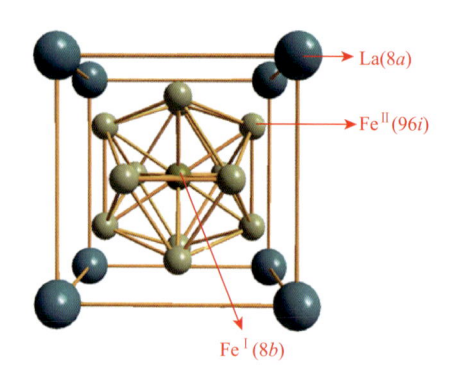

图 8.36 NaZn$_{13}$ 型晶体结构

对于 Si 含量较低的 La(Fe, Si)$_{13}$ 合金,其在居里温度附近会发生剧烈的一级相变,由高温顺磁性变为低温铁磁性。而当体系中 Si 含量增加时,La(Fe, Si)$_{13}$ 合金的居里温度会逐渐增加,同时其一级相变特征逐渐减弱直至完全转变为二级相变。不论相变为一级还是二级,铁磁态的建立始终伴随明显的体积增加,即材料在相变时展现负热膨胀。早在 2001 年,中国科学院物理研究所的胡凤霞便报道了 La(Fe, Si)$_{13}$ 合金在铁磁性建立过程中伴随的"负晶格膨胀"现象[9]。La(Fe, Si)$_{13}$ 合金的典型热膨胀曲线如图 8.37 所示。

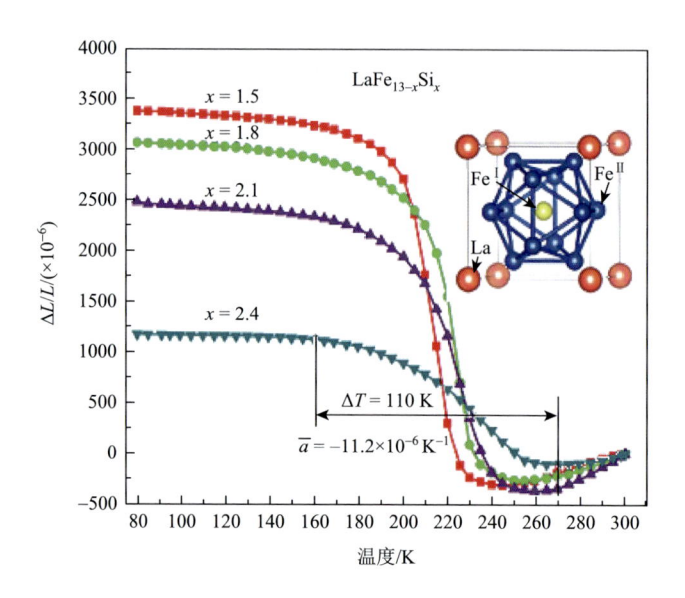

图 8.37 La(Fe, Si)$_{13}$ 合金的热膨胀曲线[41]

研究表明,常规手段制备的 La(Fe, Si)$_{13}$ 合金通常由 NaZn$_{13}$、α-Fe、LaFeSi 等

多相组成。通过成分的调节，研究者有望实现对这些相比例的调控，进而基于第二相补偿原理实现 La(Fe, Si)$_{13}$ 合金的零热膨胀。2018 年，Liu 等通过在 La(Fe, Si)$_{13}$ 体系中引入 Cu，诱发了富 La 相和 α-Fe 相的共生[103]。由于这两相的正热膨胀效应，NaZn$_{13}$ 相基体磁性相变的负热膨胀效应被补偿。基于 Cu 含量的改变，Liu 等成功获得了近室温区完全可逆的零热膨胀效应。其中，LaFe$_{10.6-x}$Cu$_x$Si$_{2.4}$（$x=0.5$）在 125～320 K 之间的线性热膨胀系数低至 9.3×10^{-7} K^{-1}（图 8.38）[103]。此外，第二相的弥散强化和细晶强化作用还极大地增强了该合金的机械性能。同年，Wang 等在成分中加入了额外的 Fe，实现了 α-Fe 相的增加，并在此基础上也获得了近零热膨胀效应[104]。

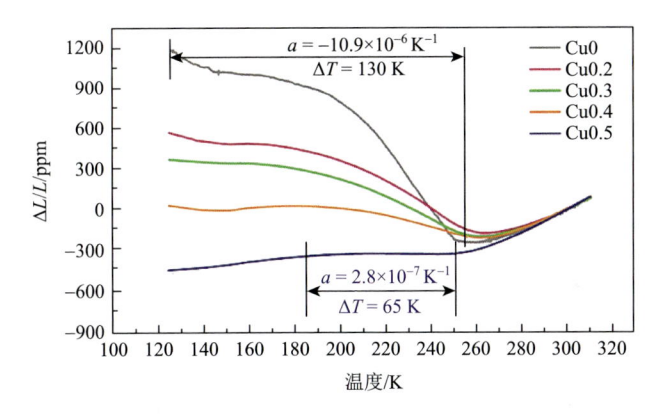

图 8.38 LaFe$_{10.6-x}$Cu$_x$Si$_{2.4}$（$x=0$～0.5）的热膨胀曲线[103]

虽然 La(Fe, Al)$_{13}$ 合金与 La(Fe, Si)$_{13}$ 合金具有相似的晶体结构及磁性，但它们的热膨胀行为却大相径庭。La(Fe, Si)$_{13}$ 合金是在相变过程中表现出负热膨胀，而 La(Fe, Al)$_{13}$ 合金则在相变完成后表现出负热膨胀甚至零热膨胀。2015 年，中国科学院物理研究所李来风研究员通过调控 LaFe$_{13-x}$Al$_x$ 中 Al 元素的含量，在 x 为 2.5 和 2.7 时发现了合金在 100～225 K 温度区间内具有零热膨胀效应（图 8.39）[105]。2017 年，该课题组又在 x 为 1.4 和 1.6 时发现了零热膨胀效应[106]，其对应的温度区间为 10～200 K。

在相组成方面，常规方法制备的 La(Fe, Al)$_{13}$ 合金仅由 NaZn$_{13}$ 和少量 α-Fe 相组成。因此，La(Fe, Al)$_{13}$ 合金的上述零热膨胀实则是 NaZn$_{13}$ 相与 α-Fe 相热膨胀补偿的结果。2020 年，Wang 等研究了制备工艺对 La(Fe, Al)$_{13}$ 合金热膨胀的影响。他们发现，合金的微结构对冷却速率极其敏感。快冷工艺有助于使大块材料具有均匀的微结构。所以，喷铸或吸铸工艺是制备大尺寸零热膨胀 La(Fe, Al)$_{13}$ 合金的较优方案[107]。

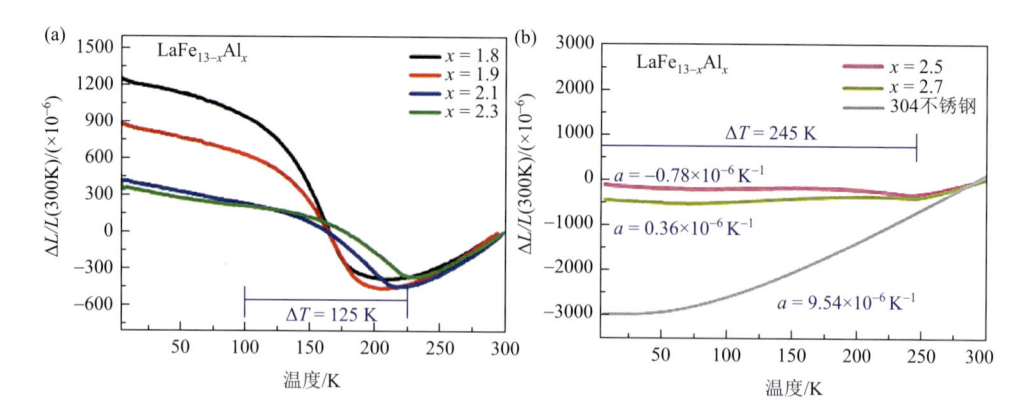

图 8.39　(a) LaFe$_{13-x}$Al$_x$ (x = 1.8、1.9、2.1 和 2.3) 的线性热膨胀曲线；(b) LaFe$_{13-x}$Al$_x$ (x = 2.5、2.7) 和 304 不锈钢的线性热膨胀曲线[105]

除上述材料外，Mn 基反钙钛矿材料[108]、Tb(Co, Fe)$_2$ 合金[109]等也表现出热膨胀的反常。该反常均与材料磁性变化有关。所以，材料磁性的相变是负/零热膨胀的起源之一。

8.6　(Mn,Fe)$_2$(P,Si)基合金的一级磁弹相变与巨磁热效应

2002 年，Tegus 和 Brück 等[5]研究发现，Fe$_2$P 基的(Mn, Fe)$_2$(P, As)合金在室温附近表现出巨磁热效应。与其他磁制冷材料相比，该合金家族不含稀土元素、工作温域易于调节且磁热性能优异，因而受到科学界和产业界的广泛关注。为了避免剧毒元素 As 的安全隐患，研究者们先后尝试采用 Ge[110]、Si[7,111]等元素取代 As，成功开发出无毒、低成本和磁热性能优异的(Mn, Fe)$_2$(P, Si)合金。2015 年，海尔公司在拉斯维加斯国际消费电子展上展出了一款基于(Mn, Fe)$_2$(P, Si)合金的磁制冷酒柜样机，表明该合金在磁制冷领域的应用潜力。本节将重点介绍该合金的晶体结构、微观组织、一级磁弹相变特性以及磁热效应。

(Mn, Fe)$_2$(P, Si)合金的晶体结构为 Fe$_2$P 型六角结构，空间群为 $P\bar{6}2m$，晶体结构示意图如图 8.40 所示，晶胞中包含两个金属（3f 和 3g）位置和两个非金属（2c 和 1b）位置。中子衍射实验和第一性原理计算表明[5]，Mn 和 Fe 金属原子存在择优占位：Mn 原子倾向于 3g 位置，被 5 个近邻非金属原子包围形成一个金字塔结构，而 Fe 原子占据 3f 位置，被 4 个近邻非金属原子包围形成四面体。(Mn, Fe)$_2$(P, Si)合金的晶胞可以看成 Mn 原子层与 Fe 原子层沿着六角结构 c 轴方向交替排列而成。

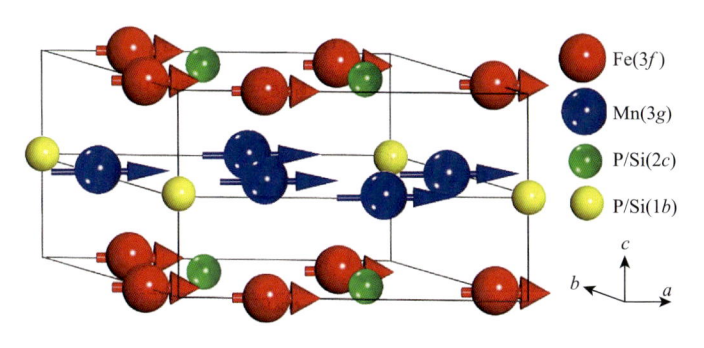

图 8.40 (Mn, Fe)$_2$(P, Si)合金的晶体结构示意图

Rundqvist[112]指出 Fe$_2$P(P, X)（X = Si、As、B 等）材料中非金属原子也存在择优占位，其占位规则可根据原子半径估算：半径大于 P 的非金属原子（如 As 和 Si）占据 2c 位置，而半径较小的非金属原子（如 B 原子）占据 1b 位置。Miao 等[113]利用中子衍射研究发现(Mn, Fe)$_2$(P, Si)合金中 Si 原子更倾向于占据 2c 位置，与 Fe 原子处在同一层；而 P 原子则占据 1b 位置，与 Mn 原子处在同一层。由于非金属原子间的价电子数和原子半径不同，非金属原子的择优占位将会引起相邻磁性原子电子结构的细微变化，从而影响该合金一级磁弹相变及磁热性能。

图 8.41（a）为 MnFeP$_{0.61}$Si$_{0.33}$B$_{0.06}$ 合金晶界处的高分辨图像[114]，图中清晰可见两个不同取向的晶粒及晶界。晶界附近[图 8.41（a）中点线框区域]能谱分析表明，晶界处金属与非金属元素的平均原子比约为 3，属于立方结构的 Fe$_3$Si 型第二相。与主相 Fe$_2$P 型合金相比，该第二相中非金属原子偏少。当原料中具有较高蒸气压的非金属 P 发生挥发或者 Si 原子发生氧化时，常常在晶界处产生 Fe$_3$Si 或 SiO$_2$ 第二相。由于第二相等晶体缺陷处原子排列的无序度大，更容易容纳一级磁相变所伴随

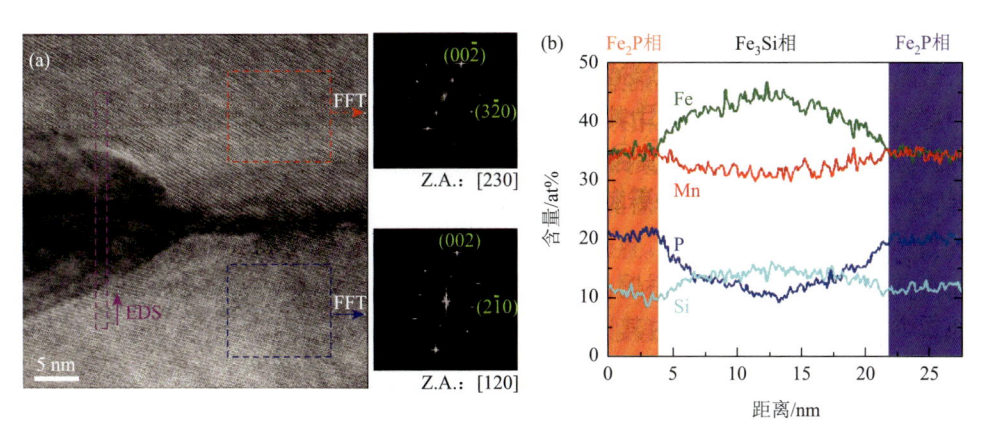

图 8.41 （a）HAADF-STEM 模式下拍摄的 MnFeP$_{0.61}$Si$_{0.33}$B$_{0.06}$ 合金晶界处的高分辨图像，以及快速傅里叶变换（FFT）图；（b）为（a）中点线框所示区域不同位置的元素分布图[114]

的晶格畸变，从而影响(Mn, Fe)$_2$(P, Si)合金一级磁弹相变的形核、长大。洛伦兹透射电镜原位观察发现（图 8.42），当温度接近一级磁弹相变的居里温度（T_C）时，磁畴壁率先出现在 Fe$_3$Si 和 SiO$_2$ 等第二相附近，说明低温铁磁相易于在第二相处发生形核。

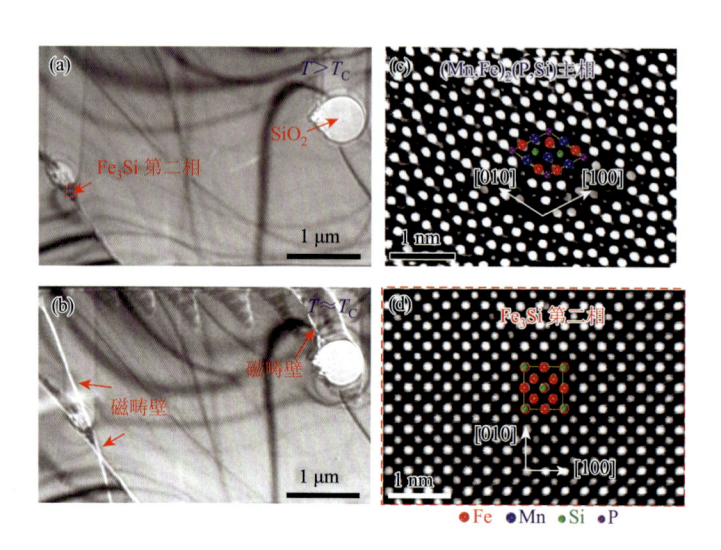

图 8.42 温度高于 T_C（a）和接近 T_C（b）时 MnFeP$_{0.61}$Si$_{0.33}$B$_{0.06}$ 合金洛伦兹 TEM 图；主相（c）和 Fe$_3$Si 第二相（d）的 HAADF-STEM 图[114, 115]

(Mn, Fe)$_2$(P, Si)基合金的巨磁热效应来源于其一级磁弹相变。如图 8.43 所示，当该合金发生顺磁向铁磁相变时，晶格常数 a 和 c 在 T_C 附近不连续变化，并且两者变化趋势相反，即晶胞发生各向异性畸变。第一性原理计算表明[115]，(Mn, Fe)$_2$(P, Si)合金在铁磁和顺磁状态下 Fe-Si 基面和 Mn-P 基面上的电子局域分布函数（ELF）越大，代表近邻原子间化学键作用越强。如图 8.44 所示，(Mn, Fe)$_2$(P, Si)合金在发生铁磁相变时，Fe-Si 原子面和 Mn-P 原子面上的 ELF 均发生显著变化。与铁磁态相比，顺磁态中近邻 Fe-Fe 之间的 ELF 值增加 52.2%，Mn-Mn 之间的 ELF 值增加 20.8%[116]。Boeije 等[117]认为电子分布密度的变化带来了较大的电子熵变，与晶体结构不连续变化带来的晶格熵以及磁矩有序-无序变化带来的磁熵共同贡献了总熵变，由此导致(Mn, Fe)$_2$(P, Si)基合金的巨磁热效应。

Dung 等[7]指出(Mn, Fe)$_2$(P, Si)基合金一级磁弹相变根源在于其独特的混磁性，即 Fe 原子的弱磁性与 Mn 原子的强磁性：在铁磁状态下，Fe 原子和 Mn 原子都具有较大的磁矩；在顺磁态下，Fe 原子磁矩部分淬灭，而 Mn 原子磁矩几乎不变。Fe 原子磁矩大小的显著变化与晶格常数的显著变化（图 8.43）以及化学键强弱变化（图 8.44）密切相关。晶格常数的变化反映了原子间距的变化，而原子间距直

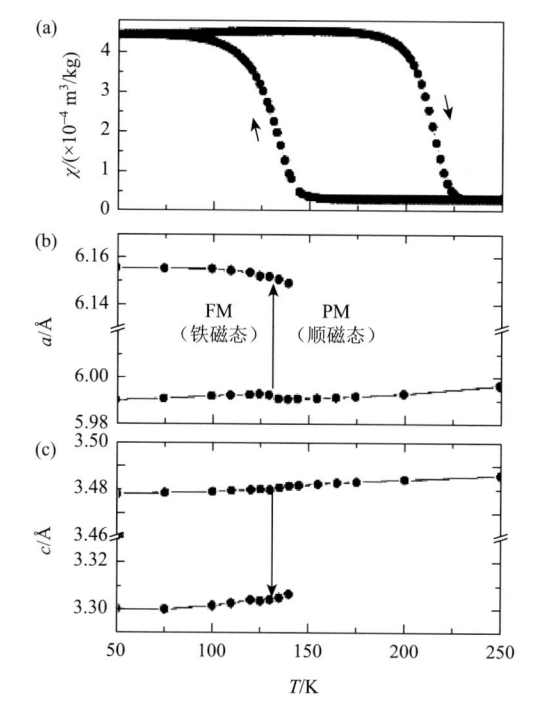

图 8.43 MnFeP$_{0.67}$Si$_{0.33}$合金磁化率（a）、晶格常数 a（b）和 c（c）随温度变化图[116]

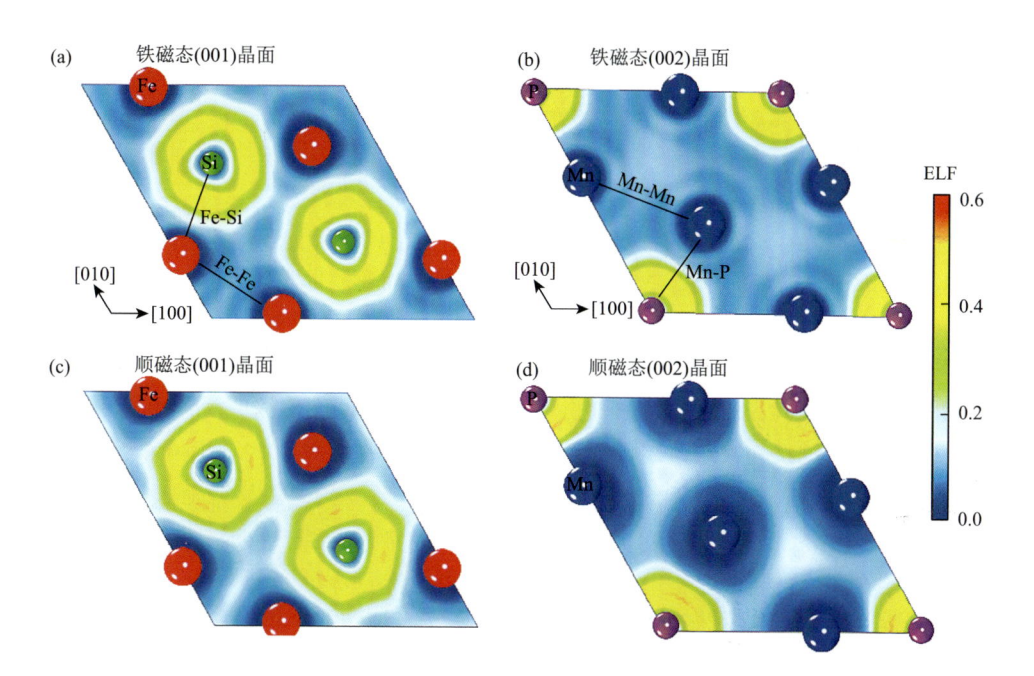

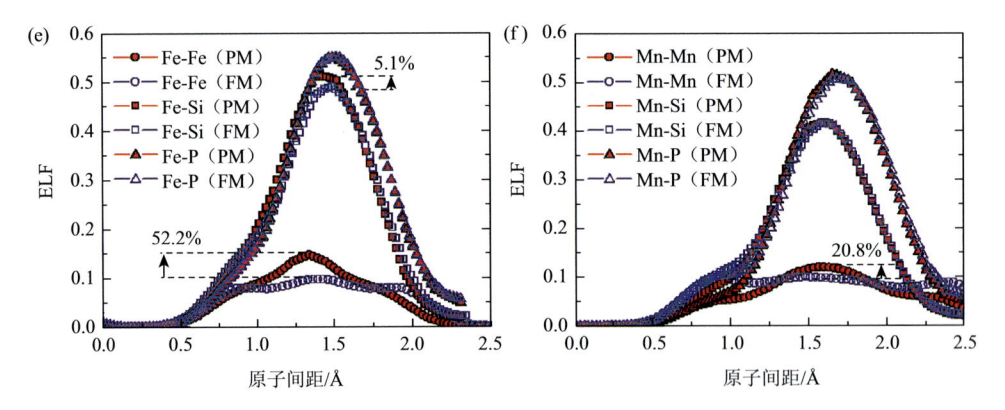

图 8.44 (Mn, Fe)$_2$(P, Si)合金铁磁态（a，b）和顺磁态（c，d）的电子局域分布函数等值图，以及 Fe（e）和 Mn（f）与近邻原子之间电子局域分布函数值[115]

接影响磁交换作用及化学键强弱。在铁磁状态下，晶格常数 a 较大，Fe 原子与共面的 Si 原子距离较远，因此 Fe 原子的 3d 电子更加局域化，不易与近邻 Si 原子形成化学键，而且 Fe 原子 3d 轨道自旋向上、向下轨道劈裂较为显著，产生较大固有磁矩。当铁磁态转变为顺磁态时，晶胞在 ab 面内急剧收缩（图 8.43），导致 Fe 原子的价电子在 ab 面内与其近邻的 Si 原子杂化，形成 Fe—Si 共价键，同时 Fe 原子的 3d 轨道劈裂减弱，造成 Fe 原子的磁矩部分淬灭。由此可见，(Mn, Fe)$_2$(P, Si)基合金的一级磁弹相变反映了电子-自旋-晶格三者之间的强耦合作用。这种强耦合作用也为利用物理（外加等静压）和化学（掺杂、取代）等手段调控其相变特性（相变温度、相变热滞等）提供了突破口。例如，Mo[117]等元素部分取代 Fe 时，晶格常数 a 减小，导致近邻 Fe-Si 原子间距离的缩短，使得相邻的 Fe 原子和 Si 原子间倾向于形成共价键，导致高温顺磁态更加稳定，从而引起 T_C 降低，实现了相变温度的有效调控。

(Mn, Fe)$_2$(P, Si)基合金的一级磁弹相变存在着显著的热滞[图 8.43（a）]，限制了其在制冷循环中的制冷效率。Miao 等[114,115,118]基于相变晶体学、显微形貌学和相变热力学，探索了(Mn, Fe)$_2$(P, Si)基合金的热滞起源及其调控机制。原位透射电镜研究表明（图 8.45），该合金的铁磁相变伴随着显著的结构畸变，铁磁/顺磁相晶格失配在两相界面上诱导出内应力，带来弹性应变能，增加了相变的形核能垒，不仅造成较大的热滞，还导致样品相变时发生破裂[118]。基于弹性应变能理论，Miao 等[115]建立了(Mn, Fe)$_2$(P, Si)基合金相变诱导弹性应变能与结构畸变量之间的定量关系，发现相变热滞与相变诱导弹性应变能之间存在强烈的依赖关系[图 8.46（a）]。通过降低相变过程的结构畸变量（$\Delta a/a$ 和 $\Delta c/c$），能够降低相变诱导弹性应变能，从而降低相变形核能垒，减小热滞，这为改善(Mn, Fe)$_2$(P, Si)基合金的相变可逆性奠定了理论基础。例如，通过 Mo 部分取代 Mn$_{1.15}$Fe$_{0.80}$P$_{0.45}$Si$_{0.55}$ 合金中的 Fe 元素[115]，能够显著降低相变热滞[图 8.46（b）]，其根源在于结构畸变量的减小[图 8.46（c~f）]。

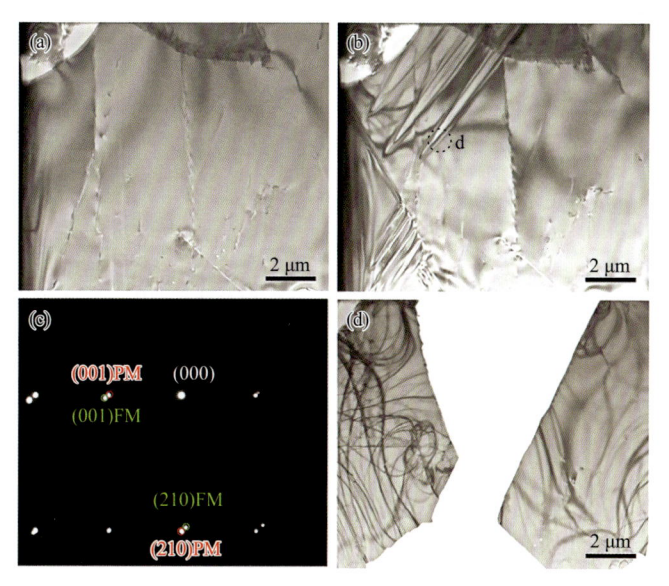

图 8.45　MnFeP$_{0.61}$Si$_{0.33}$B$_{0.05}$合金在 300 K（a）、260 K（b）、100 K（d）温度下的 TEM 明场像；（c）为（b）中虚线框 d 区域对应的选区电子衍射[118]

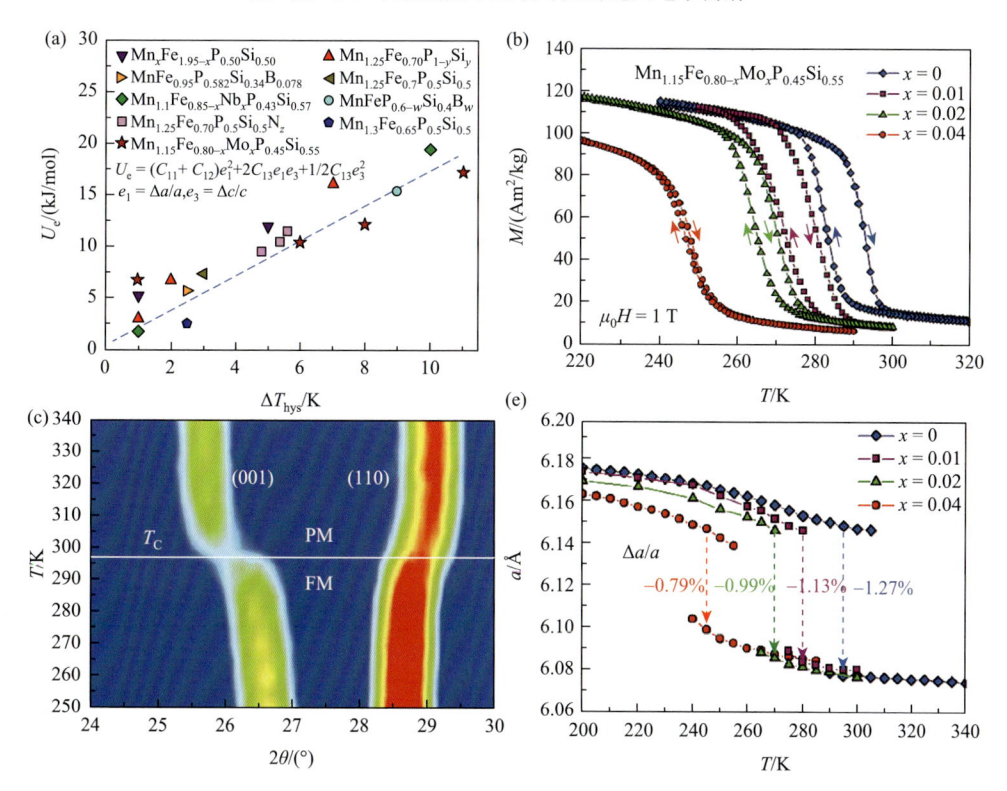

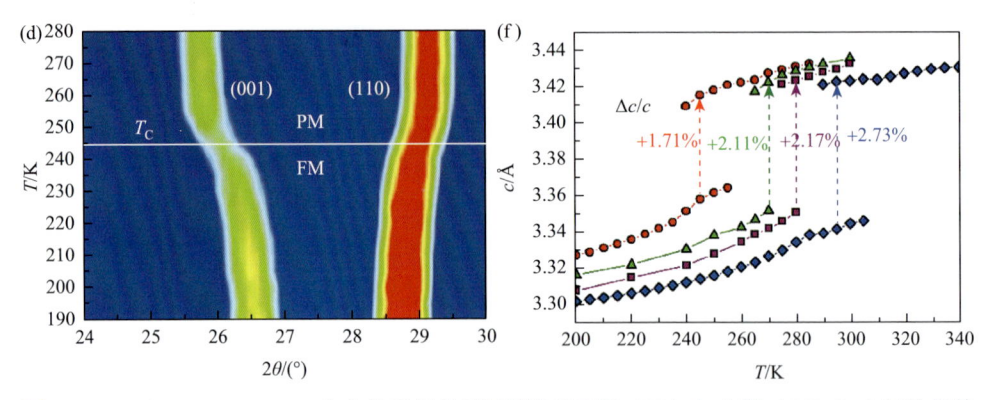

图 8.46 （a）(Mn, Fe)$_2$(P, Si)合金体系相变诱导弹性应变能（U_e）与热滞（ΔT_{hys}）之间的依赖关系；(b) Mn$_{1.15}$Fe$_{0.80-x}$Mo$_x$P$_{0.45}$Si$_{0.55}$合金在1 T 外磁场下的热磁曲线；$x = 0$（c）和 $x = 0.04$（d）样品变温中子衍射谱的等值线图；不同 Mo 含量样品晶格常数 a（e）和晶格常数 c（f）随温度变化曲线[115]

由上面可知，(Mn, Fe)$_2$(P, Si)基合金的一级磁弹相变伴随着磁矩的有序-无序转变、晶胞参数的不连续变化及电子分布密度的显著变化，分别带来磁熵变、晶格熵变及电子熵变，三者相互叠加使得(Mn, Fe)$_2$(P, Si)基合金表现出巨磁热效应。由于巨磁热效应在一级磁弹相变的 T_C 附近更为显著，因此通过调控该合金的 T_C 能够在大温域内获得巨磁热效应。如图 8.47 所示，通过改变 Mn$_x$Fe$_{1.95-x}$P$_{1-y}$Si$_y$ 合金中 Mn 和 Si 的含量，能够在 200~400 K 范围内外磁场变化 2 T 时获得不小于 13 J/(kg·K)的等温熵变，远高于经典磁制冷材料金属 Gd 的磁热性能[11]。此外，与

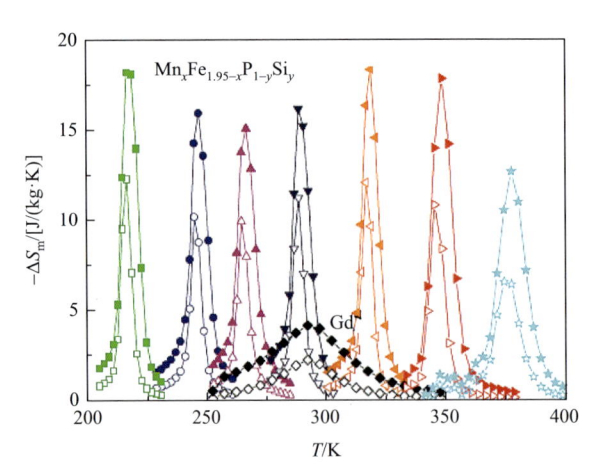

图 8.47 Mn$_x$Fe$_{1.95-x}$P$_{1-y}$Si$_y$ 合金和金属 Gd 在外磁场变化为 1 T（空心）和 2 T（实心）时的等温熵变[7]

从左至右，Mn$_x$Fe$_{1.95-x}$P$_{1-y}$Si$_y$ 合金的成分分别为：$x = 1.34$、1.32、1.30、1.28、1.24、0.66、0.66；$y = 0.46$、0.48、0.50、0.52、0.54、0.34、0.37

其他磁制冷材料相比（图 8.48），(Mn, Fe)$_2$(P, Si)基合金不含稀土元素、工作温域易于调节，并且在室温附近磁热性能具有显著优势，因而有望成为磁制冷技术的关键材料[13]。

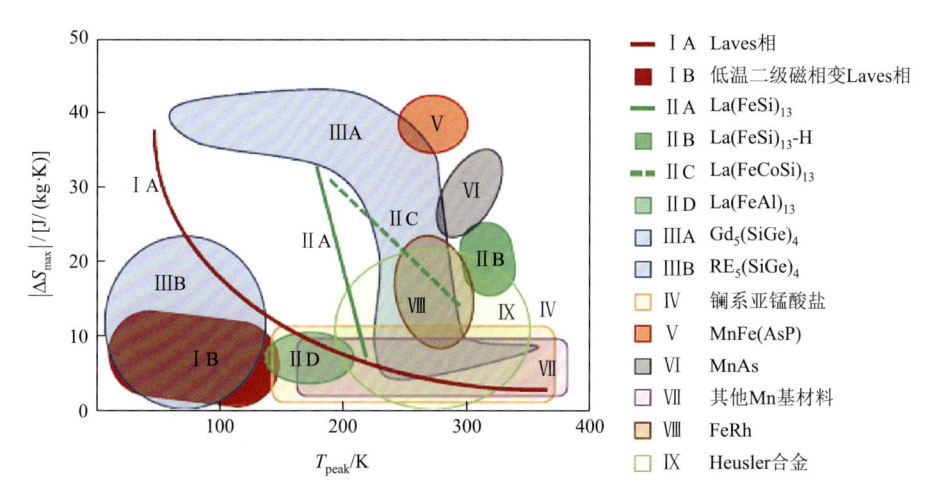

图 8.48　常见磁制冷材料在外磁场变化为 5 T 时的等温熵变图[119]

参 考 文 献

[1] Ullakko K，Huang J K，Kantner C，et al. Large magnetic-field-induced strains in Ni$_2$MnGa single crystals[J]. Applied Physics Letters，1996，69（13）：1966-1968.

[2] Pecharsky V K，Gschneidner K A，Jr. Giant magnetocaloric effect in Gd$_5$(Si$_2$Ge$_2$)[J]. Physical Review Letters，1997，78（23）：4494-4497.

[3] Diop L V B，Isnard O，Suard E，et al. Neutron diffraction study of the itinerant-electron metamagnetic Hf$_{0.825}$Ta$_{0.175}$Fe$_2$ compound[J]. Solid State Communications，2016，229：16-21.

[4] Wada H，Tanabe Y. Giant magnetocaloric effect of MnAs$_{1-x}$Sb$_x$[J]. Applied Physics Letters，2001，79（20）：3302-3304.

[5] Tegus O，Brück E，Buschow K H J，et al. Transition-metal-based magnetic refrigerants for room-temperature applications[J]. Nature，2002，415（6868）：150-152.

[6] Trung N T，Ou Z Q，Gortenmulder T J，et al. Tunable thermal hysteresis in MnFe(P, Ge)compounds[J]. Applied Physics Letters，2009，94（10）：102513.

[7] Dung N H，Ou Z Q，Caron L，et al. Mixed magnetism for refrigeration and energy conversion[J]. Advanced Energy Materials，2011，1（6）：1215-1219.

[8] Sutou Y，Imano Y，Koeda N，et al. Magnetic and martensitic transformations of NiMnX（X = In，Sn，Sb）ferromagnetic shape memory alloys[J]. Applied Physics Letters，2004，85（19）：4358-4360.

[9] Hu F X，Shen B G，Sun J R，et al. Influence of negative lattice expansion and metamagnetic transition on magnetic entropy change in the compound LaFe$_{11.4}$Si$_{1.6}$[J]. Applied Physics Letter，2001，78（23）：3675-3677.

[10] Fang Y K, Yeh C C, Chang C W, et al. Large low-field magnetocaloric effect in MnCo$_{0.95}$Ge$_{1.14}$ alloy[J]. Scripta Materialia, 2007, 57 (6): 453-456.

[11] Liu E K, Wang W H, Feng L, et al. Stable magnetostructural coupling with tunable magnetoresponsive effects in hexagonal ferromagnets[J]. Nature Communications, 2012, 3: 873.

[12] Zhang C L, Wang D H, Han Z D, et al. The tunable magnetostructural transition in MnNiSi-FeNiGe system[J]. Applied Physics Letters, 2013, 103 (13): 132411.

[13] Zhang C L, Wang D H, Cao Q Q, et al. Magnetostructural phase transition and magnetocaloric effect in off-stoichiometric Mn$_{1.9-x}$Ni$_x$Ge alloys[J]. Applied Physics Letters, 2008, 93 (12): 122505.

[14] Annaorazov M P, Nikitin S A, Tyurin A L, et al. Anomalously high entropy change in FeRh alloy[J]. Journal of Applied Physics, 1996, 79 (3): 1689-1695.

[15] Thomson W. On the thermoelastic, thermomagnetic, and pyroelectric properties of matter[J]. The London, Edinburgh, and Dublin Philosophical Magazine and Journal of Science, 1878, 5 (28): 4-27.

[16] Weiss P, Piccard A. Le phénomène magnétocalorique[J]. Journal of Physics Theoretical and Applied, 1917, 7(1): 103-109.

[17] Debye P. Einige bemerkungen zur magnetisierung bei tiefer temperature[J]. Annalen der Physik, 1926, 386 (25): 1154-1160.

[18] Giauque W F. A thermodynamic treatment of certain magnetic effects. A proposed method of producing temperatures considerably below 1° absolute[J]. Journal of the American Chemical Society, 1927, 49 (8): 1864-1870.

[19] Giauque W F, MacDougall D P. Attainment of temperatures below 1° absolute by demagnetization of Gd$_2$(SO$_4$)$_3$·8H$_2$O[J]. Physical Review, 1933, 43 (9): 768.

[20] Gschneidner K A, Pecharsky V K, Tsokol A O. Recent developments in magnetocaloric materials[J]. Reports on Progress in Physics, 2005, 68 (6): 1479-1539.

[21] Planes A, Mañosa L. Vibrational properties of shape-memory alloys[J]. Solid State Physics, 2001, 55: 159-267.

[22] Recarte V, Pérez-Landazábal J I, Sánchez-Alarcos V, et al. Entropy change linked to the martensitic transformation in metamagnetic shape memory alloys[J]. Acta Materialia, 2012, 60 (6-7): 3168-3175.

[23] Joule J P. On the effects of magnetism upon the dimensions of iron and steel bars[J]. The London, Edinburgh, and Dublin Philosophical Magazine and Journal of Science, 1847, 30 (199): 76-87.

[24] Clark A E, Cullen J R, Sato K. Magnetostriction of single crystal and polycrystal rare earth-Fe$_2$ compounds[C]. AIP Conference Proceedings, AIP, 1975, 24 (1): 670-671.

[25] Clark A E, Cullen J R, McMasters O D, et al. Rhombohedral distortion in highly magnetostrictive Laves phase compounds[C]. AIP Conference Proceedings, AIP, 1976, 29 (1): 192-193.

[26] Clark A E, Restorff J B, Wun-Fogle M, et al. Magnetostrictive properties of body-centered cubic Fe-Ga and Fe-Ga-Al alloys[J]. IEEE Transactions on Magnetics, 2000, 36 (5): 3238-3240.

[27] Bhattacharyya S, Jinschek J R, Khachaturyan A, et al. Nanodispersed DO$_3$-phase nanostructures observed in magnetostrictive Fe-19%Ga Galfenol alloys[J]. Physical Review B, 2008, 77 (10): 104107.

[28] Cao H, Gehring P M, Devreugd C P, et al. Role of nanoscale precipitates on the enhanced magnetostriction of heat-treated Galfenol (Fe$_{1-x}$Ga$_x$) alloys[J]. Physical Review Letters, 2009, 102 (12): 127201.

[29] Sozinov A, Likhachev A A, Lanska N, et al. Giant magnetic-field-induced strain in NiMnGa seven-layered martensitic phase[J]. Applied Physics Letters, 2002, 80 (10): 1746-1748.

[30] Ullakko K, Huang J K, Ohandley R C, et al. Magnetically controlled shape memory effect in Ni$_2$MnGa

intermetallics[J]. Scripta Materialia, 1997, 36 (10): 1133-1138.

[31] 龚元元. 磁相变合金的磁致伸缩和磁热效应[D]. 南京：南京大学, 2015.

[32] Karaca H E, Karaman I, Basaran B, et al. Magnetic field and stress induced martensite reorientation in NiMnGa ferromagnetic shape memory alloy single crystals[J]. Acta Materialia, 2006, 54 (1): 233-245.

[33] Morellon L, Algarabel P A, Ibarra M R, et al. Magnetic-field-induced structural phase transition in $Gd_5(Si_{1.8}Ge_{2.2})$[J]. Physical Review B, 1998, 58 (22): R14721.

[34] Fujieda S, Fujita A, Fukamichi K, et al. Giant isotropic magnetostriction of itinerant-electron metamagnetic $La(Fe_{0.88}Si_{0.12})_{13}H_y$ compounds[J]. Applied Physics Letters, 2001, 79 (5): 653-655.

[35] Liu J, Aksoy S, Scheerbaum N, et al. Large magnetostrain in polycrystalline Ni-Mn-In-Co[J]. Applied Physics Letters, 2009, 95 (23): 232515.

[36] 陈骏. 钛酸铅基化合物晶体结构及其负热膨胀性[D]. 北京：北京科技大学, 2007.

[37] Chen J, Hu L, Deng J, et al. Negative thermal expansion in functional materials: Controllable thermal expansion by chemical modifications[J]. Chemical Society Reviews, 2015, 44 (11): 3522-3567.

[38] Guillaume C É. Recherches sur les aciers au nickel. Dilatations aux temperatures elevees; resistance electrique[J]. CR Academy of Sciences, 1897, 125 (18): 235-238.

[39] Takenaka K, Takagi H. Giant negative thermal expansion in Ge-doped anti-perovskite manganese nitrides[J]. Applied Physics Letters, 2005, 87 (26): 261902.

[40] Shigematsu T, Kanaizuka T, Kosuge K, et al. Thermal expansion anomaly of MnB[J]. Physics Letters A, 1975, 53 (5): 385-386.

[41] Huang R, Liu Y, Fan W, et al. Giant negative thermal expansion in $NaZn_{13}$-type $La(Fe, Si, Co)_{13}$ compounds[J]. Journal of the American Chemical Society, 2013, 135 (31): 11469-11472.

[42] Zhao Y Y, Hu F X, Bao L F, et al. Giant negative thermal expansion in bonded MnCoGe-based compounds with Ni_2In-type hexagonal structure[J]. Journal of the American Chemical Society, 2015, 137 (5): 1746-1749.

[43] Li L F, Tong P, Zou Y M, et al. Good comprehensive performance of Laves phase $Hf_{1-x}Ta_xFe_2$ as negative thermal expansion materials[J]. Acta Materialia, 2018, 161: 258-265.

[44] Moya X, Mañosa L, Planes A, et al. Martensitic transition and magnetic properties in Ni-Mn-X alloys[J]. Materials Science and Engineering: A, 2006, 438: 911-915.

[45] Krenke T, Acet M, Wassermann E F, et al. Ferromagnetism in the austenitic and martensitic states of Ni-Mn-In alloys[J]. Physical Review B, 2006, 73 (17): 174413.

[46] Buchelnikov V D, Entel P, Taskaev S V, et al. Monte Carlo study of the influence of antiferromagnetic exchange interactions on the phase transitions of ferromagnetic Ni-Mn-X alloys (X = In, Sn, Sb) [J]. Physical Review B, 2008, 78 (18): 184427.

[47] Planes A, Castán T, Saxena A. Thermodynamics of multicaloric effects in multiferroic materials: Application to metamagnetic shape-memory alloys and ferrotoroidics[J]. Philosophical Transactions of the Royal Society A: Mathematical, Physical and Engineering Sciences, 2016, 374 (2074): 20150304.

[48] Zarnetta R, Takahashi R, Young M L, et al. Identification of quaternary shape memory alloys with near-zero thermal hysteresis and unprecedented functional stability[J]. Advanced Functional Materials, 2010, 20 (12): 1917-1923.

[49] Wang B M, Liu Y, Wang L, et al. Exchange bias and its training effect in the martensitic state of bulk polycrystalline $Ni_{49.5}Mn_{34.5}In_{16}$[J]. Journal of Applied Physics, 2008, 104 (4): 043916.

[50] Kaeswurm B, Franco V, Skokov K P, et al. Assessment of the magnetocaloric effect in La, Pr(Fe, Si) under

cycling[J]. Journal of Magnetism and Magnetic Materials, 2016, 406: 259-265.

[51] Fries M, Pfeuffer L, Bruder E, et al. Microstructural and magnetic properties of Mn-Fe-P-Si (Fe_2P-type) magnetocaloric compounds[J]. Acta Materialia, 2017, 132: 222-229.

[52] Qu Y H, Cong D Y, Li S H, et al. Simultaneously achieved large reversible elastocaloric and magnetocaloric effects and their coupling in a magnetic shape memory alloy[J]. Acta Materialia, 2018, 151: 41-55.

[53] Liu J, Gottschall T, Skokov K P, et al. Giant magnetocaloric effect driven by structural transitions[J]. Nature Materials, 2012, 11 (7): 620-626.

[54] Qu Y H, Cong D Y, Sun X M, et al. Giant and reversible room-temperature magnetocaloric effect in Ti-doped Ni-Co-Mn-Sn magnetic shape memory alloys[J]. Acta Materialia, 2017, 134: 236-248.

[55] Srivastava V, Chen X, James R D. Hysteresis and unusual magnetic properties in the singular Heusler alloy $Ni_{45}Co_5Mn_{40}Sn_{10}$[J]. Applied Physics Letters, 2010, 97 (1): 014101.

[56] Bhatti K P, El-Khatib S, Srivastava V, et al. Small-angle neutron scattering study of magnetic ordering and inhomogeneity across the martensitic phase transformation in $Ni_{50-x}Co_xMn_{40}Sn_{10}$ alloys[J]. Physical Review B, 2012, 85 (13): 134450.

[57] Zhao D, Liu J, Chen X, et al. Giant caloric effect of low-hysteresis metamagnetic shape memory alloys with exceptional cyclic functionality[J]. Acta Materialia, 2017, 133: 217-223.

[58] Sun X M, Cong D Y, Li Z, et al. Manipulation of magnetostructural transition and realization of prominent multifunctional magnetoresponsive properties in NiCoMnIn alloys[J]. Physical Review Materials, 2019, 3 (3): 034404.

[59] Devi P, Zavareh M G, Mejía C S, et al. Reversible adiabatic temperature change in the shape memory Heusler alloy $Ni_{2.2}Mn_{0.8}Ga$: An effect of structural compatibility[J]. Physical Review Materials, 2018, 2 (12): 122401.

[60] Yan H, Zhang Y, Xu N, et al. Crystal structure determination of incommensurate modulated martensite in Ni-Mn-In Heusler alloys[J]. Acta Materialia, 2015, 88: 375-388.

[61] Singh S, Kushwaha P, Scheibel F, et al. Residual stress induced stabilization of martensite phase and its effect on the magnetostructural transition in Mn-rich Ni-Mn-In/Ga magnetic shape-memory alloys[J]. Physical Review B, 2015, 92 (2): 020105.

[62] Szytuła A, Pędziwiatr A T, Tomkowicz Z, et al. Crystal and magnetic structure of CoMnGe, CoFeGe, FeMnGe and NiFeGe[J]. Journal of Magnetism and Magnetic Materials, 1981, 25 (2): 176-186.

[63] Johnson V. Diffusionless orthorhombic to hexagonal transitions in ternary silicides and germanides[J]. Inorganic Chemistry, 1975, 14 (5): 1117-1120.

[64] Wang J T, Wang D S, Chen C, et al. Vacancy induced structural and magnetic transition in $MnCo_{1-x}Ge$[J]. Applied Physics Letters, 2006, 89 (26): 262504.

[65] Trung N T, Biharie V, Zhang L, et al. From single-to double-first-order magnetic phase transition in magnetocaloric $Mn_{1-x}Cr_xCoGe$ compounds[J]. Applied Physics Letters, 2010, 96 (16): 162507.

[66] Caron L, Trung N T, Brück E. Pressure-tuned magnetocaloric effect in $Mn_{0.93}Cr_{0.07}CoGe$[J]. Physical Review B, 2011, 84 (2): 020414.

[67] Kasimov D, Liu J, Gong Y, et al. Realization of magnetostructural coupling in a high temperature region in $Mn_{0.85}Co_{0.3}Ni_{0.85}Si_{1-x}Ga_x$ system[J]. Journal of Alloys and Compounds, 2018, 733: 15-21.

[68] Liu G J, Sun J R, Shen J, et al. Determination of the entropy changes in the compounds with a first-order magnetic transition[J]. Applied Physics Letters, 2007, 90 (3): 032507.

[69] Basso V, Sasso C P, Skokov K P, et al. Hysteresis and magnetocaloric effect at the magnetostructural phase

transition of Ni-Mn-Ga and Ni-Mn-Co-Sn Heusler alloys[J]. Physical Review B, 2012, 85 (1): 014430.

[70] Blázquez J S, Franco V, Conde A, et al. A unified approach to describe the thermal and magnetic hysteresis in Heusler alloys[J]. Applied Physics Letters, 2016, 109 (12): 122410.

[71] Kuz'min M D. Shape of temperature dependence of spontaneous magnetization of ferromagnets: Quantitative analysis[J]. Physical Review Letters, 2005, 94 (10): 107204.

[72] Song Y, Chen X, Dabade V, et al. Enhanced reversibility and unusual microstructure of a phase-transforming material[J]. Nature, 2013, 502 (7469): 85-88.

[73] Wei Z Y, Liu E K, Li Y, et al. Unprecedentedly wide Curie-temperature windows as phase-transition design platform for tunable magneto-multifunctional materials[J]. Advanced Electronic Materials, 2015, 1 (7): 1500076.

[74] Li Y, Wei Z Y, Zhang H G, et al. Windows open for highly tunable magnetostructural phase transitions[J]. APL Materials, 2016, 4 (7): 071101.

[75] Zhang C L, Shi H F, Ye E J, et al. Magnetostructural transition and magnetocaloric effect in MnNiSi-Fe$_2$Ge system[J]. Applied Physics Letters, 2015, 107 (21): 212403.

[76] Wu R R, Bao L F, Hu F X, et al. Giant barocaloric effect in hexagonal Ni$_2$In-type Mn-Co-Ge-In compounds around room temperature[J]. Scientific Reports, 2015, 5: 18027.

[77] Zeng J, Wang Z, Nie Z, et al. Crystal structural transformation accompanied by magnetic transition in MnCo$_{1-x}$Fe$_x$Ge alloys[J]. Intermetallics, 2014, 52: 101-104.

[78] Liu E K, Wei Z Y, Li Y, et al. A coupling of martensitic and metamagnetic transitions with collective magneto-volume and table-like magnetocaloric effects[J]. Applied Physics Letters, 2014, 105 (6): 062401.

[79] Shen B G, Sun J R, Hu F X, et al. Recent progress in exploring magnetocaloric materials[J]. Advanced Materials, 2009, 21 (45): 4545-4564.

[80] Singh S, Caron L, D'Souza S W, et al. Large magnetization and reversible magnetocaloric effect at the second-order magnetic transition in Heusler materials[J]. Advanced Materials, 2016, 28 (17): 3321-3325.

[81] Huang L, Cong D Y, Ma L, et al. Large reversible magnetocaloric effect in a Ni-Co-Mn-In magnetic shape memory alloy[J]. Applied Physics Letters, 2016, 108 (3): 032405.

[82] Tekgül A, Acet M, Scheibel F, et al. The reversibility of the inverse magnetocaloric effect in Mn$_{2-x}$Cr$_x$Sb$_{0.95}$Ga$_{0.05}$[J]. Acta Materialia, 2017, 124: 93-99.

[83] Sandeman K G, Daou R, Özcan S, et al. Negative magnetocaloric effect from highly sensitive metamagnetism in CoMnSi$_{1-x}$Ge$_x$[J]. Physical Review B, 2006, 74 (22): 224436.

[84] Manekar M, Roy S B. Reproducible room temperature giant magnetocaloric effect in Fe-Rh[J]. Journal of Physics D: Applied Physics, 2008, 41 (19): 192004.

[85] Szymczak R, Nedelko N, Lewińska S, et al. Comparison of magnetocaloric properties of the Mn$_{2-x}$Fe$_x$P$_{0.5}$As$_{0.5}$ ($x = 1.0$ and 0.7) compounds[J]. Solid State Sciences, 2014, 36: 29-34.

[86] Morrison K, Moore J D, Sandeman K G, et al. Capturing first- and second-order behavior in magnetocaloric CoMnSi$_{0.92}$Ge$_{0.08}$[J]. Physical Review B, 2009, 79 (13): 134408.

[87] Barcza A, Gercsi Z, Knight K S, et al. Giant magnetoelastic coupling in a metallic helical metamagnet[J]. Physical Review Letters, 2010, 104 (24): 247202.

[88] Gong Y Y, Wang D H, Cao Q Q, et al. Textured, dense and giant magnetostrictive alloy from fissile polycrystal[J]. Acta Materialia, 2015, 98: 113-118.

[89] Xu J H, Yang W Y, Du Q H, et al. Wide temperature span of entropy change in first-order metamagnetic MnCo$_{1-x}$Fe$_x$Si[J]. Journal of Physics D: Applied Physics, 2014, 47 (6): 065003.

[90] Chen J H, Wei Z Y, Liu E K, et al. Structural and magnetic properties of MnCo$_{1-x}$Fe$_x$Si alloys[J]. Journal of Magnetism and Magnetic Materials, 2015, 387: 159-164.

[91] Gercsi Z, Sandeman K G. Structurally driven metamagnetism in MnP and related *Pnma* compounds[J]. Physical Review B, 2010, 81 (22): 224426.

[92] Morrison K, Miyoshi Y, Moore J D, et al. Measurement of the magnetocaloric properties of CoMn$_{0.95}$Fe$_{0.05}$Si: Large change with Fe substitution[J]. Physical Review B, 2008, 78 (13): 134418.

[93] Gong Y Y, Liu J, Xu G Z, et al. Large reversible magnetostriction in B-substituted MnCoSi alloy at room temperature[J]. Scripta Materialia, 2017, 127: 165-168.

[94] Chopra H D, Wuttig M. Non-Joulian magnetostriction[J]. Nature, 2015, 521 (7552): 340-343.

[95] He Y, Jiang C, Wu W, et al. Giant heterogeneous magnetostriction in Fe-Ga alloys: Effect of trace element doping[J]. Acta Materialia, 2016, 109: 177-186.

[96] Gong Y Y, Zhang L, Cao Q Q, et al. Large reversible magnetostrictive effect in the Gd$_{1-x}$Sm$_x$Mn$_2$Ge$_2$ ($x = 0.37$, 0.34) alloys at room temperature[J]. Journal of Alloys and Compounds, 2015, 628: 146-150.

[97] Ma T, Zhang C, Zhang P, et al. Effect of magnetic annealing on magnetostrictive performance of a ⟨110⟩ oriented crystal Tb$_{0.3}$Dy$_{0.7}$Fe$_{1.95}$[J]. Journal of Magnetism and Magnetic Materials, 2010, 322 (14): 1889-1893.

[98] Meng H, Zhang T, Jiang C, et al. Grain-⟨111⟩-oriented anisotropy in the bonded giant magnetostrictive material[J]. Applied Physics Letters, 2010, 96 (10): 102501.

[99] Romao C P, Miller K J, Whitman C A, et al. Negative thermal expansion (thermomiotic) materials[J]. Solid-State Materials, Including Ceramics and Minerals, 2013, 4: 127-151.

[100] Hayase M, Shiga M, Nakamura Y. Spontaneous volume magnetostriction and lattice constant of face-centered cubic Fe-Ni and Ni-Cu alloys[J]. Journal of the Physical Society of Japan, 1973, 34 (4): 925-933.

[101] Li B, Luo X H, Wang H, et al. Colossal negative thermal expansion induced by magnetic phase competition on frustrated lattices in Laves phase compound (Hf, Ta) Fe$_2$[J]. Physical Review B, 2016, 93: 224405.

[102] Cen D Y, Wang B, Chu R X, et al. Design of (Hf, Ta) Fe$_2$/Fe composite with zero thermal expansion covering room temperature[J]. Scripta Materialia, 2020, 186: 331-335.

[103] Liu J, Gong Y, Wang J, et al. Realization of zero thermal expansion in La(Fe, Si)$_{13}$-based system with high mechanical stability[J]. Materials & Design, 2018, 148: 71-77.

[104] Wang J, Gong Y, Liu J, et al. Balancing negative and positive thermal expansion effect in dual-phase La(Fe, Si)$_{13}$/α-Fe *in-situ* composite with improved compressive strength[J]. Journal of Alloys and Compounds, 2018, 769: 233-238.

[105] Li W, Huang R J, Wang W, et al. Abnormal thermal expansion properties of cubic NaZn$_{13}$-type La(Fe, Al)$_{13}$ compounds[J]. Physical Chemistry Chemical Physics, 2015, 8 (17): 5556-5560.

[106] Zhao Y Q, Huang R J, Li S P, et al. Giant isotropic magnetostriction in NaZn$_{13}$-type LaFe$_{13-x}$Al$_x$ compounds[J]. Applied Physics Letters, 2017, 110 (1): 011906.

[107] Wang B, Guo W H, Cen D Y, et al. Microstructure evolution and its influence on the thermal expansion of La(Fe$_{0.79}$Al$_{0.21}$)$_{13}$ alloy prepared by arc-melting[J]. Journal of Alloys and Compounds, 2020, 856: 158161.

[108] Tong P, Wang B, Sun Y P, et al. Mn-based antiperovskite functional materials: Review of research[J]. Chinese Physics B, 2013, 22 (6): 067501.

[109] Song Y, Chen J, Liu X, et al. Zero thermal expansion in magnetic and metallic Tb(Co, Fe)$_2$ intermetallic compounds[J]. Journal of the American Chemical Society, 2018, 140 (2): 602-605.

[110] Tegus O, Fuquan B, Dagula W, et al. Magnetic-entropy change in Mn$_{1.1}$Fe$_{0.9}$P$_{0.7}$As$_{0.3-x}$Ge$_x$[J]. Journal of Alloys and

Compounds，2005，396：6-9.

[111] Miao X F，Hu S Y，Xu F，et al. Overview of magnetoelastic coupling in(Mn, Fe)$_2$(P, Si)-type magnetocaloric materials[J]. Rare Metal，2018，37：723-733.

[112] Rundqvist S. Binary transition metal phosphides[J]. Arkivför Kemi，1962，20：67-113.

[113] Miao X F，Caron L，Roy P，et al. Tuning the phase transition in transition-metal-based magnetocaloric compounds[J]. Physical Review B，2014，89：174429.

[114] 缪雪飞，邵艳艳，龚元元，等. Fe$_2$P 基一级磁相变合金的微观结构及相变行为[J]. 中国科学：物理学、力学、天文学，2021，51：067516.

[115] Miao X F，Gong Y，Zhang F Q，et al. Enhanced reversibility of the magnetoelastic transition in (Mn, Fe)$_2$(P, Si) alloys via minimizing the transition-induced elastic strain energy[J]. Jounral of Material Science & Technology，2022，103：165-176.

[116] Miao X F，Caron L，Cedervall J，et al. Short-range magnetic correlations and spin dynamics in theparamagnetic regime of (Mn, Fe)$_2$(P, Si)[J]. Physical Review B，2016，94：014426.

[117] Boeije M F J，Roy P，Guillou F，et al. Efficient room-temperature cooling with magnets[J]. Chemistry Material，2016，28：4901-4905.

[118] Miao X F，Sepehri-Amin H，Hono K. Structural origin of hysteresis for hexagonal (Mn, Fe)$_2$(P, Si) magneto-caloric compound[J]. Scripta Materialia，2017，138：96-99.

[119] Franco V，Blazquez J S，Ipus J J，et al. Magnetocaloric effect：From materials research to refrigerationdevices[J]. Progress in Materials Science，2018，93：112-232.

第9章

新型热电材料

随着全球范围内能源和环境问题日益突出,适用于21世纪绿色环保主题的热电材料引起材料研究者的广泛重视。热电材料是利用固体中载流子运动和声子输运及其相互作用来实现热能和电能直接相互转换的功能材料。采用热电材料制造的温差发电装置和半导体制冷装置具有无需传动部件、运行安静、尺寸小、无污染、无磨损、可靠性高等诸多突出优点,在温差发电和便携式制冷等领域有广泛应用前景。随着能源问题日益突出以及"碳达峰""碳中和"目标的确立,研究和开发清洁能源已成为全球科学研究的重点领域,国家、行业和企业对热电新技术的需求十分迫切。

IV-VI族窄带隙 SnSe、SnTe 是当前极具发展潜力的热电材料,适用于300~1000℃的中高温度区间,有望在中大规模的工业余热回收利用中发挥作用,是现阶段研究工作的重点材料体系。近年来,围绕热电能源转换材料的设计和性能优化的基础科学问题开展了系列研究工作。

9.1 硒化锡

SnSe 具有元素无毒、来源丰富、低成本等优势,是极具发展前景的一类新型热电材料。SnSe 在室温下是正交晶系,属于 *Pnma* 空间群,在750~800 K 之间会发生相变,由 *Pnma* 相转变为具有高对称性的 *Cmcm* 立方相(图9.1)。SnSe 在300 K 时的禁带宽度约为0.61 eV,转变成 *Cmcm* 立方相后,其带隙减小到0.39 eV。SnSe 是典型的层状结构材料,具有很强的各向异性,较强的晶格非简谐性使材料呈现低热导率和优异的热电性能,受到广泛关注。SnSe 单晶由于复杂的晶体生长条件和较差的机械性能等因素而被限制大规模生产应用。SnSe 多晶具有制备工艺简单、生产成本低、机械性能稳定等突出优点,应用前景广阔。然而,相较于 SnSe

单晶，SnSe 多晶热电性能仍然较低。对于 SnSe 热电性能的优化，一方面通过提高载流子浓度，优化电性能；另一方面还可以通过构建不同的声子散射中心，如点缺陷、位错、纳米相等，进一步降低晶格热导率。

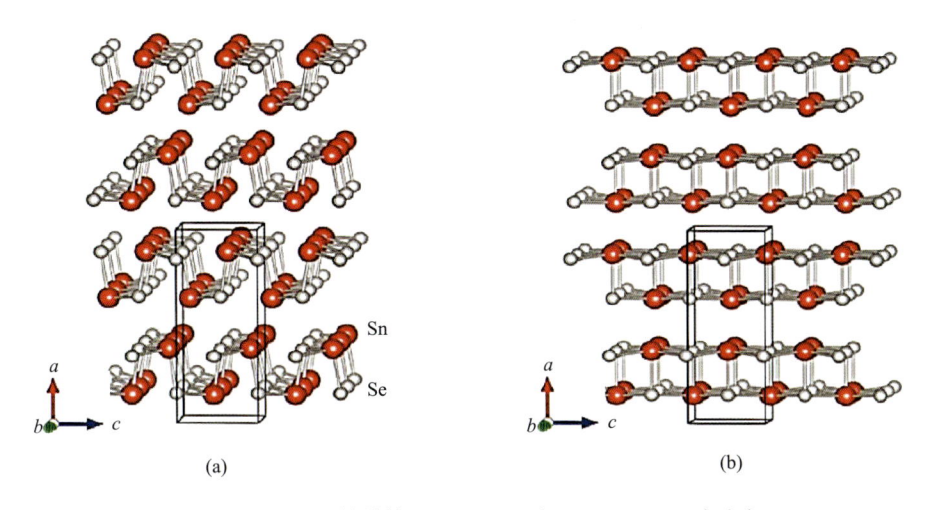

图 9.1　SnSe 晶体结构：（a）*Pnma* 相；（b）*Cmcm* 立方相

SnSe 材料纳米结构可以明显抑制其晶格热导率，但由于纳米材料中大量的晶界散射会抑制电导率和功率因子的提高，因此如何协同调控其电声输运，较大提升热电性能，研发高性能 SnSe 多晶热电材料成为亟待解决的难点。提出相分离策略优化 SnSe 多晶材料的热电性能（图 9.2），即利用相分离策略获

图 9.2　相分离纳米 SnSe 多晶的合成示意图

得第二相，得到两相共存的复合材料。通过降低材料的合成温度，减小了 Pb 元素在 SnSe 材料中的固溶度，析出了高电导率 PbSe 纳米相，成功获得了 SnSe-PbSe 相分离材料（图 9.3）[1]。窄禁带高电导的 PbSe 纳米析出相提升了 SnSe 材料的电导率和功率因子，同时纳米尺度的 PbSe 相和亚微米尺度的 SnSe 基体相构建的多尺度微观结构有效调控了材料的声子输运过程，大幅降低了材料的晶格热导率，使 SnSe 多晶材料的电声输运得到协同调控，热电优值 ZT 在 873 K 提升到 1.7。

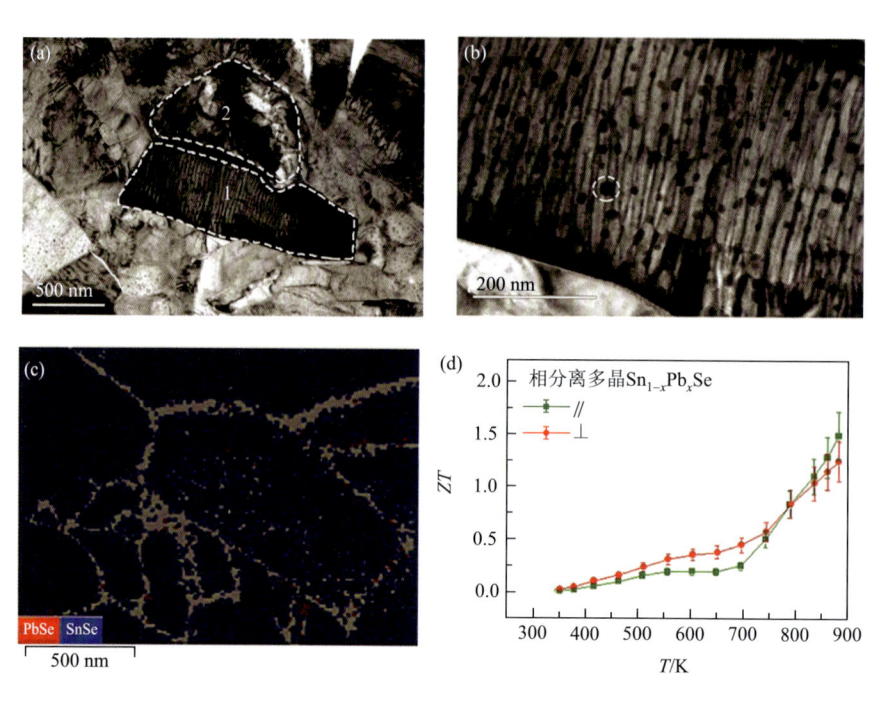

图 9.3 SnSe-PbSe 相分离材料的微观结构和热电优值

图（a）中白色虚线区域 1、2 表示纳米级沉淀物

考虑到共格纳米析出相和基体材料晶格连续性对材料的载流子迁移率和功率因子的抑制作用很小，这种结构能更强烈散射中频段声子，对抑制材料晶格热导率十分有效。进一步提出了相分离和共格纳米结构策略优化 SnSe 多晶材料的热电性能。借助相分离策略在 Pb、Zn 共掺杂 SnSe 材料中得到了 PbSe 纳米析出相，大幅抑制了 SnSe 多晶材料的晶格热导率，873 K 下晶格热导率低至 0.19 W/(m·K)（图 9.4）。同时高电导率 PbSe 共格纳米析出相与双元素 Pb、Zn 掺杂导致材料的电导率和功率因子大幅提高，进一步协同优化了 SnSe 多晶材料的电声输运，将其 ZT 在 873 K 下提升到 2.2[2]。

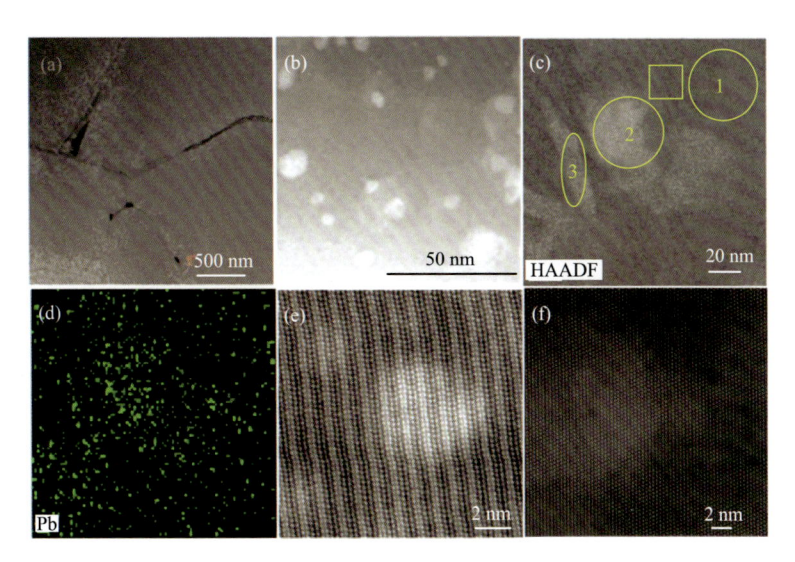

图 9.4 Sn$_{0.98}$Pb$_{0.01}$Zn$_{0.01}$Se 高角环形暗场-扫描透射电子（HAADF-STEM）：（a）层状晶粒图像；沿[011]（b）和[101]（c）轴观察到的晶粒内部的纳米析出相；（d）与图（c）中对应的 Pb 的元素 mapping 图；（e）图（b）中纳米析出相的原子分辨率 HAADF-STEM 图；（f）图（c）中黄色方形区域纳米析出相的原子分辨率 HAADF-STEM 图。图（c）中黄色区域 1、2、3 均为沿[101]轴观察到的晶粒内部纳米析出物，对比度较亮的区域 2 和 3 比对比度较暗的区域 1 具有更多的 Pb 信号

通过引入肖特基空位和共格纳米析出相获得了 Pb、Cd 元素低含量掺杂的多晶 SnSe 块体材料。材料基体上分布着大量由 Pb 和 Se 原子成对地迁出形成的肖特基空位，同时 Pb 迁移至邻近区域后，偏析形成了 PbSe 共格纳米相（图 9.5），提高了材料载流子浓度和电导率，优化了全温度段的功率因子，在 873 K 时 Sn$_{0.96}$Pb$_{0.01}$Cd$_{0.03}$Se 的功率因子达到了 7.5 μW/(cm·K^2)。肖特基空位及共格纳米相作为声子散射中心共同作用，有效散射声子降低晶格热导率，在 873 K 时为 0.23 W/(m·K)。最终 SnSe 多晶在 873 K 的峰值 ZT 达到 1.9，300～873 K 之间均值 ZT 达到 0.73，温差 573K 时，理论最大转换效率 η 达到 12.5%（图 9.6）[3]。

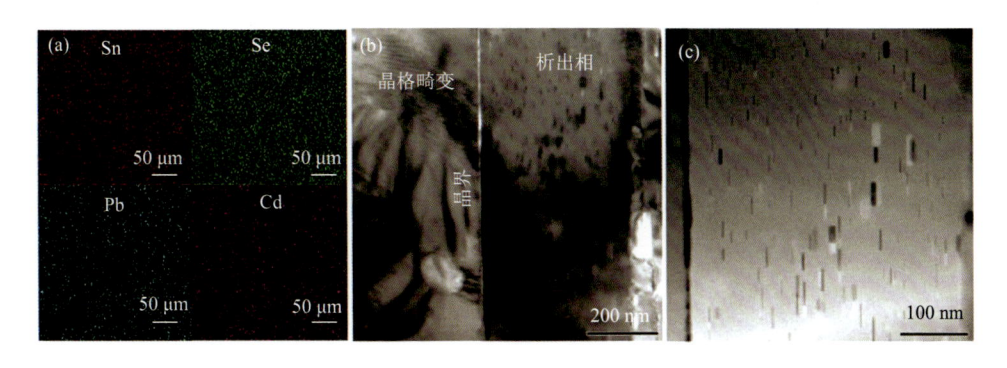

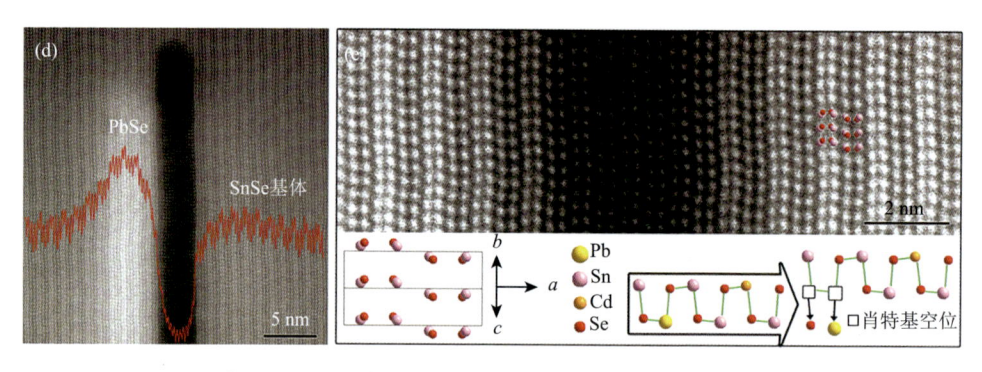

图 9.5　(a) 元素 mapping 图像；(b～e) HAADF-STEM 图及肖特基空位形成示意图

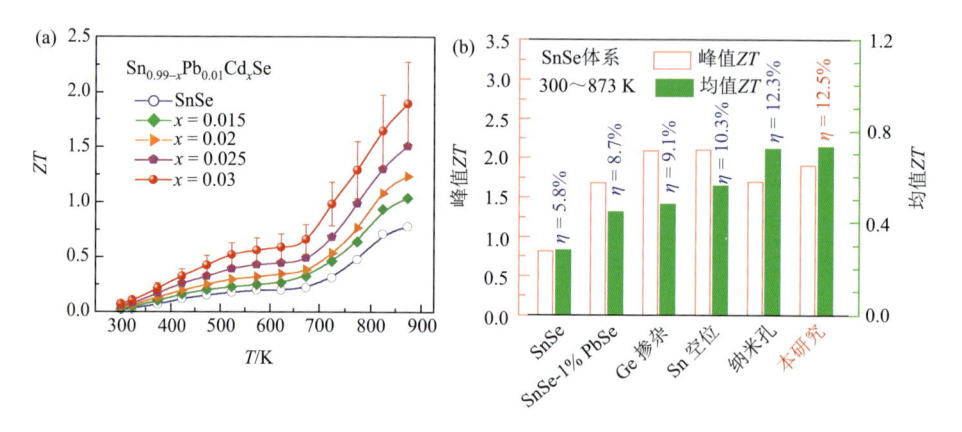

图 9.6　(a) $Sn_{0.99-x}Pb_{0.01}Cd_xSe$ 随温度变化的 ZT；(b) $Sn_{0.99-x}Pb_{0.01}Cd_xSe$ 与同体系材料的峰值 ZT、均值 ZT 及转化效率的比较

利用材料素化的优化设计策略，通过引入阳离子 Sn 空位对 SnSe 材料电声输运进行协同调控，大幅度提高了材料的热电性能（图 9.7）。在 SnSe 多晶中引入 Sn 空位类似于空穴掺杂，把费米面移入价带的同时会导致局域扁平带，提升了材料的电子态密度和载流子浓度，功率因子相比未优化材料提升近一倍，达

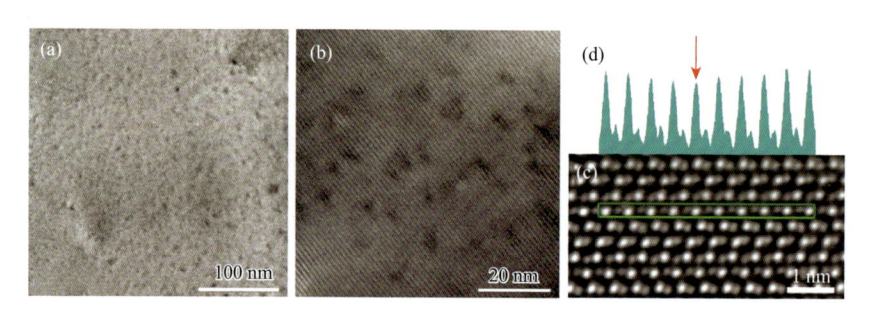

图 9.7　$Sn_{0.95}Se$ 材料沿 b 轴的 HAADF-STEM 图

到 7.77 μW/(cm·K^2)。同时，Sn 空位破坏了材料的晶格平移对称性，提供声子散射中心，大幅降低晶格热导率至 0.19 W/(m·K)，协同优化了 SnSe 多晶材料电声输运，大幅提升了其热电性能，热电优值在 873 K 达到了 2.1[4]。

利用空位结合调节晶格应变，进一步调控材料的声子输运过程。在 SnSe 多晶材料中同时进行 Pb 掺杂和引入阳离子 Sn 空位，Pb 元素的掺杂导致材料中晶格应变和晶格非简谐性增强（图 9.8），提高了声子散射，同时阳离子 Sn 空位能改变其晶格结构中的局域键环境从而进一步增强声子散射。通过空位和晶格应变调控，在材料中获得了极低的晶格热导率[773 K 时为 0.18 W/(m·K)]。此外，阳离子 Sn 空位和 Pb 元素的掺杂提高了 SnSe 多晶材料的电导率和功率因子，最终使其在相变温度以下（773 K）获得了高热电性能，热电优值 ZT 达到 1.4[5]。

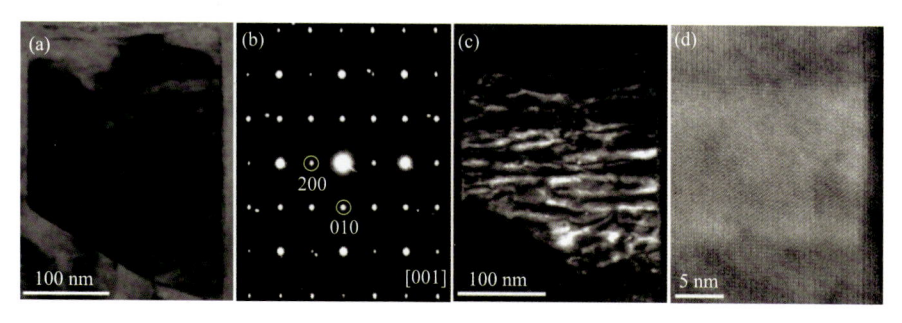

图 9.8 （a）低放大倍数亮场 TEM 图；（b）图（a）选区电子衍射图谱（SAED）；（c）图（a）的暗场 TEM 图；（d）高分辨率 HAADF-STEM 图

通过在 SnSe 基体引入晶格应变调控原子间的相互作用来抑制材料晶格热导率，制备了高性能 Ga 掺杂 SnSe 多晶材料。利用 Ga 元素掺杂引起能带集聚和共振能级效应[6]，有效提升了材料的塞贝克系数和功率因子。同时，Ga 掺杂促进了位错和堆垛层错的形成（图 9.9），导致显著的晶格应变，大幅降低晶格热导率，873 K 时晶格热导率低至 0.17 W/(m·K)。最终将 SnSe 多晶材料的最高热电优值提升至高达 2.2，并显著提升了其宽温域热电性能，全温区平均热电优值高达 0.72。宽温域热电性能的提升有效提高了材料热电转换效率，理论热电转换效率达到 12.4%。

通过调控能带结构、抑制双极热传导和引入大的质量波动优化 S 和 Pb 双掺杂的 SnSe 多晶热电性能。材料载流子浓度增大，提升了电导率和功率因子。由于 S 元素与 Se 元素具有较大的质量差异，在体系内部产生大的质量波动，与基体内部均匀分布的纳米相共同作用下，有效增大了声子散射并降低了晶格热导率（图 9.10）。同时双掺杂体系的带隙扩大，双极热导率得到有效抑制。最终，在 873 K 下获得了极低的晶格热导率［0.13 W/(m·K)］，热电优值达到 1.85[7]。

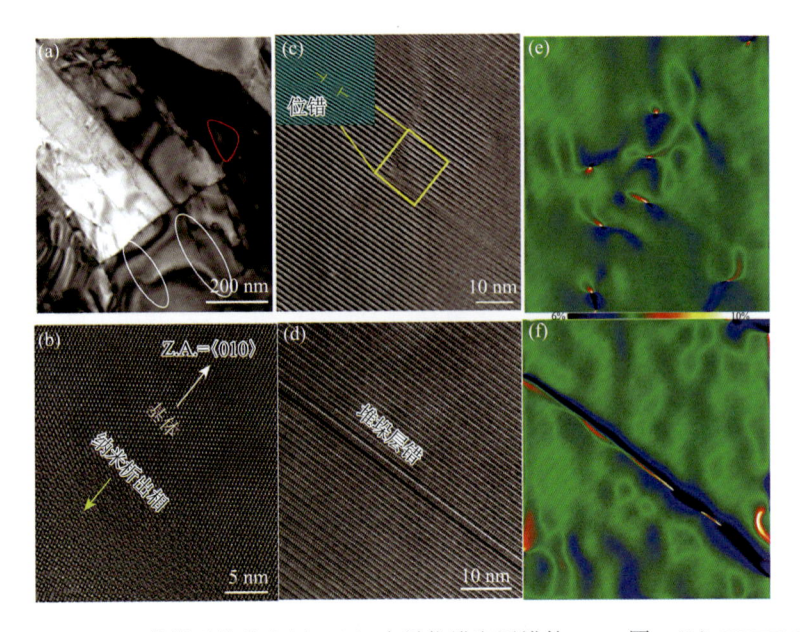

图 9.9 Sn$_{0.96}$Ga$_{0.04}$Se 的微观结构表征：(a) 大量位错和层错的 TEM 图；(b) HRTEM 图显示纳米沉淀物的析出；(c, e) 位错细节及对应应变映射的图像；(d, f) 堆垛断层细节及对应应变映射的图像

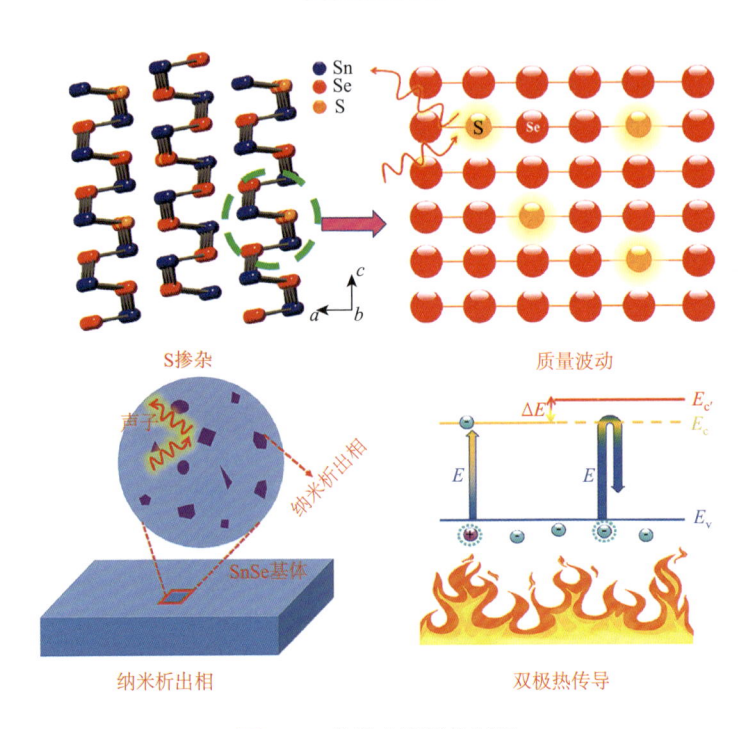

图 9.10 热导率降低机制图

采用磁场辅助微结构调控提升热电材料性能，实现了磁场对材料微结构的有效调控，导致能量过滤效应和态密度的显著增强，显著提升了 SnSe 多晶材料的热电性能。利用强磁场原位水热合成技术制备了新型 Se 量子点/$Sn_{0.99}Pb_{0.01}Se$ 材料。磁场条件下晶体的临界成核自由能更低，成核速率升高，此时反应的溶液中将形成更多的晶核，从而导致晶粒尺寸的减小（图 9.11）。这对材料的微结构产生明显影响，基体中形成了大量的 Se 量子点（图 9.12），并对 PbSe 纳米析出相的形状、尺寸和空间分布产生明显影响。Se 量子点和纳米晶粒细化导致态密度和能量过滤效应的显著增强，提升了材料的热电势和功率因子。Se 量子点、纳米晶粒细化增强了声子散射，使材料具有极低热导率。最终使得材料展现出十分优异的热电性能，其热电优值显著提升至高达 2.0，最大增幅达到 47%[8]。

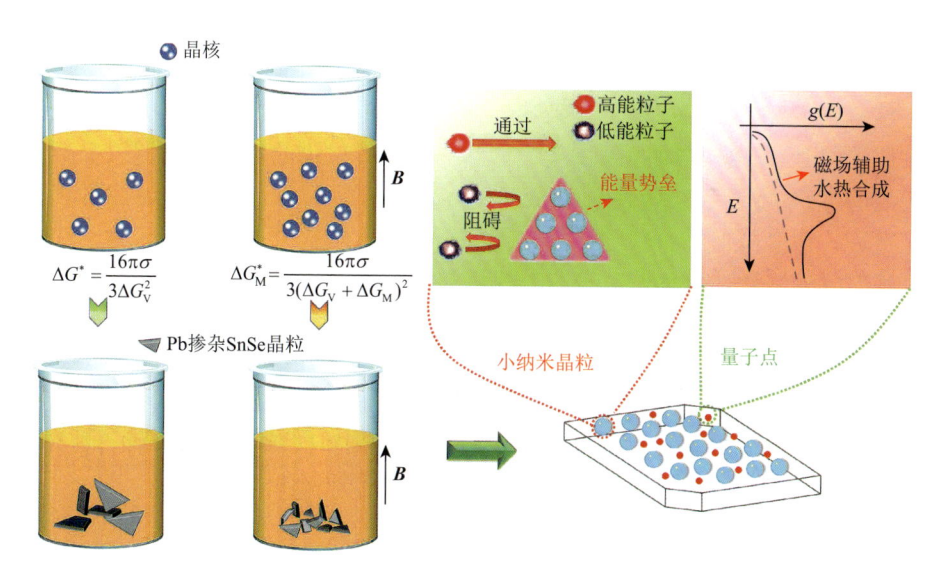

图 9.11 强磁场对晶粒生长影响示意图

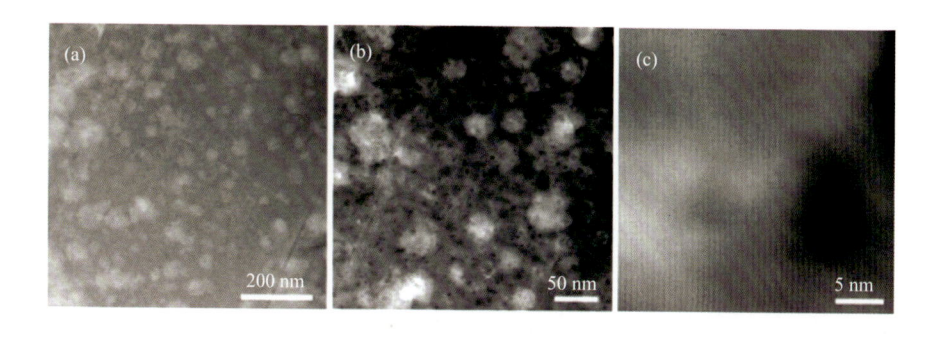

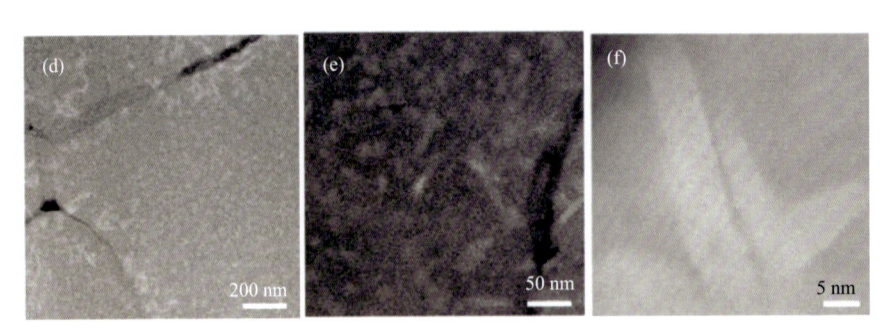

图 9.12　5 T 磁场下制备的 Se 量子点/$Sn_{0.99}Pb_{0.01}Se$ 相分离材料（a～c）和 0T 磁场下制备的 $Sn_{0.99}Pb_{0.01}Se$（d～f）的 HAADF-STEM 图；(a)、(d) 低放大倍率 HAADF-STEM 图呈现纳米析出相；(b)、(e) 高放大倍率 HAADF-STEM 图呈现纳米析出相和 Se 量子点[(b) 中的暗点]；(c)、(f) 纳米析出相和 Se 量子点的原子尺度 HAADF-STEM 图

采用强磁场原位水热法合成了高性能 Pb、Cd 双掺杂 SnSe 多晶材料。基体中形成了大量且均匀分布的 PbSe 量子点，并与材料基体相形成共格结构，使材料的态密度显著提升，提高了塞贝克系数，有效优化电输运过程，使全温度范围内的功率因子得到优化。同时强磁场延缓再结晶，阻碍位错的消失，使材料中产生了高密度的位错（图 9.13）。借助 PbSe 量子点功能基元以及晶格应变调控材料声子输运过程，明显降低了材料的晶格热导率，最终大幅提升了其宽温域热电性能，全温段范围的平均热电优值达到 0.71，峰值热电优值为 1.9[9]。

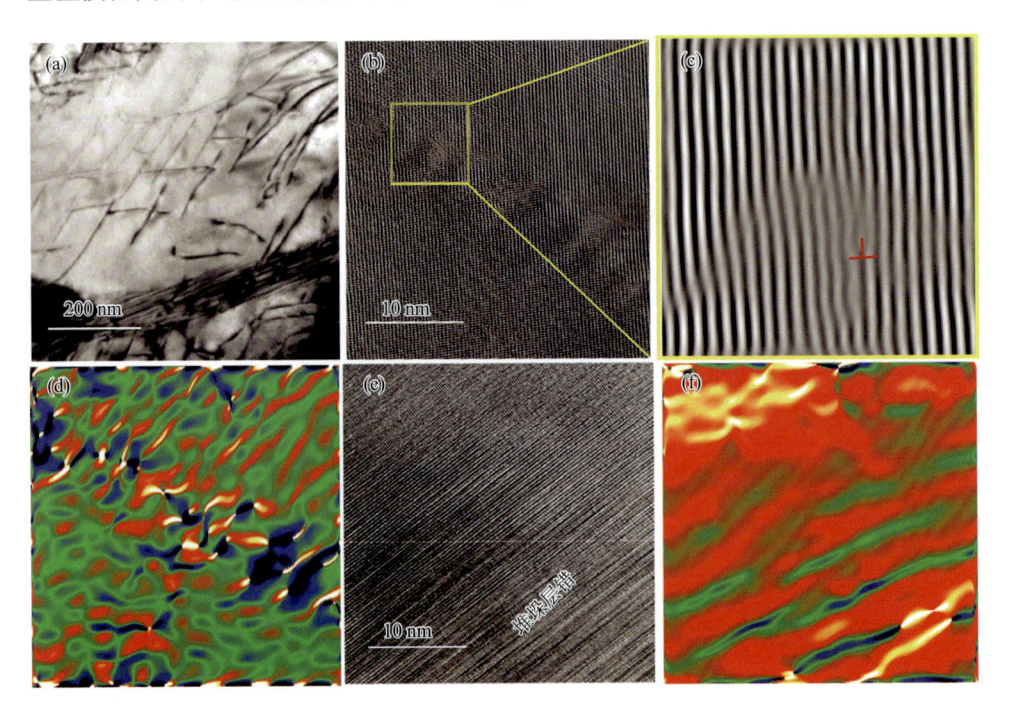

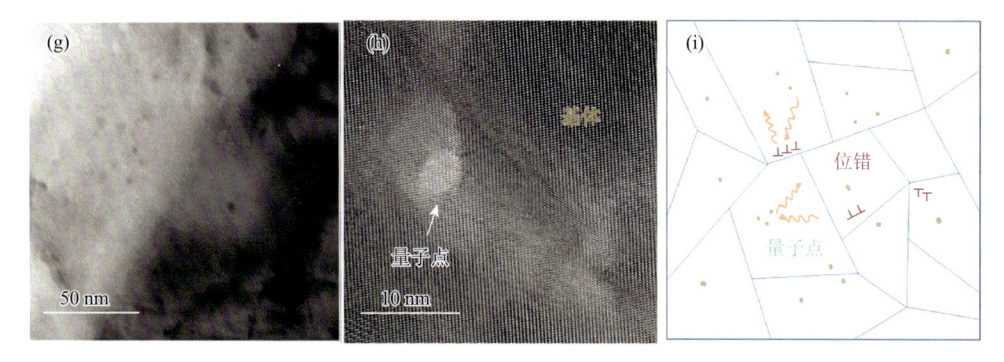

图 9.13 PbSe QD/Sn$_{0.965}$Cd$_{0.025}$Pb$_{0.01}$Se 样品的微观结构表征：(a) 低放大倍率 TEM 图显示基体上存在大量位错；(b) 显示位错阵列细节的 HRTEM 图；(c) 在 (b) 中相应黄色正方形区域出现边缘位错；(d) 图 (b) 对应的应变映射；(e) 叠加断层细节图；(f) 图 (e) 对应的应变映射；(g) 高密度 PbSe 量子点的低放大倍率 TEM 图；(h) PbSe 量子点的原子分辨率 HAADF-STEM 图；(i) 微观结构示意图

通过水热法制备了多孔 Zn 和 Ga 共掺杂 SnSe 纳米片，在 SnSe 基体中诱导出高密度的微/纳米孔（图 9.14），有效散射声子，降低热导率。高密度的微/纳米孔、纳米片结构和位错导致了极低的晶格热导率，在 873K 时为 0.157 W/(m·K)。Zn 和 Ga 共掺杂使载流子浓度急剧增加，电导率明显增加，同时，Ga 的加入诱导能带收敛并产生共振能级，提高了塞贝克系数。增加的塞贝克系数和载流子

图 9.14 样品的 SEM 图：(a) 合成的 Sn$_{0.97}$Zn$_{0.01}$Ga$_{0.02}$Se 粉末；(b) 合成的纯 SnSe 粉末；(c, d) 含有大量纳米孔和微孔的 Sn$_{0.97}$Zn$_{0.01}$Ga$_{0.02}$Se 块体

浓度有助于在较宽的温度范围内显著提高材料的功率因子。最终多孔 Zn 和 Ga 共掺杂 SnSe 获得了 0.8 的高平均 ZT 和 1.86 的峰值 ZT，理论最大能量转换效率为 13.3%[10]。

9.2 碲化锡合金

PbTe 热电材料由于优异的性能在军事和航空航天领域得到广泛应用，但其有一个致命缺点——含有铅元素，对环境不友好。锡基硫族化合物 SnX（X = S、Se、Te）具有元素无毒、来源丰富、低成本等优势，是极具发展前景的一类新型热电材料。其中 SnTe 有望替代 PbTe，成为一类环境友好型中温区热电材料。SnTe 的晶体结构与同为Ⅳ-Ⅵ族的 PbTe 热电材料相似，都是面心立方的 NaCl 结构，空间群为 $Fm\bar{3}m$。本征 SnTe 的 Sn 空位浓度较高，导致其空穴载流子浓度极高（约 10^{21} cm^{-3}），而且在轻价带和重价带之间有较大的能量差（300 K 时约为 0.35 eV），导致其塞贝克系数较低。较 PbTe 而言，SnTe 较低的阳离子 Sn 原子质量导致其高本征晶格热导率，同时，其高载流子浓度导致高的电子热导率。SnTe 属于窄带隙（300 K 时为 0.18 eV）半导体，从而导致了显著的双极扩散效应。这些因素导致 SnTe 的热电性能不高，ZT 约 0.6[11]，严重阻碍了 SnTe 热电材料的广泛应用。

近年关于 SnTe 的研究发展迅速，通过优化 SnTe 载流子浓度，如在 Sn 位自补偿或者引入 Sb、Bi 等元素，在 Te 位引入 I 元素，降低载流子浓度，有效提高了其热电性能。通过引入 Mg、Ca、Cd、Hg、In 等元素提升材料的塞贝克系数和功率因子，优化了材料热电性能。通过 Mn、Cu 双掺杂引入 Cu 填隙原子大幅抑制材料热导率，将 SnTe 材料的热电性能提升到 1.6。新近，在 SnTe 晶界上包覆一层 CdTe 制备得到的 p 型 SnTe，923 K 时 ZT 达到 1.9。由于本征的高空穴载流子浓度，n 型 SnTe 的制备还较为困难。Pb、I 双掺杂 $Sn_{0.6}Pb_{0.4}Te_{0.98}I_{0.02}$ 在 573K 时 ZT 约为 0.8，为目前 n 型 SnTe 较高水平。

SnTe 是窄禁带半导体，禁带宽度仅为 0.18 eV，同时它的价带中存在轻价带和重价带，轻重价带之间的能量差较大（300 K 时约为 0.35 eV），双极扩散效应显著。因此，对 SnTe 复杂的电子能带结构进行调控进而优化材料热电性能是目前研究的热点。

考虑到共格纳米析出相和基体材料晶格连续性对材料的载流子迁移率和功率因子的抑制作用很小，这种结构能更强烈散射中频段声子，对抑制材料晶格热导率十分有效；同时借助能带工程提升材料的塞贝克系数和功率因子，有望实现对材料电声输运的协同调控，优化热电性能。本书作者研究团队创新性地提出，利用能带工程和共格纳米析出协同优化热电材料性能策略，通过低含量无毒元素 Ge 和 Sb 掺杂[12]，减小 SnTe 轻/重价带能量差，促使 SnTe 价带收敛，大幅提高了材料的塞贝克系数、功率因子和 ZT。进一步利用相分离策略，通过快速冷却降低掺杂元素在材料中的固溶度析出共格纳米相 Cu_2Te，利用共格纳米相调控材料的声子输运，降低晶格热导率。其晶格热导率在 873 K 时降低至 0.27 W/(m·K)。通过价带收敛以及共格纳米析出相协同调控了 SnTe 的电声输运性能，使 SnTe 的 ZT 在 873 K 时达到 1.5，ZT 峰值增长约 350%（图 9.15），成功获得了高性能、低成本、环境友好型 SnTe 热电材料。

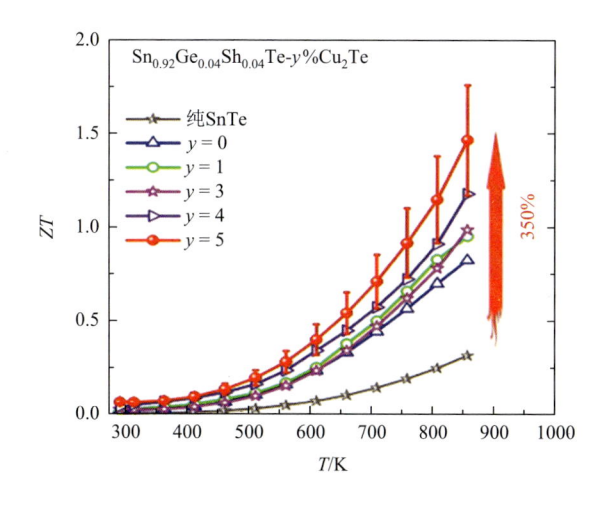

图 9.15　价带收敛以及共格纳米析出相协同优化 SnTe 的热电性能[12]

通过对 SnTe 能带结构的进一步分析，发现 SnTe 中共振态能级位置和轻/重价带能量差具有良好的匹配性。利用 In 掺杂在 SnTe 费米能级附近产生共振态能级，结合 Ca 掺杂导致价带收敛，通过两种能带调控机理的协同作用，使得 SnTe 的塞贝克系数和功率因子在较大温区内实现全面提高，实验测得材料的最大功率因子高达 42.2 μW/(cm·K^2)[13]。同时引入 Cu_2Te 共格纳米析出相提高声子散射，抑制晶格热导率，使得材料晶格热导率明显降低（图 9.16），在 823 K 下降到 0.75 W/(m·K)。将 SnTe 的峰值 ZT 提高至 1.85，平均 ZT 达到 0.67。性能超过了国际上已报道的 SnTe 基热电材料，该成果为 SnTe 基热电材料在高效固态热电器件中的广泛应用铺平了道路。

基于电子结构，构建了 SnTe 体系的紧束缚（TB）模型，通过密度泛函理论（DFT）研究了三价掺杂对 SnTe 电子能带结构的影响。对多种三价阳离子对 SnTe 材料能带结构的影响进行筛选，发现既可以减小 SnTe 轻/重价带能量差，又能

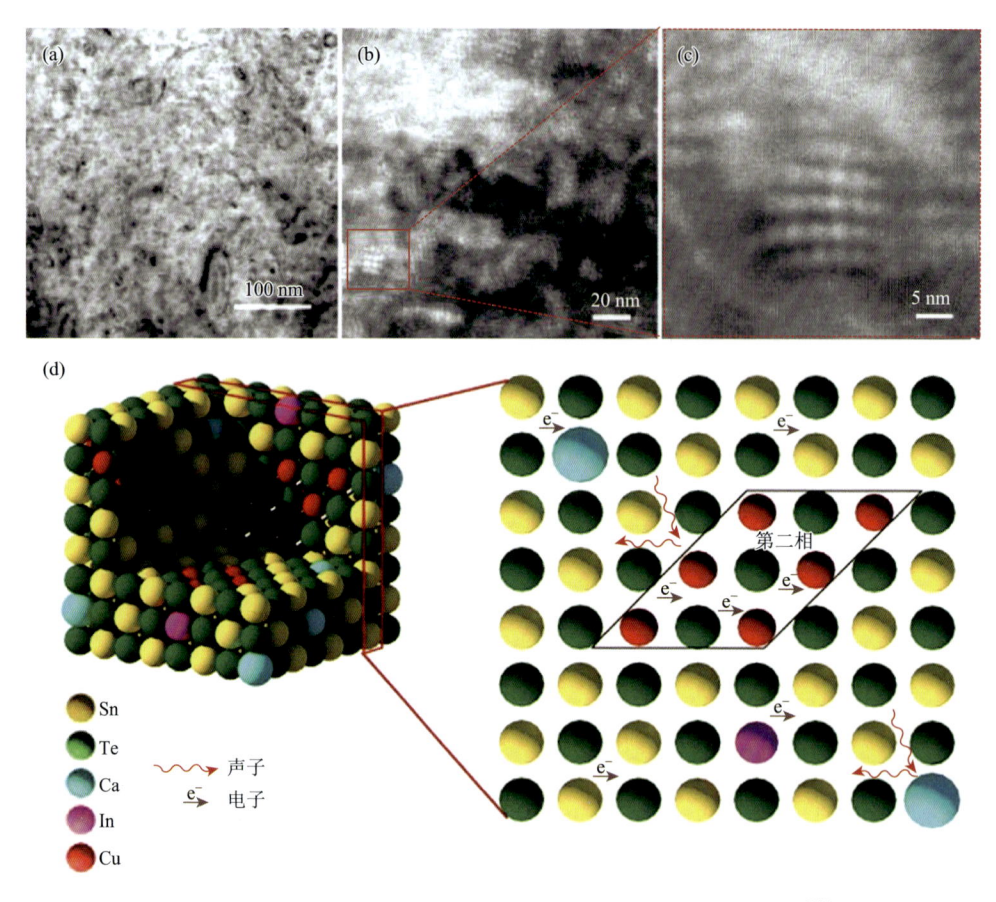

图 9.16 共格纳米相 Cu$_2$Te 对抑制材料晶格热导率起重要作用[13]

增加其带隙的三价元素 As 和 Sb。同时，通过掺杂低浓度的 Ge 和 As，将 SnTe 的轻/重价带能量差降低至 0.12 eV，引起价带收敛的同时大幅提高了材料的塞贝克系数及功率因子，并将 SnTe 的带隙增大至 0.20 eV，有效抑制了双极效应[14]。

通过一种安全环保简单的水热合成思路，制备出 Pb、In 掺杂的 SnTe 样品。Pb 元素的引入使得费米能级附近的轻重空穴价带收敛，增强了多价带传输，同时 In 掺杂在费米能级附近引入了共振能级，使得体系的塞贝克系数和功率因子提高。Pb/In 掺杂引入了大量双原子点缺陷，可以有效抑制晶粒的生长，获得了纳米结构的 SnTe 材料（图 9.17），大大降低了晶格热导率。最终，在提高的电传输性能和降低的热导率共同作用下，Sn$_{0.96}$Pb$_{0.01}$In$_{0.03}$Te 样品的热电性能相比于纯相提高了 67%[15]。

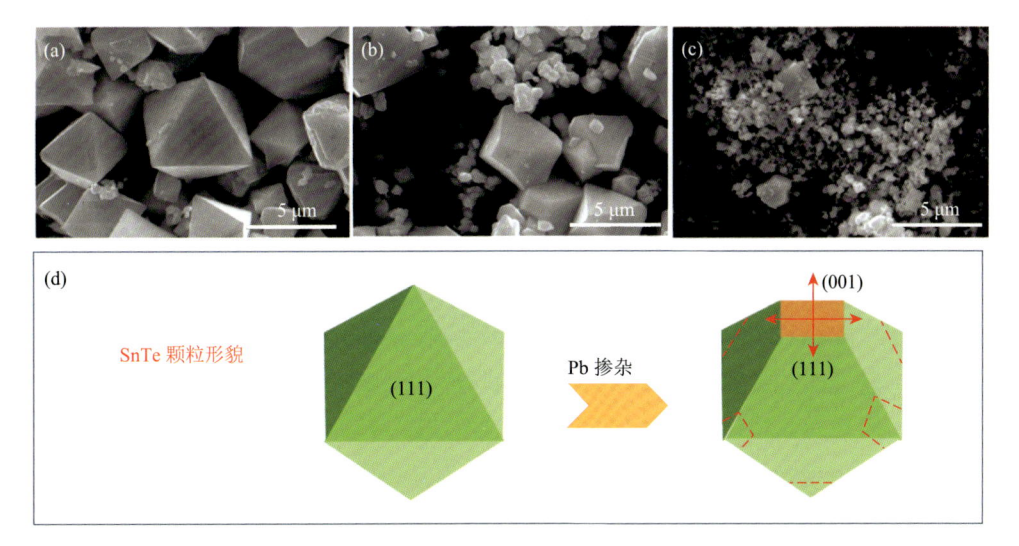

图 9.17　Pb 和 In 元素掺杂有效抑制了 SnTe 晶粒的生长[15]

参 考 文 献

[1] Tang G D，Wei W，Zhang J，et al. Realizing high figure of merit in phase-separated polycrystalline $Sn_{1-x}Pb_xSe$[J]. Journal of the American Chemical Society，2016，138（41）：13647-13654.

[2] Liu J，Wang P，Wang M Y，et al. Achieving high thermoelectric performance with Pb and Zn codoped polycrystalline SnSe via phase separation and nanostructuring strategies[J]. Nano Energy，2018，53：683-689.

[3] Li S，Lou X N，Li X T，et al. Realization of high thermoelectric performance in polycrystalline tin selenide through Schottky vacancies and endotaxial nanostructuring[J]. Chemistry of Materials，2020，32（22）：9761-9770.

[4] Wei W，Chang C，Yang T，et al. Achieving high thermoelectric figure of merit in polycrystalline SnSe via introducing Sn vacancies[J]. Journal of the American Chemical Society，2018，140（1）：499-505.

[5] Tang G D，Liu J，Zhang J，et al. Realizing high thermoelectric performance below phase transition temperature in polycrystalline SnSe via lattice anharmonicity strengthening and strain engineering[J]. ACS Applied Materials & Interfaces，2018，10（36）：30558-30565.

[6] Lou X N，Li S，Chen X，et al. Lattice strain leads to high thermoelectric performance in polycrystalline SnSe[J]. ACS Nano，2021，15（5）：8204-8215.

[7] Lu W Q，Li S，Xu R，et al. Boosting thermoelectric performance of SnSe via tailoring band structure，suppressing bipolar thermal conductivity，and introducing large mass fluctuation[J]. ACS Applied Materials & Interfaces，2019，11（48）：45133-45141.

[8] Xu R，Huang L L，Zhang J，et al. Nanostructured SnSe integrated with Se quantum dots with ultrahigh power factor and thermoelectric performance from magnetic field-assisted hydrothermal synthesis[J]. Journal of Materials Chemistry A，2019，7（26）：15757-15765.

[9] Li S，Lou X N，Zou B，et al. Introducing PbSe quantum dots and manipulating lattice strain contributing to high thermoelectric performance in polycrystalline SnSe[J]. Materials Today Physics，2021，21：100542.

[10] Li S，Hou Y X，Li D，et al. Realization of high thermoelectric performance in solution-synthesized porous Zn and

Ga codoped SnSe nanosheets[J]. Journal of Materials Chemistry A，2022，10（23）：12429-12437.

[11] Zhou M，Gibbs Zachary M，Wang H，et al. Optimization of thermoelectric efficiency in SnTe: The case for the light band[J]. Physical Chemistry Chemical Physics，2014，16（38）：20741-20748.

[12] Li X T，Liu J Z，Li S，et al. Synergistic band convergence and endotaxial nanostructuring：Achieving ultralow lattice thermal conductivity and high figure of merit in eco-friendly SnTe[J]. Nano Energy，2020，67：104261.

[13] Tanveer H，Li X T，Hussain D M，et al. Realizing high thermoelectric performance in eco-friendly SnTe via synergistic resonance levels，band convergence and endotaxial nanostructuring with Cu_2Te[J]. Nano Energy，2020，73：104832.

[14] Zhang X M，Wang Z Y，Zou B，et al. Band engineering SnTe via trivalent substitutions for enhanced thermoelectric performance[J]. Chemistry of Materials，2021，33（24）：9624-9637.

[15] Lu W Q，He T T，Li S，et al. Thermoelectric performance of nanostructured In/Pb codoped SnTe with band convergence and resonant level prepared via a green and facile hydrothermal method[J]. Nanoscale，2020，12（10）：5857-5865.

第10章 其他金属材料新进展

10.1 Ti-23Nb-0.7Ta-2Zr-O 合金的冲击性能及其变形机制

钛是一种轻质金属元素，密度约为 4.5 g/cm³，只有铁或镍的一半左右，具备优异的比强度、耐蚀性和生物相容性，因此被广泛应用于航空航天和生物医学领域。地壳中的钛含量十分丰富，在各种元素中排名第九，在结构金属元素中仅次于铝、铁、镁。根据 2022 年美国地质调查局（USGS）公布的数据，我国钛铁矿资源储量为 1.9 亿吨，占全球储量 29%，位居全球第一。尽管我国钛资源如此丰富，但高端钛材产能却依旧匮乏，仍需依赖进口，因此自主研发具有优异性能的高强韧钛合金显得尤为必要。

钛有两种同素异构体，转变温度为(882±2)℃，转变温度以下为密排六方（HCP）结构的 α 相，而在转变温度以上为体心立方（BCC）结构的 β 相。通过添加 β 稳定元素、调控热处理工艺可以将 β 相保留至室温，因此根据室温下钛合金中 α/β 相的含量可将其分为 α、α+β 和 β 合金三大类，进一步可以分为近 α 和亚稳定 β 合金。α 型钛合金具有良好的抗蠕变性、焊接性和韧性，是高温应用的首选合金，但无法通过热处理进行强化，强度较低。传统的 α 型钛合金主要包括 Ti-5Al-2.5Sn、Ti-3Al-2.5V、Ti-0.2Pd 等。α+β 型钛合金为 α 相和 β 相的混合物，其中 β 相的含量通常为 5%～50%。此类合金具备优良的综合性能，室温下强度优于 α 型合金，可通过热处理进行强化，适用于航空航天和汽车应用的结构件的生产和制备。但两相 α+β 型钛合金的组织稳定性较差，因此耐热性较差。Ti-6Al-4V（Ti64）合金是典型的 α+β 型两相钛合金，具有较高的比强度以及优异的耐蚀性和生物相容性。其他 α+β 型钛合金如 Ti-5Al-2Sn-2Zr-4Mo-4Cr、Ti-6Al-2Sn-4Zr-6Mo 等，含有更多的 β 相稳定元素，具有更高的强度。考虑到 V 元素成本高、抗氧化/硫化能力差，研究者近期制备了一系列新型 α+β 型钛合金，如 Ti-6Al-2V-1Cr-1Fe、

Ti-Mo-Fe、Ti-Mn-Nb 等，具备良好力学性能的同时降低了制备成本。β 型钛合金含有足量的 β 稳定元素，合金中的相几乎都是 β 相，在室温延展性和机械强度方面优于单相 α 和双相 α+β 型钛合金。固溶时效是 β 型钛合金最常用的热处理方法，它可以在 β 相基体中析出细小的 α 薄片，提高材料强度。最常用的亚稳定 β 型钛合金有 Ti-15Mo-3Al-3Nb-0.2Si、Ti-3Al-8V-6Cr-4Mo-4Zr、Ti-10V-2Fe-3Al 等，通常用于飞行器构件；最常用的稳定 β 型钛合金是 Ti-35V-15Cr、Ti-30Mo、Ti-40Mo。高强度通常会导致塑性和断裂韧性降低，而飞机主承重结构的损伤容限设计理念需要各种性能的匹配。另外，β 型钛合金中所含的 Mo、V、Cr 等元素价格昂贵，同时，为了避免元素偏析，降低冶炼速度也会导致铸锭成本增加，这些因素导致 β 型钛合金的应用较少。

目前纯钛及钛合金被广泛应用于生物医用材料领域，如人工膝关节及髋关节的替代产品。在所有的纯钛及钛合金材料中，Ti64 合金是最普遍的一类，因为它质轻、高强、耐蚀，并且具备相对于不锈钢和 CoCr 合金而言较低的弹性模量。然而，Ti64 的弹性模量相对于人体骨骼依然过高，且会在人体内缓慢地释放 V^{4+} 或 V^{5+}，从而导致人体产生一系列的不良症状[1]。为克服 Ti64 的不良效果并将其替代，材料学家通过第一性原理计算（first principle calculation），采用无毒害元素设计出具备多项优异的力学性能[1-5]而在生物医学、航空航天和精密制造领域极具应用前景的 Ti-23Nb-0.7Ta-2Zr-O（TiNbTaZrO）合金。除了 Ti-23Nb-0.7Ta-2Zr-O 以外，学术界相继发现了几组其他成分的钛合金也具备相似特性，如 Ti-24Nb-4Zr-8Sn-O 合金和 Ti-12Ta-9Nb-3V-6Zr-O 合金，这些合金具备优异的力学性能，如高强度、超弹性、超弹性模量和良好的塑性等[2, 3, 6, 7]，由于此类材料在冷拔前后的加工硬化能力均较低，因此统称为口香糖合金（gum metals，GM）。口香糖钛合金本质上是一组 β 型钛合金，其中含有大量 β 相稳定元素以维持体心立方的晶格结构。口香糖钛合金之所以具备如此众多的优异力学性能，可能得益于合金基体中 Zr-O 聚集区的强化作用，这些 Zr-O 团簇的形成可以充当钉扎中心，抑制位错的运动[8]。

常用的 Ti64 合金弹性模量约为 110 GPa，该数值大概是人体密质骨弹性模量（20～30 GPa）的四倍。人造植入性生物医用材料和人体骨骼在弹性模量上的严重错配将导致应力屏蔽效应（stress shielding effect）。长期使用后，应力屏蔽将诱发人体的骨质疏松、植入材料的松动及失效以及后续矫正手术的风险。为规避 α 相钛合金的高弹性模量以及更好地与人体骨骼相匹配，Ti-23Nb-0.7Ta-2Zr-O 合金采用大量 β 相稳定元素而保持体心立方晶体结构。单一 β 相结构的口香糖钛合金的弹性模量为 55～90 GPa，郝玉林及其团队[9]曾报道 Ti-24Nb-4Zr-8Sn-O 合金的弹性模量约为 33 GPa，该数值与人体密质骨的弹性模量非常接近。口香糖钛合金不会产生过于严重的应力屏蔽效应，该优势使其获得越来越多的关注。因此，口香糖钛合金的无毒害成分和低弹性模量使其具备优良的生物相容性[5,9]，外加质轻、高强等优势，有望成为下一代生物医用材料。

综上所述，口香糖钛合金在航空航天和外科植入医用材料领域具备广阔的应用前景。上述领域的使役环境经常遭受冲击载荷作用，比现有报道中的准静态拉伸更为苛刻，从而对口香糖钛合金的动态力学性能提出严格要求。

本节测试了 Ti-23Nb-0.7Ta-2Zr-O 合金的准静态压缩和霍普金森杆冲击性能，分析加载速率对其力学行为和微观结构的影响。合金制备采用真空电弧熔炼，并在 1273 K 下进行热挤压处理，经过热挤压的样品进行 ECAP 而获得具有大塑性变形组织的样品。图 10.1 为合金热挤压和 ECAP 示意图及样品坐标系。

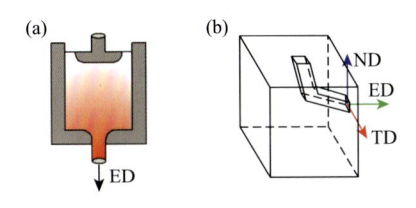

图 10.1　（a）合金热挤压示意图；（b）ECAP 示意图及样品坐标系

红色箭头、绿色箭头和蓝色箭头分别代表 TD（横向）、ED（挤压方向）和 ND（法向）

10.1.1　压缩性能

1. 准静态压缩

图 10.2（a）和（b）分别为热挤压样品垂直和平行加载方向下准静态压缩实验过程的真应力-真应变曲线。力学曲线说明热挤压样品在不同位向的准静态压缩实验中力学行为相近。由曲线可知，它们的屈服强度约为 750 MPa，塑性变形阶段应变硬化显著。图 10.2（c）和（d）分别为 ECAP 样品垂直和平行加载方向下准静态压缩实验过程的真应力-真应变曲线。ECAP 样品的屈服强度被提高至 950 MPa，但是其应变硬化行为弱于热挤压样品，这是因为其应变硬化能力在 ECAP 过程中被耗损。

2. 霍普金森杆冲击

动态冲击载荷沿热挤压样品的横向和挤压方向的冲击曲线分别如图 10.2（e）和（f）所示，各曲线对应的动态加载速率标注于图中。热挤压样品在不同位向的最大流变应力基本一致，约为 1200 MPa，高于准静态压缩实验值，表明热挤压样品具有应变速率硬化（strain rate hardening）的特点。进一步对比图 10.2（e）和（f）可以发现，热挤压样品在冲击过程中具有明显的各向异性：当垂直加载时，应力在升至最大值后急剧下降，表明该样品在最大流变应力后趋向于塑性失稳，后续研究表明该失稳现象与绝热剪切带及带中的裂纹相关。而当平行加载时，如图 10.2（f）所示，材料在最大流变应力之后表现出稳定的应力软化，直至 40%的总应变量，其间未有明显的应力骤减。由图 10.2（g）和（h）可知，ECAP 样品在冲击过程中也具有类似的各向异性，即垂直冲击时发生应力骤减，而平行冲击时仅发生均匀的应力软化。

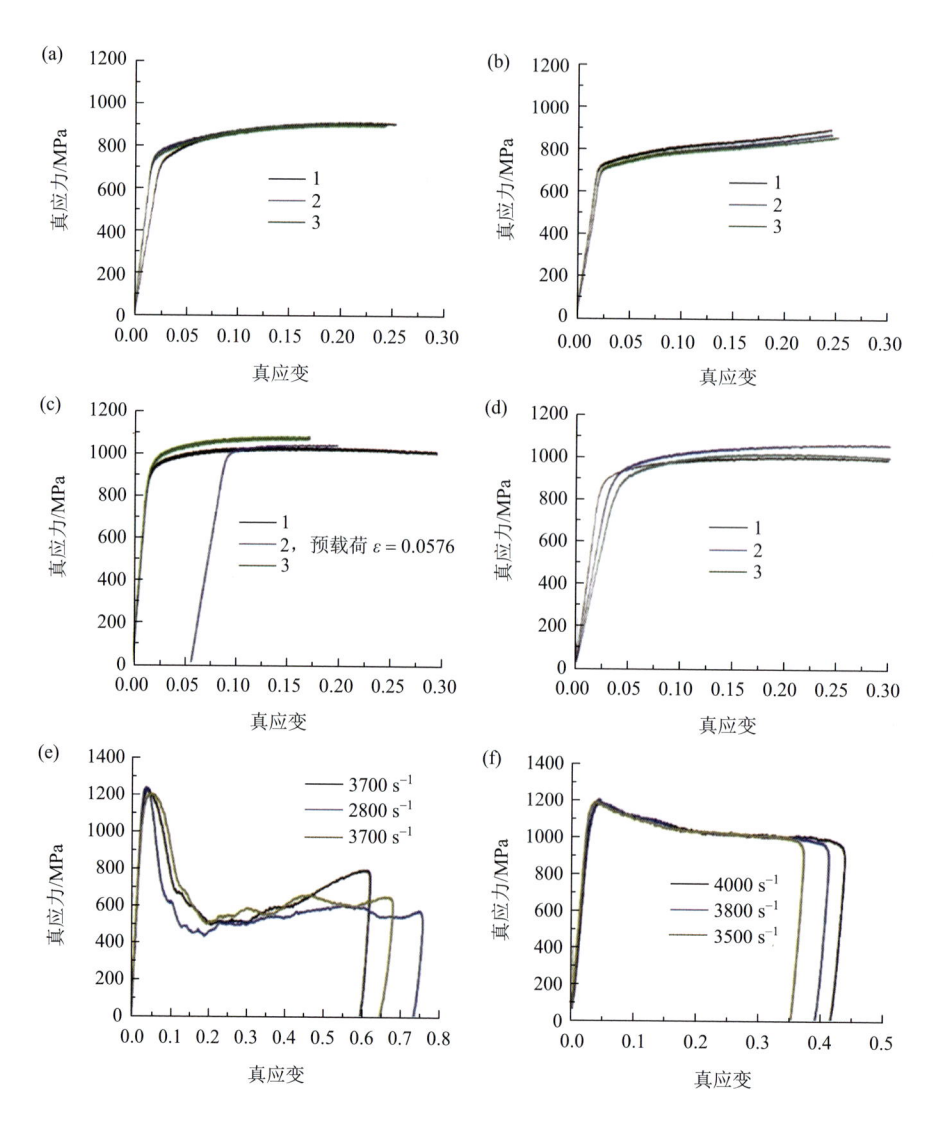

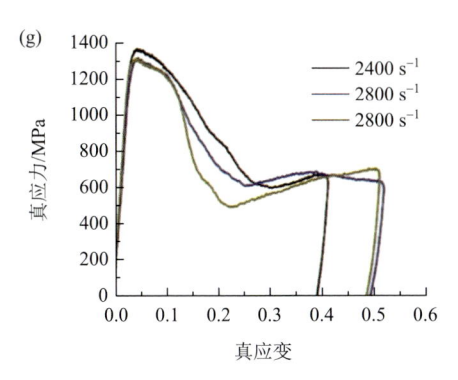

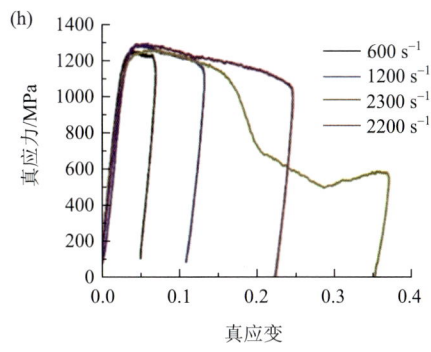

图 10.2　Extruded-GM 和 ECAP-GM 样品的真应力-应变曲线：(a) Extruded-GM-QS-per；(b) Extruded-GM-QS-par；(c) ECAP-GM-QS-per；(d) ECAP-GM-QS-par；(e) Extruded-GM-DY-per；(f) Extruded-GM-DY-par；(g) ECAP-GM-DY-per；(h) ECAP-GM-DY-par，Extruded 代表热挤压，DY 和 QS 分别代表霍普金森杆冲击实验和准静态压缩实验，per 和 par 分别代表垂直和平行加载位向，1、2 和 3 分别指样品 1、样品 2 和样品 3

样品 Extruded-GM-DY1 和 ECAP-GM-DY1 都发生由流变软化引起的急剧失效行为。首先，在高应变速率下，霍普金森杆冲击中入射波与反射波在样品中相互作用，形成应力波的干涉效应，应力波干涉加强点处容易造成样品的破坏失效[10]。其次，大量外部做功转化成热量，热量传导到环境中的时间有限，绝热情况下的温升将会是整个实验中极为重要的影响因素；因为它可能导致材料的热软化，甚至大塑性变形的局部化，该状况反过来将加剧材料的失效。材料在绝热温度影响下发生急剧而强烈的局域化的剪切[11-15]，整个样品的宏观绝热温升可能只有几十开尔文，而绝热剪切带内部的绝热温升可能高达几百甚至上千开尔文。绝热剪切未发生于准静态压缩中，该结论可从图 10.2 中相应的真应力-应变曲线和后续的微观表征得到证实。因此，高应变速率造成的应力波干涉和绝热温升对于 Ti-23Nb-0.7Ta-2Zr-O 合金中绝热剪切带的形成具有强烈影响。文献[11]~[14]曾报道绝热剪切带形成的趋势受到一系列因素的影响。泛而言之，影响绝热剪切带形成的因素可以归纳为以下四类：①应力状态；②加载条件，如温度和应变速率；③本征因素，如材料的微观结构（析出、空位等）；④材料的物理性能，如密度和热容等。

10.1.2　微观结构演化

1. 热挤压及 ECAP 样品变形前微观结构

图 10.3（a）、(c)、(d)、(f) 分别为热挤压样品和 ECAP 样品在 TD-ND 面和 TD-ED 面的光学显微镜照片，图 10.3（b）和（e）分别为图 10.3（a）和（d）的区域放大图，可观察到一些尺寸为 50 μm 或更小的等轴晶粒。由于挤压和剪切应

力作用，从图 10.3（c）中观察到几十微米大小的再结晶晶粒和细长变形带。在 ECAP 样品中变形带更为强烈，变形程度加剧，这是因为 ECAP 过程中的剪切应力导致部分变形条带不再平行于挤压方向，形成与挤压方向呈 45°的剪切变形带。图 10.4（a）和（b）分别为热挤压样品和 ECAP 样品 TD-ED 面的 EBSD 取向图。从图 10.4（a）中可以看出热挤压样品的细长晶粒宽度约为 150 μm，在高温和塑性变形的共同作用下，材料内部通过动态再结晶得到大量细小的等轴晶。而 ECAP 样品中的细长晶粒宽度约为 100 μm，还观察到密集分布的小角度晶界（LAGB），这与 ECAP 过程发生晶粒细化和内部缺陷增多有关。

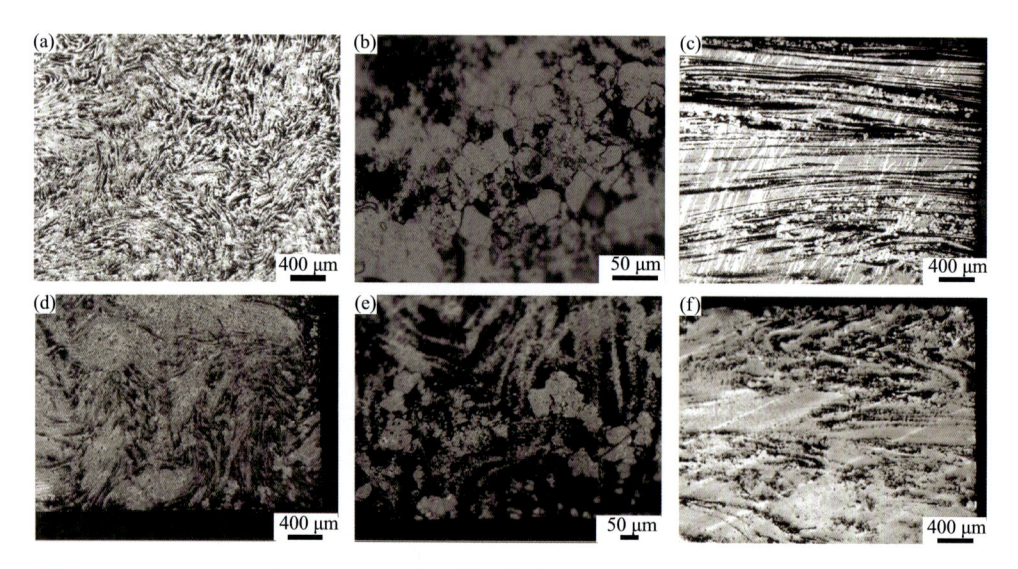

图 10.3　Extruded-GM 和 ECAP-GM 的光学显微镜照片：（a，b）Extruded-GM 的 TD-ND 面；（c）Extruded-GM 的 TD-ED 面；（d，e）ECAP-GM 的 TD-ND 面；（f）ECAP-GM 的 TD-ED 面

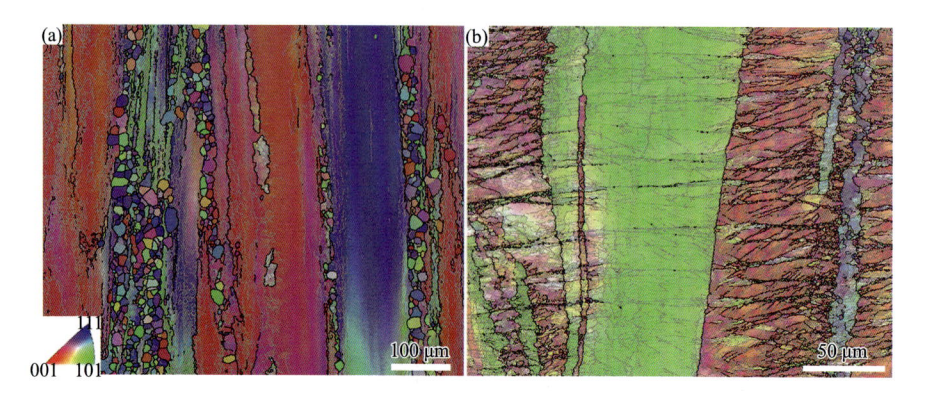

图 10.4　Extruded-GM（a）和 ECAP-GM（b）的 TD-ED 面取向图
黑线为取向偏差大于 10°的晶界，银线为取向偏差在 2°~10°之间的小角度晶界

2. 准静态压缩样品微观结构

图 10.5（a）为热挤压样品垂直加载方向在准静态压缩实验之后的 TD-ND 面的光学显微镜照片，加载方向为图中水平方向，可见准静态压缩变形使大理石花纹组织更加扭曲。此外，垂直加载方向的大理石花纹状塑性条纹之间夹杂着尺寸从几微米至几十微米的等轴晶粒，类似于热挤压样品 TD-ND 面的微观结构。图 10.5（b）为热挤压样品平行加载方向在准静态压缩实验之后的 TD-ED 面的光学显微镜照片，加载方向为图中水平方向，观察到数十微米尺寸的再结晶晶粒分布于长条状变形条带之间。图 10.5（c）为 ECAP 样品垂直加载方向经准静态压缩之后的 TD-ND 面的光学显微镜照片，其大理石花纹状的微观组织与压缩前的 TD-ND 面类似。图 10.5（d）为 ECAP 样品平行加载方向经准静态压缩之后的 TD-ED 面的光学显微镜照片，可见该样品与 ECAP 样品 TD-ED 面的光学形貌差异较大，准静态压缩诱发的剪切带横贯原始的长条状变形条带，将其分割成两个部分，形成波浪状的变形结构。该波浪状剪切条带可能产生于准静态压缩诱发的晶粒旋转或扭折。

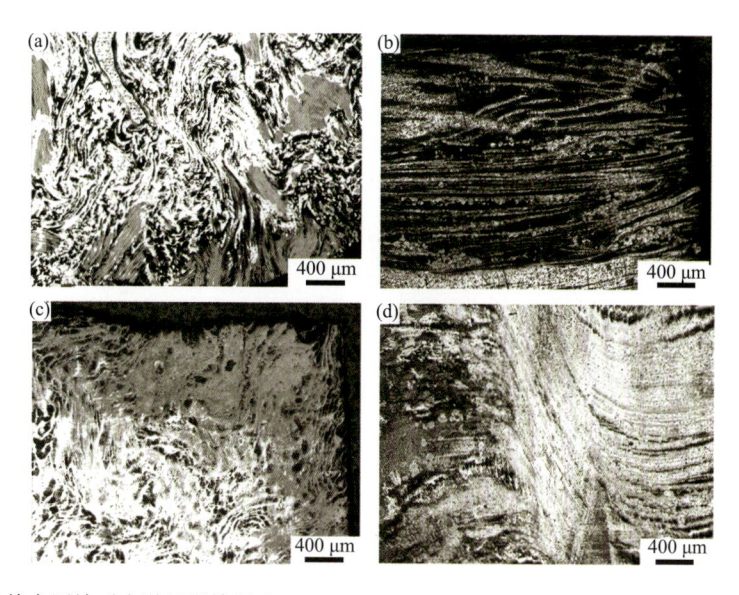

图 10.5 准静态压缩后光学显微镜照片：(a)Extruded-GM-QS1 的 TD-ND 面；(b)Extruded-GM-QS2 的 TD-ED 面；(c) ECAP-GM-QS1 的 TD-ND 面；(d) ECAP-GM-QS2 的 TD-ED 面

3. 霍普金森杆冲击样品微观结构

图 10.6（a～c）为沿横向冲击 Extruded-GM-DY1 样品的 TD-ND 面的扫描电镜图和光学显微镜照片，加载方向为照片中的垂直方向，多条绝热剪切带和裂纹在该样品中形成。图 10.6（b）使用光学显微镜进一步表征图 10.6（a）中部分绝热剪切带，可见两条绝热剪切带分别从样品的左上部分和右上部分延伸至底部而

相互连接。图中绝热剪切带与冲击方向形成 45°，对应于最大剪切应力面。绝热剪切带使塑性流变线沿剪切带发生错动而呈波浪状[10]。图 10.6（c）是图 10.6（b）中左半侧绝热剪切带的放大照片，剪切裂纹附近的层状结构是剧烈剪切变形所导致的层状变形带[2]。图 10.6（d～f）是沿挤压方向冲击 Extruded-GM-DY2 样品的 TD-ED 面的扫描电镜图和光学显微镜照片，冲击方向为照片中的垂直方向。当平行于挤压方向冲击时，Extruded-GM 样品变形均匀，未发现剪切带，与图 10.2 中对应的真应力-应变曲线相吻合。如图 10.6（e）中高放大倍率照片，样品表面的台阶可能由晶粒扭折导致。图 10.6（f）为 Extruded-GM-DY2 样品的光学显微镜照片，冲击形成拉长状变形条带，等轴再结晶晶粒依然存在，其主要微观结构特征仍然保留热挤压态特征。

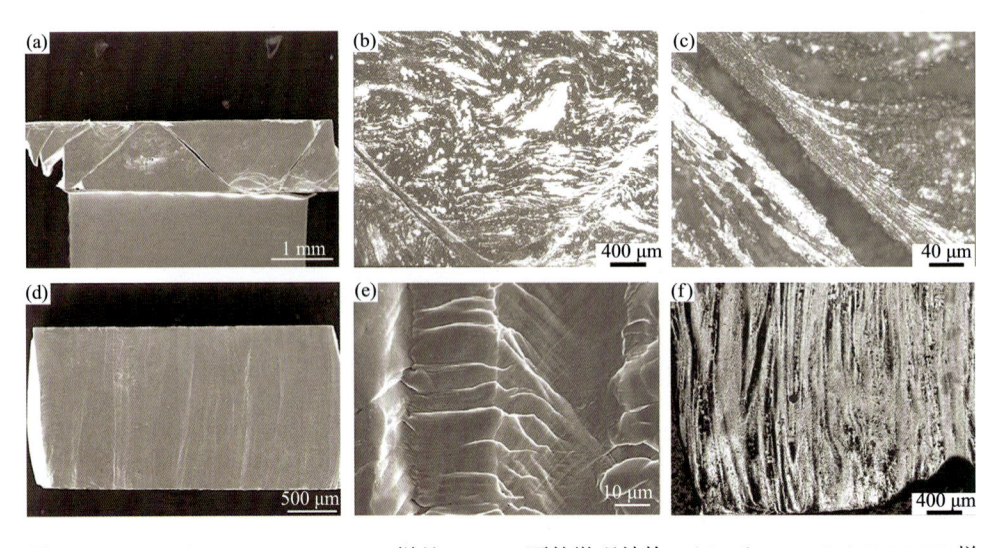

图 10.6　（a～c）Extruded-GM-DY1 样品 TD-ND 面的微观结构；（d～f）Extruded-GM-DY2 样品 TD-ED 面的微观结构

　　图 10.7（a～c）表征了 ECAP-GM-DY1 样品（沿横向冲击）的 TD-ND 面的微观结构，冲击方向在图中为垂直方向。扫描电镜表征的绝热剪切带和裂纹与图 10.6（a）中 Extruded-GM-DY1 样品类似：ECAP-GM-DY1 样品的绝热剪切带相互连接，且都与冲击方向呈 45°，形成于最大剪切应力面。图 10.7（d～f）为沿挤压方向冲击 ECAP-GM-DY2 样品的 TD-ED 面的表面形貌，冲击方向在图中为垂直方向。图 10.7（d）中样品左上侧存在一条未充分形成的绝热剪切带，由图 10.2 中真应力-应变曲线可知，该现象可能与样品的低应变硬化能力有关。如图 10.7（e）和（f）所示，从高倍数光学显微镜照片观察到样品中所保留的等轴晶，该等轴晶通过加工过程中的动态再结晶机制形成。

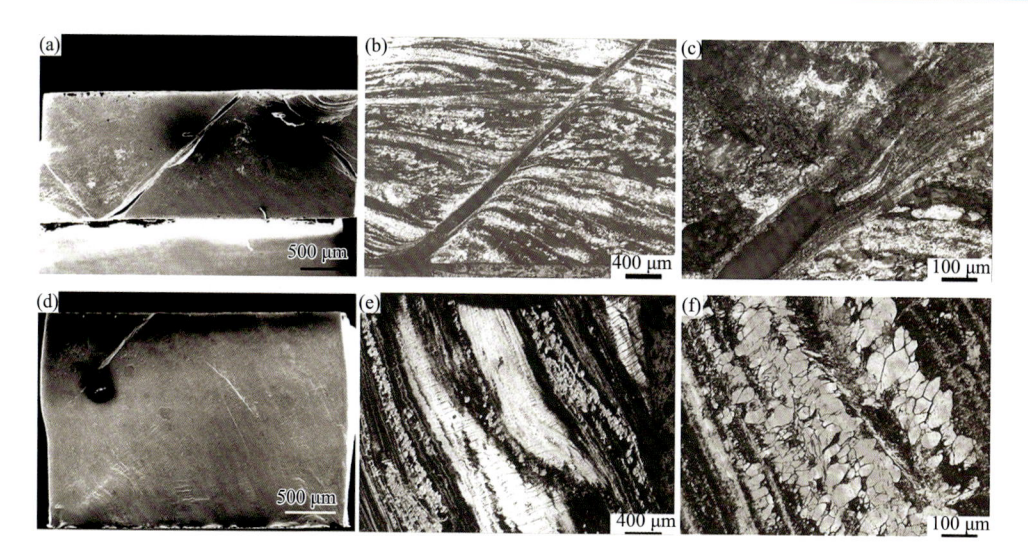

图 10.7 （a～c）ECAP-GM-DY1 样品 TD-ND 面的微观结构；（d～f）ECAP-GM-DY2 样品 TD-ED 面的微观结构

图 10.8（a）和（b）分别是 Extruded-GM-DY1 和 ECAP-GM-DY1 样品 TD-ND 面的背散射电子衍射取向图，系统表征了绝热剪切带的微观结构[1]。图中的色彩可以由之前的反极图色彩解码谱推导出取向信息；两张图由白色箭头划分成基体（Ma 和 Mb）和绝热剪切带（Sa 和 Sb）两块区域；冲击沿横向，在图中为水平方向，如黑色箭头所示。Extruded-GM-DY1 和 ECAP-GM-DY1 绝热剪切带的宽度分别为 32 μm 和 23.4 μm，绝热剪切带内部发生了显著的晶粒细化，形成大量的

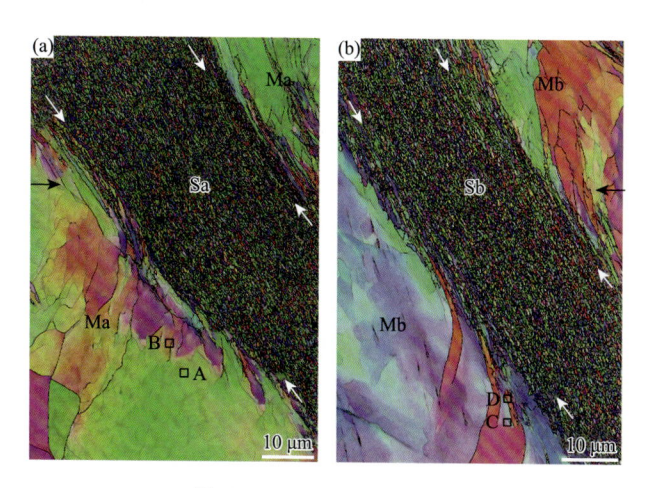

图 10.8 （a）Extruded-GM-DY1 样品 TD-ND 面的取向图；（b）ECAP-GM-DY1 样品 TD-ND 面的取向图

拉长状超细晶（平行于剪切方向）。该现象表明霍普金森杆冲击过程中材料内部绝热剪切带区域的大塑性变形，剪切带与基体过渡区域的剪切流变预示着材料的动态响应、应变和温度由内至外的梯度分布。

  样品 Extruded-GM-DY2 和 ECAP-GM-DY2 表现出流变软化，而样品 Extruded-GM-DY1 和 ECAP-GM-DY1 的应力-应变曲线中却存在应力骤降的现象，扫描电镜和光学显微镜都观察到了样品中的绝热剪切带和裂纹。已有的研究表明，具备高流变应力、高热敏感性、低应变硬化和低应变速率敏感因子的黏弹性材料更容易形成绝热剪切带。然而，相比于样品 Extruded-GM-DY2 和 ECAP-GM-DY2，绝热剪切行为在样品 Extruded-GM-DY1 和 ECAP-GM-DY1 中更为严重，两种样品表现出强烈的差异，这些差异源自于实验过程中加载方向的差异。换而言之，热机械处理过程中引入的织构导致了冲击行为的各向异性。通过背散射电子衍射对各样品织构信息进行表征[16,17]，可以发现，样品 Extruded-GM-DY1 和 ECAP-GM-DY1 中最主要的剪切方向分别是[111]和[11$\bar{1}$]。然而，施密特因子分析表明样品 Extruded-GM-DY2 和 ECAP-GM-DY2 中诸多剪切方向被激活。那么，当样品在霍普金森杆冲击中被"垂直"加载时，被激活的剪切方向将沿着最有利于剪切的方向。相比于激活诸多不同的剪切方向，该单方向的剪切行为将会导致绝热剪切变形的严重化。最终，绝热剪切带，甚至是裂纹得以产生。如图 10.8（a）所示，Extruded-GM-DY1 样品的取向图被区分成基体（Ma）和绝热剪切带（Sa）区域。基体 Ma 区的取向分布为(023)[3$\bar{3}$2]，是基体中最主要的织构组分。绝热剪切带 Sa 区的取向分布则为(011)[3$\bar{2}$2]和(110)[1$\bar{1}$2]。类似地，图 10.8（b）中 ECAP-GM-DY1 样品被区分成基体 Mb 和绝热剪切带 Sb 区域，取向表达分别为(110)[3$\bar{3}$2]、(011)[100]和(110)[3$\bar{2}$2]。绝热剪切带中形成多元的织构组分，该情形可能归因于它内部的大塑性变形和温升。由于多方向剪切变形和新形成的织构组分的共同作用，绝热剪切带内部的织构强度被削弱。将晶向[3$\bar{3}$2]代入样品 Extruded-GM-DY1 和 ECAP-GM-DY1 基体的施密特因子进行分析，可知绝热剪切带近邻的基体内被激活的剪切方向仍然是[1$\bar{1}$1]。尽管样品 Extruded-GM-DY1 和 ECAP-GM-DY1 中绝热剪切带近邻基体的取向发生变化，但它们的基体中仍然仅会诱发单一方向的剪切。而样品中剪切带内将形成多方向的剪切应力，多方向的分切应力组分将引发取向的演化，由之前的取向分析可知，绝热剪切带由多个不同强度的织构组分组成，该现象在很大程度上归因于剪切带内部多方向且剧烈的塑性变形和温升[12,13]。此外，以上因素也导致了绝热剪切带内部超细晶微观组织的形成。具体可表述为：在绝热剪切带形成过程中，局部剪切不再以单一方向定向，动态再结晶最终导致形成一部分随机取向的超细晶，晶粒细化过程如图 10.9 所示。A 和 B 区域是动态载荷下受到局部绝热区热影响的区域，不同的是 A 受到单一方向载荷被剪切，而 B 受到多方向载荷被剪切，这使之前形成的强织构消除。C 区域为准静态压缩过程与载荷几何形状无关的均匀变形，在不受绝热剪切带热影响和动态再结晶的情况下，该区域的塑性应是稳定且均匀的。换而言之，A 区域在变形过程中将越来越不稳定，最终可能导致剪切破坏。

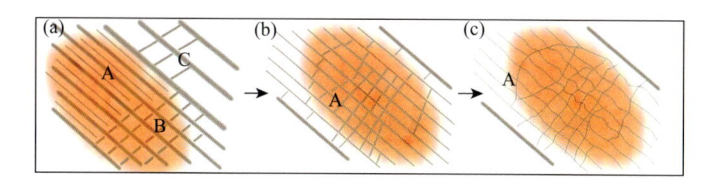

图 10.9　绝热剪切带（a）和带内晶粒细化过程（b、c）示意图

A 区域、B 区域为动态冲击中受局部热影响的区域，A 区域受单一方向剪切，而 B 区域沿不同方向剪切；C 区域为准静态压缩下的变形，与几何关系无关

通过进一步观察图 10.8（a）和（b）中的基体组织，样品 Extruded-GM-DY1 和 ECAP-GM-DY1 中一些典型区域已发生晶体旋转现象，如图 10.8（a）和（b）中矩形方框 A、B、C 和 D 所示。当代表取向的颜色渐次发生变化时，相应区域的晶体点阵也在逐渐旋转其取向。该过程可以进一步使用图 10.10 中的极图及三维晶体模型更好地证明。在图 10.10（a）中，A 区域和 B 区域的 {100} 极图中相应的投射极点的旋转表明以上两个区域的取向变化。图 10.10（b）和（c）中的三维晶体模型可以形象地描绘该旋转过程。图 10.10（d）中 C 区域和 D 区域的 {100} 极图，以及图 10.10（e）和（f）中相应的三维晶体模型，它们都表明图 10.8（b）中从基体区域到相邻剪切带区域的晶体旋转。

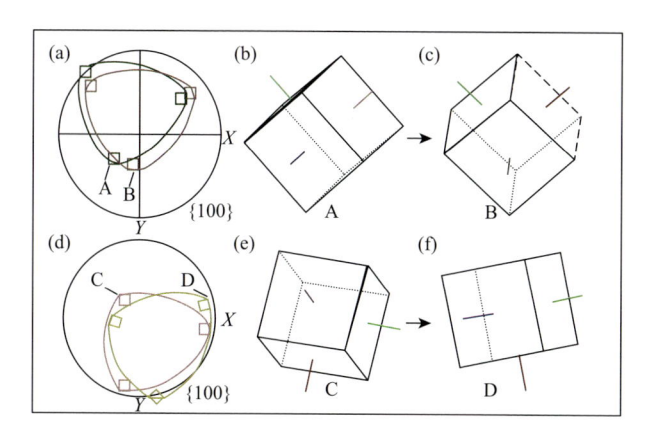

图 10.10　（a）图 10.8（a）中 A、B 区域极图；（b, c）A、B 三维晶体模型；
（d）图 10.8（b）中 C、D 区域极图；（e, f）C、D 三维晶体模型

为探讨绝热剪切带的成因及热软化机制的作用，分析了各样品的局域取向差

和再结晶行为。图 10.11（a）和（b）为样品 Extruded-GM-DY1 和 ECAP-GM-DY1 的局域取向差图。可以看出，基体中的局域取向差较小，仅有少量变形形成的 1°～3° 的取向差网络。图 10.11（c）和（e）中的晶界分布说明小角度晶界在基体中含量较高。在样品 Extruded-GM-DY1 中，绿线占据绝热剪切带内的绝大部分区域，说明绝热剪切带内存在较大的取向差，该结果源自于带内高密度的小角度晶界和亚晶界以及超细晶中的高位错密度。图 10.11（d）表明样品 Extruded-GM-DY1 中绝热剪切带内的小角度晶界和亚晶界占比达 60%（大角度晶界占比 40%）。然而，在样品 ECAP-GM-DY1 中，蓝色占据绝热剪切带内绝大部分区域，说明各晶粒中极低的位错密度和取向差。如图 10.11（f）所示，样品 ECAP-GM-DY1 中绝热剪切带内的大角度晶界占比达 70%，较 Extruded-GM-DY1 有所提升。样品 Extruded-GM-DY1 和 ECAP-GM-DY1 绝热剪切带内超细晶晶粒尺寸相近，单位面积内大角度晶界数量相差不大，但是它们的占比相差 30%。这说明样品 Extruded-GM-DY1 中绝热剪切带内的超细晶具备超高位错密度导致取向差增大，形成大量亚晶界和小角度晶界。

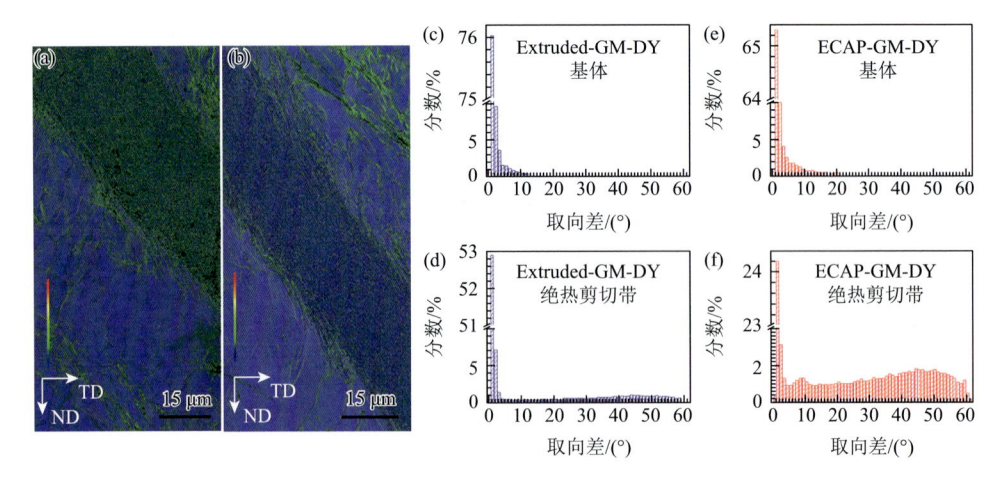

图 10.11 样品 Extruded-GM-DY1（a）和 ECAP-GM-DY1（b）的 TD-ND 面的局域取向差图；样品 Extruded-GM-DY1 的基体（c）和绝热剪切带（d）的晶界分布图；样品 ECAP-GM-DY1 的基体（e）和绝热剪切带（f）的晶界分布图

对绝热剪切带中再结晶晶粒进一步表征，结果如图 10.12 所示。其中，黄色的亚结构基体由大量亚晶组成，它们内部的平均取向差小于 2°，如图 10.12（a）所示，红色的变形晶占据样品 Extruded-GM-DY1 的绝热剪切带内部，而在图 10.12（b）中，蓝色的再结晶占据样品 ECAP-GM-DY1 的绝热剪切带。如图 10.12（c）和（d）所示，绝热剪切带内三类晶粒的柱状比例图表明，样品 Extruded-GM-DY1 的变形晶占比达 81.4%，而样品 ECAP-GM-DY1 的变形晶占比仅 8.0%。这些结果表明：

①样品 ECAP-GM 的冲击均匀变形量较样品 Extruded-GM 大；②相比热挤压而言，ECAP 产生更多的缺陷（较大的局域取向差，更密集的亚晶界、小角度晶界和大角度晶界网络）和更高的储存能；③尽管样品 Extruded-GM-DY1 和 ECAP-GM-DY1 都形成绝热剪切带，前者的剪切带主要由变形晶粒组成，而后者的剪切带主要由再结晶晶粒组成。通过对各样品冲击实验中的温升进行计算[3]，估测样品在均匀变形结束和绝热剪切萌生时的整体温升分别是 321 K（样品 Extruded-GM-DY1，工程应变量 8.6%）和 331 K（样品 ECAP-GM-DY1，工程应变量 11.0%）。由于绝热剪切发生在狭小的剪切带内，这会引发温度的剧烈上升。由经验公式可知[3]，样品 Extruded-GM-DY1 和 ECAP-GM-DY1 绝热剪切带内的最高温度分别是 608 K 和 1159 K。

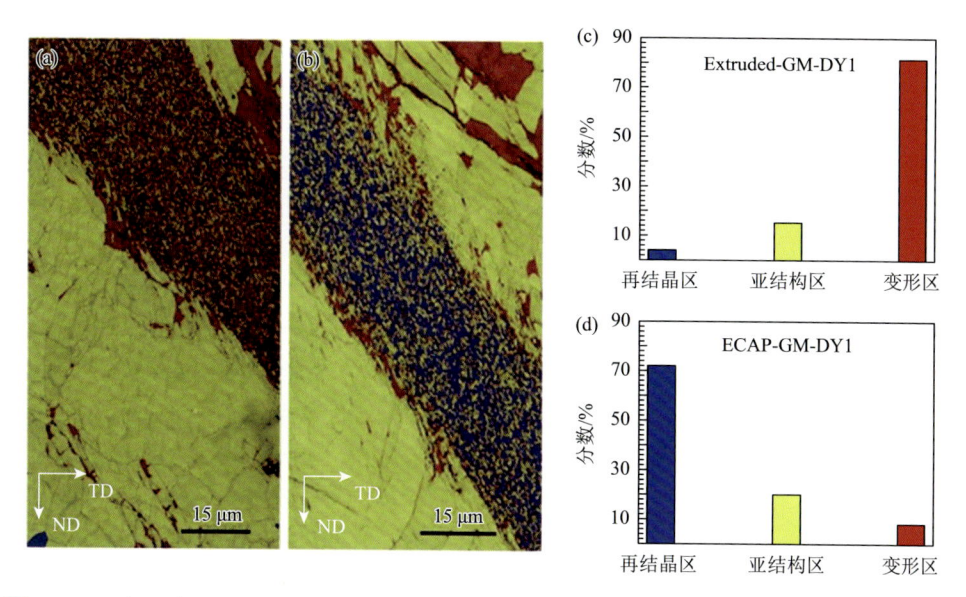

图 10.12　（a，b）Extruded-GM-DY1 和 ECAP-GM-DY1 的 ASB 的再结晶图；（c，d）图（a，b）中再结晶区、亚结构区和变形区的统计分数

基于以上温升计算可知，样品 Extruded-GM-DY1 和 ECAP-GM-DY1 在绝热剪切前整体温升分别是 321 K 和 331 K，未能达到再结晶温度 0.5 T_m（该材料的熔融温度，T_m 约为 2132 K），无法激活热软化机制，间接表明微观结构软化机制促进绝热剪切带的形成。进一步而言，霍普金森杆冲击应力入射波与反射波相互作用，形成应力波的干涉效应，在材料内部特定部位叠加加强，导致塑性变形集中化和局域化[10]，使得该局部区域承受大量剪切应变并形成超细晶。样品 Extruded-GM-DY1 剪切带内最高温度 608 K 与少量再结晶（占比 3.6%）的表征结果一致。对于样品 ECAP-GM-DY1，剪切带内最高温度 1159 K 对应于大量再结晶

（占比 72.0%）的表征结果。实际上，即使样品 Extruded-GM-DY1 承受的所有塑性变形都集中于剪切带，其最高温度也仅为 898 K，仍然低于再结晶温度。以上结果明确表明热软化机制不是绝热剪切的主要影响因素，微观结构软化机制导致了绝热剪切带的形成。

10.2 高强韧高熵合金主要物理性能及变形机制

如图 10.13 所示，传统合金的设计理念是以一种或者两种元素为主要元素，少量添加其他合金元素[18]。而高熵合金的设计理念则要求元素种类不低于五种，且每种元素的原子分数为 5%~35%，没有特定的主要元素[18]。这种独特的合金设计理念极大地扩展了合金种类。对于合金体系而言，成分决定了其凝固过程中的热力学，进而影响固溶体的原子结构，最终决定了合金的性能表现。因此高熵合金这种新型的合金体系，在热力学、结构和性能等方面拥有自身独特的特点。大量的研究结果也表明高熵合金具有四种独特的效应：热力学上的高熵效应、动力学上的迟滞扩散效应、结构上的晶格畸变效应和性能上的"鸡尾酒"效应。同时，多主元的原子结构赋予了高熵合金优异的性能。众多研究结果表明，通过合理的元素选择和配比，高熵合金可以获得高硬度、高强度、高韧性、高电阻、高软磁性、耐高温、耐氧化、耐腐蚀、抗辐照等优异的性能，具有很大的应用前景[19, 20]。目前在一些领域，部分高熵合金已经作为结构和功能材料使用，如高硬度且耐磨耐蚀的刀具和模具；氮化物、氧化物的镀膜涂层；集成电路中的铜扩散阻挡层；高频变压器、马达的磁心、磁屏蔽、磁头、磁盘、高频软磁薄膜等。高熵合金被认为是最近几十年来合金化理论的三大突破之一，具有重要学术研究价值，同时打开了可合成的近乎无穷无尽的新型合金世界，对于传统冶金行业和金属材料的研究具有重大的意义。

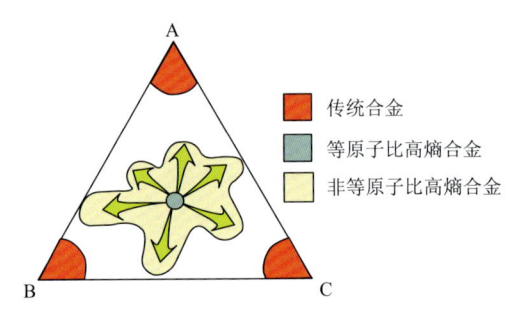

图 10.13 等原子比高熵合金、非等原子比高熵合金和传统合金在相图中的位置[18]

10.2.1 Ni$_2$Co$_1$Fe$_1$V$_{0.5}$Mo$_{0.2}$中熵合金高温拉伸性能和变形机制

Ni$_2$Co$_1$Fe$_1$V$_{0.5}$Mo$_{0.2}$中熵合金的设计思路在于添加 Mo 和 V 元素[21]。高熔点的 Mo 和 V 元素是传统高温材料常用的合金元素。而且 Mo 和 V 的原子尺寸显著大于 Ni、Co 和 Fe，会造成严重的晶格畸变和固溶强化作用，能够明显提高合金的高温性能[21]。

1. 拉伸性能

Ni$_2$Co$_1$Fe$_1$V$_{0.5}$Mo$_{0.2}$中熵合金在800℃的高温下依然具有良好的强塑性（图10.14），优于其他高熵合金和一些典型高温合金[21-37]。加工硬化行为分析发现，在 25～800℃的温度范围内，Ni$_2$Co$_1$Fe$_1$V$_{0.5}$Mo$_{0.2}$中熵合金具有显著的加工硬化能力，加工硬化指数高达 0.9～1.15。高的加工硬化指数意味着 Ni$_2$Co$_1$Fe$_1$V$_{0.5}$Mo$_{0.2}$中熵合金具有很强的位错存储能力，可以延迟颈缩发生，提高塑性[38]。但当测试温度超过 900℃时，Ni$_2$Co$_1$Fe$_1$V$_{0.5}$Mo$_{0.2}$中熵合金出现明显的热软化，加工硬化率单调下降[图10.14（d）]，均匀延伸率显著降低。

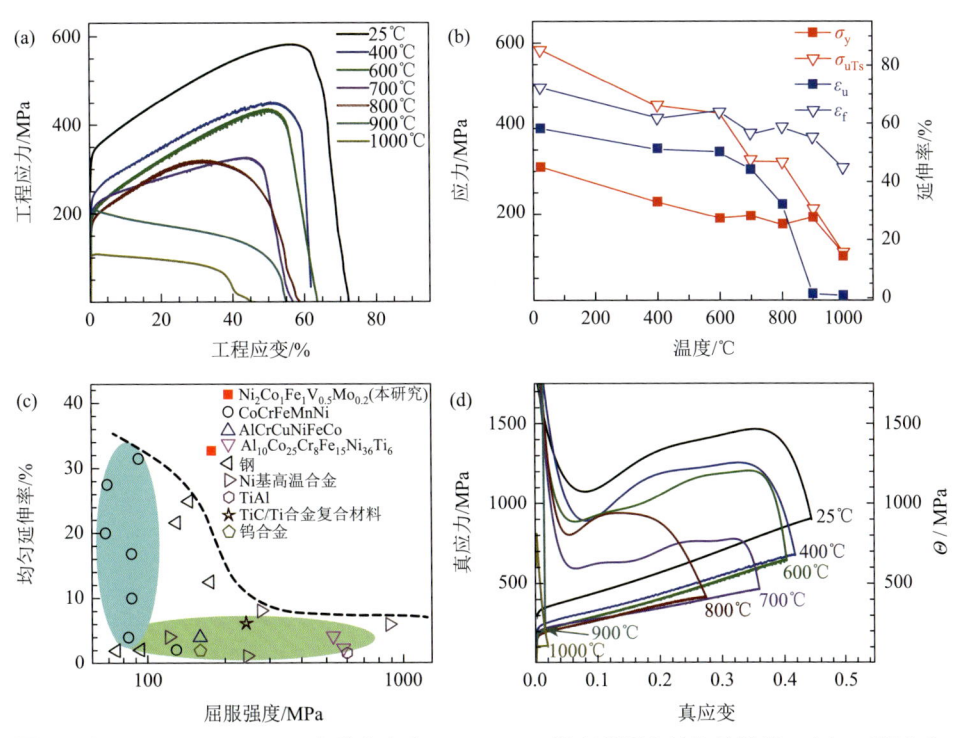

图 10.14 Ni$_2$Co$_1$Fe$_1$V$_{0.5}$Mo$_{0.2}$中熵合金在 25～1000℃温度范围内的拉伸性能：(a) 工程应力-应变曲线，(b) 屈服强度、抗拉强度、均匀延伸率和断裂伸长率随温度变化曲线；(c) Ni$_2$Co$_1$Fe$_1$V$_{0.5}$Mo$_{0.2}$中熵合金、其他高熵合金、传统高温合金在 800℃的性能对比[21-37]；(d) 真应力和应变硬化率随真应变变化曲线[21]

σ_y、σ_{uTs}、ε_u、ε_f分别表示屈服强度、抗拉强度、均匀延伸率、断裂伸长率

2. 锯齿流变行为

动态应变时效导致 Ni$_2$Co$_1$Fe$_1$V$_{0.5}$Mo$_{0.2}$ 中熵合金在拉伸过程中出现明显的锯齿流变行为（图 10.15）。随着温度从 400℃升高到 800℃，锯齿类型从 A 型逐渐转变为 C 型。而在 25℃时，固溶原子的扩散速度过低，无法激活动态应变时效，因此，固溶强化效果非常显著，使得 Ni$_2$Co$_1$Fe$_1$V$_{0.5}$Mo$_{0.2}$ 中熵合金具有很高的强度和塑性。在 900℃以上的高温条件下，固溶原子具有足够的移动能力，导致位错无法被有效钉扎，因而锯齿消失。因此，在这样的高温下，动态应变时效对力学性能的影响可以忽略不计。

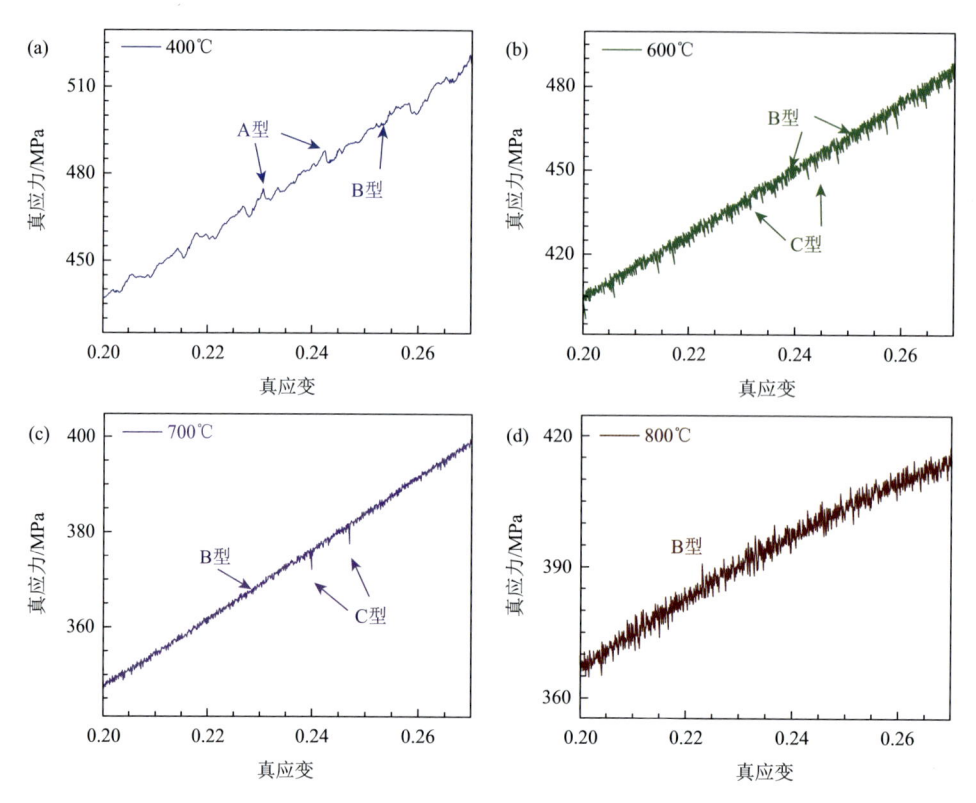

图 10.15 Ni$_2$Co$_1$Fe$_1$V$_{0.5}$Mo$_{0.2}$ 中熵合金真应力-应变曲线的局部放大图：（a）400℃的流变行为，特征为 A 型和 B 型锯齿；（b）600℃的流变行为，特征为 B 型和 C 型锯齿；（c）700℃的流变行为，特征为 B 型和偶尔的 C 型锯齿；（d）800℃的流变行为，特征为单一的 B 型锯齿[21]

3. 应变速率敏感性

通过应变速率跳变实验，可以详细研究 Ni$_2$Co$_1$Fe$_1$V$_{0.5}$Mo$_{0.2}$ 中熵合金在 25～800℃温度范围内的热激活过程（图 10.16）。研究发现，在 25℃时，应变速率敏感因子 $m>0$，并且激活体积相对较小、变化平稳（69～99b^3），说明大量位错塞积[39]和局部化学有序[40]的综合作用,导致了位错频繁地发生短程固溶原子钉扎和交滑移。在 400~700℃温度区间内,$m<0$ 说明林位错的动态应变时效起着主导作用;同时激活体积保持在 390~2760b^3 范围内,表明位错线的长程弯曲[41]以及林位错切割机制的主导性。在800℃时,$m>0$ 表明可动位错的溶质拖曳效应[42-44];同时激活体积从 5910b^3 急剧下降到 162b^3,表明随着应变的增加,变形机制从林位错切割机制转变为螺位错的交滑移[45]。

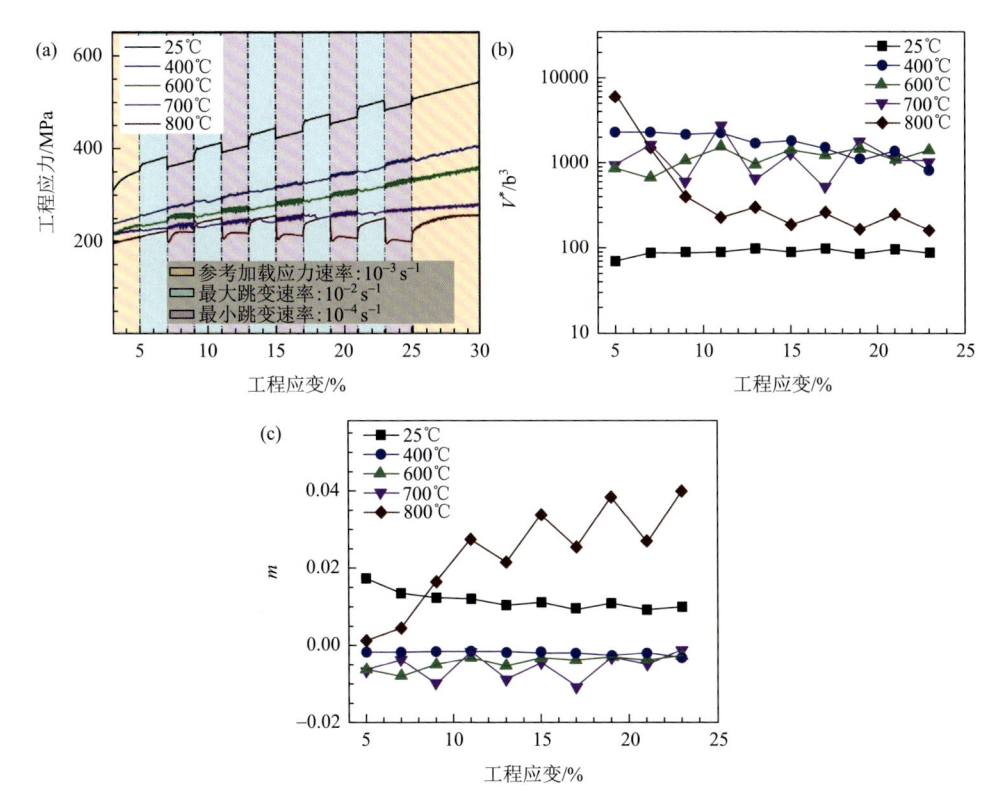

图 10.16 (a) $Ni_2Co_1Fe_1V_{0.5}Mo_{0.2}$ 中熵合金在 $10^{-4} \sim 10^{-2}$ s^{-1} 应变速率范围内通过应变速率跳变实验得到的工程应力-应变曲线;(b) 激活体积与工程应变的关系;(c) 应变速率敏感因子 m 与工程应变的关系[21]

4. 不同温度下的变形机制

林位错可以对运动的位错施加背应力[42]。虽然单独的林位错对运动位错的阻塞作用远不如晶界和孪晶界,但当高密度的林位错具有固溶气氛后,就可以有效地提升应力强化[45, 46]。在 25~800℃温度范围内,林位错始终影响着 $Ni_2Co_1Fe_1V_{0.5}Mo_{0.2}$ 中熵合金的加工硬化,林位错的演变决定了 $Ni_2Co_1Fe_1V_{0.5}Mo_{0.2}$ 中熵合金的力学性能。位错林可以具有不同的构型和强度,这取决于其组成位错的类型。25℃时总的位错密度最高，但纯螺位错所占比例最低[图 10.17（a）和图 10.18]。在伯格斯矢量相同的条件下，刃位错比螺位错具有更大的应变场[47]，因此 25℃拉伸样品中形成的位错林比更高温度下形成的位错林阻碍作用更强。此外，25℃时固溶原子扩散性更低，动态应变时效不活跃，不会造成严重塑性失稳。因此，$Ni_2Co_1Fe_1V_{0.5}Mo_{0.2}$ 中熵合金在 25℃时具有优异的力学性能，如图 10.14（a）所示。

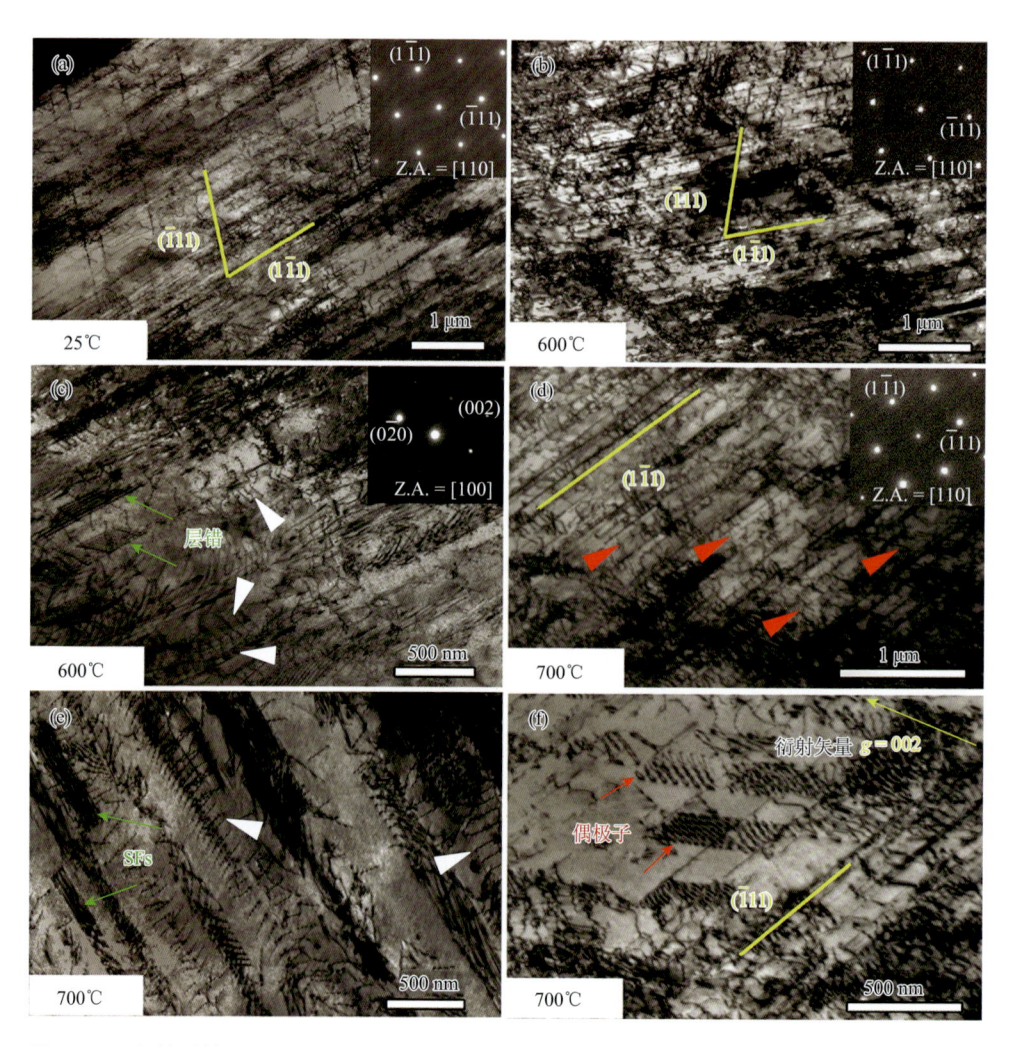

图 10.17 拉伸后的 $Ni_2Co_1Fe_1V_{0.5}Mo_{0.2}$ 中熵合金样品标距段的位错结构：(a) 25℃变形样品中，($\bar{1}11$) 面与 ($1\bar{1}1$) 面的相交迹线证实了面滑移特征；(b, c) 600℃变形样品中的典型位错结构和层错（绿色箭头表示）；(d~f) 700℃变形样品中的典型微观结构，波浪型位错用红色三角形表示，平面位错序列用白色三角形表示，位错偶极子用红色箭头表示[21]

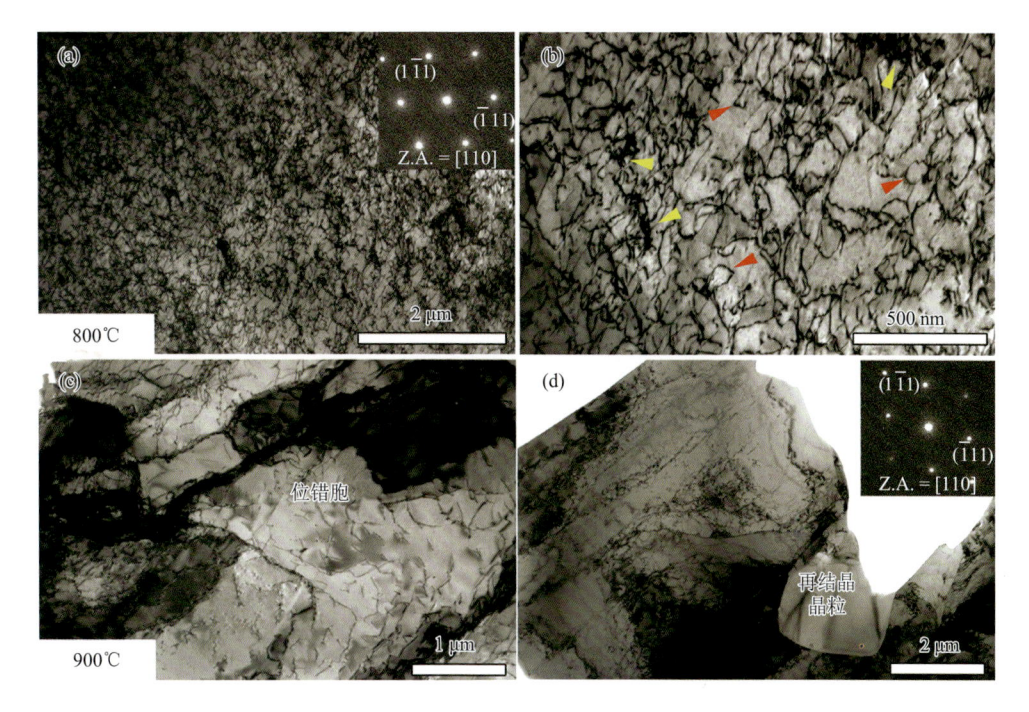

图 10.18　拉伸后的 Ni$_2$Co$_1$Fe$_1$V$_{0.5}$Mo$_{0.2}$ 中熵合金样品标距段的位错结构：（a，b）800℃变形样品中的高密度位错；900℃变形样品中出现的位错胞结构（c）和再结晶晶粒（d）[21]，波浪型和弯曲型位错用红色三角形表示，位错缠结用黄色三角形表示

在 400～700℃温度范围时，林位错是由交滑移的位错缠结、位错偶极子、平面位错序列及层错构成的[图 10.17（b）～（f）]。除了位错组态不同于 25℃，400～700℃拉伸样品中的位错密度也低于 25℃的拉伸样品（图 10.19）。此外，温度的升高导致剪切模量降低，且动态应变时效被激活导致均匀变形被破坏。这些变化共同导致了高温下的强度、塑性和加工硬化速率的同时降低。值得注意的是，在 400℃和 600℃拉伸时，加工硬化速率曲线的上升趋势相似，但 700℃时的加工硬化速率显著下降（图 10.19）。这是由于当温度从 600℃提高到 700℃时，螺位错所占比例急剧增加，在高温条件下，FCC 结构材料中的螺位错在遇到位错林等障碍时，很容易交滑移到共轭的滑移面上。这种显著增强的位错交滑移减少了位错塞积群中的位错数量，从而降低了长程背应力。此外，交滑移也会造成螺位错偶极子的湮灭，相应地降低了局部背应力。因此，交滑移倾向强烈的螺位错所占比例的增加，导致 Ni$_2$Co$_1$Fe$_1$V$_{0.5}$Mo$_{0.2}$ 中熵合金在 700℃拉伸时加工硬化速率显著降低。

Ni$_2$Co$_1$Fe$_1$V$_{0.5}$Mo$_{0.2}$ 中熵合金在 800℃条件下表现出比 700℃更大的加工硬化率增幅，原因在于以下几点：①弹塑性转变后，塑性流变由急剧增加的林位错密

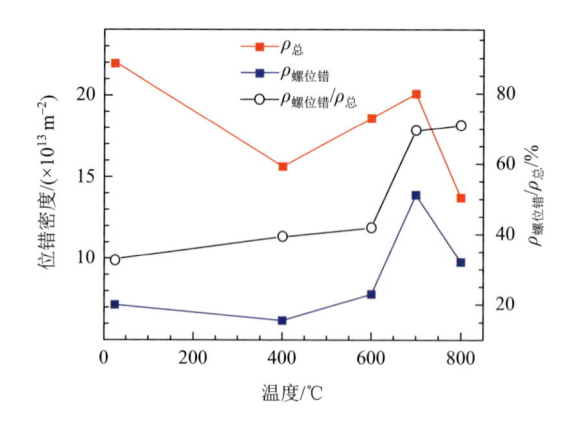

图 10.19 拉伸变形后 $Ni_2Co_1Fe_1V_{0.5}Mo_{0.2}$ 中熵合金样品中位错密度随变形温度变化的曲线[21]

度来协调；拉长的位错线上的固溶原子拖曳作用增强了林位错强化效应，从而导致加工硬化速率的快速上升。②流变应力随应变量的增加而增加，螺位错的交滑移迅速占据主导地位，导致位错的回复/湮灭（图10.18和图10.19）。因此，与较低温度下拉伸变形的 $Ni_2Co_1Fe_1V_{0.5}Mo_{0.2}$ 中熵合金相比，800℃时的加工硬化速率更早地发生下降［图10.14（d）］。

5. 强化机制

对于传统的单相多晶材料，位错强化和晶界强化是最主要的强化机制。而在中熵合金、高熵合金这类高浓度固溶体中，固溶强化是不可忽略的一种强化效应。因此，$Ni_2Co_1Fe_1V_{0.5}Mo_{0.2}$ 中熵合金的流变应力是多项强化效应的综合结果，可以通过式（10.1）进行计算：

$$\sigma_f = \sigma_0 + \sigma_\rho + \sigma_{HP} + \sigma_{SS} \tag{10.1}$$

式中，σ_0 为原子间的摩擦应力；σ_ρ 为位错强化；σ_{HP} 为晶界强化；σ_{SS} 为固溶强化。

1）位错强化

$Ni_2Co_1Fe_1V_{0.5}Mo_{0.2}$ 中熵合金在拉伸塑性变形过程中，位错密度逐渐增加，位错滑移需要克服位错间的相互作用力。因此，位错强化所提供的强度增量可以通过式（10.2）给出的 Bailey-Hirsch 方程[48]来计算：

$$\sigma_\rho = M\alpha_T bG\sqrt{\rho_{total}} \tag{10.2}$$

式中，M 为无量纲的平均取向因子；α_T 是温度相关常数，取 0.25；b 为伯格斯矢量；G 为剪切模量；ρ_{total} 为点位错密度。不同温度下位错强化造成的强度增量统计在表 10.1 中。可以发现位错强化效果随着温度的提高而逐渐下降，这是由高温对位错密度和剪切模量的影响造成的。

表 10.1　不同温度下位错强化增量的数值[21]

T/℃	ρ/($\times 10^{14}$m^{-2})	E/GPa	G/GPa	σ_ρ/MPa
25	2.197	195.7	75.3	208.4
400	1.567	131.8	50.7	118.5
600	1.859	120.6	46.4	118
700	2.011	113.1	43.5	113.4
800	1.377	109.2	42	92

2）晶界强化

位错滑移至晶界处会被阻碍，进而产生强化作用。通常晶粒越小，强化效果越明显。式（10.3）给出的 Hall-Petch 方程[49]作为一个经验公式，常被用来计算晶界强化造成的强度增量：

$$\sigma_{HP} = k_{HP} D^{-1/2} \tag{10.3}$$

式中，k_{HP} 为晶界强化系数[36]；D 为晶粒尺寸。计算得到晶界强化造成的强度增量约为 15.4 MPa。事实上，温度会影响材料的晶界强化系数，进而影响晶界强化效应，这里不做深入讨论。

3）固溶强化

对于固溶强化，通常使用式（10.4）给出的 Fleischer 方程[37]进行估算：

$$\sigma_{SS} = MbG\varepsilon_{SS}^{3/2}\sqrt{c} \quad (c \text{ 为溶质原子浓度}) \tag{10.4}$$

但是，这一公式通常适用于传统稀固溶体合金，对于中熵合金、高熵合金这类超级固溶体，其有效性还有待验证。此外，大原子尺寸的 Mo 和 V 的添加导致明显的晶格畸变，且很难确切区分出溶质和溶剂，因此，很难单独计算晶格摩擦应力 σ_0 和固溶强化 σ_{SS}（σ_{SS} 为与基体的晶格常数和剪切模量相关的常数），只能将两者放在一起考虑。由于晶格摩擦应力和固溶强化被统一考虑，两者共同的强度增量表示为 $\sigma_0 + \sigma_{SS}$。从表 10.2 的最后一列可以看出，在 25~800℃温度范围内，$\sigma_0 + \sigma_{SS}$ 对总强度的贡献超过 60%，在 400℃时甚至达到 70%。虽然 $\sigma_0 + \sigma_{SS}$ 对强度的独立贡献很难区分，但二者的综合效应非常显著。

表 10.2　不同温度下强化增量的数值[21]

T/℃	σ_{UTS}/MPa	σ_{HP}/MPa	$\sigma_{UTS} - \sigma_{HP}$/MPa	σ_ρ/MPa	$\sigma_0 + \sigma_{SS}$/MPa	$(\sigma_0 + \sigma_{SS})/\sigma_{UTS}$/%
25	583	15.4	568	208	359	61.58
400	452		437	119	318	70.35
600	435		420	118	302	69.43
700	326		311	113	197	60.43
800	322		307	92	215	66.77

注：抗拉强度 σ_{UTS} 来源于拉伸曲线。

10.2.2　Cr$_{26}$Mn$_{20}$Fe$_{20}$Co$_{20}$Ni$_{14}$高熵合金冲击性能和变形机制

非等原子比的Cr$_{26}$Mn$_{20}$Fe$_{20}$Co$_{20}$Ni$_{14}$高熵合金的设计思路在于优化合金的原子比例，降低合金的层错能，增强合金的 TWIP（twin-induced-plasticity，孪生诱导塑性）和 TRIP（transformation-induced-plasticity，相变诱导塑性）能力，进而提高合金的抗冲击性能[38, 39]。

1. 霍普金森杆冲击性能

在霍普金森杆冲击实验中，Cr$_{26}$Mn$_{20}$Fe$_{20}$Co$_{20}$Ni$_{14}$高熵合金表现出明显的应变速率硬化能力，其屈服强度从 1000 s^{-1} 应变速率下的 282 MPa 增加到 3000 s^{-1} 时的 360 MPa，增加了28%[图 10.20（a）]。图 10.20（b）显示，Cr$_{26}$Mn$_{20}$Fe$_{20}$Co$_{20}$Ni$_{14}$高熵合金的加工硬化分为两个阶段：第一阶段，加工硬化率快速下降，这是变形初期合金从弹性变形过渡到位错滑移主导的塑性变形导致的，初期激发的位错都是可动位错，没有滑移阻碍，加工硬化能力较低[50-54]。第二阶段，加工硬化率平缓下降，这种特征通常是由额外的塑性变形机制引起的，如 TWIP 钢中的孪生[55]和 TRIP 钢中的相变[56]，或异构材料中的 HDI 硬化效应[57]等，这些都提供了额外的加工硬化能力。Cr$_{26}$Mn$_{20}$Fe$_{20}$Co$_{20}$Ni$_{14}$高熵合金的加工硬化指数为 0.83~0.95。根据 Hart 理论[58]和 Considère 判据[59]，高的加工硬化率有利于延迟缩颈并提高均匀延伸率。检查冲击后样品的表面，可以观察到塑性变形引起的表面粗糙，且粗糙度随着应变速率的增大而增大（图 10.21）。此外，所有样品中均没有发现任何的剪切带和微裂纹，这表明 Cr$_{26}$Mn$_{20}$Fe$_{20}$Co$_{20}$Ni$_{14}$高熵合金在冲击过程中持续硬化而没有发生软化或失效行为。

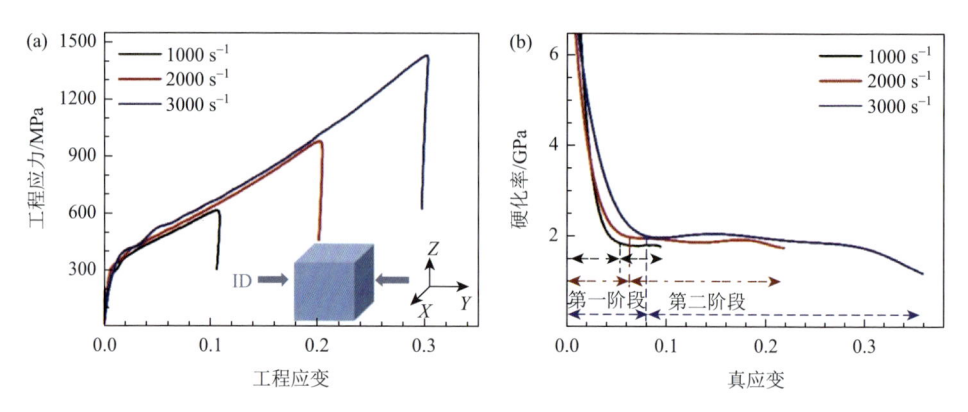

图 10.20　Cr$_{26}$Mn$_{20}$Fe$_{20}$Co$_{20}$Ni$_{14}$高熵合金在室温下的霍普金森杆冲击性能：（a）1000 s^{-1}、2000 s^{-1}、3000 s^{-1} 应变速率下的工程应力-应变曲线；（b）加工硬化速率-真应变，沿着虚线可以区分出第一和第二阶段[52]，插图表明冲击沿着 Y 轴方向

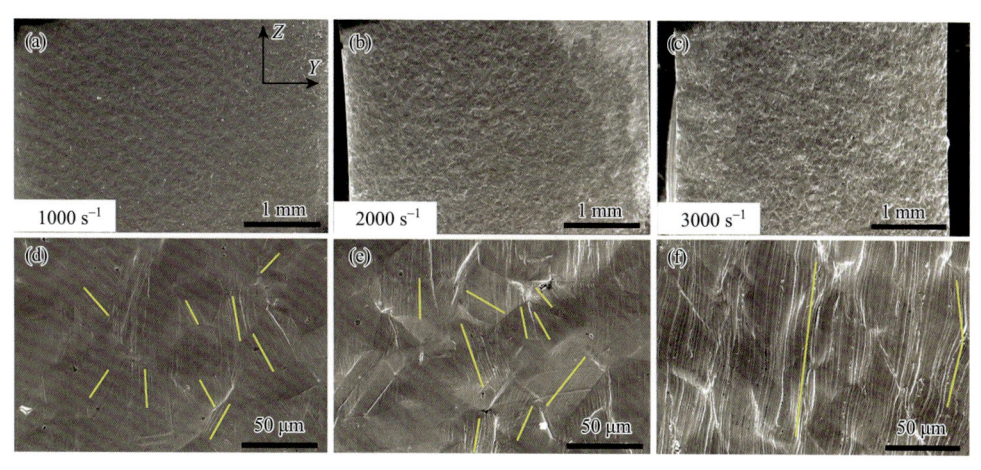

图 10.21　SEM 图展示了 $Cr_{26}Mn_{20}Fe_{20}Co_{20}Ni_{14}$ 高熵合金在 1000 s^{-1}（a）、2000 s^{-1}（b）和 3000 s^{-1}（c）应变速率冲击变形后的 YOZ 面的整体形貌；(d)、(e) 和 (f) 分别是 (a)、(b) 和 (c) 的局部放大图，展示了样品表面的迹线细节（标记为黄线）[52]

2. 夏比冲击性能

在夏比冲击实验中，对比了 $Cr_{26}Mn_{20}Fe_{20}Co_{20}Ni_{14}$ 和 CrMnFeCoNi 高熵合金在室温（293 K）和液氮温度（77 K）下的冲击吸收功和冲击韧性（图 10.22）。如图 10.22 所示，随着温度从 293 K 下降到 77 K，CrMnFeCoNi 高熵合金的冲击吸收功和冲击韧性呈下降趋势。而 $Cr_{26}Mn_{20}Fe_{20}Co_{20}Ni_{14}$ 高熵合金的冲击吸收功和冲击韧性表现出反温度依赖关系。在 293 K 温度下，$Cr_{26}Mn_{20}Fe_{20}Co_{20}Ni_{14}$ 高熵合金的冲击吸收功为 1.75 J，冲击韧性为 59.5 J/cm^2，这个冲击性能与异质结构的

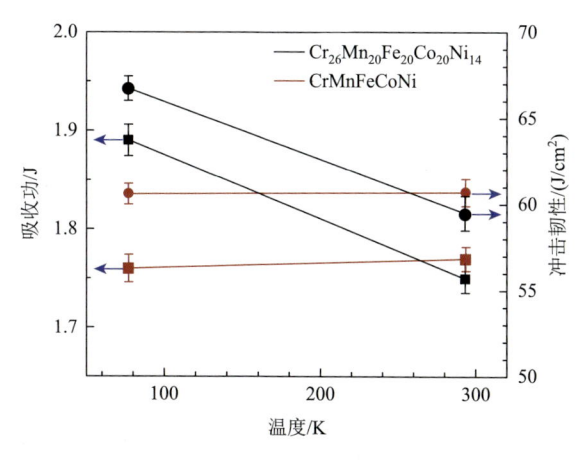

图 10.22　$Cr_{26}Mn_{20}Fe_{20}Co_{20}Ni_{14}$ 和 CrMnFeCoNi 高熵合金在不同温度下的吸收功和冲击韧性对比[53]

316 L 不锈钢相当[43]。当测试温度降低到 77 K 时，$Cr_{26}Mn_{20}Fe_{20}Co_{20}Ni_{14}$ 高熵合金的冲击吸收功增加到 1.89 J，相应的冲击韧性增加到 66.7 J/cm^2。

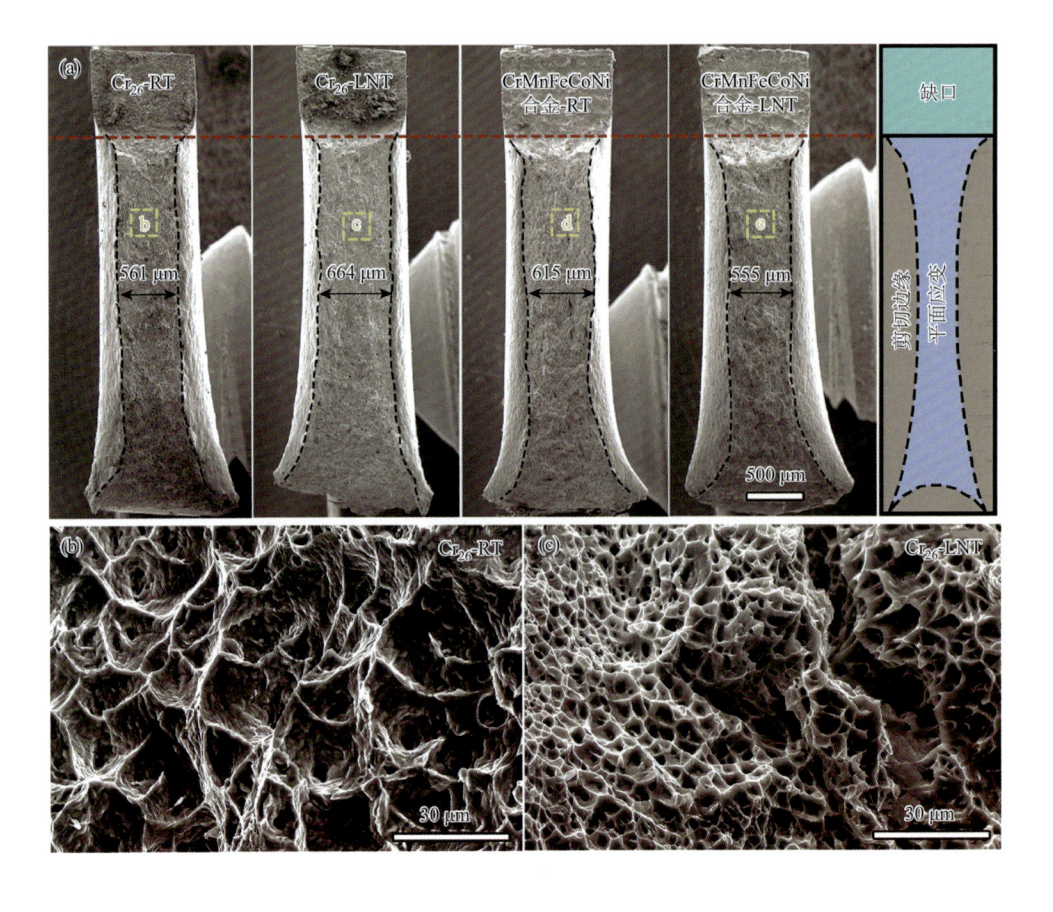

图 10.23 是 $Cr_{26}Mn_{20}Fe_{20}Co_{20}Ni_{14}$ 和 CrMnFeCoNi 高熵合金在不同温度下的冲击断口的整体形貌图。由图 10.23 可以看出，样品的冲击断口主要分为剪切唇和平面应变区两部分。一般，材料在冲击过程中，平面应变区形成韧窝会消耗能量。所以，平面应变区的面积越大，冲击过程中消耗的能量越多，材料抗冲击能力越强[60-62]。平面应变区的宽度在一定程度上能够代表平面应变区的面积。$Cr_{26}Mn_{20}Fe_{20}Co_{20}Ni_{14}$ 高熵合金在液氮温度下具有最大的平面应变区宽度，约为 664 μm，这也从侧面证明了其在冲击过程中吸收了更多的能量，具有更好的抗冲击能力。除了平面应变区的宽度之外，平面应变区的韧窝形貌也是影响冲击吸收功和冲击韧性的重要因素，一般韧窝数量越多、深度越深，抗冲击能力越好。这是因为韧窝形貌反映了协调塑性变形的过程，该过程一般与位错、孪生、相变等变形活动密切相关，是能量剧烈消耗的过程。图 10.23（b）和（c）分别是 $Cr_{26}Mn_{20}Fe_{20}Co_{20}Ni_{14}$ 高熵合金在室温和液氮温度下的平面应变区放大图；可以发现，所有样品都是以

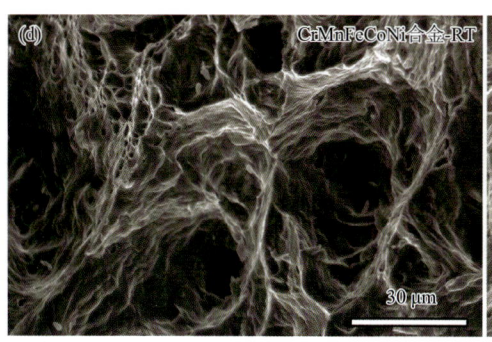

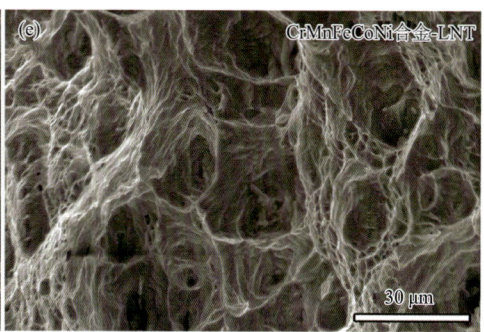

图 10.23　（a）$Cr_{26}Mn_{20}Fe_{20}Co_{20}Ni_{14}$ 和 CrMnFeCoNi 高熵合金在不同温度下的整体冲击断口形貌图；$Cr_{26}Mn_{20}Fe_{20}Co_{20}Ni_{14}$ 高熵合金在室温（b）和液氮温度（c）下的断口放大图；CrMnFeCoNi 高熵合金在室温（d）和液氮温度（e）下的断口放大图[53]

$Cr_{26}Mn_{20}Fe_{20}Co_{20}Ni_{14}$ 简写为 Cr_{26}，RT 表示室温，LNT 表示液氮温度

韧窝为特征的韧性断裂，但液氮温度下的 $Cr_{26}Mn_{20}Fe_{20}Co_{20}Ni_{14}$ 高熵合金表现出更加密集和细小的杯锥状韧窝形貌。

3. 强韧化机制

1）应变速率硬化

$Cr_{26}Mn_{20}Fe_{20}Co_{20}Ni_{14}$ 高熵合金的应变速率敏感因子 m 为 0.076。这一 m 值大于等原子比的 CrMnFeCoNi（0.028）[63]和 CrFeCoNi（0.048）[41]高熵合金，并且比纯 Ni（0.0028）、纯 Cu（0.006）等传统 FCC 结构材料高一个数量级[64,65]。对于 $Cr_{26}Mn_{20}Fe_{20}Co_{20}Ni_{14}$ 高熵合金，高的应变速率敏感因子是由大量层错和变形孪晶引起的位错堆积造成的。此外，$Cr_{26}Mn_{20}Fe_{20}Co_{20}Ni_{14}$ 高熵合金中严重的晶格畸变也会产生摩擦力，阻碍位错运动，导致位错大量累积[66]。$Cr_{26}Mn_{20}Fe_{20}Co_{20}Ni_{14}$ 高熵合金的激活体积为 $11b^3$，小于等原子比 CrMnFeCoNi 高熵合金的 $76.8b^3$[41]，并且远小于纯 Cu（$200\sim 2000b^3$）和 Cu-Zn 合金（$200\sim 400b^3$）等传统 FCC 结构金属[67]。$Cr_{26}Mn_{20}Fe_{20}Co_{20}Ni_{14}$ 高熵合金的激活体积如此小是其中存在的短程有序结构产生的高摩擦应力及固溶钉扎效应所致[68-70]。此外，高密度的变形孪晶以及位错与孪晶之间的相互作用也是 $Cr_{26}Mn_{20}Fe_{20}Co_{20}Ni_{14}$ 高熵合金激活体积较小的原因[41]。

2）加工硬化机制

在高速冲击实验中，高密度的位错、层错、孪晶和相变使 $Cr_{26}Mn_{20}Fe_{20}Co_{20}Ni_{14}$ 高熵合金具有优异的加工硬化能力和抗冲击性能。其内在机制将从以下四个方面进行讨论。

（1）位错强化。

首先，$Cr_{26}Mn_{20}Fe_{20}Co_{20}Ni_{14}$ 高熵合金极低的层错能（24 mJ/m^2）使得全位错更倾向于平面滑移或分解形成层错，抑制了位错的交滑移和攀移，促进位错累积。

其次，多主元高熵合金独特的原子结构极大地增强了固溶钉扎效应，增强位错存储能力（图 10.24）。在高熵合金中，固溶原子引起了强烈拖曳作用，导致全位错和不全位错以极低的速度缓慢滑移，造成大量的位错塞积与累积[71]。在 1000 s^{-1} 速率时位错密度约为 9×10^{13} m^{-2}，在 2000 s^{-1} 时位错密度约为 2.17×10^{14} m^{-2}，在 3000 s^{-1} 时位错密度约为 6.41×10^{14} m^{-2}。此外，滑移带也会对位错运动造成阻碍。由于面位错的缓慢移动，其局部滑移带会对全位错造成阻碍，全位错的运动需要不断克服这些激活障碍，从而导致额外的加工硬化[71]。

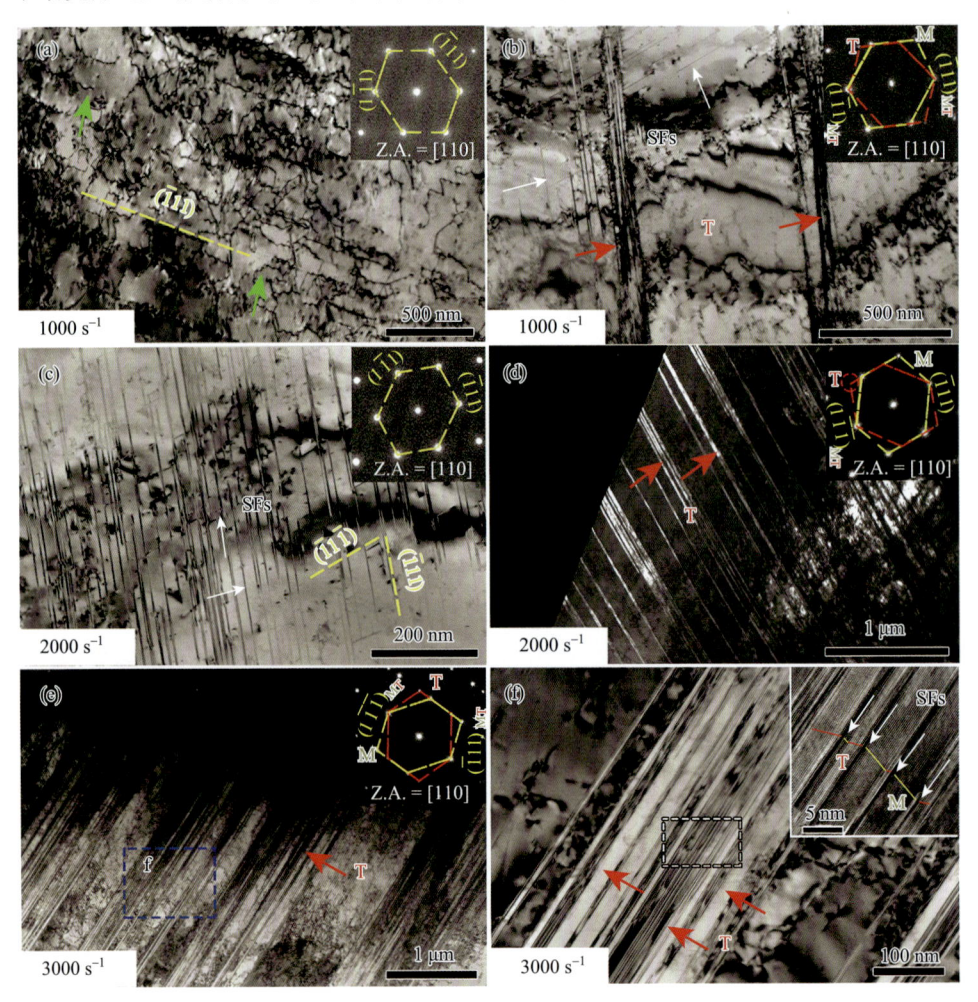

图 10.24 不同应变速率下 Cr$_{26}$Mn$_{20}$Fe$_{20}$Co$_{20}$Ni$_{14}$ 高熵合金的微观结构：(a) 1000 s^{-1} 速率下的位错组态和 $(\bar{1}11)$ 滑移面的迹线；(b) 1000 s^{-1} 速率下的层错和孪晶；(c) 2000 s^{-1} 速率下的大量层错；(d) 2000 s^{-1} 速率下的孪晶暗场像和相应的选区衍射图；(e) 3000 s^{-1} 速率下的位错、孪晶明场像和相应的选区衍射图；(f) 纳米孪晶簇的局部放大图[52]，暗场所用衍射点在选区衍射图中用红圈标出；(f) 中插图是高分辨图，详细显示了纳米孪晶束

（2）层错强化。

大量已有研究已经证实了层错也可以有效阻碍位错的运动，并且滑移位错与层错之间的反应能够导致连续的加工硬化[72]。在高速冲击过程中，$Cr_{26}Mn_{20}Fe_{20}Co_{20}Ni_{14}$高熵合金中形成了大量的层错（图10.24），滑移位错与层错的相互作用导致位错被层错钉扎，促进了合金的加工硬化[72, 73]。层错间的反应会形成 Lomer-Cottrell 锁（图10.25），可以充当 Frank-Read 位错源，造成位错的累积，进而提高高熵合金的加工硬化率[74, 75]。此外，层错相交反应的地方会形成压杆偶极子[76]，压杆偶极子之间的引力高达 $10^9 N/m^2$，超高的应力场对后续的位错运动起到了很强的阻挡作用。

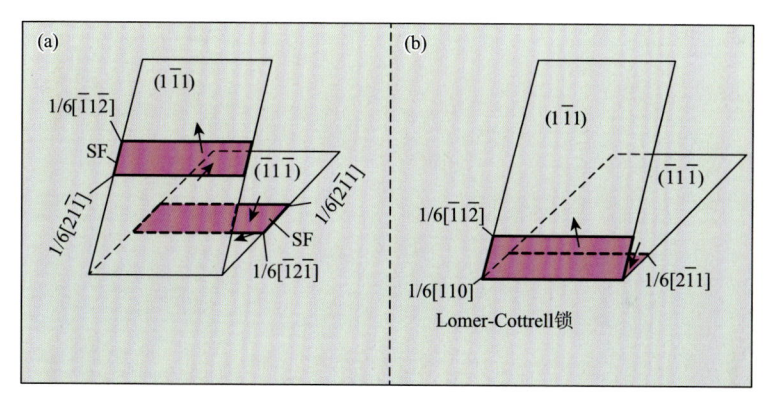

图 10.25 两个层错在共轭{111}面上的反应形成 Lomer-Cottrell 锁[52]

（3）孪晶强化。

大量研究表明，在低层错能高熵合金中，孪晶是一种普遍且显著的强化机制[25, 77]。在高速冲击过程中，$Cr_{26}Mn_{20}Fe_{20}Co_{20}Ni_{14}$高熵合金中形成了大量的孪晶（图10.24），孪晶界的体积分数从 $1000\ s^{-1}$ 时的 29% 增加到 $3000\ s^{-1}$ 时的 52%。变形孪晶主要通过两种方式直接影响材料的力学性能：①通过产生背应力，即所谓的包辛格效应；②形成阻碍位错运动的障碍，从而降低了位错运动的平均自由程，增加了位错存储能力[图 10.24（d）][45, 78, 79]。此外，大量的纳米孪晶束[图 10.24（f）]使得位错滑移穿越孪晶界需要更大的外部应力，因而有效抑制了位错的湮灭[80]。

（4）相变强化。

当 $Cr_{26}Mn_{20}Fe_{20}Co_{20}Ni_{14}$ 高熵合金在液氮温度下冲击变形时，孪生和位错滑移仍然是主要变形机制，此外还伴随少量相变产生（图10.26）。相比之下，降低温度只是导致了 CrMnFeCoNi 高熵合金中孪晶和位错密度的增加（图10.27）。相变消耗了大量的塑性功，提供了额外的 TRIP 效应，提高了 $Cr_{26}Mn_{20}Fe_{20}Co_{20}Ni_{14}$ 高熵合金的冲击韧性[81, 82]。如图 10.26（h）所示，在液氮温度下冲击的 $Cr_{26}Mn_{20}Fe_{20}Co_{20}Ni_{14}$

高熵合金样品中，HCP 结构的 ε 相主要产生于孪晶处，ε 相片层与 FCC 基体的取向关系为 $(000\bar{1})$ HCP∥$(\bar{1}11)$ FCC 和 $[2\bar{1}\bar{1}0]$ HCP∥$[\bar{1}\bar{1}0]$ FCC，且与共格孪晶界有相同的 {111} 惯习面，形成纳米孪晶-HCP 片层的复合结构。这种双相的纳米复合结构拥有共格相界面，有利于应变和应力的优化分配，它们之间的弹性柔度也降低了损伤形核的可能性。而且，相变增加的相界面可以充当后续位错滑移的有力阻碍，因为当被相界面所阻挡的位错进入 HCP 相时，需要激活具有[0001]分量的 $\langle c \rangle$ 或 $\langle c+a \rangle$ 位错[83]。而在变形诱导的纳米 HCP 相中，$\langle c \rangle$ 或 $\langle c+a \rangle$ 位错通常有超高的临界分切应力，特别是在低温条件下[84]。

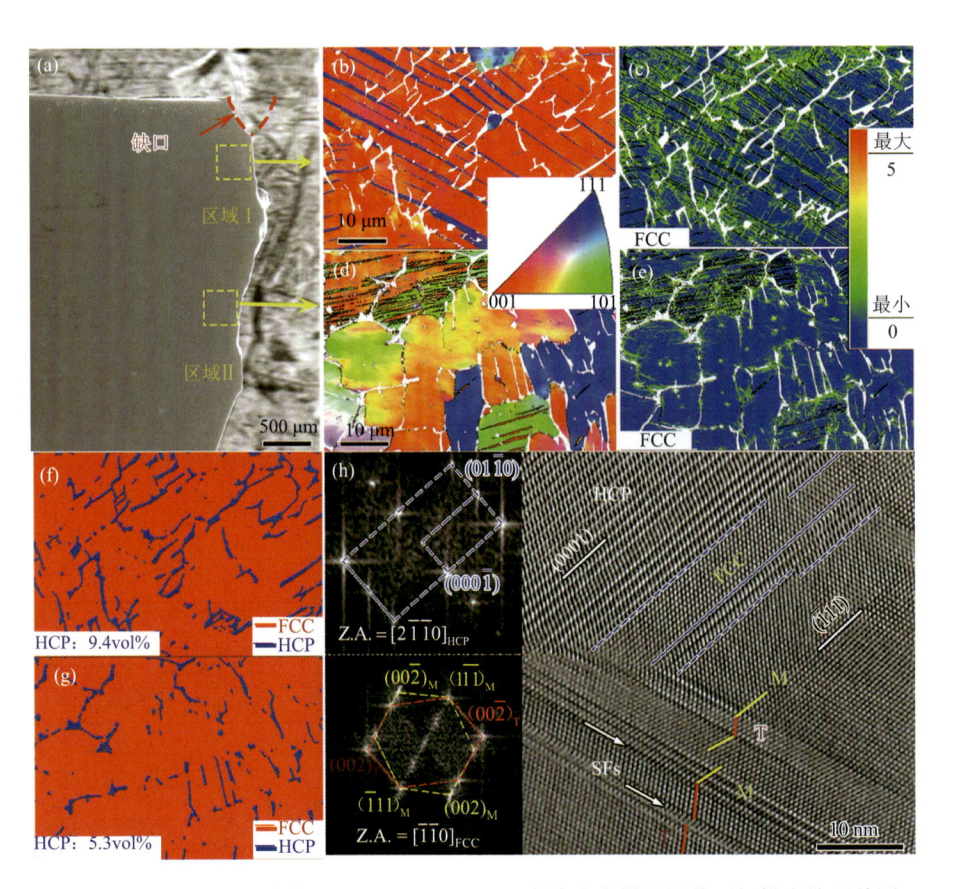

图 10.26　(a) 77 K 下冲击 $Cr_{26}Mn_{20}Fe_{20}Co_{20}Ni_{14}$ 高熵合金样品纵截面扫描电镜形貌图；(b) 区域 I 的 EBSD 图；(c) 区域 I 的局域取向差图；(d) 区域 II 的 EBSD 图；(e) 区域 II 的局域取向差图；(f) 区域 I 的相图；(g) 区域 II 的相图；(h) 纳米孪晶和 HCP 相的高分辨图，基体和孪晶分别标记为"M"和"T"，左侧插图是傅里叶变换图，说明了 $[2\bar{1}\bar{1}0]_{HCP}$∥$[\bar{1}\bar{1}0]_{FCC}$ 的取向关系[53]

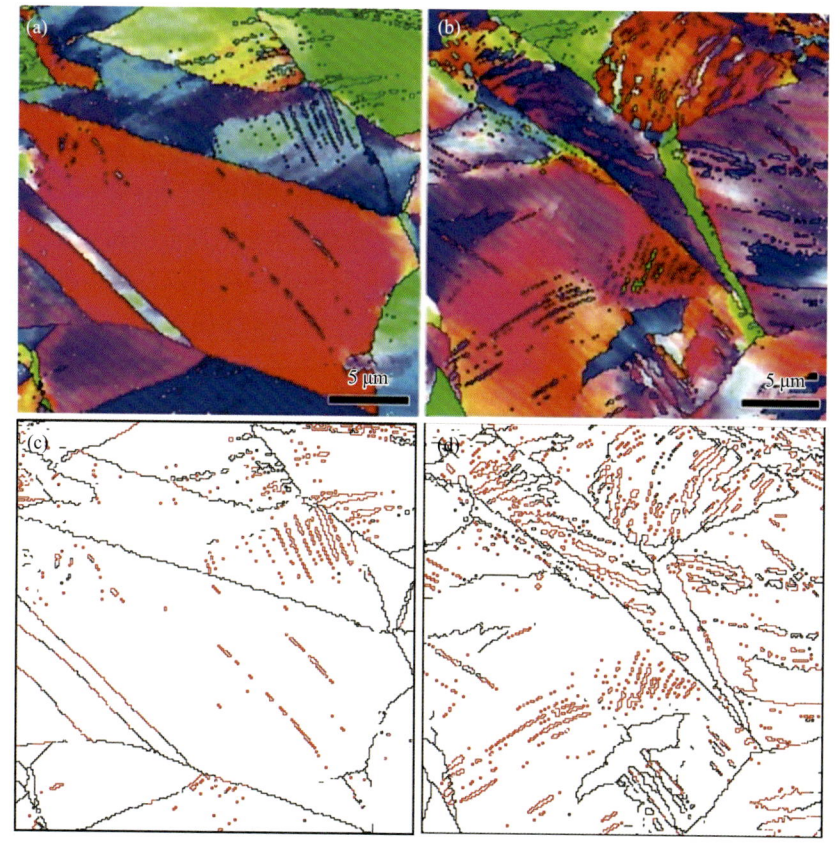

图 10.27　CrMnFeCoNi 高熵合金的 EBSD 图和孪晶界分布：(a, c) 298K；(b, d) 77 K[67]

10.2.3　AlCoCrFeNi$_{2.1}$ 共晶高熵合金力学性能和变形机制

FCC 单相的高熵合金往往具有高塑性和低强度，而 BCC 单相的高熵合金表现出高强度低塑性的特点。共晶双相 AlCoCrFeNi$_{2.1}$ 高熵合金的设计思路在于综合 FCC 结构的高塑性和 BCC 结构的高强度，获得优异的强塑性[85]。

1. 结构与拉伸性能

如图 10.28 所示，AlCoCrFeNi$_{2.1}$ 共晶高熵合金包含 FCC（L1$_2$）和 BCC（B2）两相结构，体积分数分别为 66.3%和 31.2%。合金中两相的硬度并不相同，且差异较大，FCC（L1$_2$）相的硬度（HV）为 327，BCC（B2）相的硬度（HV）为 535。图 10.29 是 AlCoCrFeNi$_{2.1}$ 共晶高熵合金的室温应力-应变拉伸曲线，屈服强度为 (370±20)MPa，抗拉强度为(1100±50)MPa，断裂伸长率为(18±2)%。值得注意的是，AlCoCrFeNi$_{2.1}$ 共晶高熵合金在表现出良好拉伸塑性的同时，几乎没有颈缩现象，这种力学行为和其独特的断裂机制有关，后面将详细讨论。

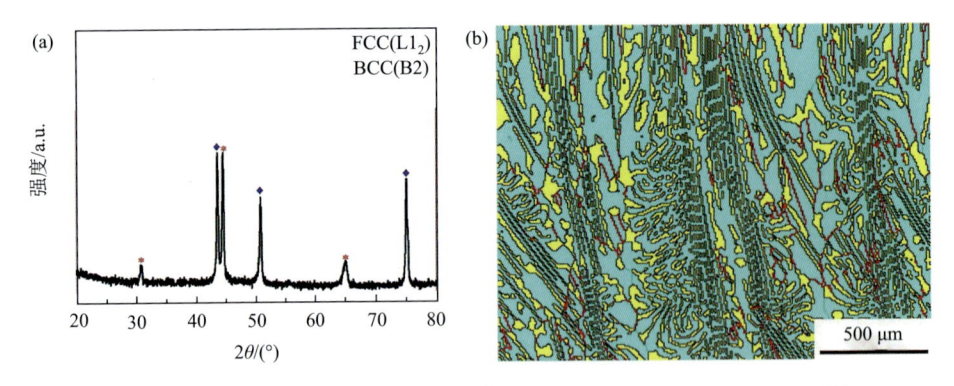

图 10.28　AlCoCrFeNi$_{2.1}$ 高熵合金的 XRD 图谱（a）和 EBSD 图（b）[85]

FCC（L1$_2$）相、BCC（B2）相、相界和大角度晶界分别用青色、黄色、黑色和红色标识

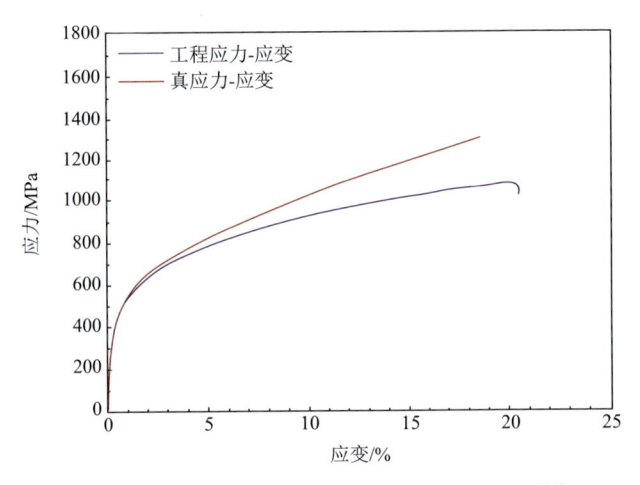

图 10.29　AlCoCrFeNi$_{2.1}$ 高熵合金的拉伸曲线[85]

2. FCC（L1$_2$）变形机制及强韧化机制

图 10.30 是 AlCoCrFeNi$_{2.1}$ 高熵合金典型的 TEM 明场像，双相规则排列成平行的片层状结构，FCC（L1$_2$）相为白色衬度，BCC（B2）相为黑色衬度。在 FCC（L1$_2$）相中可以观察到大量的平行位错序列（标记为白色箭头），越靠近两侧相界面位错密度越高，表明位错由相界面激发，在{111}面上滑移，再被另一侧的相界面阻碍，从而完成位错的积累［图 10.30（d）和（e）］。如图 10.31（c）所示，两相界面保持半共格关系，界面强度较高，能够容纳大量的位错。在应力较为集中的区域，二次滑移被激发，两组{111}面滑移线互相交割，形成 70°夹角。除去位错的滑移，层错也是 FCC（L1$_2$）相重要的变形机制［图 10.30（d）］。($\bar{1}11$) 和 ($1\bar{1}1$) 两组滑移面上的层错交割［图 10.31（c）］，形成 Lomer-Cottrell 位错锁，对后续位错的滑移起到阻碍作用，从而提高合金的强度。

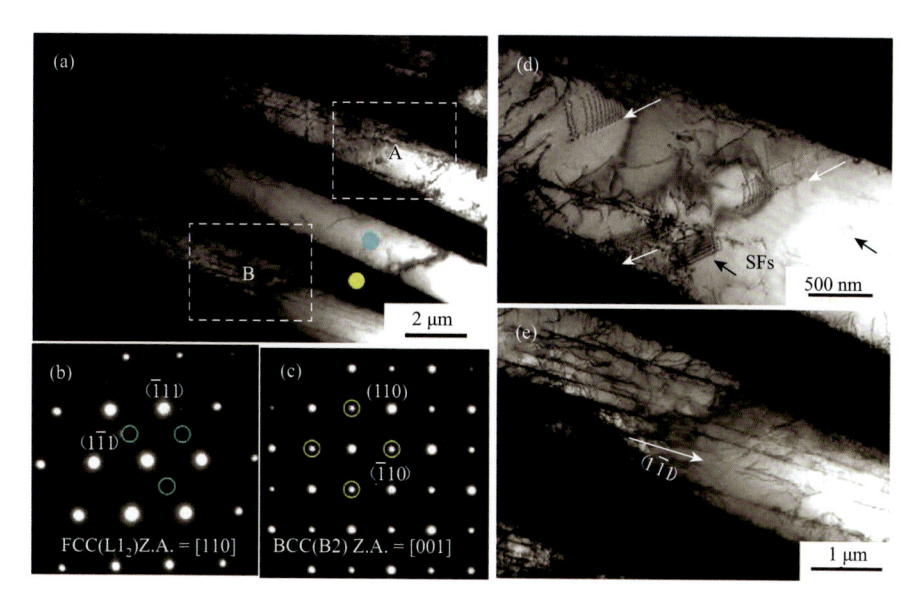

图 10.30 （a）拉伸断裂试样中 FCC（L1$_2$）/BCC（B2）层状结构的明场像，FCC（L1$_2$）相的晶带轴为[110]，BCC（B2）相的晶带轴为[001]；L1$_2$ 相（b）和 B2 相（c）衍射斑点，超晶格点阵分别被标记为青色圆圈和黄色圆圈；（d）图（a）中 "A" 区域的高倍放大图，展示平行位错序列和形貌；（e）图（a）中 "B" 区域的高倍放大图，展示($1\bar{1}1$)滑移线[85]

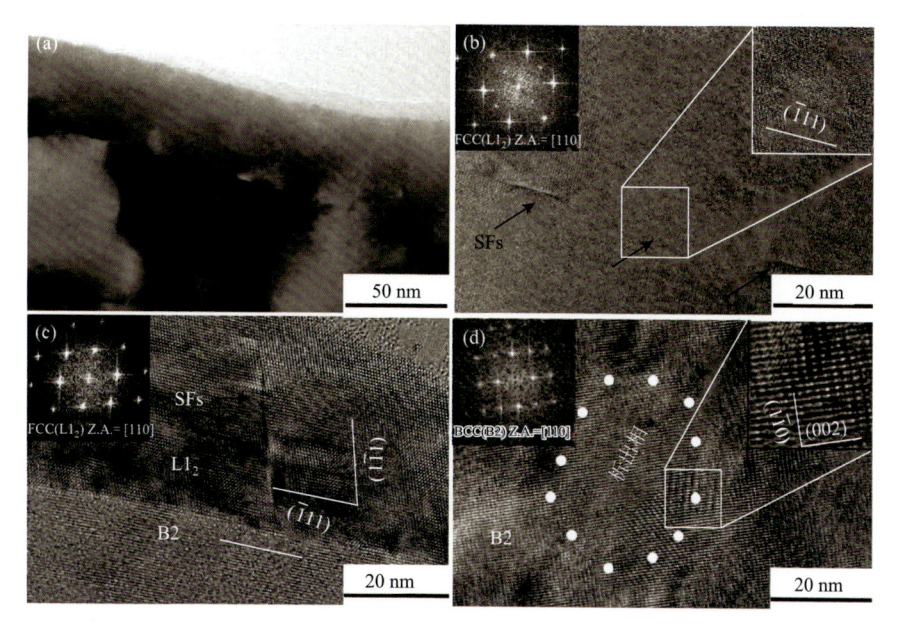

图 10.31 AlCoCrFeNi$_{2.1}$ 共晶高熵合金高分辨透射电镜图：（a）FCC（L1$_2$）相中的三个堆垛层错；（b）堆垛层错的高倍放大图；（c）相界面和相交堆垛层错的高分辨原子显微镜像；（d）BCC（B2）相中纳米析出相的原子显微镜像，插图为相应傅里叶变换图[85]

3. BCC（B2）变形机制及强韧化机制

图 10.32 是 AlCoCrFeNi$_{2.1}$ 共晶高熵合金拉伸断裂试样中 B2 相的 TEM 明场像。经过拉伸变形，BCC（B2）相中产生中等密度的位错，同时可以观察到大量的纳米析出相。如图 10.32（a）所示，晶体取向为[001]晶带轴时，位错形成 ($\bar{1}$10) 和(110)两个滑移带，夹角为 90°[86]。值得注意的是，在两组滑移带中，位错保持平行状态，没有形成位错缠结或位错胞，且被大量的纳米析出相钉扎。钉扎作用使得位错在 BCC（B2）相中分布不均匀，形成椭圆形的空白区域，区域内几乎没有位错。如图 10.32（b）所示，在另一区域出现箭头状位错组态，这是由两条平直形位错被同一颗纳米析出相钉扎。

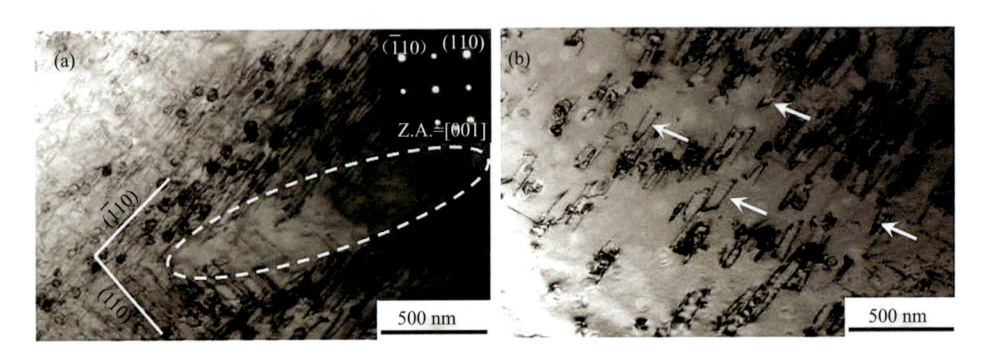

图 10.32 变形 BCC（B2）相透射电镜明场像：（a）[001]晶带轴相交滑移带的透射电镜图，插图为 B2 相的衍射斑点；（b）箭头状位错组态的透射电镜图[85]

AlCoCrFeNi$_{2.1}$ 共晶高熵合金规则的片层结构中，硬而脆的 BCC（B2）相被 FCC（L1$_2$）软相所包裹，FCC（L1$_2$）相中大量的位错积累在半共格的相界面，在界面处产生强烈的背应力，使得 BCC（B2）相处于复杂应力状态。相比于传统的 NiAl 粗晶合金拉伸过程中所受的单轴应力，额外附加的背应力激发了 AlCoCrFeNi$_{2.1}$ 共晶高熵合金 BCC（B2）相中更多的位错，从而提高其拉伸延伸率。背应力是几何必需位错累积而产生的长程应力，材料通过几何必需位错来调节适应应变梯度，它们也经常在晶界等界面处被观察到。早期工作对背应力进行深入的研究，发现在不均匀结构中，如双相材料、异构材料、梯度材料等，背应力比较显著[87, 88]。背应力能有效协调应力状态，提升材料的加工硬化能力，从而提升材料的强度塑性。

4. 断裂机制

图 10.33 是断口 SEM 形貌，可以清楚地观察到两种不同的断裂模式：FCC（L1$_2$）相的韧性断裂和 BCC（B2）相的脆性断裂。由于 BCC（B2）相具有 3D 枝晶结构，基于 BCC（B2）相与应力之间不同的取向关系，产生具有不同裂纹

形核和扩展的断裂模式。图 10.33（a）显示 BCC（B2）相的第一种断裂模式，微裂纹在 BCC（B2）相的端部成核（标记为红色三角形），然后沿着片层快速扩展至另一端，形成鱼骨状的放射形扩展痕迹（标记为红色实线）。此时，BCC（B2）相已经断裂，FCC（L12）相单独承受应力，颈缩为一条亮线，形成山脊状的形貌，在山脊两侧几乎没有观察到韧窝，最后纯剪切断裂，此过程极其迅速，导致拉伸曲线几乎没有颈缩部分。值得注意的是，所有裂纹源都位于短轴相界面，而不是长轴相界面，这是因为在短轴方向，应力更容易集中而诱发微裂纹。图 10.33（b）显示了 BCC（B2）相的另一种断裂模式，微裂纹在相界面处成核，然后沿着与相界成 45°的方向扩展。每个 BCC（B2）相片层上都分布着细密的 45°的剪切痕迹（标记为蓝色箭头），并且在相界处存在明显的裂缝。此外，某些 BCC（B2）相片层被粗大的 45°裂纹（标记为白色箭头）分割为几段。在每一个裂纹边上都能够观察到铸造缩孔等缺陷（标记为红色箭头）。这些结果表明，由于位错在相界面上的积累而产生应力集中，在铸造缩孔等缺陷处诱发微裂纹形核。微裂纹在脆性 BCC（B2）相中沿 45°剪切应力的方向扩展引起早期剪切断裂，留下大量剪切痕迹。最后，微裂纹沿着相界传播，并且 FCC（L12）相通过纯剪切模式而断裂。

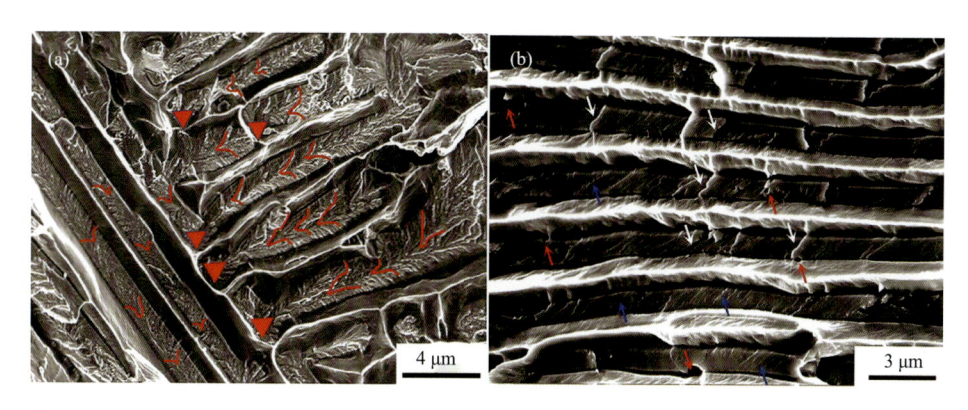

图 10.33 AlCoCrFeNi$_{2.1}$ 共晶高熵合金中 BCC（B2）相不同断裂机制的扫描电镜断口形貌：（a）微裂纹在 BCC（B2）相片层端部形核，扩展至另一端，留下鱼骨放射状的痕迹（标记为红色实线）；（b）微裂纹在相界面形核，并沿 45°方向扩展至另一侧相界面[85]

参 考 文 献

[1] Li S J, Jia M T, Prima F, et al. Improvements in nonlinear elasticity and strength by grain refinement in a titanium alloy with high oxygen content[J]. Scripta Materialia, 2011, 64（11）: 1015-1018.

[2] Furuta T, Kuramoto S, Morris J W, Jr, et al. The mechanism of strength and deformation in gum metal[J]. Scripta Materialia, 2013, 68（10）: 767-772.

[3] Liu J P, Wang Y D, Hao Y L, et al. New intrinsic mechanism on gum-like superelasticity of multifunctional alloys[J]. Scientific Reports, 2013, 3（1）: 2156.

[4] Saito T, Furuta T, Hwang J H, et al. Multifunctional alloys obtained via a dislocation-free plastic deformation mechanism[J]. Science, 2003, 300（5618）: 464-467.

[5] Kuramoto S, Furuta T, Hwang J, et al. Elastic properties of gum metal[J]. Materials Science and Engineering: A, 2006, 442（1-2）: 454-457.

[6] Gutkin M Y, Ishizaki T, Kuramoto S, et al. Nanodisturbances in deformed gum metal[J]. Acta Materialia, 2006, 54（9）: 2489-2499.

[7] Hao Y L, Li S J, Sun S Y, et al. Elastic deformation behaviour of Ti-24Nb-4Zr-7.9Sn for biomedical applications[J]. Acta Biomaterialia, 2007, 3（2）: 277-286.

[8] Valiev R Z, Langdon T G. Principles of equal-channel angular pressing as a processing tool for grain refinement[J]. Progress in Materials Science, 2006, 51（7）: 881-981.

[9] Cui J P, Hao Y L, Li S J, et al. Reversible movement of homogenously nucleated dislocations in a β-titanium alloy[J]. Physical Review Letters, 2009, 102（4）: 045503.

[10] Meyers M A, Nesterenko V F, LaSalvia J C, et al. Shear localization in dynamic deformation of materials: Microstructural evolution and self-organization[J]. Materials Science and Engineering: A, 2001, 317（1-2）: 204-225.

[11] YL B, Dodd B. Adiabatic Shear Localization: Occurrence, Theories, and Applications[M]. New York: Pergamon Press, 1992.

[12] Dodd B, Bai Y L. Adiabatic Shear Localization: Frontiers and Advances[M]. Amsterdam: Elsevier, 2012.

[13] Armstrong R W, Walley S M. High strain rate properties of metals and alloys[J]. International Materials Reviews, 2008, 53（3）: 105-128.

[14] Walley S M. Shear localization: A historical overview[J]. Metallurgical and Materials Transactions A, 2007, 38（11）: 2629-2654.

[15] Wright T W, Ravichandran G. Canonical aspects of adiabatic shear bands[J]. International Journal of Plasticity, 1997, 13（4）: 309-325.

[16] Liu S, Pan Z L, Zhao Y H, et al. Effect of strain rate on the mechanical properties of a gum metal with various microstructures[J]. Acta Materialia, 2017, 132: 193-208.

[17] Liu S, Guo Y Z, Pan Z L, et al. Microstructural softening induced adiabatic shear banding in Ti-23Nb-0.7Ta-2Zr-O gum metal[J]. Journal of Materials Science & Technology, 2020, 54: 31-39.

[18] Pradeep K G, Tasan C C, Yao M J, et al. Non-equiatomic high entropy alloys: Approach towards rapid alloy screening and property-oriented design[J]. Materials Science and Engineering: A, 2015, 648: 183-192.

[19] Chuang M H, Tsai M H, Tsai C W, et al. Intrinsic surface hardening and precipitation kinetics of $Al_{0.3}CrFe_{1.5}MnNi_{0.5}$ multi-component alloy[J]. Journal of Alloys and Compounds, 2013, 551: 12-18.

[20] Podmiljsak B, Kim J H, McGuiness P J, et al. Influence of Ni on the magnetocaloric effect in nanoperm-type soft-magnetic amorphous alloys[J]. Journal of Alloys and Compounds, 2014, 591: 29-33.

[21] Jiang W, Yuan S, Cao Y, et al. Mechanical properties and deformation mechanisms of a $Ni_2Co_1Fe_1V_{0.5}Mo_{0.2}$ medium-entropy alloy at elevated temperatures[J]. Acta Materialia, 2021, 213: 116982.

[22] Kim J H, Na Y S. Tensile properties and serrated flow behavior of as-cast CoCrFeMnNi high-entropy alloy at room and elevated temperatures[J]. Metals and Materials International, 2019, 25（2）: 296-303.

[23] Fu J X, Cao C M, Tong W, et al. The tensile properties and serrated flow behavior of a thermomechanically treated

CoCrFeNiMn high-entropy alloy[J]. Materials Science and Engineering: A, 2017, 690: 418-426.

[24] Gali A, George E P. Tensile properties of high- and medium-entropy alloys[J]. Intermetallics, 2013, 39: 74-78.

[25] Otto F, Dlouhý A, Somsen C, et al. The influences of temperature and microstructure on the tensile properties of a CoCrFeMnNi high-entropy alloy[J]. Acta Materialia, 2013, 61 (15): 5743-5755.

[26] Kuznetsov A V, Shaysultanov D G, Stepanov N D, et al. Tensile properties of an AlCrCuNiFeCo high-entropy alloy in as-cast and wrought conditions[J]. Materials Science and Engineering: A, 2012, 533: 107-118.

[27] Daoud H M, Manzoni A M, Wanderka N, et al. High-temperature tensile strength of $Al_{10}Co_{25}Cr_8Fe_{15}Ni_{36}Ti_6$ compositionally complex alloy (high-entropy alloy) [J]. JOM, 2015, 67 (10): 2271-2277.

[28] Kolluri M, Ten Pierick P, Bakker T. Characterization of high temperature tensile and creep-fatigue properties of alloy 800H for intermediate heat exchanger components of(Ⅴ) HTRs[J]. Nuclear Engineering and Design, 2015, 284: 38-49.

[29] Zhou T, Ding H, Ma X, et al. Effect of precipitates on high-temperature tensile strength of a high W-content cast Ni-based superalloy[J]. Journal of Alloys and Compounds, 2019, 797: 486-496.

[30] Kaoumi D, Hrutkay K. Tensile deformation behavior and microstructure evolution of Ni-based superalloy 617[J]. Journal of Nuclear Materials, 2014, 454 (1-3): 265-273.

[31] Appel F, Oehring M, Paul J D H. A novel *in situ* composite structure in TiAl alloys[J]. Materials Science and Engineering: A, 2008, 493 (1-2): 232-236.

[32] Pei H, Li S, Wang L, et al. Influence of initial microstructures on deformation behavior of 316LN austenitic steels at 400-900 ℃[J]. Journal of Materials Engineering and Performance, 2015, 24 (2): 694-699.

[33] Pei H X, Zhang H L, Wang L X, et al. Tensile behaviour of 316LN stainless steel at elevated temperatures[J]. Materials at High Temperatures, 2014, 31 (3): 198-203.

[34] Dong H, Yu L, Liu Y, et al. Effect of hafnium addition on the microstructure and tensile properties of aluminum added high-Cr ODS steels[J]. Journal of Alloys and Compounds, 2017, 702: 538-545.

[35] Han L, Xu X, Li Z, et al. A novel equiaxed eutectic high-entropy alloy with excellent mechanical properties at elevated temperatures[J]. Materials Research Letters, 2020, 8 (10): 373-382.

[36] Li M, Zu M, Yu Y, et al. Elevated temperature tensile behavior and microstructure evolution of liquid phase sintered 90W-7Ni-3Fe alloy[J]. Journal of Alloys and Compounds, 2019, 802: 528-534.

[37] Wang H W, Qi J Q, Zou C M, et al. High-temperature tensile strengths of *in situ* synthesized TiC/Ti-alloy composites[J]. Materials Science and Engineering: A, 2012, 545: 209-213.

[38] Ovid'Ko I A, Valiev R Z, Zhu Y T. Review on superior strength and enhanced ductility of metallic nanomaterials[J]. Progress in Materials Science, 2018, 94: 462-540.

[39] Ding Q, Zhang Y, Chen X, et al. Tuning element distribution, structure and properties by composition in high-entropy alloys[J]. Nature, 2019, 574 (7777): 223-227.

[40] Li Q J, Sheng H, Ma E. Strengthening in multi-principal element alloys with local-chemical-order roughened dislocation pathways[J]. Nature Communications, 2019, 10 (1): 3563.

[41] Wu Z, Gao Y, Bei H. Thermal activation mechanisms and Labusch-type strengthening analysis for a family of high-entropy and equiatomic solid-solution alloys[J]. Acta Materialia, 2016, 120: 108-119.

[42] Soare M A, Curtin W A. Solute strengthening of both mobile and forest dislocations: The origin of dynamic strain aging in fcc metals[J]. Acta Materialia, 2008, 56 (15): 4046-4061.

[43] Fu S, Cheng T, Zhang Q, et al. Two mechanisms for the normal and inverse behaviors of the critical strain for the

Portevin-Le Chatelier effect[J]. Acta Materialia, 2012, 60 (19): 6650-6656.

[44] Curtin W A, Olmsted D L, Hector L G. A predictive mechanism for dynamic strain ageing in aluminium-magnesium alloys[J]. Nature Materials, 2006, 5 (11): 875-880.

[45] Püschl W. Models for dislocation cross-slip in close-packed crystal structures: A critical review[J]. Progress in Materials Science, 2002, 47 (4): 415-461.

[46] Gao X, Lu Y, Liu J, et al. Extraordinary ductility and strain hardening of $Cr_{26}Mn_{20}Fe_{20}Co_{20}Ni_{14}$ TWIP high-entropy alloy by cooperative planar slipping and twinning[J]. Materialia, 2019, 8: 100485.

[47] Henager C H, Jr, Hoagland R G. Dislocation core fields and forces in FCC metals[J]. Scripta Materialia, 2004, 50 (7): 1091-1095.

[48] Bailey J E, Hirsch P B. The dislocation distribution, flow stress, and stored energy in cold-worked polycrystalline silver[J]. Philosophical Magazine, 1960, 5 (53): 485-497.

[49] Hansen N. Hall-Petch relation and boundary strengthening[J]. Scripta Materialia, 2004, 51 (8): 801-806.

[50] Jiang L, Qiao D, Cao Z, et al. Tunable mechanical property and strain hardening behavior of a single-phase $CoFeNi_2V_{0.5}Mo_{0.2}$ high entropy alloy[J]. Materials Science and Engineering: A, 2020, 776: 139027.

[51] Fleischer R L. Substitutional solution hardening[J]. Acta Metallurgica, 1963, 11 (3): 203-209.

[52] Jiang W, Gao X, Guo Y, et al. Dynamic impact behavior and deformation mechanisms of $Cr_{26}Mn_{20}Fe_{20}Co_{20}Ni_{14}$ high-entropy alloy[J]. Materials Science and Engineering: A, 2021, 824: 141858.

[53] Jiang W, Gao X, Cao Y, et al. Charpy impact behavior and deformation mechanisms of $Cr_{26}Mn_{20}Fe_{20}Co_{20}Ni_{14}$ high-entropy alloy at ambient and cryogenic temperatures[J]. Materials Science and Engineering: A, 2022, 837: 142735.

[54] Huang H, Wu Y, He J, et al. Phase-transformation ductilization of brittle high-entropy alloys via metastability engineering[J]. Advanced Materials, 2017, 29 (30): 1701678.

[55] Gutierrez-Urrutia I, Raabe D. Dislocation and twin substructure evolution during strain hardening of an Fe-22 wt.%Mn-0.6wt.%C TWIP steel observed by electron channeling contrast imaging[J]. Acta Materialia, 2011, 59 (16): 6449-6462.

[56] Byun T S, Hashimoto N, Farrell K. Temperature dependence of strain hardening and plastic instability behaviors in austenitic stainless steels[J]. Acta Materialia, 2004, 52 (13): 3889-3899.

[57] Zhu Y, Wu X. Perspective on hetero-deformation induced (HDI) hardening and back stress[J]. Materials Research Letters, 2019, 7 (10): 393-398.

[58] Hart E W. Theory of the tensile test[J]. Acta Metallurgica, 1967, 15 (2): 351-355.

[59] Wei Q, Cheng S, Ramesh K T, et al. Effect of nanocrystalline and ultrafine grain sizes on the strain rate sensitivity and activation volume: fcc versus bcc metals[J]. Materials Science and Engineering: A, 2004, 381 (1-2): 71-79.

[60] Li J, Mao Q, Nie J, et al. Impact property of high-strength 316L stainless steel with heterostructures[J]. Materials Science and Engineering: A, 2019, 754: 457-460.

[61] Li J, Qin W, Peng P, et al. Effects of geometric dimension and grain size on impact properties of 316L stainless steel[J]. Materials Letters, 2021, 284: 128908.

[62] Tomita Y. Effect of microstructure on plane-strain fracture toughness of AISI 4340 steel[J]. Metallurgical Transactions A, 1988, 19 (10): 2513-2521.

[63] Park J M, Moon J, Bae J W, et al. Strain rate effects of dynamic compressive deformation on mechanical properties and microstructure of CoCrFeMnNi high-entropy alloy[J]. Materials Science and Engineering: A, 2018, 719: 155-163.

[64] Carreker R P, Jr, Hibbard W R, Jr. Tensile deformation of high-purity copper as a function of temperature, strain rate, and grain size[J]. Acta Metallurgica, 1953, 1 (6): 654-663.

[65] Dalla Torre F, Spätig P, Schäublin R, et al. Deformation behaviour and microstructure of nanocrystalline electrodeposited and high pressure torsioned nickel[J]. Acta Materialia, 2005, 53 (8): 2337-2349.

[66] Moon J, Hong S I, Bae J W, et al. On the strain rate-dependent deformation mechanism of CoCrFeMnNi high-entropy alloy at liquid nitrogen temperature[J]. Materials Research Letters, 2017, 5 (7): 472-477.

[67] Butt M Z, Feltham P. Work hardening of polycrystalline copper and alpha brasses[J]. Metal Science, 1984, 18 (3): 123-126.

[68] Hong S I, Moon J, Hong S K, et al. Thermally activated deformation and the rate controlling mechanism in CoCrFeMnNi high entropy alloy[J]. Materials Science and Engineering: A, 2017, 682: 569-576.

[69] Jang M J, Joo S H, Tsai C W, et al. Compressive deformation behavior of CrMnFeCoNi high-entropy alloy[J]. Metals and Materials International, 2016, 22 (6): 982-986.

[70] Zhang R, Zhao S, Ding J, et al. Short-range order and its impact on the CrCoNi medium-entropy alloy[J]. Nature, 2020, 581 (7808): 283-287.

[71] Zhang Z J, Mao M M, Wang J, et al. Nanoscale origins of the damage tolerance of the high-entropy alloy CrMnFeCoNi[J]. Nature Communications, 2015, 6 (1): 10143.

[72] Mecking H, Kocks U F. Kinetics of flow and strain-hardening[J]. Acta Metallurgica, 1981, 29 (11): 1865-1875.

[73] Kocks U F, Mecking H. Physics and phenomenology of strain hardening: The FCC case[J]. Progress in Materials Science, 2003, 48 (3): 171-273.

[74] Xu X D, Liu P, Tang Z, et al. Transmission electron microscopy characterization of dislocation structure in a face-centered cubic high-entropy alloy $Al_{0.1}CoCrFeNi$[J]. Acta Materialia, 2018, 144: 107-115.

[75] Qi L, Liu C Q, Chen H W, et al. Atomic scale characterization of complex stacking faults and their configurations in cold deformed $Fe_{42}Mn_{38}Co_{10}Cr_{10}$ high-entropy alloy[J]. Acta Materialia, 2020, 199: 649-668.

[76] Amelinckx S. Dislocations in particular structures//Nabarro F R N. Dislocations in Solids[M]. Amsterdam: Elsevier, 1979.

[77] Li Z, Pradeep K G, Deng Y, et al. Metastable high-entropy dual-phase alloys overcome the strength-ductility trade-off[J]. Nature, 2016, 534 (7606): 227-230.

[78] Yoo J, Choi K, Zargaran A, et al. Effect of stacking faults on the ductility of Fe-18Mn-1.5Al-0.6C twinning-induced plasticity steel at low temperatures[J]. Scripta Materialia, 2017, 137: 18-21.

[79] Allain S, Chateau J P, Bouaziz O, et al. Correlations between the calculated stacking fault energy and the plasticity mechanisms in Fe-Mn-C alloys[J]. Materials Science and Engineering: A, 2004, 387: 158-162.

[80] Bouaziz O, Allain S, Scott C. Effect of grain and twin boundaries on the hardening mechanisms of twinning-induced plasticity steels[J]. Scripta Materialia, 2008, 58 (6): 484-487.

[81] Byun T S, Lach T G. Mechanical properties of 304L and 316L austenitic stainless steels after thermal aging for 1500 hours[R]. PNNL-25854, US Department of Energy/Office of Nuclear Energy, Richland, Washington, USA, 2016: 1-19.

[82] Duthil P. Material properties at low temperature[J]. Journal Reference: CERN Yellow Report CERN-2014-005, 77-95.

[83] Miao J, Slone C E, Smith T M, et al. The evolution of the deformation substructure in a Ni-Co-Cr equiatomic solid solution alloy[J]. Acta Materialia, 2017, 132: 35-48.

[84] Bu Y, Li Z, Liu J, et al. Nonbasal slip systems enable a strong and ductile hexagonal-close-packed high-entropy

phase[J]. Physical Review Letters，2019，122（7）：075502.
[85] Gao X，Lu Y，Zhang B，et al. Microstructural origins of high strength and high ductility in an AlCoCrFeNi$_{2.1}$ eutectic high-entropy alloy[J]. Acta Materialia，2017，141：59-66.
[86] Sun Y Q，Yang N. The onset and blocking of ⟨0 1 1⟩ slip in NiAl[J]. Acta Materialia，2003，51（18）：5601-5612.
[87] Wu X L，Jiang P，Chen L，et al. Extraordinary Strain Hardening by Gradient Structure[M]. Singapore：Heterostructured Materials，Jenny Stanford Publishing，2021.
[88] Wu X，Yang M，Yuan F，et al. Heterogeneous lamella structure unites ultrafine-grain strength with coarse-grain ductility[J]. Proceedings of the National Academy of Sciences，2015，112（47）：14501-14505.

关键词索引

C

磁驱动相变 …………… 520
磁弹耦合 ……………… 531
磁相变 ………………… 506
磁制冷 ………………… 546
磁致伸缩 ……………… 508

G

高强高导铜合金 ……… 329
共格纳米析出相 ……… 562
构型 …………………… 384

J

晶界特征优化 ………… 439
晶界团簇 ……………… 416
绝热剪切带 …………… 579

L

林位错 ………………… 591

N

纳米结构 ……………… 341

Q

强磁场原位水热合成 … 567

S

随机晶界网络 ………… 423

T

铜基复合材料 ………… 349

X

相分离 ………………… 561

Y

液-固反应 ……………… 373
异质变形诱导强化 …… 367

Z

准静态压缩 …………… 581